Ciencia y Sociedad

"Desafíos del Conocimiento ante el Tercer Milenio"

Coordinadores:
Francisco Mora Teruel
José Mª Segovia de Arana

FUNDACION CENTRAL HISPANO

Este libro recoge los textos de las conferencias
pronunciadas en el ciclo ***Ciencia y Sociedad,***
organizado por la Fundación Central Hispano,
y que se celebró en Madrid entre los meses
de enero y junio de 1997.

Ventura Rodríguez, 4, 1º
33004 OVIEDO

ISBN: 84-89770-10-7

Impresión: Gráficas Summa, S.A., Llanera (Asturias)
Depósito Legal: AS. 291-98

Hecho en España

ÍNDICE

PALABRAS DE D. ALFONSO ESCÁMEZ, MARQUÉS DE ÁGUILAS, PRESIDENTE DE LA FUNDACIÓN CENTRAL HISPANO

Me produce una gran satisfacción, como presidente de la Fundación Central Hispano, inaugurar este ciclo de conferencias *Ciencia y sociedad* en torno a los *Desafíos del conocimiento ante el tercer milenio*, que ha organizado y coordinado la propia Fundación, con el asesoramiento de nuestro patrono y presidente del Consejo Asesor de Sanidad, el profesor don José María Segovia de Arana, y del profesor don Francisco Mora Teruel, director del Departamento de Fisiología de la Universidad Complutense, que han conformado con nuestro director, don Javier Aguado, el comité organizador que ha hecho posible que podamos inaugurar ahora este ciclo. A ellos, mi primera felicitación y agradecimiento por su esfuerzo y dedicación.

Se ha conseguido presentar una serie de temas científicos seleccionados por su gran interés y actualidad y, sobre todo, se han elegido unos conferenciantes que son todos ellos personas bien conocidas y expertos en sus respectivas disciplinas, quienes han aceptado muy amablemente participar en este ciclo, por lo que yo quisiera también aprovechar este momento para agradecerles a todos ellos su importantísima colaboración.

No resulta fácil, ante los progresos científicos y tecnológicos que se vienen produciendo, que personas con inquietudes intelectuales tengan conocimiento de estos avances, debido a la gran complejidad que encierran. Por ello, la Fundación Central Hispano ha realizado un esfuerzo para que en estas 16 conferencias, científicos de reconocido prestigio, todos ellos grandes comunicadores a los que se les ha pedido un esfuerzo de síntesis, ofrezcan lo básico y los últimos avances sobre temas de gran diversidad, complejos, pero tan esenciales como el origen de la vida, la evolución del hombre, la evolución de las especies, la memoria, el cerebro, la mente, la conciencia, el sueño, la inteligencia artificial, la terapia del cáncer, la ciencia del caos, etcétera.

Cada día más se van alejando de nuestro horizonte esos sentimientos contradictorios que van del entusiasmo por la ciencia a su rechazo, de la admiración por sus espectaculares resultados a repudiarla como el saber extraño e incomunicable de una casta cerrada. Yo creo que estamos asistiendo al comienzo de una nueva era en el estudio del hombre, de nosotros mismos. Ésta requerirá nuevos conocimientos, que serán sin duda fundamentales, pero también será necesario un acercamiento en todas las disciplinas de las humanidades y las disciplinas científicas.

Nuestra Fundación se congratula en organizar este tipo de ciclos científicos y otros de carácter histórico o artístico y de apoyar diferentes proyectos de investigación científica, junto a acontecimientos expositivos o actividades editoriales, aportando así una colaboración para allanar la ya tópica dicotomía entre "las dos culturas". Siendo quizá más conocida nuestra Fundación por su labor en el aspecto artístico y literario, no perderemos ocasión de estar presentes en el ámbito científico y en el del pensamiento. Estaremos siempre cerca de todo proyecto que permita el mayor y mejor entendimiento entre los hombres.

Ya son varios los ciclos organizados por nuestra propia Fundación en colaboración con otras entidades, como el de *Premios Nobel y grandes científicos franceses*, *Las fronteras del saber*, *Catedráticos en la Academia. Académicos en la Universidad*, dos cursos sobre *Nobleza y sociedad en la España moderna*, así como otros en los que hemos colaborado, como el de *Biosociología del envejecimiento*, las conferencias contenidas en la Semana Marañón o el que inauguramos organizado por el Consejo Social de la Universidad Complutense de Madrid, entidad que me honro también en presidir, sobre *La Universidad y las profesiones jurídicas*. Todas las intervenciones de estos ciclos de conferencias y sus interesantes aportaciones se han recogido en unas publicaciones cuya edición ha merecido el elogio de los interesados, y también éstas pasarán a englobar la biblioteca básica de consulta que va conformando nuestra Fundación con publicaciones de interés en diferentes disciplinas.

Con este propósito se ha configurado el ciclo que ahora tenemos el honor de inaugurar con la conferencia a cargo del profesor don Juan Oró, a quien quiero testimoniarle el agradecimiento de la Fundación y el mío propio, y que será presentado por el profesor Segovia de Arana.

A todos ustedes, muchas gracias por su presencia.

"El nacimiento de Venus", ▶
por Sandro Botticelli
(Uffizi, Florencia)

I

ORIGEN Y EVOLUCIÓN DE LA VIDA
(Del hidrógeno al hombre)

Juan Oró

ORIGEN Y EVOLUCIÓN DE LA VIDA
(Del hidrógeno al hombre)

JUAN ORÓ
Department of Biochemical and Biophysical Sciences
University of Houston, EE UU

1. INTRODUCCIÓN

Entre los problemas fundamentales de la ciencia se encuentran el origen del Universo, el origen de la vida y el origen del hombre. El problema del origen de la vida en la Tierra ha preocupado al hombre desde que empezó la historia, pero hasta ahora dicha cuestión ha sido de mayor interés para la filosofía y la religión que para la ciencia. No es sorprendente, por lo tanto, que las ideas sobre este tema hayan sido aceptadas sin un análisis crítico y sin argumentos razonados lógicamente. En el siglo pasado, Charles Darwin, con sus observaciones sobre la evolución de las especies de los seres vivos, estableció una base sólida para un posible ataque a dicha cuestión por medio del método científico. En principio, esto puede hacerse siguiendo dos enfoques distintos.

Por una parte, se pueden realizar estudios biológicos desde un punto de vista evolutivo. Ello requiere el estudio micropaleontológico de los sedimentos, o rocas más antiguas, para encontrar los organismos más primitivos, en forma de microfósiles, y averiguar las circunstancias de su aparición. También puede estudiarse la evolución de las biomacromoléculas —ácidos nucleicos o proteínas— a través de sus secuencias, para poder determinar la naturaleza de los seres vivientes más primitivos. En resumen, este enfoque va del presente hacia atrás intentando acercarse lo más posible hasta el pasado remoto en que apareció la vida.

El otro enfoque de ataque va en dirección opuesta. Se remonta al pasado cósmico, antes de que se formase el Sistema Solar y apareciese la vida en la Tierra, con la idea de reconstruir lo que ocurrió para dar lugar al proceso de biopoyesis o generación de la vida. La metodología científica, por lo tanto, es observacional, teórica y experimental. Primero deben determinarse a través de estudios cósmicos y geoquímicos las condiciones de la Tierra primitiva que favorecieron la formación de los compuestos bioquímicos necesarios para la generación de la vida. Luego debe reproducirse en el laboratorio, mediante experimentos, la síntesis de dichos compuestos e intentar obtener con ellos la formación de entidades moleculares que muestren por sí solas, o en forma asociada, algunas de las características básicas de los seres vivientes más primitivos.

Desde los niveles más elementales de la materia haremos este recorrido evolutivo mostrando algunas de las paradojas que se encuentran en nuestro camino, cuyos aspectos se resumen en la Tabla 1.

Tabla 1. ASPECTOS MÁS IMPORTANTES DEL ORIGEN Y EVOLUCIÓN DE LA VIDA

A.	Aspectos cósmicos.
B.	Formación del Sistema Solar y de la Tierra-Luna.
C.	Experimentos sobre la formación de compuestos bioquímicos en la Tierra Primitiva.
D.	Los restos más antiguos de vida en la Tierra.
E.	Exploración del Sistema Solar.
F.	Posibilidades de vida extraterrestre.

2. ELEMENTOS BIOGÉNICOS. LA SINGULARIDAD DEL CARBONO

Antes de considerar las condiciones de la Tierra primitiva, es necesario retroceder en el tiempo y exponer brevemente la formación de los elementos biogénicos. Los elementos biogénicos son principalmente seis (H, C, N, O, S, P), y otros elementos inorgánicos en pequeñas cantidades. Si excluimos el hidrógeno y el helio, que representan aproximadamente el 98 por ciento del Universo, los elementos biogénicos constituyen el 1 por ciento, que es nada menos que la mitad del resto de la materia del mismo. Dichos elementos son indispensables para la vida y son sintetizados en el interior de las estrellas. Los procesos termonucleares empiezan con el hidrógeno. Cuatro núcleos de hidrógeno se condensan en una partícula alfa —núcleo de helio— en una síntesis nuclear —proceso protón-protón— que ocurre en estrellas como nuestro Sol a una temperatura de 15 millones de grados. Se trata de una reacción termonuclear exotérmica, que, de acuerdo con la ecuación de Einstein, genera la energía que ha permitido la aparición y mantenimiento de la vida en nuestro planeta durante unos cuatro mil millones de años.

Después de la formación del núcleo de helio (^{4}He), la reacción nuclear más importante desde un punto de vista biológico es la que da lugar a la síntesis del carbono. Se trata de una reacción termonuclear donde 3 núcleos de helio —3 partículas alfa— se fusionan formando un núcleo de carbono (^{12}C), reacción que ocurre en el interior de ciertas estrellas a una temperatura de 100 millones de grados. La singularidad de dicha reacción, conocida como *proceso triple alfa*, es que sin carbono, la vida como la conocemos no sería posible. No deja de ser una paradoja que el núcleo de carbono, que requiere tres núcleos de helio para su formación, sea mucho más abundante en el Universo que el berilio o el boro, que sólo requieren dos núcleos de helio para su síntesis. Al parecer, lo que ocurre es que la colisión de tres partículas alfa —que estadísticamente es mucho menos probable que la colisión de dos partículas alfa— da lugar a la síntesis de un núcleo (^{12}C) que, debido al gran equilibrio bariónico de su estructura interna, adquiere un estado de gran estabilidad, incluso a la temperatura de 100 millones de grados de la estrella. Contrariamente, la estructura formada por la unión de dos núcleos de helio no tiene tal estabilidad y se disocia tan pronto como se forma a la temperatura de 100 millones de grados.

Otras reacciones termonucleares a partir del carbono generan los otros elementos biogénicos (N, O, S, P). La singularidad del carbono se extiende también a su comportamiento químico, ya que es el elemento del sistema periódico con mayor capacidad de combinación consigo mismo y con otros elementos ligeros, como el hidrógeno, oxígeno, nitrógeno, etcétera, formando una infinidad de compuestos, entre los que se encuentran aquellas moléculas interestelares que fueron las precursoras de la formación de los compuestos bioquímicos en la Tierra primitiva.

3. Moléculas interestelares. El Universo es orgánico

Los elementos biogénicos se combinan en el exterior de las atmósferas de las estrellas de carbono dando lugar a la formación de moléculas orgánicas más o menos complejas, hecho que fue sugerido por el autor unos 6 años antes de que se descubriese su presencia en el espacio interestelar por medio de la radioastronomía. Para los astrónomos era difícil concebir que dichas moléculas pudiesen existir en las condiciones drásticas del entorno destructivo del medio circumestelar e interestelar.

La primera molécula orgánica detectada en las nubes interestelares de nuestra galaxia fue el formaldehído. La segunda fue el ácido cianhídrico —o cianuro de hidrógeno—, la tercera fue el cianecetileno. Es interesante que a partir de las cinco primeras moléculas encontradas en el medio interestelar NH_3, H_2O, CH_2O, HCN, HC_2CN se puede sintetizar en el laboratorio la mayor parte de los aminoácidos y todas las bases nitrogenadas precursoras de los ácidos nucleicos necesarios para la vida.

Desde el año 1968 se han descubierto en el espacio circumestelar e interestelar más de un centenar de moléculas nuevas. Aproximadamente el 75 por ciento de ellas son orgánicas, es decir, están constituidas por carbono y otros elementos biogénicos, y el resto son inorgánicas. Así pues, dejando de lado el hidrógeno y los gases nobles, el Universo es esencialmente orgánico. En consecuencia, podríamos decir que está preparado para que la vida pueda aparecer cuando se den las condiciones apropiadas para ello, como debió ocurrir en la Tierra primitiva después de formarse el Sistema Solar.

4. Formación del sistema solar

El Sistema Solar se formó hace unos 4.600 millones de años por el colapso gravitacional de la nebulosa solar cuando ésta llegó a una masa crítica. Dicho colapso se supone que fue iniciado por la onda de choque de una explosión supernova cercana a la nebulosa solar. Recientemente se ha obtenido evidencia de la existencia de ciertos isótopos en granos de carburo de silicio presentes en el meteorito Murchison que indican que son materia procedente de una supernova de tipo II. Asimismo, esta observación confirma que los meteoritos contienen granos de polvo de origen circumestelar y apoya la hipótesis de que la condensación de la nebulosa protosolar fue iniciada por una explosión supernova. Así pues, el proto-Sol se formó primero por un colapso gravitacional. Luego los proto-planetas, los cometas, los asteroides y otros cuerpos menores fueron formados por condensación de la materia preexistente en la nebulosa solar. Puede parecer paradójico que un proceso tan violento iniciado por una explosión supernova dé lugar al cabo de cierto tiempo a la formación de un sistema planetario tan ordenado como el Sistema Solar.

Como se ha dicho, esto no ocurrió repentinamente, sino en dos fases. Primero se formó el proto-Sol como resultado del colapso gravitacional inducido por una explosión supernova. Luego tuvo lugar un proceso de acrecentamiento más lento de los distintos núcleos que se iban formando en el disco protoplanetario alrededor del Sol. Durante varios centenares de millones de años el Sistema Solar se encontraba en un estado de gran turbulencia y actividad donde la norma era la continua colisión de los planetesimales con otros cuerpos celestes mayores, y así se generaron los distintos planetas y satélites. La composición del Sistema Solar reflejaba la de las nubes interestelares de las que se formó. Esto quiere decir que estaba constituido principalmente de hidrógeno, helio y compuestos de carbono y de los otros elementos biogénicos. Esto ha sido confirmado principalmente gracias a los estudios astronómicos del Sistema Solar por medio de telescopios y de naves espaciales, realizados para analizar los planetas gigantes (e.g. Júpiter, Saturno) y sus satélites.

Un ejemplo relevante es el caso de Titán, uno de los satélites más importantes de Saturno. La presencia de una atmósfera en dicho satélite fue descubierta en el año 1908 por el astrónomo Josep Comas Solà desde el pequeño Observatorio Fabra de Barcelona. La presencia de metano en dicha atmósfera fue descubierta por G. Kuiper en 1944. Más recientemente la nave espacial de la NASA Voyager ha analizado con detalle la composición química de dicha atmósfera, que está constituida sobre todo por nitrógeno, metano y menores cantidades de cianuro de hidrógeno, cianacetileno y otros compuestos orgánicos, algunos de los cuales también se encuentran en el espacio interestelar, en los cometas y en los meteoritos carbonaceos. Como han estudiado en detalle C. Sagan, B. Khare y F. Raulin, la química orgánica de los océanos o esfera líquida de Titán y de su atmósfera es probablemente muy compleja. Es posible que de aquí a 5.000 millones de años, cuando el Sol haya consumido todo su hidrógeno y se haya convertido en otra estrella de acuerdo con el proceso de evolución estelar, la vida ya habrá cesado en la Tierra, y quizá surja entonces en

Titán. El cociente de deuterio a hidrógeno de Titán es muy semejante al del cometa Halley y al del agua de la Tierra. La densa atmósfera de Titán se formó, de acuerdo con Griffith, Zahnle y otros investigadores, por la captura de cometas. La colisión del cometa Shoemaker-Levy 9, en el mes de julio de 1994, con el planeta Júpiter es un ejemplo de lo que debió ser muy frecuente durante la formación del Sistema Solar.

Por otra parte, debido a su proximidad al Sol, los protoplanetas terrestres contenían limitadas concentraciones de moléculas volátiles como el agua y los compuestos orgánicos. Esto ha permitido a A. Delsemme llegar a conclusiones contrarias a las avanzadas anteriormente por Harold Urey en cuanto a la composición de la atmósfera primitiva de la proto-Tierra. Urey había sugerido una atmósfera primitiva formada principalmente por metano, amoniaco y vapor de agua. Como se verá, la atmósfera de la Tierra también vino principalmente de los cometas.

5. Cometas y meteoritos carbonaceos

Los cometas tienen mucho interés cósmico, puesto que se consideran como los cuerpos celestes más primitivos del Sistema Solar y probablemente los que tienen más que ver con la fase final de formación de la Tierra. Su composición química es bastante pristina, ya que contienen moléculas procedentes de las nubes interestelares y todavía se encuentran congeladas a las bajas temperaturas del espacio interplanetario del cinturón de Kuiper, o del espacio interestelar de la nube de Oort. La presencia de cianuro de hidrógeno, formaldehído y otras moléculas orgánicas más complejas, como la adenina, ha sido demostrada por los espectómetros de masas de las naves espaciales Vega (URRS) y Giotto (ESA), que analizaron el cometa Halley en el año 1986. Como se verá más adelante, estos extraños mensajeros de las lejanías del Sistema Solar, que visitan periódicamente la Tierra y han sido temidos y admirados durante toda la historia, representaron un papel muy importante en la aparición de la vida en nuestro planeta.

Los meteoritos carbonaceos son de tipo condrítico y se caracterizan por tener unas pequeñas inclusiones rocosas aproximadamente esféricas, cóndrulos de 1 a 2 mm de diámetro y una matriz negruzca donde hay materia orgánica e inorgánica. Se consideran fragmentos de los asteroides oscuros, y contienen hidrocarburos, monómeros bioquímicos y otras moléculas orgánicas complejas. En el meteorito que cayó en la ciudad de Murchison, Australia, en 1969, se han encontrado unos 75 aminoácidos. Ocho de dichos aminoácidos son de composición idéntica a los que se encuentran en las proteínas, como la glicina, la alanina y el ácido aspártico. Otros aminoácidos tienen interés metabólico, como el ácido gama-amino butírico (GABA), pero la mayor parte de ellos no se encuentra en los seres vivientes. A excepción de la glicina, los aminoácidos restantes, en su forma natural, son racémicos, es decir, que cada uno de ellos está constituido por un 50 por ciento del isómero óptico dextrogiro (D) y un 50 por ciento del isómero óptico levogiro (L), como han demostrado las investigaciones hechas por Kvenvolden, el autor y otros investigadores como J. Cronin y S. Chang. Este hecho, junto con otras propiedades diferenciales —gran enriquecimiento de deuterio— de dichos aminoácidos, demuestra que fueron sintetizados a partir de moléculas como aldehídos, cianuro de hidrógeno, etcétera, procedentes del medio interestelar. Los meteoritos carbonaceos contienen muchos otros compuestos orgánicos, como los hidrocarburos aromáticos policíclicos, que se han encontrado también en el meteorito ALH 84001 procedente del planeta Marte. Desde un punto de vista biológico, podemos decir que los meteoritos carbonaceos contienen representantes de los compuestos bioquímicos más importantes para la vida, e.g. aminoácidos, purinas, pirimidinas, etcétera. Al parecer, algunos de estos compuestos se formaron en los asteroides oscuros antes de que se constituyese la Tierra.

6. Formación del sistema Tierra-Luna

Como consecuencia del estado de turbulencia y de la gran incidencia de colisiones durante la formación del Sistema Solar, la Tierra no estuvo exenta de impactos. Una teoría reciente de formación del Sistema Tierra-Luna propuesta por el astrofísico A. G. W. Cameron y colaboradores como W. L. Slattery y W. Benz, así como también por el planetólogo William Hartmann, avanza un modelo colisional que resuelve los problemas de las teorías anteriores. De acuerdo con dicha teoría, un cuerpo celeste de una masa semejante a Marte chocó hace unos 4.500 millones de años con la proto-Tierra, inyectando la mayor parte del hierro en el núcleo de la Tierra, causando la fusión del manto terrestre y la expulsión de una parte del mismo, que finalmente se agregó formando la Luna. De esta forma se pueden explicar esencialmente todas las semejanzas y diferencias físicas y químicas que hay entre la Tierra y nuestro satélite natural. La Luna está prácticamente desprovista de agua y de sustancias volátiles como resultado de las altas temperaturas (>2000ºC) ocasionadas por dicha colisión y también por su pequeña masa. Toda el agua y otros componentes volátiles de la proto-Tierra fueron expulsados al espacio interplanetario.

En principio, esta nueva teoría podría presentar un problema grave. Si todas las sustancias volátiles, incluyendo el agua, desaparecieron de la proto-Tierra, ¿cómo explicamos la presencia del agua y de la biosfera en la Tierra?, es decir, ¿de dónde provienen las sustancias volátiles y los elementos biogénicos de nuestro planeta? Dicha pregunta se la hice al Dr. Cameron cuando él salía de dar una conferencia sobre la formación del Sistema Tierra-Luna, en el Centro Espacial Johnson de la NASA de Houston. La conferencia iba acompañada de una película hecha por supercomputadores simulando en detalle dicho proceso colisional. De una manera sencilla el Dr. Cameron me contestó: de los cometas y otros cuerpos menores del Sistema Solar que fueron captados por la Tierra primitiva, después del choque catastrófico inicial. Mi satisfacción fue obvia, pues ratificaba una teoría publicada por un servidor unos 30 años antes, el año 1961 en la revista *Nature,* con el título *Comets and the Formation of Biochemical Compounds on the Primitive Earth.* No deja de ser sorprendente que nuestro bello planeta azul y su satélite natural fuesen engendrados por un acto tan catastrófico, al que siguieron muchas colisiones cometarias antes de que pudiese aparecer la vida.

La adquisición de agua y de materia extraterrestre por la Tierra fue también sugerida más adelante por otros autores como Anders y Owen, Sagan y Chyba, Delsemme, etcétera. Al parecer, dicho proceso ha continuado durante toda la historia de nuestro planeta de una forma continua o periódica. Un fenómeno semejante fue sugerido también hace unos diez años por Louis Frank al observar en la estratosfera unas manchas difusas que él interpretaba como vapor de agua pero que la comunidad científica recibió con escepticismo. Gracias a los satélites artificiales que están observando de forma continua nuestro planeta desde órbitas a gran altitud —satélite Polar de la NASA—, se ha confirmado dramáticamente por medios fotográficos que dichas manchas corresponden a una multitud de minicometas o grandes bolas de nieve que caen de manera permanente sobre nuestro planeta. Observaciones recientes sugieren que son millares de minicometas de varios metros cúbicos de agua y otras sustancias cometarias que se incorporan cada día a la Tierra. Cuantitativamente, si el proceso ocurriese de manera continua, equivaldría a 1 mm de agua líquida por cada 1.000 años, o bien a 4,5 Km de agua alrededor de toda la Tierra desde que ésta se formó.

Si tenemos en cuenta la posible pérdida de una fracción del agua por su fotolisis en la estratosfera, podemos decir que las teorías avanzadas en este sentido desde 1961 dejan de ser teorías y pasan a ser realidad. El mismo proceso debe ocurrir en la Luna y en los otros planetas terrestres, donde el agua no se retendrá debido a su poca gravedad —Luna, Mercurio y, en parte, también en Marte— o por el mero hecho de que será totalmente fotolizada por las radiaciones ionizantes recibidas del Sol —Venus—. En este sentido adquiere un papel relevante la existencia de un gran campo magnético en la Tierra que desvía los protones y electrones recibidos del Sol y evita una mayor destrucción del agua y de la atmósfera terrestre.

7. Materia cometaria capturada por la Tierra primitiva

Estas dos teorías, la de la formación del sistema Tierra-Luna y la del papel de los cometas en el aporte de agua y materia orgánica a la Tierra primitiva son aceptadas actualmente por la mayoría de los científicos que trabajan en dichos campos. En resumen, puede decirse lo siguiente: (1) El Sistema Tierra-Luna se formó como resultado de una colisión masiva, perdiendo las pequeñas cantidades de agua y de los elementos volátiles que tenía; (2) de los cometas y otros cuerpos celestes menores del Sistema Solar se obtuvieron, por procesos de acrecentamiento posterior, el agua y la mayor parte de los elementos biogénicos, como resultado de las colisiones y adquisiciones de cometas que ocurrieron principalmente durante los primeros 700 millones de años de la historia de nuestro planeta; (3) como hemos visto, dichos procesos de adquisición continúan en la actualidad de una forma mucho más moderada.

En el artículo inicial publicado en 1961 yo calculé que la cantidad de materia capturada por la Tierra primitiva podría llegar a la cifra de 10^{18} g, que equivale a toda la masa de la biosfera actual. Más tarde, con el profesor A. Lazcano y al introducirse nuevas estadísticas de colisiones cometarias, mejoramos nuestros cálculos y llegamos a la cifra de 10^{23} g, que representa aproximadamente el valor total de la materia cometaria capturada por la Tierra primitiva. Cálculos más recientes realizados por Chyba, Sagan y otros investigadores dan resultados semejantes o incluso mayores. Otros cálculos llevados a cabo por F. Whipple y A. Delsemme, astrónomos cometarios, dan valores superiores, del orden de 10^{25} g, sugiriendo que, incluso, toda el agua terrestre es de origen cometario. Ciertamente, el cociente de deuterio a hidrógeno del agua del cometa Halley es en esencia idéntico al del agua del mar. Puede añadirse, a favor de estos cálculos más recientes, que la aportación cometaria a la Tierra oscila aproximadamente entre 10^{23} y 10^{25} g, aportación que es compatible con los valores reales del carbono sedimentario terrestre ($1x10^{23}$ g) y del agua de todos los océanos ($1,6x10^{24}$ g). Asimismo, y de acuerdo con los análisis realizados por Owen, Bar-nun y colaboradores, la fraccionación de los gases nobles pesados existentes en la atmósfera terrestre indica que estos gases y la mayor parte de las moléculas volátiles de nuestra atmósfera proceden de cometas que provienen probablemente de la región de Urano-Neptuno, donde se formaron los cometas del cinturón de Kuiper. De no haber sido por los cometas, podría ser considerado una paradoja que la vida aparezca en uno de los planetas terrestres, que son esencialmente rocosos y mucho más deficientes en materia orgánica que los planetas gigantes, como Júpiter y Saturno, y sus satélites. Los cálculos de materia cometaria capturada por la Tierra primitiva se detallan en la Tabla 2.

Tabla 2. MATERIA COMETARIA CAPTURADA POR LOS CUERPOS DEL SISTEMA SOLAR

	Materia cometaria (g)	Tiempo (años)	Referencia
Venus	$4,0x10^{20}$	$2x10^{9}$	Lewis, 1974
Luna	$2,0x10^{20}$	$1x10^{9}$	Wetherill, 1975
Tierra	$2,0x10^{14-18}$	$2x10^{9}$	Oró, 1961
	$1,0x10^{25-26}$	$1x10^{9}$	Whipple, 1976
	$3,5x10^{21}$	$1x10^{9}$	Sill y Wilkening, 1978
	$7,0x10^{23}$	$4,5x10^{9}$	Chang, 1979
	$2,0x10^{22}$	$4,5x10^{9}$	Pollack and Yung, 1980
	$1,0x10^{23}$	$2,0x10^{9}$	Oró y otros, 1980
	$1,0x10^{24-25}$	$1,0x10^{9}$	Delsemme, 1984 y 1991
	$6,0x10^{24-25}$	$1,0x10^{9}$	Ip y Fernández, 1988
	$1,0x10^{23-26}$	$4,5x10^{9}$	Chyba y otros, 1990

8. Síntesis de biomonómeros

Fue durante los años de la guerra civil española cuando, intrigado por los problemas filosóficos relacionados con el origen de las cosas y más adelante atraído por la bioquímica y por los estudios de Darwin en relación a la evolución de las especies, decidí dedicarme al estudio del origen de la vida desde un punto de vista químico e intentar obtener aminoácidos y monosacáridos abióticamente. La tesis que seguía estaba inspirada en la teoría de la evolución de C. Darwin. Es decir, si los seres complejos vienen de los más sencillos, también las moléculas más complejas deben venir de las más sencillas. Así se lo expliqué al profesor Severo Ochoa en el año 1952, cuando llegué por primera vez a Nueva York, desde España. Hasta que había empezado mis estudios bioquímicos de Doctorado en Houston no me enteré de la aportación teórica de A. I. Oparin y de las ideas semejantes de Harold Urey. A. I. Oparin fue el botánico y bioquímico ruso que propuso que un largo período de síntesis abiótica de compuestos orgánicos es una precondición necesaria para la aparición de las primeras formas de vida en la Tierra, a través de un proceso de evolución química gradual. Es interesante que aunque Oparin se inspiró para su teoría en la hipótesis de Medeleyev sobre el origen del petróleo a partir de los carburos metálicos —hipótesis errónea en su mayor parte—, la teoría de la evolución química gradual se considera actualmente como una de las más aceptadas para el estudio del origen de la vida.

Unos de los primeros experimentos que intentaron poner a prueba la teoría de Oparin fue realizado por Garrison y sus colaboradores usando dióxido de carbono y radiaciones de alta energía. Dicho experimento no dio resultados muy alentadores. Entonces Harold Urey expresó en la Universidad de Chicago que sería más razonable usar un compuesto de carbono más reducido, como el metano, tal como él mismo y Oparin habían sugerido. Fue Stanley L. Miller, quien, haciendo uso de descargas eléctricas y un compuesto de carbono más reducido —metano— en presencia de amoniaco y agua, obtuvo aminoácidos e hidroxiácidos en un experimento que se considera clásico. Dicho experimento era semejante al que había realizado durante la primera década de este siglo Walther Loeb, intentando explicar el origen actual de los aminoácidos en los seres vivientes, pero no el origen de la vida.

En el experimento de Miller se obtuvieron varios de los aminoácidos que se encuentran en las proteínas. Además de aminoácidos, se formaron también hidroxiácidos y otros compuestos bioquímicos. Es interesante que los aminoácidos e hidroxiácidos son semejantes a los que se encontraron más adelante en el meteorito Murchison. En ambos casos los aminoácidos analizados se encuentran en forma racémica, es decir, igual cantidad de isómeros ópticos. Como se menciona más adelante, también se obtienen fácilmente aminoácidos a partir de cianuro de hidrógeno, amoniaco y agua, compuestos presentes en los cometas.

9. ¿Adenina del cianuro de hidrógeno?

La segunda cuestión más importante con relación a la formación de biomonómeros en la Tierra primitiva era averiguar cómo pudieron sintetizarse abióticamente las purinas —y las pirimidinas—, bases de los ácidos nucleicos. Aunque ya había realizado experimentos con anterioridad, no fue hasta el día 25 de diciembre de 1959 que descubrí de una forma concluyente la formación de la adenina a partir del cianuro de hidrógeno (HCN), en presencia de amoniaco y agua. No solamente adenina, sino también otras purinas, aminoácidos y otros compuestos bioquímicos se obtuvieron como productos de dicha reacción. Por la tarde del día de Navidad estaba yo solo en un cuarto oscuro del ático del antiguo edificio de la Facultad de Ciencias de la Universidad de Houston, con el objeto de examinar por medio de la luz ultravioleta un cromatograma con los resultados obtenidos el día anterior. Mi sorpresa fue innegable al ver una gran mancha que absorbía intensamente la luz ultravioleta coincidiendo exactamente con todas las características correspondientes a las de la adenina auténtica. Fue para mí un momento emocionante. Parecía que la naturaleza me estuviera revelando un gran secreto.

A pesar de lo convincentes que eran los análisis, era difícil explicar inicialmente el mecanismo de dicha síntesis. Parecía que hubiese sido producida por arte de magia. Por fortuna, mis estudios de Doctorado en el Baylor College of Medicine de Houston me prepararon para poder encontrar una solución al mecanismo sorprendente de esta reacción química, que en un principio era para mí difícil de explicar. En Baylor había estudiado la síntesis bioquímica de las purinas. Durante estos estudios tuve la oportunidad de aislar y caracterizar purinas y algunos de sus intermediarios, como la aminoimidazolecarboxamida (AICA). Así pues, cuando más tarde hice mis experimentos de síntesis abiótica en la Universidad de Houston tuve una gran satisfacción al comprobar que tanto la AICA, como otros compuestos intermediarios, se habían formado también abióticamente a partir del cianuro de hidrógeno (HCN). Quizá sería posible pensar en un posible mecanismo de síntesis semejante al biológico. En esencia, el mecanismo de la síntesis de adenina puede decirse que ocurre en cuatro pasos, a través de los cuales cinco moléculas de cianuro de hidrógeno se convierten en una de adenina, o sea que sencillamente es : 5 HCN => Adenina. Más tarde me di cuenta de que la adenina era un pentámero del cianuro de hidrógeno.

10. Confirmación de la síntesis de adenina

Finalmente hicimos un estudio detallado de la síntesis de la adenina con mi estudiante de Doctorado A. P. Kimball. Pudimos comprobar por medio de nueve métodos distintos que el producto obtenido era ciertamente adenina, obteniendo así una demostración física y química inequívoca. Lo que al principio veía increíble luego me di cuenta de que era inevitable, pues la fórmula empírica de la adenina corresponde al pentamero del cianuro de hidrógeno $(HCN)_5$. También se obtuvieron otras purinas, como la guanina. No deja de ser una paradoja que el cianuro de hidrógeno, una de las moléculas más tóxicas para los seres vivos actuales, haya sido la generadora de una de las moléculas más importantes para la vida. A pesar de esto, tuvo que pasar más de un año antes de que el mundo científico aceptara dichos resultados, sin embargo, no se hicieron esperar mucho las confirmaciones de los laboratorios que habían sido más escépticos, principalmente de Cambridge (Inglaterra) y de Japón. Una vez convencidos, los japoneses modificaron la reacción, quitando el agua y obteniendo rendimientos de adenina del 15 por ciento, método que fue patentado para la producción comercial de adenina.

11. Interpretación y extensión de estos estudios

Desde un punto de vista conceptual, dicho hallazgo tuvo consecuencias favorables para la generalización del proceso de la evolución química. Así pues: a) la síntesis de adenina a partir del cianuro de hidrógeno, b) la presencia del cianuro de hidrógeno en los cometas y c) la explosión que ocurrió en Tunguska, Siberia, en el año 1908, como resultado de la colisión atmosférica de un cometa —se ha calculado que fue un fragmento del cometa Encke— fueron las tres observaciones que intuitivamente me indujeron a proponer la hipótesis en el año 1961 del papel importante de los cometas en la síntesis de moléculas bioquímicas en la Tierra primitiva. Investigaciones recientes de las capas de hielo permanente de Groenlandia correspondientes al año 1908 y realizadas por científicos franceses demuestran la presencia en dichos hielos de los iones amónico+ y formato en cantidades estrictamente equimolares. La interpretación más sencilla es que la nube de polvo y gas, resultado de la explosión de un fragmento del cometa Encke que tuvo lugar a unos 8 Km de altitud por encima de la región de Tunguska, Siberia, se extendió por todo el planeta al menos durante toda una semana. Como consecuencia, se depositó en muchas partes cianuro de hidrógeno cometario disuelto en gotas de agua que se posaron, por ejemplo, en la superficie helada de Groenlandia y con el tiempo se hidrolizaron dando lugar a la formación de formato amónico. Asimismo, como hemos dicho anteriormente, observaciones fotográficas recientes hechas por el satélite Polar de la NASA confirman la teoría de Louis Frank y demuestran que en la actualidad están cayendo a la Tierra unos millares de minicometas cada día. Dichos minicometas son como unas bolas de nieve de varios metros cúbicos que se desintegran a grandes altitudes en forma de vapor de agua y finalmente caen sobre la Tierra en forma de lluvia.

Después de estas dos primeras síntesis abióticas de monómeros bioquímicos, aminoácidos y purinas, muchos científicos se interesaron por el enfoque experimental con relación al estudio del origen de la vida en la Tierra, siguiendo, en principio, la teoría de la evolución química de Oparin. Podría resumirse este campo, bastante extenso, diciendo que muchos monómeros bioquímicos que forman parte de los seres vivos y que son necesarios para que pudiese surgir la vida en la Tierra han sido sintetizados en condiciones abióticas en varios laboratorios alrededor del mundo. Dos ejemplos adicionales que deben mencionarse por su importancia son la síntesis de nucleósidos y ATP por mediación de la luz ultravioleta, que llevaron a cabo Ponnamperuma, Sagan y otros, y la síntesis de citosina y uracilo con buenos rendimientos por condensación de cianacetaldehido y urea y evaporación realizada por Miller y Robertson. Dicho experimento reciente demuestra la importancia del proceso de evaporación en el aumento de complejidad y recuerda la gran intuición de C. Darwin en su carta a Hooker cuando hablaba de este proceso para poder explicar hipotéticamente el origen de la vida.

12. Síntesis de biopolímeros

Independientemente de las condiciones de la Tierra durante la primera fase de síntesis orgánica, es decir, la síntesis de biomonómeros, lo que realmente es necesario para poder comprender mejor el proceso de evolución química es saber cuáles fueron las condiciones en la segunda fase de síntesis orgánica, es decir, la que produjo los primeros polímeros biológicos. Las condiciones para esta segunda fase tuvieron que ser más restringidas y suaves al tratarse de moléculas sumamente frágiles.

En estas condiciones —temperaturas entre 0 y 100ºC, y en presencia de agentes condensantes— se han podido sintetizar oligopéptidos y oligonucleótidos en varios laboratorios. En nuestro caso hemos conseguido grados de polimerización de ocho en desoxiribonucleótidos y de unos 18 en algunos polipéptidos, como la poliglicina. La mayor parte de estas reacciones se ha llevado a cabo por procesos de evaporación de soluciones acuosas. En la Tierra primitiva dichos procesos de evaporación pudieron haber ocurrido por el cambio diurno entre la noche y el día. Así, es concebible que por la continuada repetición de procesos de evaporación —día— y enfriamiento —noche— se pudiesen conseguir grados de polimerización relativamente elevados al juntarse varios de los polímeros sintetizados de forma previa. Sólo así puede explicarse el continuo aumento de complejidad y del grado de la polimerización de nucleótidos y aminoácidos en lugar de la hidrólisis de dichos polímeros.

Este proceso de condensación debió dar lugar a la generación de proto-enzimas y co-enzimas. Así pues, con relación a la formación de oligopéptidos, uno de los resultados más interesantes que hemos conseguido recientemente en nuestro laboratorio es la síntesis del dipéptido histidil-histidina, que es capaz de actuar como si fuese un catalizador en varias reacciones de interés bioquímico. Es posible que siguiendo esta línea de investigación se puedan sintetizar proto-enzimas o enzimas rudimentarios, como están llevando a cabo otros investigadores.

También hemos logrado por medio de la cianamida la formación de varios co-enzimas como los siguientes: adenosindifosfato (ADP), adenosintrifosfato (ATP), urindindifosfato glucosa (UDPG), citidindifosfatocolina (CDP-colina), citidindifosfatoetanolamina (CDP-etanolamina) y otros co-enzimas.

13. Reproducción de polinocleótidos

En el laboratorio del profesor Leslie Orgel, se han hecho estudios con los que se ha conseguido la formación de ácidos nucleicos de tipo oligo G (o poli G) a partir de un molde de poli C, y de substratos activados derivados de la guanosinmonofosfato (2 Me Imp G). Esto demuestra el principio de transferencia de información a nivel molecular por medios puramente químicos, es decir, se logra sintetizar una copia molecular negativa (poli G) a partir de una molécula original positiva (poli C), cosa que constituye solamente la mitad del proceso reproductivo. Hasta ahora no se ha resuelto el proceso autocatalítico de reproducción molecular completa de polinucleótidos, con la excepción de ciertas reacciones de hexadesoxiribonucleótidos —y tetranucleótidos—, que por sus condiciones especiales no pueden considerarse prebióticas. Por tanto, podemos decir que éste es uno de los problemas más importantes que queda por resolver (véase más adelante en la sección 17).

14. El mundo del RNA

La idea de que el RNA precedió al DNA como material genético ha sido expresada por muchos autores y ha sido estudiada en detalle por mi colega el profesor A. Lazcano y un servidor. Asimismo, los descubrimientos de Thomas Cech y Sidney Altman, que recibieron el premio Nobel, demostraron la capacidad de ciertos ácidos ribonucleicos de actuar como catalizadores. Por esto han sido llamados enzimas de RNA o ribozimas. Esta es la primera vez en la historia de la bioquímica que se han encontrado catalizadores que no son exclusivamente proteínas. Esta nueva propiedad catalítica mostrada por ciertos ácidos ribonucleicos abre la puerta a experimentos prebióticos en el campo que se ha venido a llamar por Walter Gilbert el mundo del RNA, es decir, un período de transición donde la vida, de acuerdo con Gilbert, hubiese podido existir antes de la aparición de las proteínas. Hasta ahora, sin embargo, las propiedades catalíticas de dichos RNA son relativamente limitadas, y aunque se han hecho varios experimentos sobre la evolución *in vitro* de los RNA catalíticos, o ribozimas, (e.g. M. Eigen, P. Schuster, G. Joyce, J. Szostak) todavía tienen que usarse enzimas para poderlos llevar a cabo de una forma eficiente.

15. La participación de las membranas

El origen de la vida no dependió de la aparición al azar de una sola molécula. Dependió de la gradual evolución de sistemas formados por grupos de moléculas bioquímicas con distintas propiedades —reproductivas, catalíticas, energéticas, etcétera—, pero interdependientes entre sí. Por lo tanto, es obvio que un mecanismo para mantener todas ellas juntas dentro de estructuras membranosas protocelulares es absolutamente necesario. Es decir, de acuerdo con Oparin y Haldane, un paso decisivo hacia el origen y evolución celular de la vida debió ser la formación de sistemas moleculares con membranas.

Al margen de la cuestión de si la vida puede existir sólo con proteínas o en ausencia total de ellas, como en el mundo del RNA, lo cierto es que para que la evolución pueda ocurrir, de acuerdo con Darwin, se necesita una célula delimitada por su membrana, por rudimentaria que ésta sea, con el fin de separar el medio intracelular del extracelular, es decir, el mundo a su entorno.

Las membranas de las células están constituidas, aparte de ciertas proteínas, principalmente por moléculas de lípidos anfifílicos que tienen la propiedad de autoensamblarse espontáneamente dando lugar a la formación de liposomas, que son microestructuras esféricas del tamaño aproximado de una célula —1 a 10 micrones—. Dos de estas moléculas anfifílicas son la fosfatidilcolina y la fosfatidiletanolamina. En trabajos realizados durante varios años en nuestro laboratorio logramos sintetizar abióticamente ácidos grasos, fosfogliceratos y varios lípidos anfifílicos incluyendo la fosfatidilcolina y la fosfatidiletanolamina. Con la fosfatidilcolina obtuvimos fácilmente liposomas semejantes a membranas, es decir, que tienen el mismo tipo de capas bimoleculares que se encuentran en la mayor parte de las membranas de las células de los organismos procariotas y eucariotas.

16. Modelos protocelulares

Éste es uno de los aspectos más difíciles del estudio experimental del origen de la vida. Pues aunque fuésemos capaces de sintetizar abióticamente RNA con la capacidad de reproducirse y pudiésemos obtener péptidos siguiendo las instrucciones del RNA, y que dichos péptidos tuviesen la propiedad de catalizar la síntesis de la molécula de RNA inicial, cerrando así el ciclo vital —reproducción, traducción y catálisis—, todavía necesitaríamos que ocurriesen otros dos procesos, a saber: a) el auto-ensamblaje estructural de estas moléculas dentro de un liposoma, o recinto protocelular, y b) la provisión de la energía necesaria para iniciar y mantener el proceso autocalítico que diese lugar primero al funcionamiento y después a la reproducción de esta protocélula.

Aunque hay indicaciones por parte de H. Noller de que una de estas moléculas de RNA catalítico se pudo convertir evolutivamente en el RNA de transferencia (t-RNA), creo que todavía es prematuro hacer conjeturas sobre dichos modelos protocelulares. Se pueden sugerir tres de las fases posibles de evolución de modelos protocelulares. La primera está basada en el autoensamblaje de un RNA catalítico y un liposoma. La segunda además contiene una molécula de t-RNA con la capacidad de sintetizar un péptido catalítico. El tercer modelo incluiría además el DNA y un protoribosoma. Este último modelo sería la expresión mínima de una de las células actuales, o la supuesta célula ancestral de Darwin.

17. Funcionamiento de una protocélula y autobiopoyesis

Aun aceptando que uno pudiese lograr el autoensamblaje de cualquiera de los tres modelos antes descritos, todavía queda una cuestión por resolver. ¿Cómo se pone en funcionamiento una protocélula? Es obvio que cualquiera de los tres modelos tiene que recibir la energía necesaria para lograr la síntesis de todas las moléculas de una manera continuada y llegar finalmente al proceso de reproducción protocelular o autobiopoyesis. En las células actuales esta energía viene de los pirofosfatos, o del ATP, y la formación de un enlace de alta energía puede generarse por un gradiente de protones, ya sea producido directamente o por la conversión de energía química o lumínica a través de un pigmento apropiado.

Tomándose un poco de libertad, uno podría hacer una comparación de cómo iniciar el funcionamiento de una protocélula con el proceso de resucitación de un paciente que ha sufrido un paro cardiaco. En este último caso, el paciente puede volver a la vida por medio de una descarga eléctrica. Es decir, mediante un flujo de electrones —iones negativos— que estimulan las células del corazón para que de nuevo, gracias al ATP liberado, se contraigan y continúen bombeando sangre. De una forma semejante, en una protocélula, la vida, en teoría, podría ser iniciada por un flujo de protones —iones positivos—, que inducirían la formación de ATP, cuya energía sería utilizada para iniciar y promover las reacciones sintéticas de la protocélula. Quizás experimentos apropiados, con gradientes de protones a través de membranas, o liposomas bilamelares, de una protocélula podrían demostrar la validez de este principio.

18. Algunos problemas no resueltos

No todo es prometedor en el campo de los estudios sobre el origen de la vida. Hay numerosos procesos importantes que aún no han sido resueltos. Uno de ellos es la eficaz formación de ribosa para hacer RNA y desoxirribosa para hacer DNA. Los dos compuestos pueden sintetizarse abióticamente, pero han surgido algunos problemas referentes a sus síntesis debido a que los rendimientos son pequeños. No obstante, nuevas e interesantes aproximaciones pueden ser finalmente exitosas, como las realizadas por A. Eschenmoser y sus colaboradores.

Un segundo problema es el referente a la quiralidad de las biomacromoléculas. Los ácidos nucleicos son dextrogiros —isómeros D de los azúcares— y las proteínas están constituidas por aminoácidos L o levogiros. Sin embargo, la síntesis química conduce inevitablemente a una mezcla racémica —50 por ciento D, 50 por ciento L— de cualquier molécula, ya sea un azúcar o un aminoácido. Las soluciones basadas en la física cósmica que se han ofrecido no proporcionan una respuesta, porque en la Tierra primitiva había temperaturas de al menos de 0° a 100°C. Así, cualquier monómero quiral —de isómero D o L— preformado hubiera sido rápidamente racemizado. Además, los hechos son que los análisis de los aminoácidos en los meteoritos demuestran que son mezclas racémicas. Se han encontrado pequeños excesos de aminoácidos D o L en algunos meteoritos carbonaceos, pero se ha demostrado que han sido debidos a la contaminación o a otras causas y en esencia no modifican el hecho de ser mezclas racémicas. La solución a este problema se encuentra, probablemente, en la formación de oligomeros homoquirales debido a la mayor estabilidad o eficacia en sus actividades catalizadoras o estructuralmente en sus funciones protobiológicas. Estudios que apuntan en esta dirección se han llevado a cabo recientemente por el equipo liderado por Albert Eschenmoser, de la Escuela Politécnica de Zurich (E.T.H.). Una tercera cuestión tiene que ver con la activación de aminoácidos y la transcripción de la información de RNA codificada a los péptidos. Pequeños oligomeros de RNA en forma de estructuras de horquilla se han sugerido como modelos protobiológicos, pero los experimentos pertinentes aún no se han llevado a cabo con éxito, aunque sí se han obtenido resultados preliminares que son muy esperanzadores.

Lo que sí podemos decir es que aunque existen problemas de autoorganización molecular para llegar a la formación de la primera protocélula con capacidad de autorreproducción, no hay nada mágico en la síntesis de los compuestos bioquímicos necesarios para ello. Dichas reacciones se resumen en la Tabla 3.

Tabla 3. Moléculas bioquímicas y propiedades que se pueden derivar de moléculas cometarias

Moléculas Cometarias	Fórmulas	Monómeros y Propiedades
1. Hidrógeno	H_2	Agente Reductor
2. Agua	H_2O	Disolvente Universal
3. Amoniaco	NH_3	Catálisis y Aminación
4. Monóxido de Carbono	$CO(+H_2)$	Ácidos grasos
5a. Formaldehído	CH_2O	Ribosa y Glicerol
5b. Acetaldehído	$CH_3CHO(+CH_2O)$	Desoxirribosa
6. Aldehídos (HCN)	$RCHO(+HCN \& NH_3)$	Amino Ácidos
7. Sulfuro de Hidrógeno	H_2S(y otros precursores)	Cisteína y Metionina
8. Cianuro de Hidrógeno	HCN	Purinas (Adenina, etc)
9. Cianacetileno	HC_3N(+Cianato)	Pirimidinas
10. Fosfato (IDP)	PO_4^{3-}	Fosfatos y Nucleótidos

19. Evolución primigenia de la vida: microfósiles

Como hemos dicho al principio del artículo, el estudio del problema del origen de la vida puede enfocarse también desde un punto de vista biológico evolutivo. Se cree que la vida apareció hace al menos unos 4.000 millones de años. La existencia de materia orgánica de origen biológico se ha hallado en los sedimentos llamados de ISUA, de Groenlandia, que tienen más de 3.800 millones de años de antigüedad (Mojzsis, Arrhenius). Pero los fósiles bien caracterizados más antiguos son los que se han encontrado en sedimentos y rocas del oeste de Australia —formación de Warrawoona—. Su edad es de 3.500 millones de años y su morfología tiene afinidades con las cianobacterias. Estos trabajos han sido realizados principalmente por Avramik, Schopf y Walter. Sin embargo, no pueden corresponder a los microorganismos más antiguos de la Tierra porque son demasiado complejos o evolucionados. De los tres dominios unicelulares actuales, Arquea, Bacteria y Eucaria, los más antiguos son probablemente los microorganismos termofílicos del dominio Arquea, que viven a altas temperaturas en las fuentes termales del fondo de los océanos. Sin embargo, tampoco se cree que dichos organismos puedan ser las células ancestrales de todos los seres vivientes.

Cabe esperar que por medio del estudio de secuencias de algunos de los enzimas más importantes y primitivos, como son los enzimas que sintetizan RNA, y encontrando aquellas áreas de dichos enzimas más conservadas en ciertos organismos pueda establecerse la raíz del árbol filogenético de los tres grandes reinos unicelulares. Se trata de un problema difícil de resolver, ya que en cualquier organismo unicelular que exista hoy día sus enzimas ya han tenido prácticamente más de 3.500 millones de años para poder evolucionar y pueden haberse introducido muchos cambios incluso en las secuencias que aparecen hoy día muy conservadas. Sin embargo, ciertos avances recientes realizados por la biología molecular abren una esperanza con relación a la aplicación de este método al estudio del origen de la vida, como lo sugieren estudios de A. Lazcano y otros investigadores.

20. Oxígeno molecular: un salto evolutivo

La concentración de oxígeno molecular en la atmósfera terrestre no empezó a acumularse hasta que los minerales de hierro del planeta estuvieron casi del todo oxidados formando las conocidas capas sedimentarias rojizas. Así, una concentración de oxígeno del orden del 15 por ciento de la actual se acumuló en la Tierra hace unos 2.000 millones de años gracias a la continuada acción de las cianobacterias fotosintéticas, que fijaban el dióxido de carbono (CO_2) del aire y liberaban el oxígeno molecular (O_2) a la atmósfera. Entonces aparecieron bacterias aeróbicas, que gracias al proceso de evolución endosimbiótica, estudiado en detalle principalmente por la profesora L. Margulis, formaron parte de las células eucariotas como mitocondrias. Las mitocondrias que son descendientes de las bacterias aeróbicas tienen la capacidad de utilizar el oxígeno como fuente de energía. Así se produce ATP a través de la oxidación fosforilativa a una velocidad unas 20 veces mayor que en los procesos fermentativos que no utilizan el oxígeno. Es decir, todos los procesos bioquímicos tienen lugar de una forma más rápida, incluyendo el número de reproducciones celulares y, por tanto, los procesos de nutrición, evolución y adaptación también ocurren a ritmo mucho más acelerado. Los eucariontes unicelulares aparecieron probablemente hace también unos 2.000 millones de años. Las células eucarióticas dieron lugar a la formación de los organismos multicelulares hace unos 800 millones de años y se diversificaron en tres grandes reinos: hongos, plantas y animales. Otra inflexión importante en el proceso evolutivo tuvo lugar hace unos 65 millones de años, cuando la colisión de un cometa, o asteroide, en la península del Yucatán, causó el oscurecimiento catastrófico de nuestro planeta. Como se indica más abajo, esta catástrofe mundial es considerada como la responsable de la desaparición de los dinosaurios y muchas otras especies biológicas.

21. Impacto cósmico: desaparición de los dinosaurios

Hace unos 65 millones de años tuvo lugar un importante punto de inflexión en el proceso evolutivo, cuando la colisión de un cometa, o un asteroide, en la península del Yucatán provocó un catastrófico oscurecimiento de nuestro planeta y dejó como señal uno de los cráteres más grandes de la Tierra, el cráter de Chicxulub. Álvarez y sus colaboradores fueron los primeros en descubrir esta catástrofe mundial, basándose en la presencia de iridio como una marca cósmica en la franja que separa los sedimentos cretácicos de los del terciario o límite K-T —cretácico-terciario—. Se cree que esta catástrofe ha sido la responsable de la desaparición de los dinosaurios, así como de muchas especies vivientes, y debió abrir un nicho ecológico que permitió el desarrollo evolutivo de mamíferos y la aparición progresiva de los lemúridos, prosimios, simios y de los antepasados de los primates y de los homínidos hace algunos millones de años. Si esto no hubiera sucedido, los seres inteligentes que pueblan ahora la Tierra serían probablemente descendientes de los dinosaurios.

En cuanto a la evidencia del impacto extraterrestre, ya han pasado más de 15 años desde que Luis y Walter Álvarez y colegas presentaron su hipótesis sobre la extinción masiva de los dinosaurios a finales del cretácico debido al impacto de un cometa o un asteroide. La evidencia que tenían era la abundancia anómala de iridio en el límite K/T. Desde entonces se han acumulado prácticamente en todo el mundo distintas clases de evidencia que apoyan dicha hipótesis:

1) La gran abundancia de iridio de origen cósmico en la lámina sedimentaria rojiza del límite K/T.

2) La presencia de hollín como resultado de la carbonización global producida por el impacto.

3) Quizá la más importante sea el cráter de Chicxulub, que se ha encontrado sumergido o soterrado en la península del Yucatán, uno de los mayores de la Tierra, con tres anillos concéntricos, el mayor, de casi 300 Km de diámetro.

4) Cristales de cuarzo que presentan los efectos de la onda de choque del impacto.

5) Pequeños diamantes, ciertos minerales y cristales —espineles, magnetita— tam-

bién impactados que se encuentran en niveles de arcilla del límite K/T bajo una capa de carbón.

6) Restos de esporas de helechos como resultado del incendio de los bosques de estos árboles.

7) Cambio de polaridad magnética de los estratos del límite K/T (Cron 29R).

8) Descenso de los isótopos de carbono ^{13}C y oxígeno ^{18}O.

9) Detección de aminoácidos racémicos extraterrestres —ácido amino isobutírico isovalina, etcétera— en los niveles contiguos del límite K/T.

10) Existencia de una capa sedimentaria —varios centímetros— sin restos fósiles de vida durante unos cinco mil años después del impacto, en la plataforma marina cerca de la península de Florida.

22. La evidencia en la península Ibérica

El hecho de que muchas de estas líneas de evidencia se encuentren en lugares tan distintos como la península del Yucatán, el interior de EE UU, la plataforma marina a unos 8 Km de Florida, y también en Italia, Dinamarca, China, Mongolia, Japón y en la península Ibérica demuestra que fue un evento catastrófico global. Además de los dinosaurios, desaparecieron también muchas otras especies de seres vivientes. En varias regiones de España se han encontrado marcas cósmicas del límite K-T (e.g. Caravaca, Murcia) y fósiles de grandes pisadas, huesos y huevos de distintas especies de dinosaurios —saurópodos, terópodos, megalosaurios, etcétera—, como, por ejemplo, en las provincias de Asturias, Castellón, Cuenca, Huesca, Jaén, La Rioja, Lleida, Soria, Teruel, Valencia, etcétera, al lado de lagos y mares.

Una región muy singular donde los sedimentos del cretácico han aflorado a la superficie y en la que se encuentra la mayor densidad de pisadas y de huevos petrificados de dinosaurios de una edad un poco anterior a la del impacto es la región o cuenca geológica de Tremp y Camarasa, en las comarcas de la Noguera y Pallars-Jussà (Lleida), cerca de la Sierra del Montsec. Precisamente en la pedrera de Rubies de la Sierra del Montsec es donde recientemente se ha descubierto un fósil de una pequeña ave con dientes en el pico que se considera, junto con el fósil Archaeopterix, la más antigua del mundo —de unos 140-170 millones de años—. El descubrimiento de este fósil sigue el de otros de menor antigüedad hechos recientemente en Mongolia y en la Patagonia, Argentina, etcétera, y confirmaría de manera definitiva que las aves descienden de los dinosaurios. O sea, que algunas de dichas especies se escaparon de la extinción masiva de los dinosaurios. Es interesante reflexionar sobre la sorprendente capacidad del proceso evolutivo biológico si se considera que los colibrís, por ejemplo, pueden ser descendientes lejanos de los dinosaurios.

Una colisión cósmica comparable ocurrió no hace mucho tiempo. En julio de 1994 fuimos testigos de una colisión relativamente grande del cometa Shoemaker-Levy 9 con

Júpiter —E. Schoemaker falleció en 1997 en un accidente en Australia—. Si este choque hubiera sucedido en la Tierra, habría destruido gran parte de la biosfera, incluyendo probablemente a los humanos, con la posible excepción de los microorganismos y otros seres vivientes del fondo de los océanos. Creo que la lección práctica más importante de las ciencias del espacio es que debemos tener un mejor conocimiento de los asteroides y cometas del Sistema Solar para evitar cualquier posible impacto cósmico de envergadura con la Tierra en el futuro. Los medios tecnológicos para la observación y detección de cuerpos celestes que puedan colisionar con la Tierra están ya a nuestro alcance. Sólo tienen que ser organizados en redes cooperativas globales de vigilancia, acción y reacción. Se debería establecer una política científica unificada por parte de todos los países del mundo en esta área y en otras de interés global que son de gran interés para el futuro de la humanidad.

En 1997 la Tierra pasó por la estela de polvo dejada alrededor de su órbita por el cometa Swift-Tuttle. El respetado científico cometario Brian Marsden ha calculado que dicho cometa coincidirá con la órbita de la Tierra en el año 2126, con sólo 15 días de separación. Esperemos que no haya colisión.

23. Los australopitecos

Aparentemente, algunos mamíferos pudieron sobrevivir a la colisión cósmica en el límite K-T, quizás porque eran omnívoros. Con el nuevo espacio vital creado por la desaparición de los dinosaurios, los pequeños mamíferos pudieron desarrollarse libremente, dando lugar a multitud de especies —lemúridos, prosimios, simios, etcétera—, alguna de las cuales pertenecía al suborden *Anthropoidea* y a la familia *Hominidae.*

Los australopitecos, ancestros de los homínidos, se separaron de otros primates, tales como el chimpancé, el gorila y el orangután, hace aproximadamente entre cinco y siete millones de años. Cuando nuestros antepasados homínidos descendieron de los árboles, introdujeron la primera revolución del bipedismo, dejando libres, en consecuencia, las extremidades superiores, desarrollo que puede ser considerado la segunda revolución, la del bimanualismo. Desde el momento en que las manos trabajaron sinérgicamente con el cerebro, representaron un papel importante en la supervivencia, el desarrollo y la adaptación de los homínidos —australopitecinos y homininos— a un medio cambiante. Tres de los tempranos antepasados de los homínidos fueron *Australopithecus africanus, A. anamensis y A. afarensis.* El volumen cerebral de los australopitecos se mantuvo casi al mismo nivel que el del chimpancé, es decir, de 400-500 cc. Ya en esta época se habían dado los primeros pasos en la evolución hacia el hombre, y las correspondientes huellas permanecen imborrablemente grabadas en una capa de ceniza volcánica en Laetoli, Tanzania, África, descubiertas por Mary Leakey.

24. Los homínidos

Los australopitecos ligeros evolucionaron hacia el *Homo habilis*, que fue responsable de la tercera revolución, con el uso y la fabricación de herramientas de piedra, básicamente para cazar y trabajar. Más tarde apareció el *Homo erectus*, que descubrió y usó el fuego como arma de caza y para cocinar la carne. Ésta fue la cuarta revolución en el camino hacia el hombre. El *Homo erectus* fue el primer homínido en emigrar de África al continente euroasiático. Se han encontrado importantes fósiles en diferentes lugares de Francia, China, Java, etcétera. Como se explica más abajo, actualmente se cree que el *Homo erectus* no fue nuestro antepasado directo, sino más bien el *Homo antecessor*. No obstante, hay que reconocer que la gran parte de la evolución de los homínidos sucedió en el este de África, en las orillas del río Omo, en Etiopía. Por eso Yves Coppens, paleontólogo francés codescubridor de Lucy, considera el origen del género humano humorísticamente como la *Odisea del (H)Omo* o, en contraposición con *West Side Story* —obra teatral americana de Broadway—, como la *East Side Story*.

Parece ser que algunos de los factores más importantes de la evolución de nuestros antepasados fueron el caminar erguido, el calentamiento solar de la cabeza, la fluidez de la sangre contra la gravedad y el sinergismo entre las manos y el cerebro. Todos ellos estuvieron involucrados a través del proceso evolutivo en el agrandamiento del cerebro de los homínidos durante la evolución de los australopitecinos hacia el *Homo sapiens*. Un factor ambiental fue la desaparición del bosque de África del Este debido a cambios climáticos, que ya habían empezado hacía ocho millones de años y que fueron aparentemente coincidentes con el movimiento tectónico que dio lugar a la formación de la gran falla llamada *Great Rift Valley*. Este cambio climático provocó una gran insolación de la cabeza de los homínidos de la sabana, que, junto con el estrés vascular provocado por su nueva postura erguida, introdujo una enorme presión evolutiva para dar nueva forma a sus sistemas vasculares, logrando finalmente el enfriamiento del cerebro y reduciendo el riesgo de muerte por hipertermia cerebral. La aparición evolutiva de pequeños agujeros (foramina) para el paso de venas en la base del cráneo permitió un aumento en el flujo venoso de sangre, lo que proporcionó una irrigación sanguínea mucho más eficaz para reducir la temperatura y evitar el recalentamiento del cerebro. Dicha explicación forma la parte central de la teoría de la evolución del cerebro humano desarrollada por la paleontóloga D. Falk.

25. El *Homo sapiens*

De acuerdo con los nuevos descubrimientos hechos en la sierra de Atapuerca (Burgos) los antepasados del *Homo sapiens* no vendrían del *Homo erectus*, del cual hay fósiles interesantes en las cuevas de Aragó (Francia) y Pekín (China). Los fósiles de Aragó y Pekín tienen una edad de menos de medio millón de años. Al parecer, el ancestro remoto tanto de los humanos modernos como de los neardentales es el *Homo antecessor*, que habitaba la península Ibérica hace 800.000 años y que era originario de África. Tanto el *Homo erectus* como el *Homo antecessor* y el *Homo sapiens* emigraron de África hacia el continente euroasiático en distintas épocas. Por otra parte, también se ha confirmado recientemente, analizando el DNA, que el *Homo neardenthalensis* no está relacionado en absoluto con la especie humana —*Homo sapiens*—. Asimismo, se ha logrado obtener más precisión acerca de nuestro origen con la aplicación de la biología molecular. Investigaciones recientes basadas en el estudio comparativo del DNA de las mitocondrias de las placentas de mujeres de distintos grupos étnicos indican que el *Homo sapiens* probablemente tiene su origen en África. Esto parece estar de acuerdo con la mayor parte de las investigaciones antropológicas hechas hasta ahora.

Por ejemplo, los estudios de genética del profesor Allan Wilson, de la Universidad de California, en Berkeley, indican que todos nosotros procedemos de una supuesta primitiva *Eva* de África hace unos 150.000 años. Tales estudios genéticos se basan en el DNA de las mitocondrias de las placentas de 150 mujeres de diferentes grupos étnicos de todo el mundo. Estos datos genéticos, así como la fecha de aparición de nuestros antepasados, han sido recientemente confirmados por D. B. Goldstein, que ha estudiado el DNA nuclear de 148 individuos de 14 poblaciones nativas diferentes. La evolución de los lenguajes estudiada por Cavalli-Sforza y otros y de la genética nuclear comparativa han llevado a una conclusión similar en cuanto al origen del *Homo sapiens*. Aunque es menos probable, algunos paleoantropólogos creen que nuestros antepasados surgieron simultáneamente de diferentes partes del mundo, hipótesis que cada día es menos aceptada. Recientemente se han encontrado las huellas fosilizadas de un hombre que vivió hace unos 117 mil años en la orilla del Lago Langebann, en Sudáfrica, confirmando el origen africano del *Homo sapiens*.

El *Homo sapiens* recapituló el desarrollo evolutivo de los homínidos con la tercera y más importante revolución, la del lenguaje articulado, ya iniciada por las anteriores especies de homínidos. Gracias a una mejor forma de comunicación verbal específica, mejores cuerdas vocales y sonoridad de la cavidad nasofaríngea, y es posible que gracias también a una mayor fertilidad, derivada probablemente de la *Eva africana*, nuestra especie prevaleció sobre la del *Homo neardenthalensis*. De este modo, el gran enigma sobre la desaparición del hombre de Neardenthal hace 34.000 años parece estar resuelta. Este enigma procede en parte del hecho de que el volumen cerebral del hombre de Neardenthal alcanzó los 1.800 cc., que es 400 cc. mayor que la media del volumen cerebral del hombre de Cro-Magnon, que vivió en las cuevas de Chauvet, Lascaux y Niaux (Francia) y Altamira, Bustillo y Cogul (España). Así, 1.400 cc. es también el volumen cerebral del hombre moderno desde que empezó nuestra civilización. Una posible interpretación podría ser que nuestra inteligencia depende más bien del funcionamiento eficaz de los circuitos nerviosos de nuestro cerebro que de su propio volumen, además de nuestra capacidad de hablar articuladamente y aprender.

26. El rápido desarrollo de la civilización

En resumen, los estudios antropológicos y genéticos llevados a cabo en las últimas décadas empiezan a proporcionar una visión razonablemente clara sobre la evolución de los homínidos y la aparición de la consciencia y la inteligencia, que llevó primero al lenguaje articulado y más tarde a las cinco mayores revoluciones culturales de la civilización, tan sólo en los 10.000 últimos años: (1) domesticación de los animales y agricultura, (2) arte, artesanía, escritura e imprenta, (3) urbanismo y democracia, (4) ciencia e investigación y (5) industria y tecnología. Así, en un período de tiempo relativamente corto, el estado de vida salvaje y la tosca tecnología del hombre de Cro-Magnon, que usaba herramientas de piedra y fuego, dio un gran salto hacia la tecnología actual, en la que usamos, en lugar de piedras, cohetes y computadoras como herramientas, y el fuego —por combustión de hidrógeno y oxígeno—, en los cohetes de propulsión para la exploración del espacio.

La nueva tecnología ha permitido la liberación del hombre de la fuerza de la gravedad y ha hecho posible su entrada en el nuevo mundo del espacio, donde ha visto la Tierra desde la Luna y ha explorado gran parte del resto del Sistema Solar con naves espaciales de control remoto. Después de Sputnik y los primeros vuelos orbitales de la Tierra por Yuri Gagarin y otros cosmonautas de la Unión Soviética, el presidente J. F. Kennedy propuso la exploración de la Luna. Tal y como sabemos, dicha exploración se realizó con los vuelos tripulados de la Misión Apollo de la NASA por astronautas americanos. La URSS y los EE UU se habían embarcado en la exploración del Sistema Solar.

27. La exploración del sistema solar. La luna

El 20 de julio de 1969, Neil Armstrong se convirtió en el primer hombre que pisaba un cuerpo celeste diferente a la Tierra, la Luna. Cuando llegaron las muestras lunares, se descubrió que el polvo de la Luna era negruzco, y los primeros informes aparecidos en los periódicos de Houston sugerían que podía ser grafito, despertando esperanzas de que en algún momento del pasado pudiera haber existido vida en la Luna. Después de analizar la materia lunar, hoy sabemos que nunca pudo haber existido vida en el satélite de la Tierra, y que el color negruzco del polvo lunar se debe principalmente a la constante irradiación de la superficie lunar por las partículas ionizantes del viento solar. Análisis llevados a cabo en nuestro laboratorio combinando las técnicas de cromatografía de gases y espectometría de masas (GC-MS) confirmaron la ausencia de materia orgánica en las muestras lunares, con la excepción de pequeñas partes por millón de monóxido de carbono, metano y otros compuestos simples. Las pequeñísimas cantidades de aminoácidos encontradas por tratamiento hidrolítico de las muestras eran probablemente productos de reacciones del cianuro de hidrógeno de origen cometario o implantado como iones de átomos de carbono, nitrógeno e hidrógeno del viento solar.

28. El planeta rojo

Exactamente siete años después, el 20 de julio de 1976, la primera nave espacial, Viking, aterrizaba en Marte. El polvo de Marte era rojo, de acuerdo con el nombre popular con el que se conoce a este planeta. En conexión con esto, D. M. Anderson, un colega del equipo del análisis molecular del proyecto Viking, me recordó que el color rojo de la superficie de Marte me hizo pronosticar que tampoco encontraríamos vida en ese planeta —Luis de Gopegui me recordó recientemente un pronóstico similar que les hice a él y a Manuel Batista en un vuelo a EE UU antes de recibir los mensajes de Marte—. Análisis moleculares para determinar la presencia de compuestos orgánicos e inorgánicos volatilizables se llevaron a cabo usando un instrumento (GC-MS) que era, en principio, parecido al empleado en nuestro laboratorio para el análisis de las muestras lunares. El nuevo aparato miniaturizado se construyó siguiendo las instrucciones de K. Biemann, un servidor y otros miembros del equipo de análisis molecular del proyecto Viking. La mayor diferencia entre el instrumento de nuestro laboratorio y el del Viking era la siguiente: en vez de pesar 2 toneladas, sólo pesaba 20 Kg ¿Cuáles fueron nuestros descubrimientos? No encontramos materia orgánica, ni siquiera en partes por millón, en ninguno de los dos lugares de Marte, las llanuras de Chryse y Utopia, donde aterrizó el *lander* de la nave espacial Viking.

Por otro lado, uno de los tres experimentos biológicos mostró la rápida formación de dióxido de carbono radiactivo. Levin y Straat sugirieron que era el resultado de una considerable actividad microbiológica. No obstante, yo propuse que era debido a una reacción química relativamente simple, en la que los óxidos de hierro y el peróxido de hidrógeno en las muestras de Marte oxidaban químicamente la materia orgánica produciendo dióxido de carbono sin intervención de vida microbiana. Asimismo, sugerí que la sustancia más fácil de oxidarse era el ácido fórmico, que Levin y Straat habían incluido —quizás inadvertidamente—, entre otros metabolitos, en la solución nutritiva. Esto era en 1976. De hecho, 20 años antes, mientras trabajaba en mi tesis doctoral, había estudiado el mecanismo de oxidación del ácido fórmico en los seres vivos. Es interesante destacar que el ácido fórmico en presencia de peróxido de hidrógeno es rápidamente oxidado, dando lugar a la formación de dióxido de carbono no sólo por enzimas como la catalasa, que tienen un átomo de hierro en su centro activo, sino también por catalizadores inorgánicos como óxidos de hierro (Fe^{2+}, Fe^{3+}), muy abundantes en Marte. Como se ha dicho antes, nuestro instrumento de análisis molecular (GC-MS) no encontró materia orgánica en la superficie de Marte, excepto en ínfimas cantidades mil veces menores que en la Luna, confirmando que no podía existir vida en el planeta rojo.

Así pues, estos resultados corroboraron la ausencia de vida en Marte. Pero, ¿cómo puede explicarse la ausencia total de materia orgánica en el planeta? Simplemente reconociendo que la atmósfera de Marte es muy tenue —más de cien veces menos densa que la de la Tierra— y que las radiaciones ultravioletas del Sol llegan hasta la misma superficie del planeta. Estudios de laboratorio sobre la oxidación de sustancias orgánicas por rayos ultravioleta comparables a los que caen sobre la superficie del planeta rojo hechos en nuestro laboratorio y en el de la NASA Ames Research Center explican claramente la ausencia total de materia orgánica en Marte. La vida media de resistencia a la destrucción de cualquier materia orgánica —marciana, meteorítica o cometaria— en la superficie de Marte es de apenas dos meses, un instante en la escala del tiempo geológico. Podemos de este modo decir que no hay ninguna evidencia de vida en los lugares de Marte en los que aterrizaron los *landers* del Viking.

29. ¿Vida en el pasado de Marte?

No es posible que haya existido vida en el pasado en Marte, ya que la temperatura era más favorable y había agua líquida, como indicaron las fotografías hechas por los satélites Viking y ha sido confirmado también por las fotografías del Valle de Ares tomadas por el *Mars Pathfinder* y su ingenioso robot *Sojourner*. En 1996 se examinó un meteorito procedente de Marte, ALH 84001, y los investigadores de la NASA en Houston sugirieron tentativamente haber encontrado reliquias y microfósiles de supuestas nanobacterias marcianas que tienen unos 3.600 millones de años de antigüedad. La evidencia incluye, entre otras cosas: a) hidrocarburos aromáticos policíclicos, b) cristales de magnetita y c) estructuras que parecen supuestas nanobacterias. Otros investigadores han demostrado lo siguiente: a) los mismos hidrocarburos se encuentran en los meteoritos carbonaceos, como el Murchison, que fue analizado en nuestro laboratorio y no tienen nada que ver con la vida, b) los cristales de magnetita se formaron inorgánicamente a temperaturas altas y c) lo que parecen estructuras nanobacterianas son probablemente formaciones inorgánicas de aluminatos de calcio y otros minerales. Además, dichas estructuras, tanto las del meteorito de Marte como las de los minerales, tienen dimensiones 100 veces menores que los de los verdaderos microfósiles terrestres que se encontraron en Australia, que tienen una edad de 3.500 millones de años. Se tendrá que esperar a que obtengamos muestras del planeta rojo para poder saber si en el pasado hubo vida en Marte o no. Teóricamente hay razones serias para dudar de que nuestro pequeño planeta hermano —sin campo magnético fuerte y permanente y con una masa unas 10 veces menor que la Tierra— haya podido ser cuna de vida en algún momento del pasado. Sin embargo, esto no quiere decir que no tengamos una cierta obligación moral-ecológica para estudiar bien el planeta rojo y conocer mejor su evolución en el pasado, ya que siempre nos podrá dar una mejor lección de lo que podemos hacer para conservar mejor nuestro planeta.

30. El satélite blanco (Europa) y el amarillento (Io)

Aparte de Marte, un cuerpo celeste interesante del Sistema Solar, desde el punto de vista del estudio de la posible existencia de vida microbiana extraterrestre, es Europa, un satélite de Júpiter que presenta una superficie helada blanca y bastante uniforme recorrida por larguísimas grietas. Estas grietas son como grandes surcos o canales hemisféricos de más de mil Km de longitud, de unos 100 a 400 metros de ancho y varios de profundidad. Se cree que representan roturas de la superficie helada producidas por las mareas que resultan de la interacción gravitacional de Europa con Júpiter y otros satélites más próximos. Voyager obtuvo imágenes claras de dichas estructuras lineales que han sido confirmadas recientemente por la nave espacial Galileo. Incluso se ha podido observar el carácter dinámico de las mismas, puesto que son modificadas en algunas partes por nuevas formaciones transversales de tipo de glaciar que se sobreponen sobre los canales. Se observan también distintas formaciones geométricas de 2 a 12 Km de anchura flotando como *icebergs* en la superficie helada del satélite, que debe ser más reciente debido a que es más uniforme. Asimismo, se pueden ver varias zonas circulares, una de unos 100 Km de diámetro con anillos concéntricos que correspondería a un impacto cubierto por el agua surgida del océano, y otra más pequeña, de unos 3 Km de diámetro, extremadamente lisa, que tendría una interpretación semejante. Es decir, una especie de *geyser* de agua líquida que se hiela al llegar a la superficie. Debido a la singularidad de este mundo acuoso y helado, la nave espacial Galileo va a examinar la superficie de Europa otras ocho veces más allá de 1997.

La existencia de interacciones gravitacionales entre Júpiter y sus satélites queda demostrada dramáticamente por el satélite amarillento IO, en el que, al estar situado más cerca de Júpiter e interaccionar más fuertemente con él, se han producido unos 100 volcanes en su superficie, ocho de los cuales se observaron activos durante la exploración por las naves espaciales Voyager y Galileo. Recientemente, uno de estos volcanes activos ha sido fotografiado por el telescopio espacial Hubble. Se trata del volcán Pele, que estaba expulsando pequeñas partículas —azufre— y gas —dióxido de azufre— a una altura de 400 kilómetros en el espacio. Por cierto, es mucho más activo que el volcán terrestre Soufriere, de la isla caribeña de Montserrat. No es, pues, de extrañar la gran actividad *hidromagmática* del satélite Europa.

Según algunos cálculos teóricos, Europa tendría un profundo océano de varios Km de profundidad debajo de una corteza o capa de 2 a 10 Km de hielo. La temperatura del agua líquida debajo de la superficie debe ser de 4ºC o un poco mayor, y es posible que haya fuentes termales en el fondo del océano parecidas a las encontradas en los océanos de la Tierra. Dado que la nebulosa primordial de Júpiter podría haber contenido muchos compuestos orgánicos, si las condiciones iniciales de este satélite hubieran sido favorables para el proceso de evolución química, es posible que en el fondo del gran océano de Europa existieran microorganismos parecidos a las arqueobacterias termofílicas que viven a gran profundidad en las fuentes termales del océano Pacífico y otros mares. He sugerido algunas veces a la NASA que sería interesante llevar a cabo un proyecto espacial robótico semejante al *Mars Pathfinder*, pero específico para explorar con todo detalle el satélite Europa con el objetivo de determinar las características físicas y químicas y poder deducir los límites del proceso evolutivo químico en el Sistema Solar.

Si no se encontrase vida en dicho satélite, sería probable su habitabilidad, es decir, que pudiese permitir la vida de ciertos microorganismos terrestres.

31. Discos protoplanetarios

Es razonable pensar que exista vida en otros sistemas planetarios. Un ejemplo de esto podría ser el sistema orbital alrededor de la estrella Beta-Pictoris, que está a unos 54 años luz de la Tierra. Esta estrella es intrigante porque está rodeada de un gran anillo de materia, similar al de los cometas, que emite intensa radiación infrarroja. La detectó por primera vez el telescopio infrarrojo del satélite astronómico IRAS y fue fotografiada desde el Observatorio de Las Campanas de Chile por los astrónomos americanos Smith y Terrile. Estudios llevados a cabo por astrónomos franceses a lo largo de los últimos años sugieren que más de 100 cometas caen sobre la estrella cada año. Estimaciones más recientes indican que para explicar la desaparición de material cometario en el área central del disco donde podría existir uno o varios planetas de tamaño terrestre, es necesario que un total aproximado de unos 1.000 cometas, de tamaño de 1 Km cada uno, caigan cada año sobre la estrella. Si hubiese algún planeta como la Tierra, podría estar apareciendo la vida en estos momentos. La estrella Beta-Pictoris y el sistema protoplanetario a su alrededor son un claro ejemplo de lo que podría haber sido la formación del Sistema Solar. Se han encontrado sistemas protoplanetarios semejantes en la nebulosa Orión y otro aislado alrededor de la estrella binaria BD+31°643, situada a la distancia de unos 1.000 años luz en la constelación de Perseus. La detección de planetas es muchos más difícil que la de los discos protoplanetarios y sólo es posible por medios indirectos. Por ejemplo, en la constelación de Virgo fueron hallados tres planetas de masas comparables a los terrestres alrededor de la estrella pulsar PSR 1251+12. Debido al hecho de que dichos planetas deben estar sometidos a un gran flujo de radiaciones destructivas y que posiblemente se formaron junto con la estrella como consecuencia de una explosión supernova, no han sido considerados como planetas normales.

32. Planetas extrasolares

Más recientemente, el hallazgo de nuevos planetas extrasolares en sistemas un poco comparables al nuestro empezó con la detección de 51 Pegasi por M. Mayor y D. Queloz del Observatorio de Ginebra. Este descubrimiento fue seguido por la detección de los planetas 70 Virginis y 47 Ursae Majoris por G. Marcy y P. Butler del San Francisco State University y de la Universidad de California, en Berkeley. Luego se han detectado otros planetas alrededor de otras estrellas. Dichos planetas, que tienen masas semejantes a la de Júpiter o mayores, no se han podido observar visualmente. Los métodos indirectos utilizados en su detección son el astrométrico y, sobre todo, el de la velocidad radial de la estrella, que es analizable mediante el efecto Doppler. Es decir, la estrella se mueve alrededor del centro de gravedad existente entre la misma y su sistema planetario. Por lo tanto, el espectro de la estrella sufre un desplazamiento Doppler cuando se mueve hacia el observador y cuando se aparta de él, pero en sentido opuesto. El método radial proporciona la masa mínima del planeta, ya que en principio se asume que el plano orbital coincide con el de la observación. Sin embargo, la masa correcta puede obtenerse fácilmente una vez conocido el ángulo del plano de la órbita con el de observación.

Con excepción de dos de los planetas alrededor de un pulsar, las masas calculadas son un poco menores que la de Júpiter o mucho mayores. Por lo tanto, se pueden considerar como planetas gaseosos gigantes.

33. Comparación con el sistema solar

Es de interés resumir brevemente las características principales de masa y de órbita de los tres primeros planetas extrasolares encontrados y compararlas con las de los planetas del Sistema Solar.

A. 51 Pegasi B: tiene una masa casi la mitad de Júpiter, su órbita es circular con un período de 4,3 días y está mucho más cerca de su estrella que Mercurio lo está de nuestro Sol. Actualmente se está debatiendo la interpretación de este carácter extremo en relación a la propia detección y existencia real de este planeta.

B. 70 Virginis B: masa 6,7 veces mayor que Júpiter. Su órbita está entre Mercurio y Venus. Tiene un período mínimo de 116 días y su atmósfera debe tener una temperatura muy elevada, de alrededor de 1.000ºC.

C. 47 Ursae Majoris B: su masa es más de dos veces mayor que la de Júpiter y su órbita es ligeramente mayor que la de Marte. Su temperatura dependerá del efecto invernadero de su atmósfera con relación al calor recibido de su estrella y la energía producida por la contracción gravitacional del propio planeta. Sería interesante estudiar dicho planeta con más detalle, porque no puede excluirse la posibilidad de existencia de agua líquida en él.

34. Órbitas de los planetas extrasolares

Como se ha podido observar, ningún planeta está situado en la zona orbital de habitabilidad correspondiente a la Tierra. Las órbitas de los distintos planetas o están muy cerca de la estrella luminosa o están muy alejados de ella. Así, por ejemplo, en la Tabla 4 podemos distinguir cinco grupos según las órbitas aproximadas de los planetas extrasolares comparadas con las del Sistema Solar.

Tabla 4. ÓRBITAS DE PLANETAS EXTRASOLARES DESCUBIERTOS RECIENTEMENTE

I. Muy cerca de la estrella: 55 Cancri B, Rho Coronae Borealis B, 51 Pegasi B y Tau Bootis B.
II. Órbita de Mercurio: HD 114762 B y 70 Virginis B.
III. Órbita entre Marte y los asteroides: 47 Ursae Majoris B, Lalande 21185 B.
IV. Entre Júpiter y Saturno: 55 Cancri C, Lalande 21185 C, Upsilon Andromedae B.
V. Muy elíptica, entre Mercurio y los asteroides: 16 Cygni B.

En resumen, un total de 12 planetas, entre los cuales quizás el de posible mayor interés desde un punto de vista biológico sea el 47 Ursae Majoris B. Es obvio que el método radial no puede detectar hoy día planetas de tamaño terrestre. Debemos esperar el desarrollo tecnológico de la metodología y de los programas SOFIA —Stratospheric Observatory For Infrared Astronomy— y ORIGINS —Gran telescopio espacial de interferometría de radiación infrarroja— de la NASA, otros de la ESA y de la comunidad astronómica mundial, hasta que podamos detectar la existencia de planetas de tipo terrestre y quizá también de satélites interesantes alrededor de los grandes planetas. Sin ello, no podemos hacer apreciaciones específicas sobre la posibilidad de vida en sistemas planetarios extrasolares y aplicar ecuaciones como la de Frank Drake para el cálculo de vida inteligente extraterrestre.

35. ¿VIDA INTELIGENTE EXTRATERRESTRE?

Aún es más difícil saber si existen en otros sistemas planetarios civilizaciones avanzadas tecnológicamente, capaces de transmitir y recibir señales inteligentes. Frank Drake ha desarrollado una ecuación que contiene una serie de variables a partir de las cuales calcula que hay una civilización planetaria avanzada en una de cada 10 millones de estrellas de nuestra galaxia. ¿Cómo se podrá resolver el gran enigma de la posible existencia de civilizaciones extraterrestres? Algunos investigadores, entre los cuales Drake es el primero, han sugerido que sería imposible utilizando las naves espaciales tripuladas que producen los humanos en la Tierra para llevar a cabo un viaje interestelar a uno de los planetas de las estrellas más cercanas. Además para ir, por ejemplo, a 47 Ursae Majoris B tardaríamos unos 500 años aunque fuésemos a una décima parte de la velocidad de la luz —300.000 Km por segundo—, no alcanzada hasta la fecha por ningún proyectil ni nave espacial.

36. El Proyecto Seti

Un grupo de investigadores americanos, incluidos Drake, Morrison, Oliver, Sagan y Tarter, ha sugerido abordar el problema pasivamente, es decir, escuchando las señales inteligentes emitidas por otras civilizaciones. La búsqueda por radio de inteligencia extraterrestre, bajo el programa de la NASA SETI —Search for Extraterrestrial Inteligence—, empezó en 1992, por una pequeña parte del coste de cualquier otro proyecto espacial. El programa se inició por medio de radiotelescopios utilizando dos métodos diferentes. Para el primero, con un objetivo específico, se seleccionaron unas 1.000 estrellas similares al Sol, las cuales se estudian detalladamente con antenas radiotelescópicas en Goldstone (California) y en Australia. La banda de microondas seleccionada corresponde a la de la emisión de hidrógeno (H), así como a la del grupo hidroxilo (OH). En términos comunes, esta banda de frecuencias de la región espectral se conoce como la ventana espectral del agua (H_2O). El segundo método de detección de señales inteligentes consiste en llevar a cabo una exploración sideral general utilizando radiotelescopios. Los proyectos se realizaron conjuntamente por el Jet Propulsion Laboratory (JPL) de la NASA en Pasadena, California, y el Ames Research Center (ARC) de la NASA, en Moffett Field, California.

37. El Proyecto Phoenix

El High Resolution Microwave Survey, fundado por la NASA, fue cancelado por el Congreso de los Estados Unidos en octubre de 1993. Es anecdótico, e indicador de la curiosa —por no decir dudosa— inteligencia de algunos políticos, que un representante del Congreso de los EE UU pidiera la cancelación del proyecto SETI con el argumento siguiente: "para qué serviría encontrar inteligencia más allá de la Tierra si él no estaba seguro de que existiera inteligencia en la ciudad de Washington D. C."

Sin embargo, el Instituto SETI de Palo Alto, California, una corporación independiente presidida por el Dr. Frank Drake, que había sido la principal institución privada involucrada en la búsqueda de inteligencia extraterrestre, está recibiendo apoyo de corporaciones privadas y de particulares, bajo el nombre de un nuevo proyecto. Este nuevo proyecto, que lleva el nombre de PHOENIX, fue promovido principalmente por Bernard M. Oliver —que murió recientemente— con el objetivo de continuar los esfuerzos de un empeño científico tan importante. El proyecto PHOENIX continuará la búsqueda específica de inteligencia extraterrestre alrededor de unas 1.000 estrellas cercanas semejantes al Sol, utilizando el Australian Parker Radio Astronomy Observatory y luego el radiotelescopio de Arecibo en Puerto Rico y otros observatorios del hemisferio norte. Quizás el aspecto más importante de todo el proyecto es el uso de nuevos superordenadores que pueden seleccionar señales espectrales recibidas con una eficiencia miles de millones de veces (10^9) superior a la de antes. Si recibimos mensajes inteligentes y establecemos contacto con otras civilizaciones terrestres de nuestra galaxia, el acontecimiento representaría el mayor descubrimiento de la humanidad y el más grande de toda nuestra historia.

38. Resumen de estadios evolutivos

En la Tabla 5 se muestran los principales acontecimientos evolutivos ocurridos después de la formación del Sistema Solar así como del Sistema Tierra-Luna, incluyendo la aparición de la vida y los diferentes estadios evolutivos, tales como la gran inflexión evolutiva que ocurrió hace 65 millones de años (límite K-T), que propició un nicho para la expansión de los mamíferos y permitió la evolución de los homínidos y la aparición del hombre.

Tabla 5. Principales acontecimientos evolutivos

Antigüedad en años	Estadios evolutivos más importantes	Volumen cerebral (promedio)
$15x10^9$	Fluctuación mecánico-cuántica que da lugar a la aparición del Universo observable.	
$4,6x10^9$	Formación del Sistema Solar	
$4,5x10^9$	Impacto que generó el Sistema Tierra-Luna	
$4,0x10^9$	Aparición de la vida en la Tierra	
$3,9x10^9$	Bombardeo terminal de la superficie lunar	
$3,87x10^9$	Evidencia de vida (Groenlandia)	
$3,5x10^9$	Microfósiles de Warrawoona (Australia)	
$2,0x10^9$	Acumulación de O_2 (15% de la actual)	
$1,8x10^9$	Microfósiles eucarióticos	
$800x10^6$	Organismos multicelulares	
$65x10^6$	Acontecimiento K-T (extinción de los dinosaurios)	
$6,0x10^6$	Hominoides y antepasados de los homínidos	400 cc
$4,0x10^6$	*Australopithecus anamensis (africanus, afarensis)*	500 cc
$2,0x10^6$	*Homo habilis*	700 cc
$1,0x10^6$	*Homo antecessor*	1.000 cc
$0,15x10^6$	*Homo sapiens*	1.400 cc

39. Reflexiones sobre la evolución cósmica

Tal y como hemos visto, el Universo está hecho principalmente por hidrógeno, pero es rico en compuestos orgánicos y, por tanto, conducente a la aparición de la vida, si se dan las condiciones adecuadas. Pero aún es más sorprendente, especialmente para los que estudian el sistema nervioso, el cerebro, la memoria y otros procesos mentales, el hecho de que algunas de las moléculas simples involucradas en la transmisión de impulsos nerviosos en los seres vivos (neurotransmisores), como la glicina, el ácido glutámico y el ácido gama-aminobutírico (GABA), se han encontrado en el meteorito Murchison. Se podría, por tanto, decir que el Universo no está sólo preparado para la aparición de la vida, sino también para la aparición de la inteligencia. Esto nos lleva al intrigante corolario de que el Universo debe estar poblado por civilizaciones mucho más inteligentes que las que viven en nuestro pequeño planeta azul. Quizás un día estas civilizaciones avanzadas nos podrán instruir a través de comunicaciones interestelares las respuestas a problemas humanos como la guerra, las enfermedades o la vejez. Pero hasta que esta utopía se pueda convertir en realidad, deberíamos cuidar nuestro pequeño planeta azul con todas sus variadas y maravillosas formas de vida, las que Darwin estudió. Después de todo, sólo hay una Tierra en el Sistema Solar.

El alunizaje en la Luna por los astronautas del Apollo, les permitió ver la Tierra como un cuerpo pequeño y distante perdido en la inmensidad del espacio. Los astronautas desarrollaron una consciencia colectiva global de que todos somos ciudadanos de la Tierra. Además, en armonía con nuestra herencia genética común, todos somos hermanos, y haríamos bien en compartir los recursos limitados de nuestro pequeño planeta azul y vivir en paz fraternal. Después de todo, y siendo realistas, no hay ningún lugar mejor que la Tierra. Creo que ésta es la lección moral de haber ido a la Luna o, tal y como dijo Neil A. Armstrong: “Es un pequeño paso para el hombre y un paso gigante para la humanidad”.

40. Conclusiones éticas

Como nota final, me gustaría añadir unas breves reflexiones que indican que la contribución del estudio cósmico a la paz y a la armonía entre los humanos y un mejor conocimiento de nosotros mismos puede llevarnos a los siguientes cinco principios éticos:

1º. Humildad y universalidad. El que seamos los descendientes de moléculas muy simples no tiene por qué avergonzarnos. Por el contrario, es un fenómeno asombroso que debería inducir en nosotros un sentido de respeto y solidaridad con todo el Universo, así como un consecuente y resuelto sentido de la humildad. Nuestro origen universal ya estaba escrito en la Biblia, que, parafraseando en lenguaje astronómico actual, diría: “Venimos de polvo de estrellas y en polvo de estrellas nos convertiremos”.

2º. SOLIDARIDAD. El hecho de que el estudio de la evolución de los homínidos nos demuestre que la aparición del *Homo sapiens* tiene un tronco común que viene del África nos hace llegar a la conclusión de que todos los humanos existentes hoy día somos hermanos y hermanas y que, por lo tanto, pertenecemos a una gran familia humana. De aquí se desprende que todos deberíamos ser solidarios, es decir, adoptar el principio de solidaridad entre todos.

3º. COOPERACIÓN Y PROTECCIÓN DE LA TIERRA. Quizá la mayor empresa y que más caracteriza a nuestra humanidad en el siglo actual ha sido la exploración del espacio, y la gran proeza realizada por el hombre será el haber pisado por primera vez otro cuerpo celeste, nuestro satélite natural, la Luna. Desde la Luna, Neil Armstrong y todos los astronautas que le siguieron vieron la Tierra como un pequeño grano de arena perdido en la inmensidad del espacio. Desde la Luna no se divisan las fronteras que separan los países ni el color de la piel de sus ciudadanos y se reconocen de una manera profunda las limitaciones en cuanto a recursos materiales de nuestro planeta. Por lo tanto, debemos evitar la explosión demográfica y cuidar el medio ambiente, ya que en el Sistema Solar Tierra sólo hay una. El futuro depende de nuestra cooperación.

4º. ESPERANZA. El futuro también depende de un mejor conocimiento de nosotros mismos y de nuestro entorno terrestre y cósmico. Debemos hacer todo lo posible para avanzar nuestros conocimientos a través de la investigación y aplicarlos para el bien de la humanidad, y, como decía Santiago Ramón y Cajal, "mientras el cerebro sea un misterio, el Universo también lo será". Pero quizás algún día podamos comunicarnos con otras civilizaciones y reconocer que no estamos solos en el Universo. Y quién sabe si podremos llegar a conocer cómo tuvo lugar el nacimiento del mismo y si hay leyes que permiten predecir el significado de nuestra existencia. Y tal como decía nuestro gran poeta Joan Maragall, parafraseando su canto espiritual, "no queremos cerrar nuestros ojos sino que más bien deseamos estar allí entre otras estrellas para contemplar la faz inmensa del Universo y la trascendencia de nuestra existencia".

5º. PAZ Y AMOR. Como nos demuestra la historia, nuestra civilización ha estado basada —salvo en algunas excepciones— en las leyes de los más poderosos y en la *cultura de la guerra*. Sólo en algunos momentos de la historia afloraron principios de humanismo y democracia —e.g. Grecia clásica, Catalunya, Inglaterra y más recientemente en EE UU y otros países—. Pero todavía han continuado las guerras que fueron causa de más de 100 millones de muertes en el siglo XX, y todavía en muchos lugares del mundo prevalecen las luchas étnicas, religiosas o por el simple deseo de dominar a los más débiles. Tal como ha indicado la UNESCO, la *cultura de la guerra* debe ser reemplazada por la *cultura de la paz*. Deberíamos seguir todos la ley de oro de conducta humana *trata a los demás como desearías que te tratasen a ti*, y si es posible, dar un paso más allá demostrando nuestro altruismo con amor, tolerancia y compasión para los demás.

De todo ello se desprende que debemos ser humildes, solidarios, cooperativos y tener esperanza, amor y compasión con los demás, para lograr un mejor futuro de la humanidad con ayuda de nuestra inteligencia y sabiduría, reconociendo finalmente la gran maravilla que es el proceso del origen y la evolución de la vida, la perspectiva intelectual de este proceso de evolución cósmica y biológica fue brillantemente expresada por Darwin hace más de un siglo:

> "There is a grandeur in this view of life, with its several powers, having been originally breathed into few forms or into one; and that whilst this planet has gone cycling on according to the fixed law of gravity, from so simple a beginning endless forms most beautiful and mos wonderful have been, and are being, evolved".
>
> Charles Darwin, *The origin of species*, 1859

AGRADECIMIENTOS

Es un placer reconocer la ayuda recibida en la preparación de este artículo por parte de Estrella Folch, además de la recibida por la NASA en la financiación de los estudios científicos —brevemente resumidos aquí— realizados en su mayoría en la Universidad de Houston, Texas, EE UU.

De los muchos trabajos científicos escritos por el autor durante unos 40 años, se han seleccionado unas siete referencias en inglés y tres en castellano, en las que puede encontrarse información adicional.

B. Basile, B. S. Middleditch y J. Oró, "Polycyclic hydrocarbons in the Murchison meteorite", en *Organic Geochemistry 5*, (pp. 211-216), 1984.

S. L. Miller, H. C. Urey y J. Oró, "Origin of organic compounds on the primitive earth an in meteorites", en *Journal of Molecular Evolution*, Vol. 9, (pp. 59-72), 1976.

J. Oró, "Synthesis of Adenine from Ammonium Cyanide", en *Biochemical and Biophysical Research Communications*, Vol. 2, Nº 6, (pp. 407-412.), 1960.

— "Comets ant the Formation of Biochemical Compounds on the Primitive Earth", en *Nature*, Vol. 190, Nº 4774, (pp 389-390), 1961.

— "Stages and Mechanisms of Prebiological Organic Synthesis", en *The origins of prebiological systems and their molecular matrices,* S. W. Fox (Eds.) Academic Press, New York, (pp. 137-171), 1965.

— "Química prebiológica y origen de la vida. Una visión personal", en *Avances de la Bioquímica,* (Oró, J., Cornudella, L., Sols, A., Fernández-Heredia, C., eds), (pp. 515-541), Salvat, Barcelona, 1976.

— "La evolución química y el origen de la vida", en *Bioquímica y Biología Molecular* (eds. Ochoa, S., Leloir, L.F., Oró, J., Sols, A.), (pp. 554-572), Editorial Salvat, Barcelona, 1986.

— "Origen y evolución de la vida", en *Nuestros orígenes: el Universo, la vida, el hombre,* (en homenaje a Severo Ochoa), Antonio Fernández-Rañada (ed.), Fundación Ramón Areces, (pp. 167-199), 1991.

— "The chemical & biological basis of intelligent terrestrial life from an evolutionary perspective", en *Progress in the search for extraterrestrial life,* S. Shostak (ed.), San Francisco: ASP Converence Series, Vol. 74, (pp. 121-133) 1995.

J. ORÓ, S. L. MILLER y A. LAZCANO, "The origin and early evolution of life on earth", en *Annual review of earth and planetary sciencies,* Vol.18, (pp. 317-356), 1990.

J. ORÓ, T. MILLS y A. LAZCANO, "Comets and the formation of biochemical compounds on the primitive earth-a review, en *Origins of life and evolution of the biosphere,* Vol. 21, (pp. 267-277), 1992.

"Arquitectura filosófica", ▶
por Frantisek Kupka
(Galería L. Carré, París)

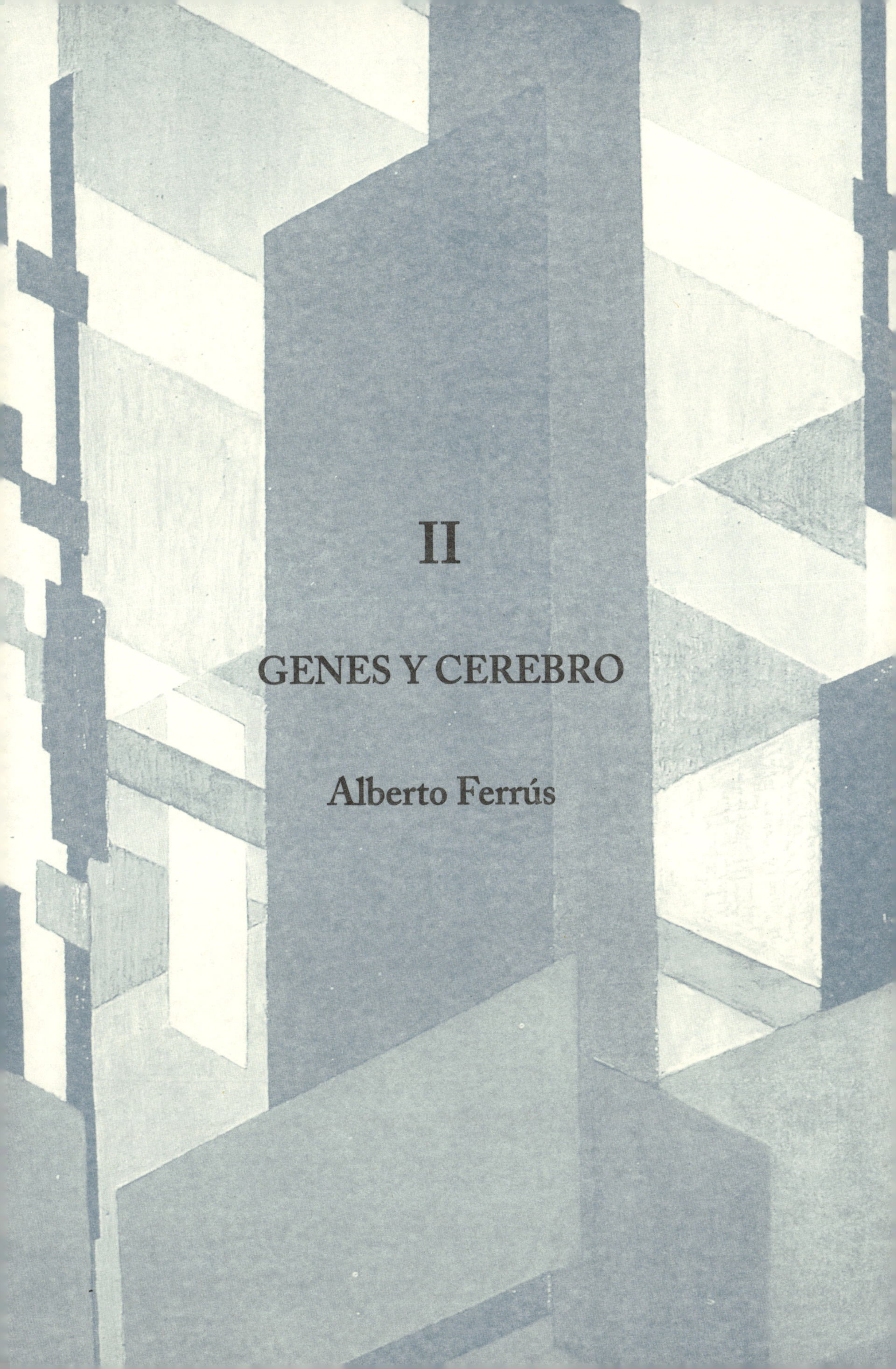

II

GENES Y CEREBRO

Alberto Ferrús

GENES Y CEREBRO

Alberto Ferrús
Departamento de Neurobiología del Desarrollo
Instituto Cajal

Hablar de genes y cerebro bajo la perspectiva del próximo milenio es inevitablemente invitar a una polémica cargada de actitudes emocionales. Aun quienes admiten ignorar el estado actual del conocimiento científico en esos temas no dudan en responder con vehemencia a la pregunta ¿está determinado genéticamente el comportamiento? Las causas de esa actitud emocional, cualquiera que ésta sea, probablemente tienen su origen en el trasfondo filosófico de la pregunta y en la asociación que se ha pretendido establecer entre el tema y las páginas más negras de la historia de la humanidad. No cabe duda de que el presunto determinismo genético implica una negación de la libertad de elección. Del mismo modo, una categorización genética de los seres humanos es fácilmente utilizable como excusa para perpetrar actos de barbarie colectiva que, por su frecuencia, no es necesario enumerar.

En este punto, conviene advertir al lector que no encontrará en estas páginas ni una respuesta a la pregunta inicial ni un debate sobre la trascendencia de las posibles respuestas. Esos temas competen exclusivamente a la individualidad de cada persona. Lo que sí es competencia de este texto es proporcionar información científica al lector para que su opinión se nutra de razones más que de emociones.

La Biología como proceso circular

Antes de iniciar la exposición de algunos hechos importantes en la biología de los genes y del cerebro, es necesario recordar una premisa fundamental del conocimiento científico: la investigación de un fenómeno permite identificar sus causas anteriores pero nunca su origen o, dicho de otro modo, en la ciencia no se concibe la existencia de una causa primera.

La Biología es particularmente demostrativa de esta afirmación. Suele ser frecuente comenzar la descripción del desarrollo de los organismos en la fase de huevo y terminar con la emergencia del adulto. Esta visión induce a muchos errores de concepto. En primer lugar, el huevo es una forma de vida que resulta de las contribuciones gonadales parentales anteriores a la fecundación. Diversos organismos manifiestan grados diferentes de dependencia parental en su embriogénesis. Así, entre los insectos hay un fuerte determinismo materno depositado en el oocito, mientras que en los mamíferos la expresión de las proteínas necesarias para los primeros momentos de la vida del embrión tiene lugar desde su propio genoma. Esta expresión implica una cascada de señalización entre células del embrión y entre éstas y el medio materno en el que transcurre esta fase del desarrollo. Con todo, insectos y mamíferos comparten muchas de esas proteínas. En términos generales, puede establecerse una similitud entre todos los procesos del desarrollo en todos los organismos. Todo cuanto conocemos sobre los mecanismos vitales indica que la aparición de la vida fue un suceso singular en la historia del planeta.

Por otro lado, es importante recordar que toda forma de vida es un proceso dinámico que consume energía para mantener su existencia. Desde los genes hasta los contactos sinápticos, moléculas y estructuras, están sometidos a una vida media que, por ejemplo, en el caso de un glóbulo rojo de la sangre, se cifra en torno a los 20 días. En un organismo, ese proceso dinámico se mantiene en un equilibrio aparente confiriendo unas señas de identidad durante lo que llamamos período de vida. La muerte, por tanto, es el colapso del equilibrio aparente y la pérdida de las señas de identidad. Por estas razones, el desarrollo no debe concebirse como un proceso lineal entre la fecundación y la emergencia del organismo adulto. Por el contrario, se trata de un proceso circular de cambios constantes.

Este recordatorio de características vitales debe incluir la esencia de todo organismo vivo: la capacidad de reproducirse. Dada la inevitable temporalidad de la materia viva, es obvio que la permanencia de los organismos es el resultado de la propiedad de la reproducción. En este proceso tiene lugar una transferencia de información, la herencia biológica, en la que se conservan las propiedades del organismo original. De esa forma, los descendientes resultan ser una copia fiel de sus antecesores. Sin embargo, la naturaleza cambiante de todo lo vivo se refleja también en el proceso de la herencia. De hecho, la segunda propiedad esencial de los organismo vivos es la evolución de sus formas a lo largo del tiempo. La fuente de variabilidad en la transferencia hereditaria es objeto de controversia. Una corriente de opinión sostiene que esos cambios son aleatorios, puntuales y de escasa relevancia para el organismo inmediatamente descendiente, pero que acumulados en escalas de tiempo suficientemente largas dan cuenta de la diversidad de formas conocidas. Otra corriente de opinión sostiene, por el contrario, que la transición de una forma a otra es un cambio mayor que afecta a todo un conjunto de procesos a la vez, sin que existan las formas intermedias transitorias y cuyo resultado es la aparición de un descendiente radicalmente distinto de su antecesor. La relación evolutiva entre los organismos conocidos resulta de la aplicación de una selección entre la variabilidad disponible. También es objeto de controversia la cuestión de si la fuerza selectiva es de origen ambiental o interior al organismo o la célula. Como quiera que sea, el fenómeno de la evolución resulta obligado desde la misma existencia de variabilidad. Este fenómeno afecta tanto a organismos como a moléculas y actúa con mayor o menor evidencia en función de la tasa de variabilidad que suceda. Puede decirse que si algún día se localizasen formas de vida en otro planeta, éstas serían muy probablemente diferentes a las que conocemos, pero en todo caso habrían experimentado un proceso evolutivo.

Por último, es necesario recordar también la inseparable relación que existe entre los organismos y su medio ambiente. Este aspecto es particularmente relevante cuando se trata de establecer la relación entre información genética y actividad del sistema nervioso. Con demasiada frecuencia se establecen debates sobre *el determinismo genético y la variabilidad cultural* a la hora de explicar el comportamiento. Incluso en el estudio del genoma se suelen utilizar formas de expresión tales como *el gen X realiza la función celular Y*. Estos enfoques reduccionistas, aunque tienen un innegable valor utilitario en el análisis científico, no deben hacer olvidar que cualquier elemento, ya sea molécula, célula u organismo, actúa en un determinado contexto. La aparición de la vida misma y cualquier actividad vital siempre tienen lugar en estrecha relación con el ambiente. La evolución de las formas de vida no es ajena a los cambios ambientales, ni éstos son inmunes a la actividad de los seres vivos. Hay, eso sí, fases del desarrollo de ciertos organismos en las que la relación con el ambiente es menos fluida que en otros, por ejemplo, el desarrollo embrionario temprano en comparación con la actividad del organismo adulto. En todo caso, es cierto que la Biología requiere un esfuerzo especial de síntesis para entender sus fenómenos, y la defensa a ultranza de las perspectivas exclusivamente reduccionistas ha contribuido en buena medida a encender controversias donde sólo había información parcial.

Señales genéticas para la construcción del organismo

Se conocen ya muchas de las proteínas que, depositadas por la madre en el oocito o expresadas por el genoma zigótico, contribuyen a regionalizar el huevo en un boceto del futuro organismo. En su mayoría se trata de factores de transcripción, es decir, proteínas que se unen al ADN reconociendo secuencias específicas y regulan así la transcripción de otros genes. Este proceso inicia lo que coloquialmente se llama *programa genético del desarrollo*. No existe tal programa. Tan sólo se trata de fenómenos causados por las propiedades fisico-químicas de las moléculas implicadas dentro de un contexto determinado. Si el contexto se repite y las propiedades moleculares no cambian, el fenómeno se reproducirá fielmente en otro organismo; pero si alguno de los elementos se modifica, es muy probable que el resultado final no sea idéntico.

Entre los muchos ejemplos que pueden ilustrar el fenómeno de la regionalización embrionaria, uno apropiado al contexto de lo que se pretende aquí es el del factor de transcripción *even-skipped*, identificado originalmente en la mosca del vinagre, Drosophila, pero, como es habitual, con homólogos en otros organismos. Esta proteína se expresa en siete bandas transversales del embrión alternadas por otras bandas sin expresión (Fig. 1). Los estudios realizados por el profesor M. Levine y su grupo sobre los mecanismos que regulan la expresión de este gen han permitido identificar unas secuencias en el ADN de éste a las que se unen otros factores de transcripción. Un detalle importante de estos hallazgos es que existen secuencias independientes para regular la expresión de *even-skipped* en cada una de las siete bandas embrionarias. Es posible construir un fragmento de ADN que contenga sólo dos de estas secuencias, unirlo a otro gen que sirve de testigo y observar que este fragmento expresa el gen testigo en sólo las dos bandas embrionarias en la posición correspondiente. Esta observación demuestra, en primer lugar, que existen instrucciones genéticas precisas para dirigir la expresión de un gen a una posición determinada del organismo. En segundo lugar, ratifica que estas secuencias sólo manifiestan su instrucción si se localizan en el contexto molecular adecuado, es decir, la posición de la banda correspondiente. Hay que recordar que todas las células del embrión poseen esas secuencias, pero la combinación idónea de factores de transcripción sólo se presenta en las células que están en esa posición. Finalmente, es evidente que la propiedad de ser una banda embrionaria determinada no es atribuible a la expresión de *even-skipped*, sino a la expresión de éste añadida a la expresión previa en ese lugar de la combinación idónea de otros factores de transcripción. Esta combinación es la causa anterior de la expresión de *even-skipped*, de la misma forma que *even-skipped* es la causa anterior a otros genes ulteriores.

Utilizando el mismo ejemplo, los estudios sobre la expresión de este gen sirven para ilustrar otro hecho importante sobre la organización del genoma. El fragmento formado por las dos secuencias reguladoras unidas al gen testigo se puede modificar de tal forma que la distancia entre las dos secuencias reguladoras sea menor de lo normal. Este nuevo fragmento, en el que las secuencias reguladoras permanecen intactas, provoca ahora la expresión del gen testigo en dos bandas embrionarias mucho más próximas entre sí y de diferente anchura. Esta observación demuestra que existe una topología en el ADN, representada aquí por el espaciamiento entre las secuencias reguladoras, que tiene un valor biológico. Cabe decir que el genoma tiene una organización funcional más allá del conocido diccionario genético por el que se especifica la secuencia lineal de amino ácidos en una proteína mediante un código de tri-nucleótidos. Es evidente que los estudios en curso van a proporcionar una nueva perspectiva sobre el papel rector del genoma en la especificación detallada de los organismos en aspectos que parecían incontrolables hasta hoy.

Está claro que la regionalización del embrión resulta de la actuación combinada y secuencial de varios genes expresados diferencialmente. El estudio de mutantes en cada uno de esos genes permite deducir su papel normal. Un ejemplo bien conocido de un gen que contribuye a otorgar identidad segmental al cuerpo es el de *bithorax*. Se trata, de

Figura 1. Embrión de Drosophila regionalizado en segmentos por la actividad de genes tales como *even-skipped* —morado— y *fushi-tarazu* —marrón—. Cada uno de ellos se expresa en siete bandas transversales de células. Un segmento queda definido por las bandas de expresion de *even-skipped* y *fushi-tarazu* separadas por una banda sin expresión. Los mamíferos también manifiestan una segmentación a lo largo del eje antero-posterior del cuerpo. (Imagen original del profesor P. A. Lawrence).

Figura 2. Mosca Drosophila mutante en el gen *bithorax*. La incorrecta actividad de esta proteína ocasiona un cambio en la identidad de un segmento del cuerpo y el metatorax es transformado en un segundo mesotorax, con lo que el mutante presenta cuatro alas en lugar de las dos normales. (Imagen original del profesor E. Lewis).

nuevo, de un factor de transcripción cuya falta de expresión provoca la pérdida de identidad al segmento metatorácico y, en este caso, su reversión a la identidad mesotorácica que parece ser el estado por defecto. Un individuo carente de este factor (Fig. 2) resulta en una mosca con cuatro alas que evoca la estructura de una libélula. Casos como éste pueden servir de argumento a los que preconizan un cambio brusco y de amplias consecuencias que hubiera generado una transición en un ancestro común a lepidópteros y dípteros. Conviene resaltar, no obstante, que esa mosca mutante para *bithorax* carece de una segunda dotación de músculos en el nuevo tórax, a diferencia de las libélulas. En cualquier caso, las funciones de este gen o, más bien, el complejo génico del que forma parte, deben representar un conjunto de mecanismos muy importantes en la identidad segmental del cuerpo, porque se hallan conservados incluso en mamíferos. Las técnicas actuales de Biología molecular permiten aislar secuencias de ADN en diversos organismos por el criterio de su similitud. Controlando las condiciones experimentales de búsqueda, se pueden aislar homólogos en diverso grado de parentesco. Los identificados para el complejo génico *bithorax* en anfibios, aves y mamíferos suelen presentar un valor medio de identidad de secuencia en amino ácidos del 20-50 por ciento con respecto a Drosophila. Además de insectos y mamíferos, muchos de estos factores de transcripción se han localizado en plantas, medusas y erizos de mar, lo que ilustra la estrecha relación evolutiva entre todos los organismos conocidos y, por tanto, su origen único.

Al igual que en el ejemplo de *even-skipped*, el complejo génico *bithorax* también ilustra otro caso de organización funcional del genoma. En Drosophila, los genes que constituyen el complejo están dispuestos en el cromosoma en un orden lineal que coincide con su expresión secuencial a lo largo del eje antero-posterior del animal. Esta organización se mantiene en los demás organismos estudiados, indicando que no sólo es relevante la secuencia de los productos y su papel en el contexto del desarrollo, sino también su topología cromosómica.

Los ejemplos mostrados no son casos excepcionales, constituyen tan sólo una selección de entre los muchos posibles para ilustrar los mecanismos que utiliza el genoma para construir un organismo. Es evidente que las diferencias de forma entre, por ejemplo, una mosca y un elefante resultan de variaciones en la regulación de expresión de genes más bien que en la existencia de genes diferentes. Hoy nos parecen estos dos animales mucho más similares que antes y comenzamos a intuir las reglas generales que diseñan el mapa corporal. Es ahora el momento de entrar en el sistema nervioso y preguntarnos si es la complejísima estructura neural también el resultado de instrucciones genéticas precisas.

Neuronas en busca de su destino

De un modo similar a la regionalización segmental de un embrión, de hecho, antes de que suceda esto, tiene lugar en cualquier desarrollo embrional la regionalización dorso-ventral. Este proceso depende de otras proteínas, también en su mayoría factores de transcripción, no las mencionadas hasta ahora, pero conceptualmente su mecanismo de actuación es similar. Un resultado de la regionalización dorso-ventral es la aparición del lugar en donde se formará el sistema nervioso. Esa zona es dorsal en los vertebrados y ventral en los insectos, pero los factores involucrados son homólogos.

La población de células neurales que finalmente se establece en la región del sistema nervioso realiza un número preciso de rondas de división cuyo control depende de señalizaciones entre células vecinas. Algunas de estas señales son mediadas por receptores tirosina-kinasa, y su función defectuosa conlleva hiperplasias del tejido neural a expensas del tejido hipodérmico. Parecen existir caminos de desarrollo en los que el destino celular es mediado por proteínas que, en condiciones normales, suprimen la opción neural permitiendo otra alternativa. Si este mecanismo falla, la opción por defecto es la neural. Ésta parece ser una estrategia general que resulta en una diversidad de tipos celulares.

Alcanzado el número adecuado de células y acorde con su historial de expresión de genes, algunas de éstas inician la diferenciación como neuronas emitiendo una prolongación citoplásmica o futuro axón. Cada segmento contiene células específicas que comienzan el crecimiento del axón. En esa función participa un factor de transcripción presentado anteriormente: *even-skipped*. Aún se ignora su papel concreto en este proceso, pero el caso sirve para ilustrar lo erróneo de la afirmación coloquial *el gen X realiza la función Y*. La proteína codificada en este gen es la misma en cualquier caso, pero el contexto molecular con respecto a otros productos génicos es evidentemente diferente. En un caso, la función es *especificar bandas impares,* y en el otro parece ser *iniciar axonogénesis*.

El extremo del axón en crecimiento exhibe una estructura sumamente importante en la formación de las conexiones neurales: el cono de crecimiento (Fig. 3). Su identificación fue una de las muchas contribuciones de S. Ramón y Cajal a la Neurobiología, hace ahora más de un siglo. Es una estructura particularmente dinámica, con una dotación molecular peculiar con respecto al resto de la neurona. El citoesqueleto aquí tiene una tasa de recambio mucho más alta —fracciones de segundo— que en el citoplasma axónico, como resultado de la activación de receptores específicos para señales del sustrato por el que el cono discurre. Además de estas influencias del sustrato sobre la ruta que sigue el cono, éste dispone de mecanismos intrínsecos que modifican el sustrato como, por ejemplo, proteasas y fosfatasas secretables. Actualmente se vierte un considerable esfuerzo en identificar sustancias importantes en la especificación de las rutas neurales. El esfuerzo incluye la purificación bioquímica de productos con efectos sobre el crecimiento axonal y la identificación mutacional de genes necesarios para el correcto desarrollo de la conectividad neural. El esfuerzo bioquímico ha dado notables frutos, pero es aún cuestionable si el papel de las moléculas identificadas es sólo permisivo o si, por el contrario, es también instructivo. El hecho que genera la controversia es que, aunque estos productos —laminina, fasciclinas, netrinas, semaforinas, etcétera— se expresan abundantemente y, en algunos casos, con cierta especificidad en vías neurales, sus correspondientes mutantes no muestran fenotipos con una severidad acorde. Por el momento, se argumenta la necesidad de una depleción combinada de varios de estos productos para obtener un fenotipo grave como consecuencia de su actividad sinérgica. En todo caso, los primeros frutos del abordaje genético sí muestran mutantes con fenotipos extraordinariamente específicos y la severidad esperada. Será interesante averiguar la naturaleza de las proteínas codificadas en esos genes.

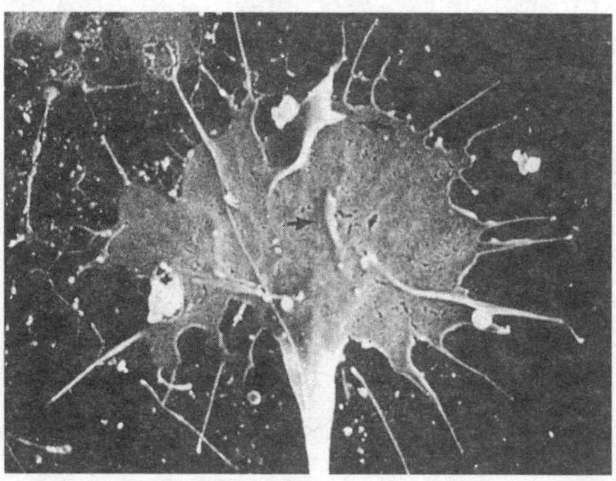

Figura 3. Cono de crecimiento de una neurona en cultivo. Al final de una neurona en crecimiento existe una extensión irregular que cambia rápidamente de forma y que explora el camino que seguirá el axón. En esta estructura también radica el complejo proceso de reconocimiento de las dianas de proyección en donde la neurona madura establecerá los contactos sinápticos. (Imagen original de E. Connolly y col.).

FORMAS COMPLEJAS E INSTRUCCIONES DETALLADAS

Un problema de la máxima importancia en el desarrollo del sistema nervioso es comprender la relación entre instrucciones genéticas y la generación de estructuras complejas. El entramado de conexiones en el sistema nervioso es un caso tópico. Las estimaciones sobre el número de contactos sinápticos existentes en nuestro cerebro alcanzan cifras difíciles de imaginar, en el orden de 10^{10}-10^{12}. En el cerebelo, algunas neuronas reciben más de 10^4 contactos. Consideraciones teóricas impiden suponer una correspondencia biunívoca entre instrucciones genéticas y contactos sinápticos. Es evidente además que a ese nivel de resolución es difícil discernir el significado biológico de una variación cuantitativa en cualquier parámetro, incluido el número de sinapsis. El problema seguirá siendo difícil de abordar por algún tiempo todavía, pero conviene reparar en los siguientes hallazgos recientes para intuir un principio de explicación.

El primer caso es la exploración sistemática de la zona potencialmente reguladora de un gen de erizo de mar que está realizando el grupo del profesor E. Davidson. Se trata de un gen que codifica para una enzima del metabolismo intermediario, es decir, virtualmente irrelevante para el desarrollo del sistema nervioso. Se han analizado 5 Kb de la región 5' de dicho gen, buscando nucleótido por nucleótido, todos los sitios susceptibles de unir factores de transcripción. Aunque se trata de un experimento *in vitro* y no es posible aún validar su significado biológico con el correspondiente análisis mutacional, los datos encontrados muestran varios cientos de sitios de unión a un total de 27 factores de transcripción diferentes. Es fácil suponer que otros genes, en especial los expresados en el sistema nervioso, tendrán regiones con un grado de regulación potencial similar o incluso más complejo.

El segundo caso es la exploración del genoma de Drosophila para identificar secuencias reguladoras que dirijan la expresión de un gen testigo. Entre las secuencias localizadas han aparecido casos que permiten subdividir el ojo en regiones insospechadas por cualquier otro criterio: morfológico, fisiológico, etcétera. Del mismo modo, el sistema nervioso ofrece casos de secuencias reguladoras que promueven la expresión en neuronas únicas. Por otro lado, un estudio de la expresión de estas secuencias a lo largo del desarrollo indica que una misma secuencia se expresa en territorios diferentes en momentos diferentes.

Estos dos ejemplos ilustran la existencia de un grado de precisión en las instrucciones genéticas que no era posible imaginar hasta ahora. Será difícil estudiar los mecanismos que subyacen durante esa regulación, pero parece evidente que la complejidad estructural de un tejido puede tener su contrapartida en la sofisticación de la regulación de la expresión génica.

Finalmente, un tercer ejemplo apunta en la misma dirección pero referido ahora a los aspectos funcionales del sistema nervioso. Es sabido que la inmensa capacidad de procesamiento y almacenaje de información que posee el sistema nervioso es el resultado, entre otras cosas, de la diversidad de respuestas fisiológicas de sus neuronas. Las neuronas manifiestan su actividad mayoritariamente en forma de potenciales de acción, y el perfil de éstos está muy influenciado por la dotación de canales de potasio sensibles a voltaje. Neuronas con diferentes perfiles de potenciales de acción se diferencian también en la dotación de esos canales. Mas aún, en una neurona determinada, la actividad eléctrica es diferente según se trate del soma, las dendritas, el axón o el terminal. Esto, de nuevo, es así por causa de una distribución diferencial de canales iónicos, incluidos los de potasio. El gen que codifica ese tipo de canales fue identificado por primera vez en Drosophila por nuestro grupo de trabajo en colaboración con el profesor O. Pongs. Esto permitió su ulterior identificación en otras especies, incluidos los humanos. En Drosophila, el gen *Shaker* puede generar 18 isoformas distintas de una proteína que, combinada en forma de tetrámero con otras iguales, versiones isomórficas o totalmente distintas codificadas en otros genes, configura un canal de potasio activo sensible a voltaje. El número teórico de tetrámeros distintos que se pueden formar alcanza varias decenas de millar. Aunque es muy probable que no existan todas las combinaciones teóricas, los datos disponibles indican que incluso una neurona determinada expresa combinaciones distintas en lugares diferentes de su geometría. Cada tipo de tetrámero exhibe peculiaridades en sus propiedades biofísicas y farmacológicas. Con respecto a la heterogeneidad dentro de una única neurona, los datos existentes muestran que ciertas combinaciones tetraméricas tienen afinidad por determinados transportadores citoesqueléticos cuyo destino es el terminal axónico o las dendritas. De esta forma, queda patente cómo el contexto molecular contribuye a la clasificación territorial de especies moleculares, canales iónicos en este caso, y, con ello, a la especialización funcional de la neurona. Es evidente que el enorme repertorio funcional de una neurona tiene un estricto correlato molecular. Se supone, pues, que la regulación de la expresión de las distintas isoformas será también el correlato genético al repertorio funcional.

La sinapsis: un mecanismo de precisión en continuo cambio

La sinapsis es, sin duda, la estructura crucial en la actividad neural. Por esa razón se está realizando un esfuerzo combinado para identificar y estudiar todas las proteínas que median los mecanismos de liberación de neurotransmisor. Se estima que el número total es entre 100 y 200. El criterio para su identificación es principalmente su presencia en el terminal sináptico, y en segundo término, que existan evidencias experimentales de que su falta de función altera de alguna forma la transmisión sináptica. El primer criterio es mucho más fácil de aplicar mediante un estudio bioquímico exhaustivo dotado de un alto nivel de resolución. El segundo criterio es bastante más difícil de cumplir, por cuanto requiere un estudio pormenorizado de fenotipos mutantes o manipulaciones experimentales, todo ello con la dificultad añadida de no saber exactamente qué trastorno fisiológico se espera encontrar.

En el marco del tema que tratamos aquí, la relación entre genes y cerebro, cabría plantearse la necesidad de conocer el número exacto de sinapsis que hay en un sistema nervioso aunque fuese uno muy simple, como el del nemátodo. Ésta es una mala pregunta científica. En primer lugar porque ignoramos si es un parámetro relevante en la actividad neural. Se admite tácitamente, pero nadie ha probado aún que dos neuronas que establecen 500 contactos sinápticos se relacionarán de forma diferente si sólo establecen 50, nadie puede aventurar lo que sucedería si el número fuese 200, 300, 400. Si el valor de ese número no tiene consecuencias apreciables dentro de un determinado rango, es obvio que no habrá un control genético estricto. En segundo lugar, y quizá más importante, hay datos que muestran cómo el número de sinapsis cambia en determinados momentos del desarrollo. Uno de los ejemplos deriva del trabajo del profesor L. M. García-Segura y su grupo. En las hembras de ratas, la región del cerebro conocida como núcleo arqueado experimenta un cambio cíclico en el número de sinapsis con relación a la fase del ciclo estral. Cabe suponer que los sutiles cambios de comportamiento documentados en la mujer durante esa fase del ciclo puedan ser debidos a este hecho. Otro ejemplo que relaciona íntimamente cambios de comportamiento con variaciones en el número de sinapsis es el que sucede en los machos de varias especies de pájaros. La secreción hormonal anual promueve la formación en primavera y la retracción en el otoño de un núcleo cerebral conocido como núcleo del canto. En este caso, además, el fenómeno incluye el aprendizaje de una nueva canción de cortejo sexual cada primavera.

Por último, el cambio más dramático en el número de contactos sinápticos está documentado para neuronas piramidales de la corteza cerebral en ratas. Alcanzado el 70 por ciento aproximadamente de la vida media de una rata, la disminución en el número de espinas dendríticas en esas células puede llegar al 50 por ciento del valor en el estado maduro. Es necesario apuntar, no obstante, que esa reducción es muy variable entre individuos. La pérdida de eficacia en las habilidades cognitivas que cualquier animal experimenta con la edad parece estar relacionada con una disminución en el número de sinapsis, y no en una reducción en el número de neuronas, como se mantenía hasta hace poco tiempo. Con todo, éste es un aspecto de la Neurobiología en donde la escasez de datos precisos alimenta la controversia. Puede decirse que las observaciones sobre el envejecimiento neural requieren aún más rigurosidad de la utilizada hasta ahora.

Los sistemas celulares: un nivel de organización superior

En este punto conviene recordar que la materia viva presenta niveles de organización diferentes en función de las relaciones que establece entre sus componentes. Así, un fotorreceptor de nuestra retina no tiene la capacidad de ver un objeto. Tan sólo puede transducir la energía luminosa de una cierta longitud de onda en energía química primero y eléctrica después. En ese nivel de organización es imposible percibir la forma, el color, la posición, etcétera. La percepción de un objeto es una capacidad del cerebro que requiere la actividad coherente y ordenada de un elevado número de centros neurales. Del mismo modo, cerebros de mayor tamaño deberían manifestar propiedades de orden superior a las de cerebros más pequeños. Esta deducción es probablemente cierta, pero es evidente que requiere muchas matizaciones. En primer lugar, no debe ser el tamaño sino las interacciones entre neuronas lo que confiera a los cerebros propiedades diferentes. En segundo lugar, esas interacciones deben estar organizadas a su vez en niveles, y una determinada nueva propiedad debe surgir del conjunto de la organización funcional, quizá dotada ahora de un nuevo nivel de interacción.

En el momento actual, todo esto no pasa de ser conjeturas cuyo análisis experimental en busca de mecanismos está aún mas allá de lo técnicamente posible. Argumentos más bien dialécticos sostienen que los niveles de organización se alejan de forma progresiva del control genético hasta convertirse en un efecto casi exclusivo de la acción ambiental externa al individuo. Esta línea de argumentación parece ignorar que todos, absolutamente todos, los fenómenos vitales están sujetos al proceso de la evolución como resultado de su variabilidad durante la reproducción. Por repetirlo en términos coloquiales, valdría decir que *todo aquello que se repite experimentando algún tipo de variación, evoluciona a lo largo del tiempo*. Todo ello, independientemente del mecanismo de selección que sufra.

No hay razón alguna para suponer que las llamadas propiedades cognitivas superiores, por ejemplo, la percepción del yo, no tengan una manifestación más elemental, evolutivamente antecesora, en otros organismos. C. Darwin, además de producir el conocido manifiesto sobre una interpretación de la evolución, también escribió un libro titulado *La expresión de las emociones en el hombre y los animales*. En ese trabajo documenta convincentemente sobre los orígenes de algunos de nuestros más personales atributos humanos.

Jerarquía en la percepción sensorial

La integración cerebral es la esencia de nuestra individualidad. Hay muchos ejemplos que muestran la existencia de esa integración y, con ello, la manifestación de los diversos niveles de organización. Uno de éstos es la existencia de neuronas en la vía de percepción visual que sólo son activadas cuando nuestra retina capta una imagen familiar. Se interpreta que esa neurona sólo puede responder a la activación combinada de la visión de esa imagen y de una correlación con el depósito de memoria. Otro caso más, en la lectura de un texto, la percpción de ciertos errores en la escritura es eliminada por el cerebro —la palabra *percepción* contenía un error de escritura—. En el transcurso del aprendizaje a leer y su práctica habitual, el cerebro es capaz de inferir la constitución de una palabra sin necesidad de contrastar con detalle cada letra y sus vecinas.

Quizás uno de los casos más espectaculares que muestran la integración cerebral es el descrito en el siguiente experimento realizado por los doctores Knudsen y Konishi. Los búhos utilizan su admirable percepción acústica para localizar una presa en la noche. Evidentemente, la aproximación final a la presa requiere también una precisión visual adecuada al ambiente nocturno. Si una cría de búho es equipada con una lentes prismáticas que desvían el campo visual 30º a la izquierda, la representación del espacio acústico resulta también desviada 30º en la misma dirección (Fig. 4). Es decir, la representación cerebral del mundo exterior exige que todos los mapas sensoriales sean coherentes entre sí. Si uno no lo es, los demás se modifican hasta que la coherencia sea total. Este experimento demuestra la existencia de un nivel de supervisión, una especie de *dispositivo de concordancia,* que es de orden superior a cada mapa sensorial. Está aún por resolver por qué no se modificó el mapa visual para adaptarse al acústico en lugar de al revés. Estos y otros casos similares en diversos organismos apuntan hacia la existencia de una jerarquía de una modalidad sensorial sobre las demás según el tipo de animal de que se trate. En este punto parece difícil admitir que esas jerarquías y niveles de organización puedan ser controlados desde el genoma de forma específica. Conozcamos más hechos antes de forjar una opinión.

Epifenómenos ayer, mecanismos hoy

Conozcamos directamente la información más reciente sobre este asunto. El doctor M. Gopnik dio a conocer en 1990 una observación sorprendente. Identificó a un niño incapaz de generalizar el concepto de plural o el correcto uso de tiempos de verbos. Por ejemplo, una imagen de varios caballos la describiría como "una foto de caballo". En otra frase: "Juan está llora en clase". El fenómeno pudo ser trazado por Gopnik a la familia del niño, en donde quedó patente que no era debido a ningún factor cultural, de hecho, se trataba de una mutación autosómica dominante que afectaba a 15 de los 29 miembros de la familia distribuidos en tres generaciones. Lo más sorprendente del caso es que los afectados no manifestaban ninguna otra anormalidad física ni psíquica. De

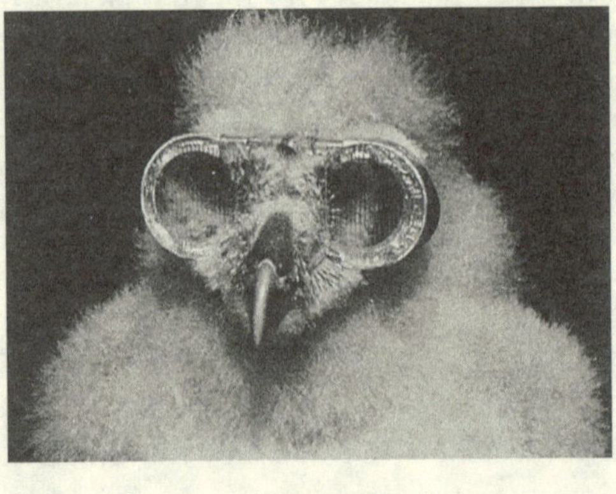

Figura 4. Búho joven con gafas prismáticas que desvían el campo de percepción visual 30º hacia la izquierda y que, como consecuencia, provocan una desviación equivalente en el campo de percepción acústico. (Imagen original de E. I. Knudsen).

hecho, aprendían del profesor cuando éste les hacía notar que en la imagen debería decirse "caballos" o en la frase "llorando", pero ante una nueva imagen con varios perros, la respuesta era: "una foto de perro". Es decir, se trata de una mutación que impide efectuar una generalización a partir de un caso particular. Nadie hubiera sospechado que una actividad mental así pudiera ser afectada selectivamente por una mutación.

Los ejemplos, sin embargo, permiten remontar la historia a la década de los setenta con una anécdota muy reveladora. En el Instituto Tecnológico de California, un estudiante predoctoral del profesor S. Benzer quiso contar su proyecto de tesis doctoral a un premio Nobel para conocer su opinión. El proyecto consistía en la producción de mutantes de Drosophila que alterasen el ritmo de actividad circadiano. La respuesta del premio Nobel fue contundente: "Dedícate a otra cosa porque es imposible alterar una función tan compleja con una sola mutación". Afortunadamente, el estudiante no siguió el consejo y pudo obtener el primero de una serie de mutantes que han permitido dar un paso de gigante en el conocimiento de los mecanismos de la ritmicidad biológica. Uno de los hallazgos más sorprendentes de este capítulo es el protagonizado por el gen *period (per)*. Los mutantes en este gen pueden tener un ritmo de actividad motora con una periodicidad menor de 24 h (mutantes *cortos*), mayor (mutantes *largos*) o carecer de ritmo (mutantes *nulos*). Este hecho es importante en sí mismo, pero más sorprendente aún es que esos tres tipos de mutantes en el gen *period* afectan de la misma forma a otro ritmo de actividad, el de la vibración de las alas de los machos durante el cortejo sexual, cuyo período de ritmicidad es de fracciones de segundo. Es decir, dos ritmos con períodos tan distintos comparten el producto de *period*. Hoy se conocen algunos de los otros componentes de ese reloj biológico y se persigue activamente completar la maquinaria completa. La veta descubierta por aquel entusiasmado estudiante, R. Konopka, no deja de ofrecer sorpresas. Una de ellas es la observación realizada por los doctores Hall y Roshbash en la que se muestra que *period* es un gen cuya transcripción es cíclica a lo largo del día. De esa forma, la sintonía entre el ciclo solar (día-noche) y la actividad biológica puede empezar a comprenderse en sus detalles íntimos.

No hay lugar aquí para resumir otra historia fascinante sobre la caída de otro mito: los mecanismos de la memoria. También Drosophila fue aquí un instrumento que permitió demostrar cómo ciertos genes, en su condición mutante, ocasionan graves defectos en la asociación de un olor con un choque eléctrico. Es decir, éste y otros tests de aprendizaje asociativo resultan inoperantes cuando se inactivan ciertos elementos del metabolismo del AMPc, los canales iónicos de potasio o ciertas proteínas kinasas. Aún persisten los ecos de las críticas encendidas sobre la justificación de usar el término *aprendizaje asociativo* o *memoria* en los experimentos realizados con insectos y caracoles marinos. La mejor ilustración de esas opiniones numantinas queda reflejada en la respuesta que el premio Nobel de la historia anterior le dio al estudiante Konopka cuando éste le presentó, un año más tarde, el primer mutante en el ritmo circadiano: "No me lo creo porque no puede existir". Ese hecho demuestra lo difícil que es cambiar un estado de opinión una vez forjado. Parafraseando al actor J. Wayne, "los viejos científicos no cambian de opinión, simplemente se difuminan en el horizonte dejando paso a las jóvenes generaciones con sus nuevas ideas".

¿Qué buscamos en el cerebro?

Hoy conocemos buena parte de las proteínas que se expresan en el cerebro y tenemos relativamente bien conocido su plan de conexiones. Es evidente que esa información debe ser completada con el máximo detalle posible, pero cuando esa descripción se logre es muy probable, casi se puede afirmar, que no entenderemos aún el cerebro. También aquí hay opiniones que ponen en duda la posibilidad de que una máquina que se estudia a sí misma llegue a comprenderse. Este tipo de comentarios evoca las vehementes opiniones que aseguraban a principios de siglo que el cuerpo humano no podía soportar velocidades superiores a los 100 Km/h. No es preciso elaborar más ese tema.

Llega el momento de mirar al futuro. Responder a esa pregunta es difícil pero a la vez importante. La historia de la ciencia demuestra que el progreso en cualquier campo ha sido precedido de la formulación de una pregunta correcta. Igual que el misterio de la transformación de la información genética en información proteica, podría pensarse que buscamos una especie de código, neural en lugar de genético, que nos ilumine sobre la forma que tiene el cerebro de memorizar. El problema es que mientras los bioquímicos de los años cincuenta sabían muy bien lo que el sistema codificaba, amino ácidos en forma de nucleótidos, en el caso del cerebro no sabemos aún qué se codifica en forma de qué.

Muchos investigadores prefieren hablar de la búsqueda del engrama, una especie de huella que deja en el cerebro la percepción y asimilación de un hecho —un objeto, una tarea, un sentimiento, etcétera—. Se empieza a disponer ya de técnicas que permiten ver la actividad fisiológica del cerebro completo mientras adquiere un aprendizaje, evoca un recuerdo, etcétera. También comienza a ser posible realizar registros simultáneos en muchas células y procesar adecuadamente la información obtenida. Quizá sea una coincidencia afortunada que el mundo científico actual se haya embarcado en la tarea titánica de conocer la secuencia de genomas enteros de varios organismos, incluido el humano, a la vez que se declara la década del cerebro. La convergencia de ambos intereses es probable que constituya un buen augurio para dar un paso de gigante en la formulación de una de las teorías generales que quedan por enunciar en las ciencias de la naturaleza: la teoría del cerebro.

Conviene, no obstante, reconocer que la secuencia de un genoma por sí misma no aportará ninguna pieza de información clave que no conozcamos ya para entender el cerebro. Es, eso sí, un ambiente adecuando para que surjan ideas nuevas. En ese contexto, y a la vista de los ejemplos mostrados aquí, quizá no fuese una idea descabellada buscar en la organización funcional del genoma los fundamentos de la organización funcional del cerebro. Si tal cosa fuese posible, tendríamos bien definido el marco para buscar un código que explicase la transformación de un tipo de información en el otro.

INVESTIGAR HOY PARA CURAR MAÑANA

Con independencia del éxito o el fracaso de las iniciativas en curso para entender el cerebro, conviene mencionar aquí unos hechos más tangibles para la sociedad en general. Muchos de nosotros fuimos vacunados contra la viruela, pero nuestros hijos ya no tienen necesidad de ello. Eso es debido al hecho de que la enfermedad ya no existe porque ha sido erradicada. Nuestra esperanza de vida ronda los 80 años en los países más desarrollados pero la de nuestros abuelos no llegaba a los 60. Esto y mucho más ha sucedido en el ámbito de nuestros recuerdos, pero si nos detenemos a estudiar la calidad de vida de nuestros parientes lejanos hace algunos siglos, los contrastes son estremecedores. Los pacientes de epilepsia son tratados hoy con eficacia en un hospital, hace 400 años eran torturados y quemados bajo la acusación de posesión diabólica. La lista de ejemplos podría ser más extensa que este texto. ¿Cabe alguna duda de los beneficios del progreso científico?

Hay en la actualidad una situación general en todos los países por la que se pretende encauzar el esfuerzo científico hacia la solución de problemas prácticos. En voz más baja se admite que se busca *rentabilizar la inversión en investigación*. Los creadores de esa situación dicen hablar en nombre de la sociedad y velar por su bienestar. Lo que es palpablemente evidente es su desconocimiento de la historia de la ciencia. Una vez más, es preciso recordar que no existe ninguna aplicación práctica que no esté basada en un descubrimiento básico previo, de la misma forma que no hay descubrimientos básicos que no sean susceptibles de aplicación práctica ulterior. El verdadero problema radica en el hecho desgraciado de que las inversiones en investigación sólo dan frutos cuando los gestores hace tiempo que debieron abandonar sus cargos. Es así que la llamada *rentabilidad de la inversión* es en realidad una *recolección de beneficios por parte del inversor*. Es precisa una dosis muy alta de generosidad por parte de los gestores para sembrar algo que fructificará en las manos de otros. Con todo, empieza a ser urgente hacer un esfuerzo decidido para informar a la sociedad de los beneficios concretos que la investigación ha dado y seguirá dando, porque es la sociedad la que mantiene la mayor parte del coste de esta empresa y la que representa la razón de existir de la actividad científica.

R. BYRNE y A. WHITEN (eds.), *Machiavellian intelligence*, Clarendon Press, Oxford, 1992.
C. DARWIN, *The expression of the emotions in man and animals*, University of Chicago Press, 1872.
E. MAYR, *The growth of biological thought*, The Belknap Press of Harvard University Press, 1982.
J. G. NICHOLLS, A. R. MARTIN y B. G. WALLACE, *From neuron to brain*, Sinauer Assoc. Inc., 1992.
D. PURVES y J. W. LICHTMAN, *Principles of neural development*, Sinauer Assoc. Inc., 1985.

"Adán y Eva",
por Alberto Durero (Germanisches Nat. Museum, Nuremberg)

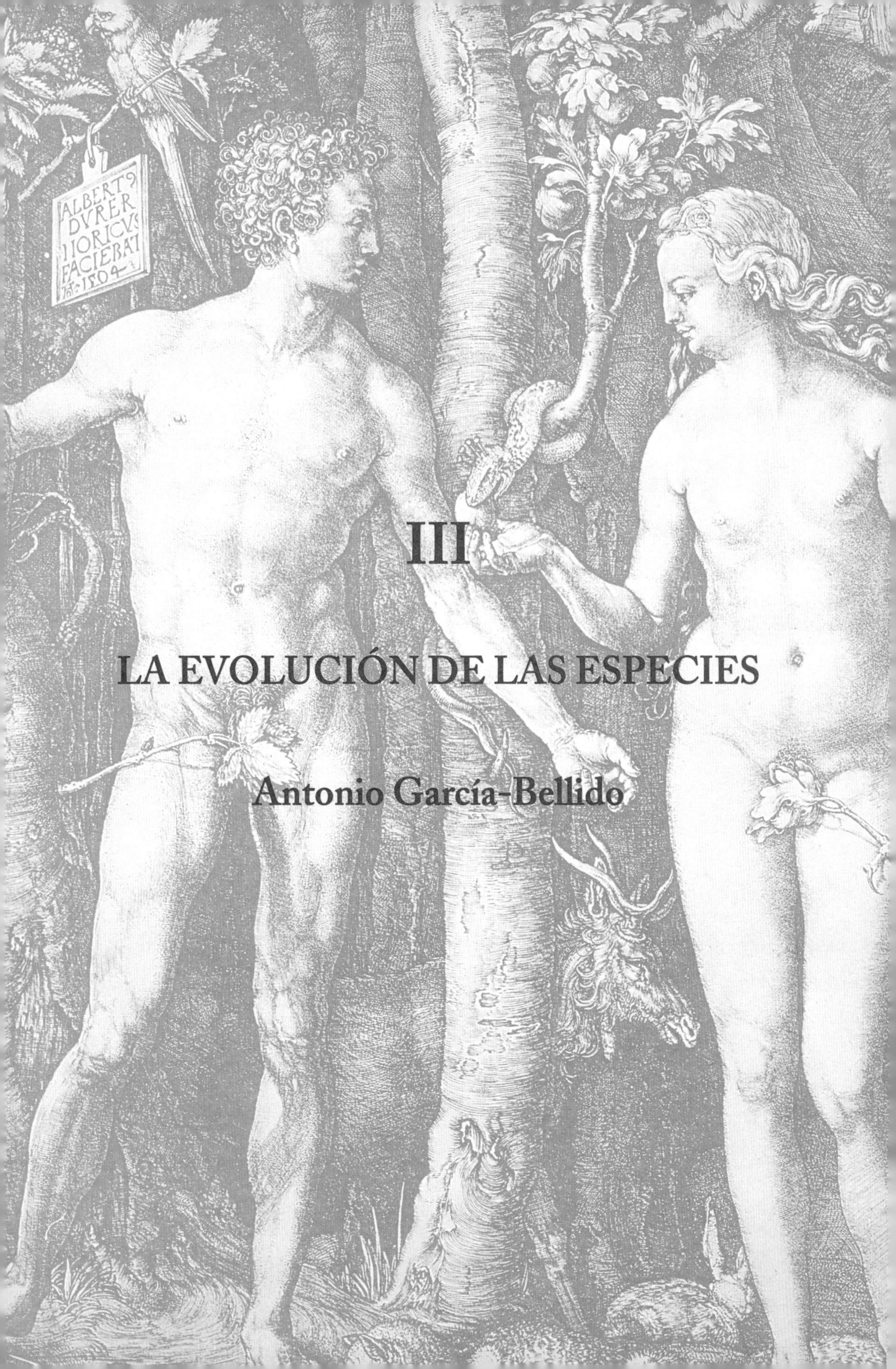

III

LA EVOLUCIÓN DE LAS ESPECIES

Antonio García-Bellido

LA EVOLUCIÓN DE LAS ESPECIES*

Antonio García-Bellido
Centro de Biología Molecular-Facultad de Ciencias
Universidad Autónoma de Madrid

El análisis comparativo, genético y molecular de procesos del desarrollo en diversos organismos revela una gran invariabilidad a lo largo de la evolución. Las interacciones entre los productos de genes basadas en reconocimiento molecular representan inercia al cambio mutacional. La emergencia de esta limitación ha consistido en el uso de asociaciones funcionales entre genes y sus productos en conjuntos (syntagma-ta) que realizan operaciones genéticas específicas —desde replicación del DNA hasta especificación de territorios embrionarios—. Muchos de estos syntagmata están fundamentalmente conservados en organismos separados evolutivamente desde el Precámbrico. Variación evolutiva ha resultado, pues, de cambios combinatoriales de operaciones genéticas en diferentes linajes celulares del embrión y a lo largo de linajes filogenéticos en evolución. La constatación de esta conservación está volviendo a reunir dos disciplinas, desarrollo y evolución, separadas conceptual y metodológicamente desde los comienzos de este siglo.

La Biología estudia formas (moléculas, células y organismos), sus interacciones y sus transformaciones. De hecho, los términos transformación, evolución y desarrollo se han usado indistintamente para designar desarrollo y evolución a lo largo de su historia. En la acepción actual, desarrollo (ontogenia) y evolución (filogenia) corresponden a dos disciplinas distintas. Sin embargo, los biólogos del pasado siglo eran conscientes de que explicar causalmente la evolución pasaba por entender cómo se desarrollaban los organismos, o alternativamente, que la evolución de las formas de los ancestores estaba registrada en el desarrollo de cada organismo. A comienzos de este siglo, los objetivos de estas disciplinas se distancian, recurriendo a metodologías y conceptualizaciones propias e irreductibles entre sí. En este ensayo intento mostrar cómo están volviendo a integrarse e informarse mutuamente por medio del análisis genético.

La proposición darwiniana de evolución por selección natural se fundamenta en la teoría de la herencia derivada de Mendel para cristalizar en la llamada Nueva Síntesis o Neodarwinismo en los años treinta[1]. Experimentos de selección artificial establecen muy pronto que de las variaciones fenotípicas solamente se heredan aquellas que estén condicionadas por variantes alélicas preexistentes en los genomas de la población objeto de selección. Puesto que el origen de estas variantes no está relacionado con su efecto fenotípico, la proposición lamarckiana de herencia de los caracteres adquiridos queda sin fundamento experimental. La evolución aparece como un proceso histórico contingente, donde variaciones alélicas —mutaciones— que surgen al azar quedan fijadas en los genomas de una población porque determinan su mejor adecuación al medio —interno o externo—. Desgraciadamente, el objetivo de una genética de poblaciones de entender el proceso de aparición de especies —especiación— en términos de variantes mutacionales queda frustrado por el aislamiento reproductivo que conlleva la formación de especies. Aún menos accesible al experimento es conocer las fluctuaciones alélicas mayores que acompañan la evolución de los grandes taxa.

La teoría de evolución, al adolecer de una posible demostración experimental, quedó relegada a un ejercicio de proposiciones o inferencias resultantes de estudios comparativos entre especies más o menos distantes en la escala evolutiva. El problema inmediato fue el elegir qué parámetros comparar. La anatomía comparada, en su incapacidad de distinguir homologías de analogías, esto es, estructuras derivadas por linaje de convergentes, quedó reducida a proposiciones de posibles genealogías. La Nueva Síntesis no podía correlacionar morfologías con genes hasta saber cuánto cambio morfológico va asociado a cuánto y a qué tipo de cambio genético. En los años cuarenta y cincuenta la naciente fisiología genética, realizada en microorganismos y reducida ya a la bioquímica, identificó los productos génicos con proteínas, componentes estructurales de células o enzimas del metabolismo intermediario. Así, el metabolismo bacteriano pasó a servir de modelo conceptual para entender el desarrollo embrionario generador de morfologías. El desarrollo aparecería como un complejo proceso de interacciones de enzimas y sus productos actuando en cascada. Las particulares morfologías/fisiologías de cada especie resultarían de combinaciones alélicas distintas determinando fenotipos más adaptados. Adaptabilidad tenía analogías en las respuestas a fluctuaciones fisiológicas —homeostasis— de organismos expuestos a condiciones extremas, de privaciones hormonales o vitamínicas, insuficiente nutrición etcétera. Consecuentemente, los genéticos evolutivos estudiarán en los años sesenta las variaciones alélicas de enzimas —isozimas— como indicadores de cambios adaptativos en poblaciones. Resultó frustrante descubrir que las fluctuaciones alélicas que definen el equilibrio homeostático de una población se mantienen a través de especies, quizá porque meramente reflejan adaptación ante similares heterogeneidades ecológicas. Experimentos de selección artificial realizados en los mismos años encuentran fácilmente múltiples variantes alélicas pertinentes a cualquier tipo de presión de selección. El análisis de estas variantes reveló que son inespecíficas y actúan aditivamente. La selección natural, operando en la evolución, debía igualmente movilizar alelos con efectos fisiológicos inespecíficos, fijándolos en la población, porque sus efectos dan morfologías/fisiologías más adecuadas a la supervivencia de la especie.

Entender evolución en términos de variación genética quedaba reducido a describir singulares históricos, diferentes en cada acto de especiación. Por extrapolación, el *orden* aparente en la evolución debía estar definido desde el mundo externo. Mientras ciertos taxa desaparecen, otros se diversifican por radiación de especies ocupando nichos ecológicos cercanos. Los animales o las plantas tienen fisiologías propias que les permiten nutrirse y respirar, crear y consumir energía, reproducirse y variar su forma de manera aparentemente adecuada a su medio. Las convergencias morfológicas son una llamativa muestra de esta habilidad. Así, la locomoción en diferentes medios determina las formas, en huso en cuerpos de peces y delfines y la aparición de alas en insectos, aves y murciélagos, organismos pertenecientes a taxa y anatomías muy distintos. La variación evolutiva era el resultado de cambios en un genoma inespecífico y variable, hasta conseguir la máxima adecuación a un mundo diverso regido por las leyes de la mecánica, de la climatología y de la competición por recursos. La misma Biología razonaba con *el espíritu del tiempo*, indeterminismo y subsidiaridad de elementos sencillos, enzimas y metabolitos a estructuras de orden de complejidad superior definidas por el mundo externo.

En los años setenta de este siglo empieza a cambiar esta imagen. El análisis comparativo, esta vez de genes, y el estudio de cómo los genes gobiernan el desarrollo de los organismos empiezan a descubrir una extraordinaria invariabilidad a lo largo de la escala evolutiva en la estructura y función de genes. Con ello, el foco de atención se traslada al estudio de estructuras internas y a sus reglas de interacción como determinantes de esta invariabilidad generativa.

La posibilidad de describir la estructura interna de las proteínas y de los segmentos de DNA que las codifican en términos de secuencias de aminoácidos y nucleótidos respectivamente permite comparaciones entre organismos diversos. El análisis estructural descubre que los genes están hechos de combinaciones lineales de segmentos de DNA —exones— que codifican discretos dominios activos —motivos— en las proteínas. Estos dominios aparecen como unidades mínimas de función, esto es, de interacción molecular, sea con metabolitos, con otras proteínas o con segmentos de DNA. Sorprendentemente, los mismos dominios se encuentran en proteínas de procariontes y eucariontes, separados hace más de 800 millones de años. De hecho, el número de estos dominios presentes en todas las proteínas es infinito, posiblemente sólo unos pocos cientos[2]. Más aún, pronto se constata que similares funciones, por ejemplo, de enzimas o de proteínas del músculo o de factores de replicación, transcripción y traducción en toda la escala evolutiva se corresponden con similares estructuras, secuencias en el DNA y/o en la proteína. Reconocimiento o acoplamiento entre moléculas se revela así como la base o la justificación de su conservación evolutiva, como la inercia al cambio.

Los genes incluyen junto a la región codificante para proteína segmentos que operan en la regulación de su transcripción, las regiones promotoras. Éstas son a su vez complejas, pero constituidas por combinatorias de módulos de pocos nucleótidos, comunes a genes que comparten los controles de los mismos genes reguladores. Estos módulos son posiblemente pocos como correspondientes a dominios de proteínas reguladoras. Los productos de estos genes reguladores actúan así coordinando baterías de genes subsidiarios, conformando equipos o redes de genes que, como veremos después, realizan operaciones de desarrollo específicas.

La mayoría de los genes conocidos están compuestos de aquellos dominios. Un cálculo de número de genes basado en datos genéticos —mutación— y moleculares —RNA mensajeros— estima en pocos miles los presentes en las bacterias; de siete a 15 mil, en levaduras, plantas e insectos, y del orden de 30 a 60 mil, en vertebrados. La aparente complejidad creciente de los organismos en la escala evolutiva va, pues, asociada a un aumento de sólo un orden de magnitud en el número de genes. Y este aumento es sólo aparente si tenemos en cuenta que la complejidad genética resulta de combinaciones lineales de genes primitivos y de su duplicación y dispersión en el genoma, constituyendo familias de genes. Éste es el caso, por ejemplo, de las globinas, con decenas, y de las inmunoglobulinas, con centenas de miembros, cada uno especializado en modulaciones de una misma función básica, de reconocimiento e interacción molecular.

La expansión del genoma durante la evolución ha ocurrido por duplicación y translocación de segmentos génicos y subsiguiente especialización. La causa determinante de este proceso es un alto metabolismo de recambio del DNA. Fallos en el mecanismo de replicación, reparación del DNA y la existencia de segmentos homólogos que aparean en el núcleo llevan a frecuente desplazamiento —deslice—, inserción e intercambio —conversión génica— de segmentos de DNA en nuevas posiciones o contextos cromosómicos. Duplicación y subsiguiente diversificación son la base del aumento en complejidad, en número de genes y sus regiones reguladoras. Sin embargo, recambios de segmentos de DNA en regiones promotoras son posiblemente más importantes en evolución que la mera sustitución de nucleótidos —mutaciones puntuales— en regiones codificantes de proteína que causan las variantes alélicas clásicas. Estos cambios son cualitativos y cuantitativos, y dejan la estructura codificante intacta. Cantidad de transcripción —afectada, por ejemplo, por elementos transponibles— o translocación de segmentos de DNA promotores a otros genes exponen a éstos a un nuevo control, facilitando un cambio de su expresión en el tiempo —heteroctonias— o en el espacio —heterotopias—. Cambios en regiones reguladoras, además de tener más relevancia en evolución, pueden ocurrir muy rápidamente y distribuirse en la población. Un ejemplo de cambios cuantitativos: especies de Chironomidos —Dipteros— muy cercanas pueden diferir en su contenido de DNA por cromómero, posiblemente por duplicaciones en tándem, en todos los cromómeros de los cromosomas politénicos[3]. Un ejemplo de cambio en regiones reguladoras: cuando las translocaciones llevan segmentos de autosomas a cromosomas sexuales heteromórficos, los genes autosómicos deben incorporar rápidamente secuencias reguladoras para conseguir *compensación de dosis*. Esta velocidad de cambio es compatible con la evidencia de variación, entre especies cercanas, en regiones promotoras[4]. El estudio de polimorfismo para estas regiones en genomas de una misma especie está empezando.

El reconocimiento molecular, y con ello su conservación en evolución, se extiende a interacciones específicas por reconocimiento molecular entre varios elementos. Estas interacciones pueden resultar en complejos estables como ribosomas, complejos de replicación y transcripción, de proteínas de membranas o del músculo. Pero también pueden establecerse interacciones transigentes entre productos génicos difusibles. Así ocurre en la regulación de la transcripción de genes específicos por proteínas codificadas por genes reguladores o en la activación de proteínas, como los receptores de una célula por ligandos de una célula vecina, en la transducción de señales desde el receptor de membrana activado al núcleo en los genes involucrados en el desencadenamiento de las fases del ciclo celular y muchos más ejemplos. Yo he llamado syntagma (pl.-ta) a estos equipos de genes relacionados por interacción/reconocimiento molecular que llevan a cabo una operación genética específica. Empezamos a constatar que también estos complejos funcionales o syntagmata están conservados en evolución desde los orígenes de los eucariotes y organismos multicelulares. Las operaciones genéticas que llevan a cabo determinan una gran variedad de comportamientos celulares específicos, como mitosis y proliferación celular, reconocimiento y adhesividad entre células, guía de axones y plegamientos de epitelios, segregación de tipos celulares, como epidérmicas de neuroblastos y diferenciación de células, por ejemplo, musculares, por genes —y aun syntagmata— estructural y funcionalmente homólogos en levaduras, en dípteros y en mamíferos pertenecientes a taxa separados hace más de 600 millones de años[5]. La homología estructural entre genes se extiende a su función, como muestran experimentos de sustitución de genes, en organismos transgénicos, entre estos mismos grupos taxonómicos. La conservación de función génica, de interacción molecular, reduce el número posible de combinaciones de genes en syntagmata. Quizás esto explique que los tipos morfológicos de diferenciación celular terminal o el inventario de productos de diferenciación parecen corresponder a pocos tipos celulares, no más de 100 en los tejidos de mamíferos[6].

Pero la conservación de genes y syntagmata es visible aun a mayores niveles de complejidad. La morfogénesis en organismos multicelulares requiere interacciones coordinadas entre grupos de células. La genética del desarrollo y el análisis comparativo molecular están descubriendo que existen genes —*selectores*— cuya función es especificar territorios o conjuntos de células denominados *compartimentos*. Estos genes definen de manera autónoma celular el comportamiento proliferativo de todas y cada una de las células de su territorio. Son así responsables de la diversificación topológica de territorios del embrión, especificando el desarrollo de segmentos, subsegmentos y regiones de apéndices en derivados del ectodermo, sistema nervioso —central y periférico— y mesodermo[7]. Estos genes —homeogenes— aparecen en familias de miembros parálogos. Los genes parálogos de cada familia tienen sus homólogos en organismos tan separados como Anélidos y Vertebrados —separados hace más de 500 millones de años—.

Distintos parálogos especifican territorios en la misma secuencia anatómica de cabeza a cola del embrión[8]. Estos genes *selectores* forman parte de syntagmata que operan jerárquicamente[9]. En Drosophila la distribución heterogénea en el blastodermo de productos de genes *activadores* definen los límites topográficos de expresión del parálogo correspondiente regulando su transcripción. Cada parálogo actúa de selector controlando la actividad de otros genes —*realizadores*— que expresan morfológicamente su especificación en su dominio de expresión. En algunos casos, en Drosophila y en el ratón, sabemos que la coordinación espacial que realizan los selectores resulta del control de realizadores cuya naturaleza molecular y funciones empiezan a ser conocidas. Algunos de ellos son molecularmente ligandos/receptores intercelulares presentes en organismos muy alejados evolutivamente[10]. Conforme avanza el desarrollo y la proliferación celular, los territorios se amplían y se subdividen de nuevo, especificados por la activación o represión de nuevos tipos de genes selectores. Los nuevos syntagmata comparten genes realizadores de otros selectores. Así, a lo largo del desarrollo, nuevos subterritorios aparecen especificados por combinaciones de selectores activos, y sus características morfológicas definidas por el comportamiento de sus células, en patrones de proliferación coordenada y subsiguientemente en patrones de diferenciación característicos. Esta lógica combinatorial de syntagmata de genes que definen comportamiento celular en diferentes linajes celulares, en el espacio y en diferentes momentos en el tiempo, permite llevar a cabo una gran diversidad morfológica con pocos syntagmata en diferentes linajes celulares.

La alta conservación de la estructura de genes y sus funciones específicas asociadas permite extrapolar de la genética del desarrollo de unos pocos organismos la lógica subyacente al desarrollo en otros no experimentalmente accesibles. En Drosophila —un díptero con metamorfosis completa— sabemos que una gran fracción de los genes operando en el embrión son también activos en diferentes contextos en la larva y en la generación de las estructuras del adulto. Así pues, la diversidad de morfologías de insectos con metamorfosis puede resultar de combinaciones distintas de syntagmata de un mismo genoma. En algunos insectos, por ejemplo, Thysanoptera, Coccidae, su ciclo biológico pasa por cuatro o más fases o estadíos morfológicamente muy distintos; la transición de una a otra viene definida por cambios hormonales. Similarmente, insectos sociales pueden mostrar alto polimorfismo de castas dependiendo de diferencias nutritivas. Es posible que los cambios heteromórficos en celentéreos con fase de pulipo-medusa o en equinodermos con fases larvarias planctónicas y adultos sesiles puedan explicarse en los mismos términos. Los cambios morfológicos a lo largo del ciclo biológico de organismos heteromórficos son generativamente comparables a los cambios heterotópicos entre regiones, apéndices y órganos del mismo organismo. Lo mismo se aplica al entendimiento del dimorfismo sexual definido por pocos genes reguladores determinantes del sexo[11]. Grandes variaciones morfológicas entre individuos, sexos y etapas del ciclo biológico de una especie posiblemente resultan de combinatorias de pocos syntagmata usados diferencialmente en el espacio y el tiempo.

La versatilidad de syntagmata de ser asociados en diferentes combinaciones en distintos linajes celulares lleva implícito el poder cambiarlas a lo largo de la evolución. Ésta es la base de los cambios heterocrónicos considerados por evolucionistas desde Haeckel como un proceso generador de diversidad en evolución. Estos procesos pueden ocurrir en cortos tiempos geológicos y en ramas evolutivas muy diferenciadas. Sirvan dos ejemplos. En el grupo de los Echinodermos hay familias que han obviado su fase larvaria bentónica, y la segmentación del huevo da lugar directamente, sin metamorfosis, al adulto[12]. En Hymenopteros, como en todos los insectos superiores, el blastodermo se forma por celurarización de un sincitio formado por miles de núcleos. Sin embargo, en varias familias de Hymenopteros, —por ejemplo, Encyrtidae, avispas parásitas de larvas de otros insectos— los huevos se segmentan por divisiones celulares holoblásticas. La masa de blastómeros se subdivide luego en grupos, cada uno de los cuales formará un embrioide que subsecuentemente pasará por los procesos de gastrulación y segmentación característicos del orden taxonómico al que la especie pertenece[13]. Estos dos ejemplos, entre muchos, indican qué cambios evolutivos aparentemente mayores pueden ocurrir en cualquier estadío de desarrollo y en cualquier rama filogenética. Esta versatilidad evolutiva refleja una enorme versatilidad en las combinaciones de syntagmata en diferentes linajes celulares[14].

De manera análoga a lo ocurrido con la diversificación de genes por duplicación y subsecuente especialización, así también la complejidad morfológica resulta de iteración de procesos en desarrollo. Metamerización o segmentación embrionaria, formación de apéndices o de regiones en el córtex cerebral han resultado de reiteraciones de territorios preexistentes funcionales, ampliando y luego diversificando el espacio morfológico. Esta ampliación —repetición de linajes celulares— puede ocurrir a varios niveles de complejidad; bajos en segmentación de anélidos, altos en la diversificación en el córtex cerebral de mamíferos. Por otro lado, esta diversificación puede ocurrir en serie, de segmentos o territorios completos, o en paralelo —intercaladamente— de linajes celulares particulares. Iteración morfológica es iteración de linajes, por lo tanto, de syntagmata generativos. Iteración es redundancia, y con ello, tolerancia al cambio mutacional. Por otro lado, es también fuente de mayor diversificación. Estas propiedades generativas en el aumento de complejidad de genes y de territorios morfológicos por iteración y diversificación han ocurrido durante toda la evolución. Pero es especialmente llamativo que todos los grandes tipos de organización (Baupläne) han sido configurados antes de los primeros restos fósiles, en el Precámbrico y durante un período muy corto, de poco más de 100 millones de años a partir de los primeros organismos multicelulares.

Desde esta perspectiva generativa, el desarrollo de los organismos resulta de una combinatoria de operaciones genéticas que actúan diferencialmente en células en el tiempo y en el espacio, más que de una especificación de tipos celulares singulares. En evolución, estas funciones han sido ensayadas al nivel de dominios de proteínas, de proteínas complejas y sus interactuantes moleculares, sean éstos otras proteínas, metabolitos o segmentos de DNA reguladores de otros genes. La conectividad funcional, basada en reconocimiento molecular, es fuerte entre miembros de cada syntagma. Es más laxa entre syntagmata, de tal manera que lo que varía en evolución son sus asociaciones combinatoriales en diferentes linajes de proliferación celular, esto es, en el tiempo de desarrollo y en el espacio morfológico. Variaciones sutiles en la eficacia de transmisión de señales entre células, de afinidad de activadores sobre secuencias de regulación, segmentos de DNA de regulación retirados o añadidos a un gen pueden cambiar los procesos que determinan el número de células de un territorio, su forma o la aparición/desaparición de referencias —por ejemplo, restricciones clonales— para la expresión de genes de diferenciación celular, y con ello, la formación de patrones morfológicos especie-específicos.

La evolución nos aparece en esta imagen como eminentemente conservadora y cauta, generando diversidad al hacer uso de combinaciones ya probadas y reprobadas una por una en otros procesos de desarrollo o en organismos ancestores. El concebir morfologías como resultado de combinatorias de operaciones genéticas, pocas y conservadas, es hacer nuevas proposiciones explicativas a los procesos de evolución, pero nos devuelve a los viejos problemas: ¿cuál es la velocidad y naturaleza del cambio genético evolutivo? Si generativamente las morfologías resultan de cambios en la asociación de syntagmata en células, esta pregunta se puede ahora reformular en los siguientes términos: 1) ¿con qué facilidad tiene lugar el cambio? 2) ¿cuánto cambio se necesita para conseguir morfologías distintas? 3) ¿cómo están expuestos los incrementos de cambio a selección diferencial?

La respuesta a la primera pregunta vendrá condicionada por el nivel de recambio del DNA de las especies y sus fluctuaciones, por ejemplo, ante masivas transferencias de elementos transponibles tales como virus o de segmentos de DNA reguladores por conversión génica.

Éste es un tema candente, que ocupa hoy en día muchos laboratorios. Para responder a la segunda necesitamos saber más sobre los mecanismos de variación morfológica causados por mutaciones, no deletéreas, que cambian el funcionamiento de los genes involucrados, por ejemplo, en señales inter e intracelulares necesarias para la proliferación y diferenciación celular. Posiblemente, grandes cambios morfológicos tienen una base de variación genética simple. Así, un análisis comparado de tamaños de alas de especies de Drosophila, diversificada desde hace unos 60 millones de años en más de 1.500 especies, descubre que variaciones de 5 veces en superficie están basadas en variaciones en 3 veces el número de células —menos de dos rondas de división celular— y 2 veces el tamaño final —deposición de cutícula— de células individuales[15]. Sin embargo, las variaciones interespecíficas en la forma del ala y el patrón de venación son mínimas. Dimorfismo sexual es otro parámetro que muestra enorme variación morfológica entre especies. En algunas especies de Drosophila, los sexos son externamente indistinguibles —salvo en la genitalia, que varía grandemente en machos—, mientras en otros el dimorfismo afecta a patrones de quetotaxia, pigmentación y tamaño en muchos órganos[16]. Posiblemente, grandes cambios morfológicos están causados por modulaciones pequeñas en la actividad de pocos genes relacionados con proliferación celular.

La tercera pregunta es la más elusiva, pero la más relevante: ¿qué poder de discriminación puede tener o qué presión ejercer la selección natural para permitir cambios morfológicos adaptativos? Seguramente no hay una respuesta universal, y por desgracia ésta seguiría siendo experimentalmente indemostrable. La clásica pregunta: ¿qué percibe la selección? puede responderse en un escenario en el que la presión selectiva es para conseguir suficiente descendencia más que sobre los efectos de variaciones en la morfología/fisiología que causen los cambios genéticos. La gran variación de formas y tamaños de plantas de una misma especie en el mismo biotopo o de especímenes del mismo insecto en colecciones de museos son exponentes de tolerancia morfológica compatible con fertilidad suficiente para mantener la especie. Así, aunque los diferenciales fenotípicos estén expuestos a selección, la población en su conjunto se mantiene a pesar de supuestas adaptaciones incompletas de sus individuos. El problema se reduce entonces a saber qué tolerancia tiene el sistema durante su evolución hasta conseguir situaciones más estables unos estadíos más adelante. En la transformación de bóvidos a ballenas o de ratones a murciélagos, ¿cuál ha sido la presión selectiva en los pasos intermedios? Contemplado el proceso evolutivo desde el resultado final, se ofrecen dos posibilidades: 1) cada estadío intermedio está suficientemente adecuado a su correspondiente nicho, esto es, las especies actuales están en vías de adaptación sin nunca conseguirlo; 2) una vez iniciada la exploración de un nicho nuevo, vida marina o vuelo en su caso, la selección favorece soluciones cada vez más adecuadas a la alternativa tomada. En la realidad, es probable que ambas posibilidades operen haciendo uso para ello del alto grado de polimorfismo en el DNA y de una alta tolerancia adaptativa de cada paso evolutivo. Formalmente, la posibilidad de usar combinaciones de syntagmata ya probadas de manera individual en los ancestores da a la evolución una gran versatilidad. A esto hay que añadir una necesaria reconsideración de lo que llamamos *adaptado*[17]. Los nichos adaptativos no son entidades reales que preexsiten a su ocupación, sino que vienen definidos por los organismos que los ocupan. Últimamente lo único que permite una definición objetiva de población adaptada es que existe, procrea y se mantiene. De ser esto cierto, responder la tercera pregunta dependerá mucho de investigar los mecanismos genéticos que *proponen* las morfologías/fisiologías y las limitaciones intrínsecas al cambio. Quizá todo lo que generativamente puede cambiar lo hará pronto o tarde. Quizás ésta sea la última explicación de la extremada longitud de cuello y extremidades de las jirafas.

A su vez, los avances en nuestro entendimiento del proceso evolutivo están informando nuestras nociones sobre el desarrollo. El análisis comparativo de secuencias de DNA en los genes conservados permite ahora, por primera vez, construir filogenias con cierto grado de objetividad. Es con este fondo de referencia como tiene sentido replantearse los problemas de morfologías derivadas o convergentes. Y de su análisis, entender qué cambios en operaciones genéticas pueden dar cuenta de las morfologías emergentes. Es en este nivel comparativo donde pueden distinguirse las operaciones invariantes —palingenéticas— de las secundarias o adaptativas —cenogenéticas— (4,17). Y será en este nivel de indagación donde aparecerán las leyes o reglas que permitan explicar morfologías encontradas en organismos fósiles. Cuando la Biología pueda pasar de la descripción de la variación contingente a la predicción de proposiciones generativas comprobables, habrá entrado a formar parte de las ciencias llamadas hermanas mayores que tanto admira.

* Texto reproducido con autorización de la revista *Arbor*.

---

[1] J. S. HUXLEY, *Evolution, the modern synthesis,* Harpers, New York, 1942.

[2] W. GILBERT, "Why genes in pieces?", en *Nature,* 271, pp. 501, 1978; C. CHOTHIA, "One thousand families for the molecular biologist", en *Nature,* 357 (pp. 543-544), 1992.

[3] W. BEERMANN, "Chromomeres and Genes", en *Developmental Studies on Giant Chromosomes,* pp. 1-33, W. Beermann ed., Springer-Verlag, Berlín, Heidelberg, New York, 1972.

[4] G. A. DOVER, "Observing development through evolutionary eyes: A practical approach", en *BioEssays,* 14 (pp. 281-287), 1992.

[5] D. FALB y T. MANIATIS, "A conserved regulatory unit implicated in tissue-specific gene expression in Drosophila and man", en *Genes & Development,* [6] (pp. 454-465), 1992.

[7] A. GARCÍA-BELLIDO, "Genetic control of wing disc development in Drosophila", en *Cell Patterning,* Ciba Foundation Symposium, 29 (pp 161-182), Elsevier, Amsterdam, 1975.

[8] J. M. W. SLACK, P. W. H. HOLLAND y C. F. GRAHAM, "The zootype and the phylogypic stage", en *Nature,* 361 (pp. 490-492), 1993.

[9] A. GARCÍA-BELLIDO, "Homoeotic and atavic mutations in insects", en *Amer. Zool.,* 17 (pp. 613-629), 1977.

[10] E. H. DAVIDSON, "Later embryogenesis: regulatory circuitry in morphogenetic fields", en *Development,* 118 (pp. 665-690), 1993.

[11] R. NOTHIGER y M. STEINMANN-ZWICKY, "Genetics of Sex Determination in Eukaryotes", en *Results and Problems in Cell Differentiation,* 14 (ed, W. Henning), Springer-Verlag, Berlín, 1987.

[12] R. A. RAF, "Direct-developing sea urchins and the evolutionary reorganization of early development", en *BioEssays,* 14 (4) (pp. 221-218), 1992.

[13] O. M. IVANOVA-KASAS, "Polyembryony in Insects", in *Developmental Systems: Insects,* vol. 1 (pp. 243-271), S. J. Counce and C. H. Waddington eds., Academic Press, London y New York, 1972.

[14] A. GARCÍA-BELLIDO, "Cell lineages and genes", en *Phil Trans. R. Soc. London. B.,* 312 (pp. 101-128), 1985.

[15] A. GARCÍA-BELLIDO, "Comparative anatomy of cuticular patterns in the Genus Drosophila", en *Development and Evolution* (pp. 227-255), B. C. Goodwin, N. Holder y C. C. Wylue, eds., Cabridge University Press, 1983.

[16] S. J. GOULD y R. C. LEWONTIN, *The spandrels of San Marco and the Panglossian Paradigm: a critique of the adaptation programme,* Proc. Roy. Soc., London B, 205 (pp. 581-598), 1979.

[17] G. L. FREEMAN, "What does the comparative study of development tell us about Evolution?", en *Evolution and Development,* J. T. Bonner ed., Dahlem Lonferenzen, Springer-Verlag, Berlín, 1982.

"El mundo perdido", ▶
por René Magritte
(Galería Milano, Milán)

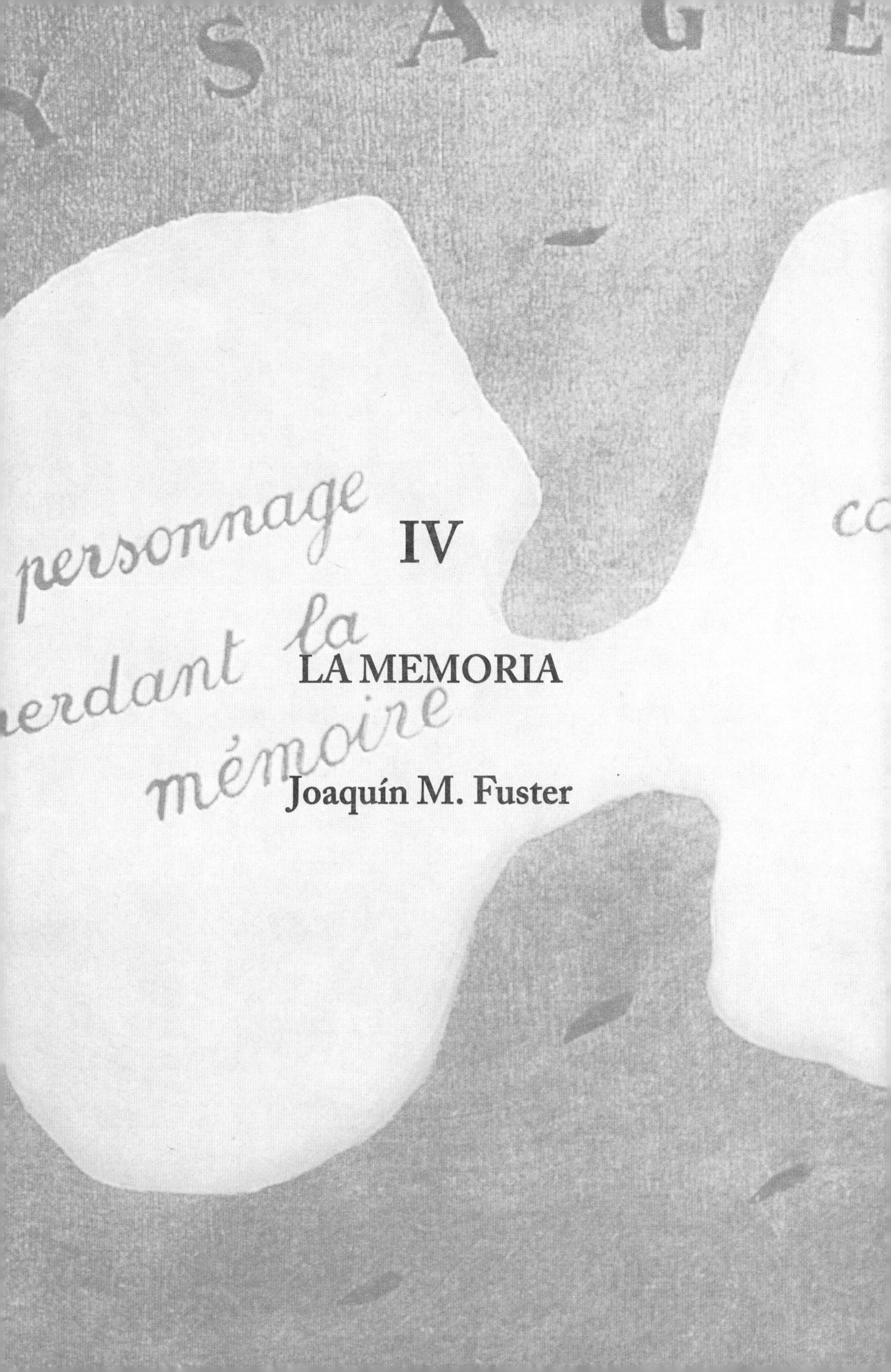

IV

LA MEMORIA

Joaquín M. Fuster

LA MEMORIA

Joaquín M. Fuster
Instituto Neuropsiquiátrico
Universidad de California, Los Ángeles, EE UU

En esta conferencia intentaré exponer, en la medida de mis posibilidades, una visión de conjunto del estado actual de nuestros conocimientos acerca de la sede cerebral de la memoria humana. Trataré de la distribución anatómica de la memoria en la corteza cerebral, así como de su dinámica fisiológica en la adquisición de nuevas memorias y en el acto de recuerdo. Me esforzaré para que esta visión sea amplia, ecléctica y objetiva. Sin embargo, no puedo deshacerme aquí completamente de mis ideas en un terreno que he estado investigando durante muchos años y en el que todavía reina la incertidumbre.

Así pues, pienso desarrollar el tema de la memoria apoyándome en numerosos hechos científicos que en las últimas tres décadas han salido a relucir en varios laboratorios, pero voy a hacerlo en torno a dos conceptos que yo considero fundamentales y que han sido respaldados sobre todo en el nuestro. Es más, estos conceptos son actualmente la guía de nuestro trabajo, son, por así decirlo, nuestras hipótesis de trabajo.

El primero de estos conceptos es que las memorias son en realidad redes de neuronas corticales interconexas, ampliamente distribuidas y de variedad prácticamente infinita; redes cuya extensión trasciende cualquier área o módulo de la corteza cerebral y que derivan su variedad, y su idiosincrasia, del poder combinatorio prácticamente infinito de 10.000 millones de neuronas.

El segundo concepto es que la memoria humana constituye, como hubiese dicho el profesor Rof Carballo reflejando la opinión de Zubiri, una *formalización*, una proyección evolutiva hacia arriba, de la memoria de los sistemas neutrales con los que cualquier organismo inferior se relaciona con el mundo. Trataremos, pues, de la memoria como una propiedad más, entre otras, de los sistemas corticales dedicados al sentir y a la acción, que son las dos funciones primordiales del organismo. Trataremos de la memoria de los sistemas, y no de los sistemas de memoria. Con ello no sólo hacemos una matización neurobiológicamente fundamental, sino que damos un giro copernicano al modo de pensar que hoy día está más en boga entre los neuropsicólogos de la memoria.

Con este enfoque conceptual, intentaré aquí cubrir sucesivamente cinco temas: (1) la adquisición de memoria; (2) la memoria filética, o memoria de la especie, la cual es común a todos los organismos de una misma especie; (3) la memoria de los sistemas corticales de percepción, o memoria perceptiva; (4) la memoria motora o ejecutiva, que es la memoria de los sistemas motores de la corteza, y (5) la dinámica cortical del recuerdo.

1. Adquisición de memoria

Tanto la adquisición como la evocación de memoria son fenómenos fundamentalmente asociativos. Adquirimos memoria por asociación y recordamos por asociación, a saber, por asociaciones entre hechos, entre eventos, entre palabras, entre sensaciones, entre movimientos y por asociaciones entre estas categorías de experiencia en cualquier combinación. Aprendemos y recordamos palabras, movimientos, sucesos, etcétera, por sus relaciones con otros en el presente contexto y circunstancia. Por lo tanto, toda memoria es esencialmente asociativa. Este concepto ha tenido sus altos y bajos a través de los tiempos, tanto en Psicología como en Neurobiología. Hoy, ambos campos se resisten todavía a aceptarlo, pero la evidencia empírica lo hace cada día más irresistible. Comencemos con un poco de historia.

Fue un valenciano, el insigne Juan Luis Vives (Fig. 1), el primero en hacer notar la importancia de la asociación por coincidencia temporal en la constitución de la memoria. Es singularmente notable el hecho de que lo hizo casi dos siglos antes de que los empiristas británicos, Locke y Hume, pusieran el concepto en el meollo de sus doctrinas. Con razón se ha llamado a Vives el padre de la Psicología moderna.

El concepto de memoria por asociación tuvo mucho auge a fines del siglo pasado gracias a los psicólogos alemanes de la escuela asociacionista de psicología, Wundt entre ellos. De ahí el concepto pasó de modo lógico a sus coetáneos, los neuroanatomistas alemanes, que justo entonces estaban descubriendo la riqueza de conexiones axónicas entre las distintas áreas de la corteza cerebral humana. Uno de ellos, Paul Flechsig, incorporó los nuevos conocimientos en una elaborada teoría del desarrollo ontogenético de aquellas conexiones, además de las llamadas *áreas corticales de asociación* y del desarrollo de sus funciones en la vida del individuo. Por motivos que hoy día nos parecen triviales, todos los más sobresalientes neurocientíficos de la época (Nissl, Monakow, Wernicke, etcétera) atacaron sin tregua a Flechsig y su teoría. Todos, con una notable excepción: don Santiago Ramón y Cajal.

Figura 1. Juan Luis Vives.

Efectivamente, por aquel entonces, Cajal, como Flechsig, propugnaba la idea de que el contacto entre neuronas, es decir, lo que posteriormente se llamará la sinapsis, era la base de la memoria, y que las memorias se establecían por cambios en la viabilidad de sinapsis. Pasaría medio siglo más antes de que Hebb, un psicólogo canadiense, formulase teóricamente los principios neurofisiológicos por los que, a través de cambios sinápticos, la memoria se establece en las asambleas neuronales de la corteza.

El primero en concebir la red cortical de memoria, y de percepción, tal como nosotros entendemos y la Neurobiología moderna confirma, no fue ni un psicólogo ni un neurofisiólogo sino, curiosamente, un economista vienés aficionado a las ciencias del cerebro, Friedrich von Hayek —premio Nobel de Economía, 1976—. Él fue quien en 1952, en un librito titulado *The sensory order*, propuso por primera vez que el substrato de las percepciones y de las memorias consiste esencialmente en *mapas* o *redes* de neuronas corticales interconexas, ampliamente distribuidas, cuyas dimensiones trascenderían los límites de las áreas corticales tal como son ordinariamente definidas con criterios estructurales.

Hoy sabemos que Hebb tenía razón y que sus famosos principios gobiernan la formación de memoria, especialmente el de la coincidencia temporal, a saber, que estímulos simultáneos facilitan las conexiones entre las asambleas neuronales que los representan. Lo sabemos gracias a la investigación de los fenómenos de aprendizaje en el cerebro de animales invertebrados. También empezamos a comprender, gracias a la investigación en monos, que en el cerebro del primate, incluido el hombre, la memoria está distribuida en amplias redes corticales, tal como Hayek propuso.

Veamos ahora brevemente y de modo esquemático cómo se forman en la corteza cerebral esas redes de memoria. La figura 2 ilustra el proceso en un conjunto teórico de asambleas neuronales encargadas de representar estímulos sensoriales y enlazadas por los tipos de conexión axonal que se conocen en la corteza desde que los describió don Rafael Lorente de Nó: proyección anterógrada, lateral y retrógrada o recurrente, convergencia y divergencia.

Dos estímulos que convergen al mismo tiempo sobre sus respectivas áreas de representación cortical inducirán cambios de conductividad sináptica en las neuronas de aquellas áreas, de tal manera que posteriormente la presentación de uno de los estímulos evocará la imagen del otro. Por fin parece que hemos encontrado la base neurobiológica de lo que Juan Luis Vives dijo hace casi medio milenio: "Quae simul sunt a phantasia comprehensa si alterutrum occurrat, solet secum alterum representare" (Si ocurre una de dos cosas que han sido aprehendidas por la mente simultáneamente, esta cosa suele elicitar la representación de la otra).

Así pues, por relaciones de *coincidencia temporal* entre estímulos, y también por relaciones de coincidencia entre esos estímulos y las memorias que evocan, se van formando, se van organizando a sí mismas en el curso de nuestra vida, las redes de nuestra memoria. Las vías nerviosas y los contactos sinápticos que forman su textura se van abriendo con el uso, un poco como decía el poeta: "Caminante, no hay camino, se hace camino al andar" (A. Machado). Así se van haciendo esas redes, unas a continuación de otras, unas encima de otras, compartiendo neuronas entre sí, cada una de ellas, una expansión de otras más antiguas. Ninguna memoria, ninguna red, es enteramente nueva, sino que todas contienen elementos de otras previas. Cualquier neurona o grupo neuronal puede ser parte de muchas redes y, por lo tanto, de muchas memorias.

Además del uso, sin embargo, la formación de memoria en la corteza cerebral requiere la modulación de esta corteza por parte de ciertas estructuras del sistema lím-

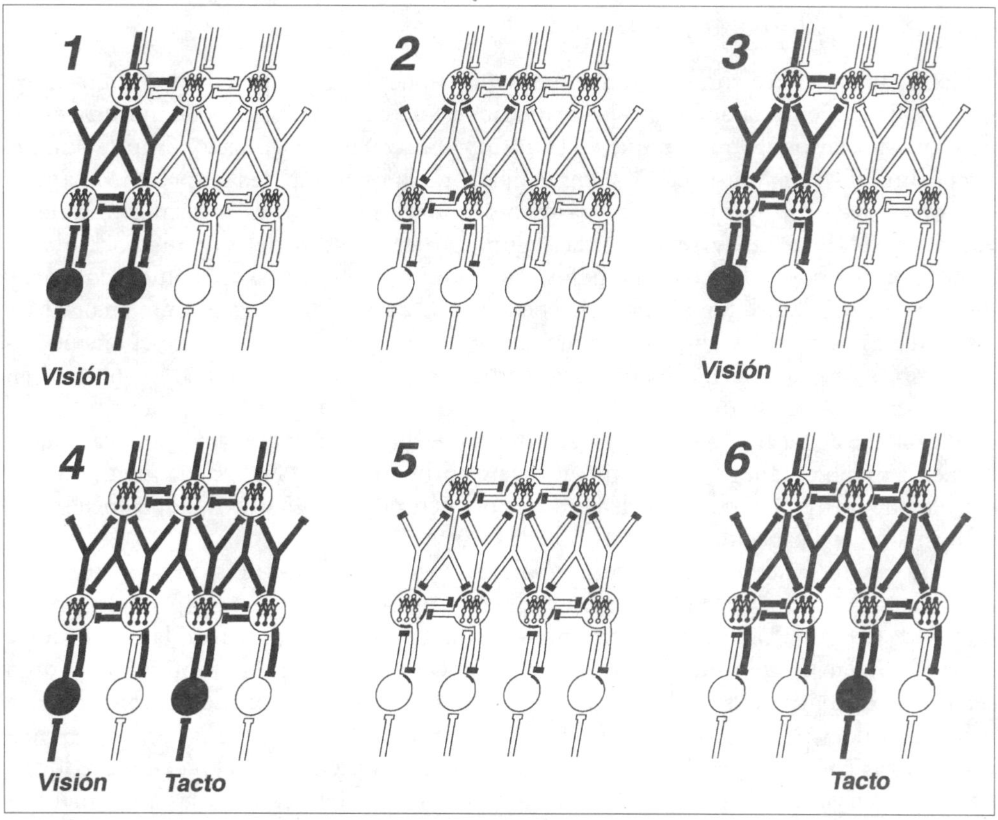

Figura 2. Esquema básico de redes neuronales de la corteza cerebral con acceso de información sensorial. Se ilustran los tipos esenciales de conexión interneuronal para el procesamiento de la información —de abajo arriba—: proyección anterógrada, retroalimentación —recurrencia—, conexión lateral, divergencia y convergencia. (1) Coincidencia temporal de dos estímulos visuales. (2) Como resultado se han facilitado los contactos sinápticos *entre* las neuronas que representan los dos estímulos —memoria visual establecida en la red—. (3) Uno de los dos estímulos reactiva la red —evocación de memoria visual—, con lo que se reactiva la representación neuronal del otro estímulo. (4) Coincidencia temporal de un estímulo visual y otro táctil. (5) Memoria establecida, latente, de los dos estímulos juntos. (6) El estímulo táctil evoca la memoria visual —por ejemplo, la palpación del objeto en mi bolsillo evoca su imagen visual—.

bico, en el interior del cerebro. Una de ellas es el hipocampo, el cual es también corteza, pero corteza filogenéticamente antigua. Además, la amígdala, una estructura límbica de importancia fundamental en las emociones y en la valoración emocional de estímulos sensoriales, también parece representar un papel modulador importante en la adquisición de memoria. Así se comprende que la emoción afecte tanto a nuestra capacidad de recordar las cosas.

2. Memoria filética

Todo organismo nace con un caudal de memoria ancestral que hereda de generaciones previas. Es la memoria de los modos primarios de percibir el mundo y de moverse en él. Es el aparto sensorial y motor, que en sí mismo almacena la información imprescindible para sobrevivir y para procrear. Es, en una palabra, la memoria de la especie. Me atrevo a llamarla *memoria* porque, como la memoria del individuo, es información que se adquirió, se almacenó y se recuerda según las necesidades del organismo. Sólo su dimensión temporal varía enormemente, pues aquí se trata de una estructura sensorial y motora que se adquirió en el curso de la evolución y que ahora nos permite analizar las propiedades esenciales del mundo sensorial en que vivimos y actuar sobre el mismo. Es la memoria que nos hace discernir los sabores, los olores y los colores, los objetos en movimiento, el sonido de las olas del mar y el calor y el frío y el tacto de la arena. Es la memoria que al nacer nos permite agarrarnos al pecho de la madre, y después caminar y retraer la mano del fuego y otros muchos actos primarios y reflejos. Es la memoria más estable que poseemos, pues consiste en una estructura nerviosa casi fija que encierra en sí misma toda la capacidad adaptativa de la estirpe.

Hoy sabemos que esa estructura de áreas sensoriales y motoras de la corteza con que nacemos, esa memoria filética, necesita repetición y ensayo en los primeros meses de la vida extrauterina, pues de otro modo se marchita y muere. De ahí la importancia de la estimulación temprana para el desarrollo cognitivo del niño. Ahora bien, como sea que la ontogenia repite la filogenia, resulta que esas áreas primarias sensoriales y motoras son las primeras en desarrollarse en la vida del individuo (Fig. 3). Son —volviendo a las conexiones— las primeras en desarrollar vainas de mielina en derredor de sus fibras nerviosas, para mejor transmisión. También sabemos que esas áreas mantienen un cierto nivel de plasticidad en el adulto, es decir, que el número y viabilidad de sus sinapsis aumenta o disminuye hasta cierto punto y, de acuerdo con el uso, en el curso de la vida.

El concepto que yo aquí propongo es que toda la memoria individual, a saber, la de los hechos y sucesos, de los nombres y las caras, los animales y las plantas, los lugares y las fechas, así como la de los actos y rutinas, se desarrolla sobre una base de memoria filética. En otras palabras, toda nuestra memoria personal es una expansión de la memoria atávica de la especie humana, y crece sobre ella como la perla sobre el grano de arena, en capas cada vez más grandes. Así se van haciendo también cada vez más grandes nuestras memorias y nuestro conocimiento, desde la experiencia sensorial o motora concreta hasta el concepto abstracto y el plan global de acción, los cuales derivan de muchas experiencias concretas.

Este desarrollo de la memoria personal ocurre a la par que el desarrollo conectivo de la corteza, a saber, con el desarrollo de sus fibras nerviosas, por lo cual hay un cierto paralelismo entre la edad de las distintas áreas corticales y los tipos de memoria que sus redes albergan. Así, mientras que las áreas primarias albergan las redes de memoria innata, las

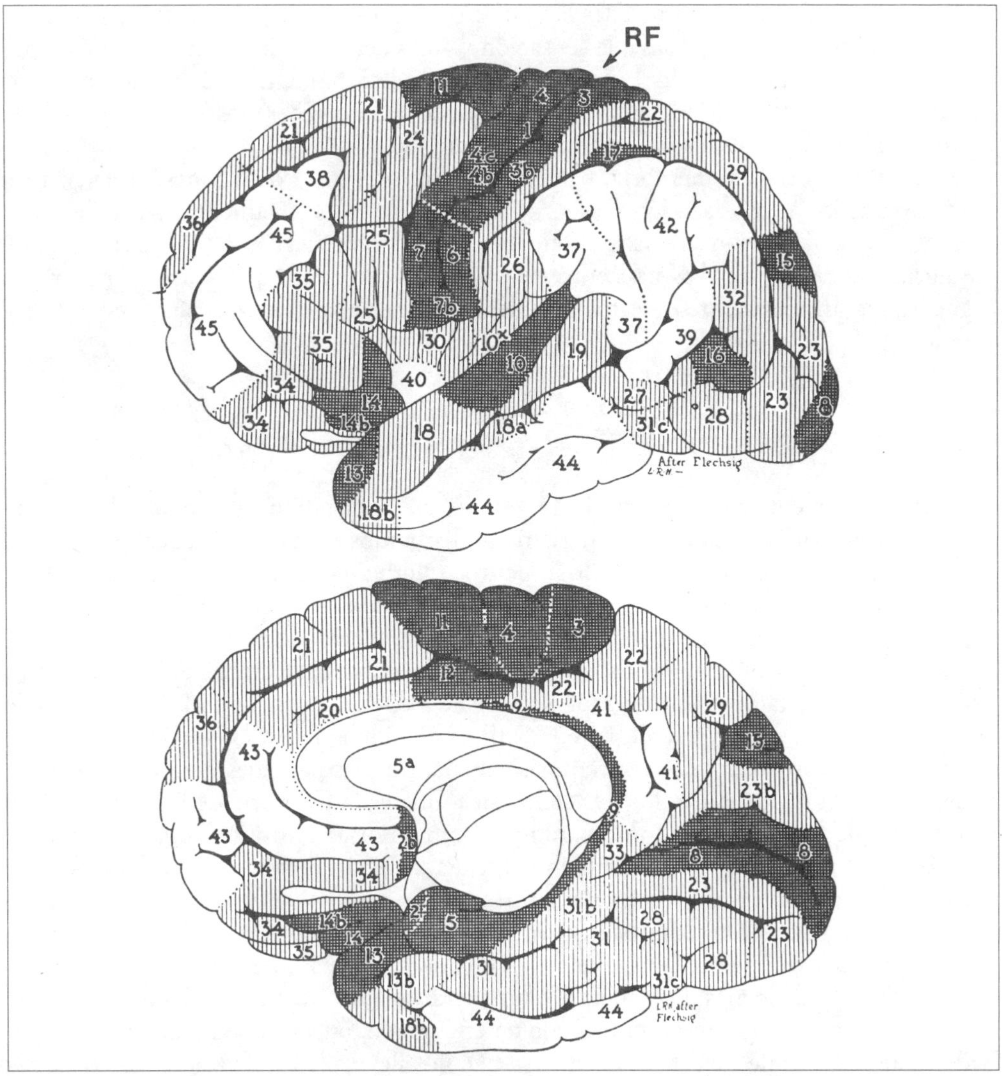

Figura 3. Mapa ontogenético de la corteza cerebral. La numeración de las distintas áreas indica el orden de su desarrollo en términos de formación de mielina en torno a las fibras de conexión.

áreas asociativas que las suceden en el desarrollo mielogenético albergan memorias progresivamente más elevadas y sus conocimientos más complejos. Es más, según nos dice el estudio de la anatomía de las vías nerviosas, este crecimiento progresivo de la memoria sigue en líneas generales la dirección de los axones entre las áreas de la corteza.

Seguramente adivinan ya ustedes la gran dicotomía funcional del cerebro, esto es, la dicotomía entre áreas dedicadas a la sensación y áreas dedicadas a la acción, las dos separadas por la fisura de Rolando. De acuerdo con esta dicotomía, hay dos grandes categorías de memoria: una, la perceptiva, que se aloja en la corteza posterior, y la otra, la motora o ejecutiva, que se aloja en la corteza del lóbulo frontal.

Ambas categorías de memoria, perceptiva y motora, son expansiones, en la corteza asociativa, de las memorias filéticas sensorial y motora, respectivamente. Las redes de la memoria personal no son sino extensiones dentro de la corteza asociativa de las redes de memoria filética. No hay costuras entre ellas. Ambas categorías, perceptiva y motora, se organizan jerárquicamente en estos grandes sectores de corteza asociativa posterior y frontal.

3. Memoria perceptiva

La memoria perceptiva es la memoria de todo lo que se ha adquirido a través de los sentidos. Comprende todo lo que ordinariamente llamamos memoria, a saber, el conjunto de experiencias personales y de conocimientos que hemos obtenido en el curso de la vida. Como decía hace un momento, están estratificados jerárquicamente (Fig. 4) los distintos tipos de memoria, depositados uno encima de otro, desde las memorias sensoriales, por abajo, hasta la memoria conceptual, por arriba, es decir, hasta los conceptos, los cuales, aunque también adquiridos a través de los sentidos, se han independizado de ellos en la actividad cognitiva del que los utiliza en el lenguaje o en la conducta. Entre las memorias sensoriales y los conceptos se encuentran las llamadas memorias declarativas, esto es, la de los episodios y la semántica, que es la memoria de los hechos y del significado de las palabras. Como veremos, las memorias motoras, de las que trataré dentro de un momento, están también organizadas jerárquicamente, pero éstas en la corteza anterior del cerebro, en la corteza frontal.

Hasta ahora he puesto énfasis en las relaciones *horizontales* dentro de la memoria, a saber, las asociaciones entre sensaciones del mismo orden y la estratificación de memorias por categoría. Es más, he hablado de una jerarquía de áreas corticales al servicio de una jerarquía de memorias. Aquí hay que tener cuidado, pues aunque todo esto sea verdad en líneas generales, existe el peligro de que nos lleve a la localización excesiva de la memoria, a una nueva frenología de memorias con cada tipo de memoria en su área, lo cual cada día parece más absurdo.

Conviene, por lo tanto, recalcar la superposición anatómica de memorias. Redes de memoria de distinta categoría pueden ocupar, cuanto menos en parte, las mismas regiones de la corteza, y aun compartir neuronas y conexiones en común. Es decir, estas redes de distinta categoría, que yacen en distintos niveles de la jerarquía, están entrelazadas, verticalmente. Por ejemplo, los sonidos y colores del tranvía de San Francisco —memoria sensorial— están íntimamente ligados con mi última visita a aquella ciudad

—memoria episódica—, y ambas están a su vez conectadas con el significado de la palabra tranvía —memoria semántica—. Por encima de todas, y enlazado con ellas, está, entre otros, el concepto de transporte público, el cual abarca no sólo el tranvía sino el avión, el autobús, el transatlántico y la diligencia.

En resumidas cuentas, a medida que adquieren asociaciones cada vez más generales, desde la sensación al concepto, las memorias se abren hacia arriba como abanicos y se entrelazan cada vez más entre ellas, no sólo horizontalmente sino verticalmente, siguiendo el orden jerárquico. Así pues, memorias de distinto nivel jerárquico se anidan unas dentro de otras, compartiendo redes, células y áreas corticales.

Un corolario lógico de este estado de cosas es que, dentro de la memoria personal, los conceptos generales y la memoria semántica son más estables que la memoria episódica. Así, las fechas y lugares de un acontecimiento histórico, como la II Guerra Mundial, son más frágiles y susceptibles de olvido que el hecho en sí de que hubo tal acontecimiento. El concepto de abuelo es más resistente al olvido que el recuerdo de nuestros propios abuelos. La razón es simple: los grandes hechos y los grandes conceptos están anclados en redes más extensas que los acontecimientos concretos que les dieron origen. Como consecuencia, la memoria de los hechos y las ideas generales tiene más vías asociativas de acceso y es menos vulnerable a la injuria cerebral que la memoria del lugar, de la fecha, de la cara y del nombre.

4. Memoria motora

Y ahora pasemos, hacia adelante, al otro lado de la fisura de Rolando (Fig. 3 y 4), a ese otro gran sector de corteza asociativa que es la corteza del lóbulo frontal, es decir, pasemos a la vertiente motora de la memoria.

La memoria motora es la de los actos y de las conductas, es la *memoria del hacer*. Ésta, como la perceptiva, se desarrolla también con la facilitación de contactos sinápticos asociativos. Ahora se trata de asociaciones entre las representaciones corticales de movimientos y de acciones. Por medio de estas asociaciones se van formando en la corteza del lóbulo frontal las redes representativas de la acción, unas sobre otras, tal como sucedía en la corteza posterior con la memoria perceptiva.

Del mismo modo que las memorias perceptivas, las motoras se forman sobre una base de memoria filética, a saber, lo que aquí es memoria filética motriz. Así, se establece en el lóbulo frontal una jerarquía de áreas y redes motoras, la cual sostiene una jerarquía correspondiente de memorias motoras, una jerarquía que es hasta cierto punto paralela a la de memorias perceptivas en cerebro posterior. Sólo que aquí aparece algo nuevo. Efectivamente, en la urdimbre asociativa de las áreas frontales, en la corteza prefrontal, la cual alcanza su máximo desarrollo evolutivo en el cerebro humano y sobre la cual hablaré en unos momentos, aparecen los planes y los esquemas de acción, aparecen las memorias del quehacer, aparece, por así decirlo, la *memoria del futuro*.

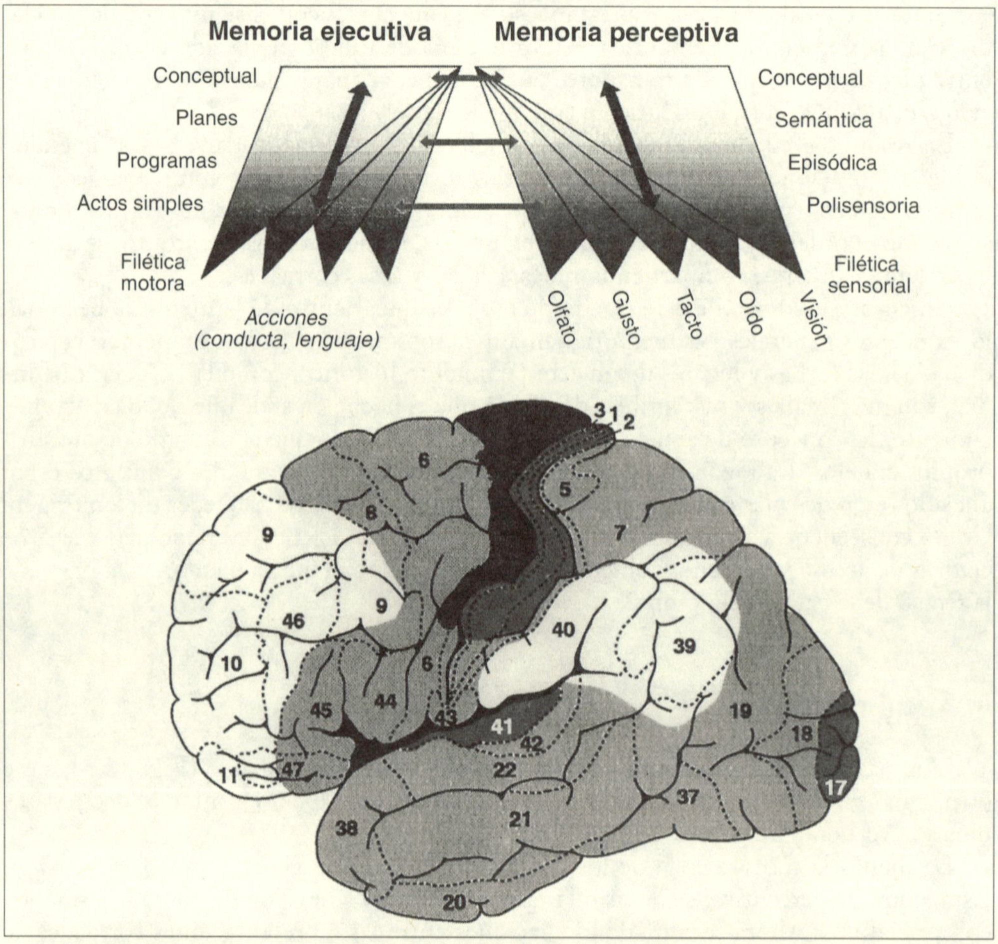

Figura 4. La parte superior de la figura muestra un diagrama esquemático de la disposición jerárquica de memorias perceptivas y motoras —ejecutivas—; conexiones verticales y horizontales unen los distintos niveles jerárquicos entre sí. Debajo, vista lateral de la corteza cerebral con la numeración de áreas citoarquitectónicas según Brodmann; aquí se utiliza el mismo código de color que en el esquema de arriba, con lo cual se muestra la distribución aproximada de los distintos tipos de memoria perceptiva en corteza posterior —posrolándica— y ejecutiva en corteza anterior —prerrolándica—.

Para resumir, pasemos de nuevo al cerebro humano (Fig. 4) con el fin de contemplar, dibujada a grandes rasgos, la distribución topográfica de los dos grandes sectores de memoria, la perceptiva, con todas sus categorías en corteza posterior, y la motora, con las suyas en corteza frontal. Las lesiones en zonas azul claro, que son zonas intermedias en la jerarquía perceptiva, suelen resultar en trastornos de memoria declarativa, episódica y semántica, mientras que las lesiones en zonas blancas, las más altas de la jerarquía, suelen resultar en agnosias y afasias, las cuales son simplemente manifestaciones de amnesia semántica y conceptual.

Por otra parte, las lesiones de la corteza del lóbulo frontal, bien sean debidas a una enfermedad o a un trauma, causan trastornos de memoria motora, esto es, de memoria ejecutiva. Entre todas las regiones frontales, la más frecuentemente afectada, quizá por ser la más grande, es la corteza asociativa del lóbulo frontal, a saber, la llamada corteza *prefrontal*. Conviene señalar de nuevo que ésta es la parte de la corteza cerebral que alcanza mayor crecimiento, y el más tardío, tanto en el curso de la evolución como en el curso del desarrollo del individuo.

Aquí nos interesa esta corteza prefrontal de modo especial por ser la sede de las representaciones de acción más características del ser humano, es decir, los planes de acción basados en el razonamiento, el pensamiento lógico y el lenguaje. Nos interesa también por representar esta corteza un papel fundamental en la toma de decisiones y en la ejecución de aquellos planes. Con razón, a esta corteza *motora*, el depositario supremo de la *memoria del futuro*, podemos llamarla el *órgano de la creatividad* y el *ejecutivo del cerebro*.

5. Dinámica de la memoria: el recuerdo

Lo que acabo de decir acerca de la corteza frontal como participante a la vez en el depósito y en la ejecución de memorias es aplicable en cierto modo a la corteza cerebral en su totalidad. La corteza cerebral no es el desván de las memorias. Por el contrario, la corteza cerebral es el ordenador, el administrador y el creador de las memorias. Y es que todo el sustrato de la memoria, aun la que más perdida parece en el olvido, participa en nuestras percepciones del mundo que nos rodea, así como en nuestras acciones sobre el mismo.

Así pues, por un lado, la memoria perceptiva está inmersa en el aparato nervioso de la percepción, y hasta cierto punto lo gobierna. Esto explica la íntima relación entre memoria y percepción, que, desde Helmholtz, es una de las leyes fundamentales de la Psicofísica. No sólo recordamos lo que percibimos sino que percibimos lo que recordamos. Vemos lo que la memoria nos hace ver. Como diría Ortega, todo ver es un mirar, y yo añadiría, es un mirar educado por la experiencia.

De la misma manera, la memoria motora es una parte integral de los sistemas motores del cerebro. Se asienta en las mismas redes neuronales que participan en la ejecución de las acciones. Así se comprende que en todas las acciones nuevas y complejas del organismo haya un proceso jerárquicamente descendiente de integración de movimientos, en el cual intervienen todas las áreas de la corteza frontal, desde las prefrontales, que representan los planes de acción, pasando por las área premotoras y sus programas de acción y terminando con las áreas motoras primarias, que representan los movimientos más simples y más concretos.

Los depósitos corticales de la memoria están en actividad constante, pues son los mismos sistemas que nos relacionan con el mundo que nos rodea. De día y de noche, durante la vigilia y aun probablemente durante el sueño, las neuronas de la corteza están en agitación silenciosa pero constante. Lo que está en la conciencia, como lo que no está, está sujeto a modificaciones, a la expansión y a la contracción por añadidura o pérdida de contactos sinápticos, lo segundo, bien sea debido a la enfermedad o al envejecimiento normal. Se pierden unas memorias mientras se ganan otras, y todas la que hay en un momento dado en esas redes de nuestro tejido cortical moldean nuestro razonamiento, nuestros sentimientos y nuestra conducta aun sin que nos demos cuenta de ello, subconscientemente. La memoria está siempre viva.

Pero no todas las memorias ni todas las partes de la corteza están igualmente vivas al mismo tiempo, ni mucho menos. He comenzado exponiendo algunos conceptos fundamentales sobre la dinámica del cerebro en la adquisición de memoria. Terminaré haciendo unos breves comentarios sobre la dinámica del recuerdo y de la memoria activa.

El recuerdo, como la grabación de memoria, es un fenómeno asociativo, y en él toman parte las mismas estructuras nerviosas que lo hicieron cuando se adquirió la memoria, a saber, el sistema límbico —el hipocampo y la amígdala— y la corteza cerebral. Recordamos por asociación. La evocación de un fragmento de memoria induce la activación de otros fragmentos que se asociaron con él en su formación. En términos de la dinámica cortical, la activación de una parte de la red *enciende*, por así decirlo, el resto de la red. Y así, las memorias surgen a la conciencia un poco como las cerezas salen del cesto: se tira de una y salen otras engarzadas entre sí.

El recordar es, pues, la activación de redes corticales, y en cierto modo todo recordar es un *re-conocer*, aunque sea sin objeto presente. Pero hay varios modos de recordar. Hay un recordar pasajero y sin propósito, y luego hay el recordar sostenido y con propósito, el recordar que se usa para poder ejecutar una acción en el futuro próximo. Este recordar es lo que yo suelo llamar memoria activa y otros llaman *memoria operativa*. Es la memoria que utilizamos antes de marcar un número de teléfono, después de verlo en el listín, o para terminar la frase que hemos comenzado. Es éste un proceso fundamental de la memoria, esencial para toda nuestra conducta, para el pensamiento racional y para el habla. Es un proceso al cual en nuestro laboratorio hemos dedicado 30 años de estudio.

Conviene recalcar aquí que tanto el contenido como el sustrato nervioso de esa también llamada *memoria de trabajo* son idénticos a los de la memoria permanente. Sólo que en aquel momento, ésos han adquirido un cierto orden y vigencia en vistas al objetivo de la conducta, del pensamiento o del lenguaje. El número a marcar es nuevo, y así lo es la premisa del silogismo o el sujeto de la frase, pero sus componentes son viejos, están anclados en el conocimiento y, por lo tanto, en el tejido de la memoria a largo plazo. Por esto no tiene mucho sentido el buscar un substrato nervioso distinto para la llamada memoria a corto plazo y para la memoria a largo plazo. Se trata de dos estados diferentes del mismo sustrato. Es por esto que yo prefiero el término de *memoria activa*, que abarca tanto la consolidación de memoria nueva sobre la vieja como la activación de cualquiera de las dos para lograr un objetivo.

De lo que he dicho hasta ahora se deduce que en cualquier situación de conducta en la que el sujeto tenga que retener un estímulo sensorial en memoria activa para lograr un objetivo de conducta, se activarán amplias redes de la corteza cerebral y éstas se mantendrán activas hasta que se haya conseguido el objetivo. De un lado se activarán las redes de memoria perceptiva que representan el estímulo sensorial. De otro lado, se activarán las redes frontales que representan la memoria motriz asociada con aquel estímulo. Imagínese una ola de excitación de las neuronas que se extiende del cerebro posterior al anterior, y de allí revierte sobre el posterior para mantener la imagen del estímulo por el tiempo que sea necesario hasta que la acción haya tenido lugar.

La tomografía metabólica cerebral nos permite verificar algunas de las ideas que acabo de presentar. En la tarea de la figura 5, el sujeto, humano, tiene que recordar durante unos segundos una imagen visual abstracta. En otros momentos tiene que realizar la misma tarea pero sin necesidad de retener la imagen en su memoria; ésta es la tarea control. Antes de las dos tareas se le administra al sujeto glucosa marcada con un isótopo radiactivo y se le somete a estudio tomográfico, con lo que podemos medir la activación metabólica de los distintos sectores del cerebro. En estas circunstancias, como era de esperar, se observa una activación de muchas áreas. Sobre todo, durante la tarea de memoria, se activan la corteza prefrontal y las áreas de corteza posterior en las que asientan las redes de memoria visual.

Terminaré con un breve comentario acerca de un tema que, naturalmente, nos interesa a todos mucho: la patología del recuerdo. Uno de los temas más acuciantes que tenemos en este terreno, y sobre el cual menos sabemos, es el de esa enfermedad devastadora de la corteza cerebral que se llama enfermedad de Alzheimer, la cual afecta profundamente la memoria, entre otras cosas. Confiemos en que los avances en Genética y en Neuroquímica nos lleven pronto a una solución preventiva o terapéutica.

Pero luego está esa pérdida de memoria que tarde o temprano nos afecta a casi todos en el curso del envejecimiento normal. No existe todavía la sustancia mágica para mejorar la memoria, a pesar de que muchas se han utilizado para ello en el curso de la historia, comenzando con los estimulantes de uno u otro género, como la cafeína o la nicotina. Todas las sustancias que han estado en boga en un momento u otro afectan la memoria y además otras muchas funciones cerebrales. No puede ser de otra manera si tiene algún sentido lo que he dicho acerca de la memoria de los sistemas y el mito de los sistemas de memoria.

Precisamente porque la memoria es, como hemos dicho, una parte integral de todas las funciones cognitivas del cerebro, se desprende que el ejercicio de todas ellas forzosamente ha de favorecer la memoria. Si toda memoria nueva es una expansión de las viejas, la formación de nuevas memorias necesariamente tiene que reforzar las viejas. Esto, creo yo, es más que un artículo de fe, es un hecho. Por otra parte, mientras unas memo-

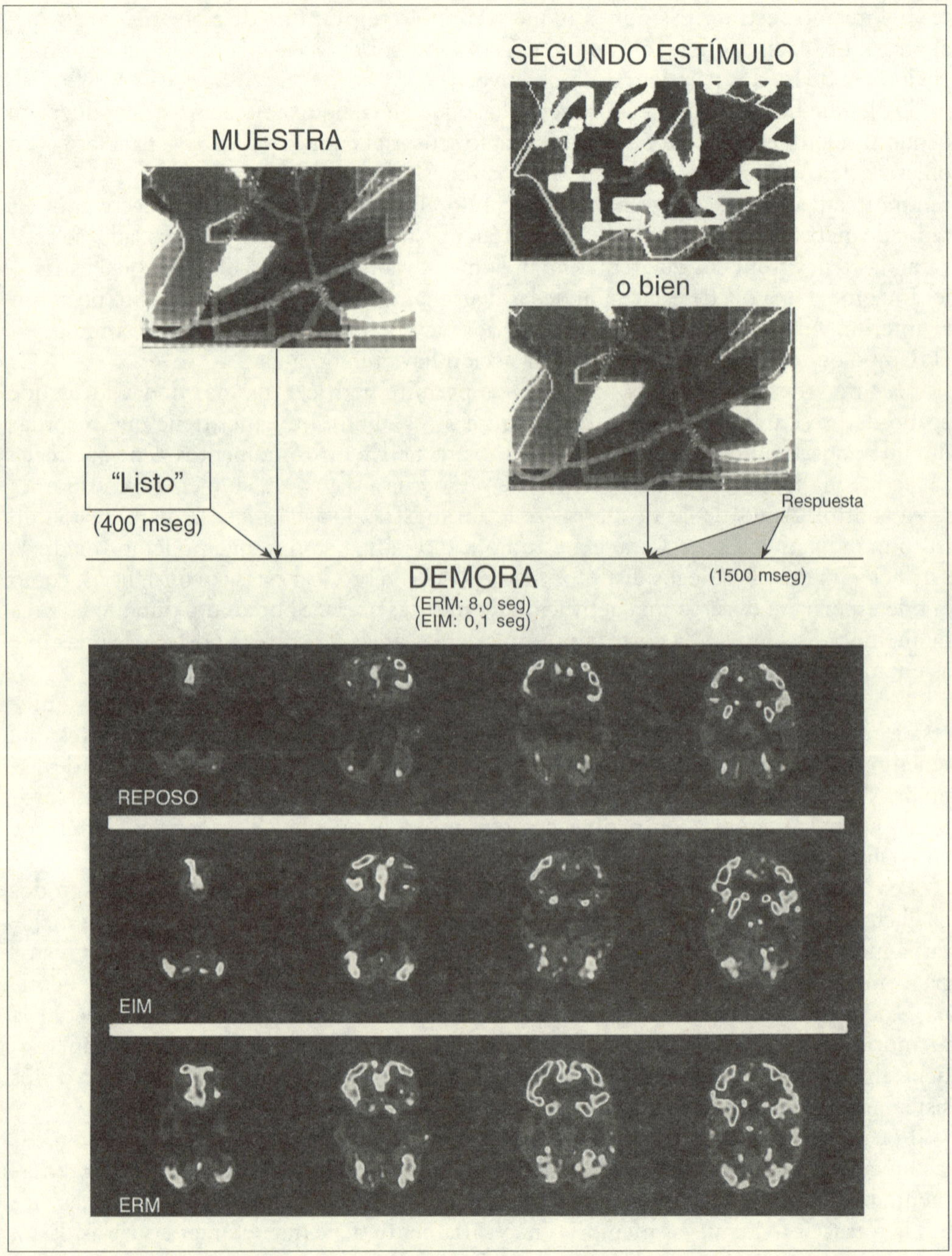
SEGUNDO ESTÍMULO
MUESTRA
o bien
"Listo"
(400 mseg)
Respuesta
DEMORA
(ERM: 8,0 seg)
(EIM: 0,1 seg)
(1500 mseg)
REPOSO
EIM
ERM

Figura 5.

Figura 5. Activación metabólica cortical en la memoria activa. Arriba, esquema de una tarea de memoria visual a corto plazo —*emparejamiento retardado con la muestra*, ERM— utilizando imágenes abstractas como estímulos. Cada ensayo en la tarea comienza con una señal de aviso —*listo*— seguida inmediatamente por un breve estímulo-muestra en una pantalla. El sujeto tiene que mantener la imagen del estímulo-muestra en memoria activa, pues al cabo de 8 segundos de demora aparece en la pantalla un segundo estímulo y el sujeto tiene que indicar si este segundo estímulo es idéntico a la muestra o no lo es. En la tarea control, el emparejamiento es inmediato (EIM), sin período de demora entre los dos estímulos. En ambas tareas los estímulos varían de modo aleatorio entre ensayos. En reposo, y antes de ejecutar una tarea (EIM) o la otra (ERM), se administra al sujeto glucosa marcada con un isótopo radiactivo. El isótopo queda depositado en las células del cerebro en la medida en que éstas han sido activadas. La tomografía metabólica subsiguiente —mitad inferior de la figura— obtiene imágenes de la activación celular. Se muestran cuatro secciones tomográficas horizontales del cerebro en cada una de las tres condiciones, reposo, EIM y ERM. Obsérvese la marcada activación de corteza visual —parte inferior de cada sección— y corteza prefrontal —parte superior— durante la tarea de memoria activa (ERM).

rias mueren, otras nacen. Hay que tener en cuenta que llegamos a la muerte sin haber utilizado más que una mínima parte de las neuronas con que nacemos.

Conclusiones

En resumen, y para concluir, nuestras ideas y nuestras investigaciones se ajustan a los siguientes principios generales:

1. La memoria es una función cerebral ampliamente distribuida. Cada componente del sistema nervioso tiene su propia memoria, cuyo contenido depende estrechamente del tipo de información que el sistema procesa. La representación y el procesamiento comparten las mismas redes neuronales. Por esto no tiene mucho sentido hablar de sistemas de memoria, pero sí lo tiene hablar de la memoria de los sistemas.
2. Los sistemas de la corteza cerebral son la base de lo que ordinariamente llamamos memoria, la base del conocimiento y de la experiencia personal.
3. La memoria del individuo viene a asentarse en la infraestructura sináptica, es decir, en las conexiones entre neuronas corticales, determinando la viabilidad de transmisión entre ellas.
4. Una memoria cortical, del género que sea, es una red de neuronas interconexas más o menos extensa. Así pues, toda memoria es una estructura fundamentalmente asociativa, definida por las asambleas neuronales y las conexiones que las unen. Muchas memorias y sus redes comparten neuronas y conexiones en común.
5. La estructura y el contenido de las memorias están organizados de forma jerárquica. Esta organización jerárquica se ajusta, cuanto menos groseramente, al orden de desarrollo evolutivo y ontogenético de las áreas y funciones de la corteza.
6. La corteza posterior o posrolándica está dedicada al procesamiento de la percepción y de la memoria perceptiva, la cual incluye todas aquellas formas de memoria que

se adquieren por los sentidos —declarativa, episódica, semántica, etcétera—. La corteza frontal o prerrolándica, por otra parte, está dedicada al procesamiento y representación de las acciones, tanto en el terreno del movimiento muscular como en el pensamiento racional o en el lenguaje hablado.

A mi modo de ver, estos principios regirán el estudio de la memoria en el siglo XXI.

J. M. FUSTER, *Memory in the cerebral cortex: an empirical approach to neural networks in the human and nonhuman primate*, MIT Press, Cambridge, 1995.

— *The prefrontal cortex: anatomy, physiology and neuropsychology of the frontal lobe,* (3ª edición), Lippincott-Raven, Philadelphia, 1997.

"Tablero de ajedrez", ▶
por Juan Gris
(Institute of Art, Chicago)

V

CEREBRO Y MENTE

Francisco Mora Teruel

CEREBRO Y MENTE

Francisco Mora Teruel
Departamento de Fisiología Humana-Facultad de Medicina
Universidad Complutense de Madrid

Cerebro y *mente* son dos mundos que han sido estudiados hasta hace muy poco cada uno por su lado. Ciertamente, sabemos que el cerebro tiene que ver con la mente y ésta con el cerebro, pero ¿cómo se relacionan?

En este capítulo se ofrece una aproximación a este problema desde diversas perspectivas sin entrar en su discusión profunda, sea ésta filosófica, psicológica o científica. Con ello se mantiene el espíritu de la conferencia origen de este capítulo.

Comencemos, pues, por el principio. ¿Qué es el cerebro? y ¿qué es la mente? Para cualquiera sería fácil entender el símil que se hace muchas veces entre el cerebro y un instrumento musical. Supuestamente un instrumento musical, un violín, un piano, es susceptible de ser desmenuzado, analizado y cuantificado en todos y cada uno de sus componentes. Para muchos, eso sería el cerebro. Un órgano capaz de ser analizado en todos y cada uno de sus elementos moleculares, celulares y anatómicos.

Y ¿qué es la mente? También sería fácil entender que la mente sea algo así como una melodía, una composición musical. Algo que aun temporal, no tiene espacio. Algo *casi* espiritual y casi contrapuesto a *algo* material. Aparentemente, la mente no es células ni moléculas. Efectivamente, ¿cómo un montón de células, de potenciales eléctricos y sustancias químicas, puede, como en el caso del cerebro de Beethoven, crear la *Novena sinfonía* o, en el cerebro de Velázquez, *Las Meninas* o, en el caso de Einstein, la teoría de la Relatividad?

Es cierto que estamos muy lejos de Aristóteles (para quien la sede de las sensaciones y el movimiento era el corazón), y que nadie duda ya de que la mente tiene que ver *muy estrechamente* con el cerebro. Pero mucha gente entendería también, sobre los supuestos que estamos comentando, que un análisis científico del cerebro, es decir, su desmenuzamiento en circuitos, células y moléculas, no nos aportaría mucho sobre los procesos mentales. Para muchos, una aproximación de este tipo sería tanto como analizar las partes de un piano tratando de encontrar en ellas la melodía que acaba de evocar. Este problema se resuelve invocando la existencia de *algo* o *alguien* que toca el piano.

Al igual que para la relación piano-melodía, para la relación cerebro-mente también se propone la existencia de un elemento extracerebral, *de otra naturaleza* (espíritu). Así, más o menos, ha venido siendo el pensamiento dualista desde su arranque con Platón y su concreción a esta problemática en René Descartes hasta la actualidad, con el recientemente fallecido neurobiólogo Sir John Eccles.

A finales de los años cuarenta y en una emisión radiofónica, el famoso filósofo de Oxford, Gilbert Ryle, quiso exponer de forma transparente y para el gran público la posición dualista en este problema que acabamos de comentar (la dicotomía cerebro-mente como dos naturalezas distintas materia-espíritu). Y narró el siguiente cuento:

> "... Se cuenta la historia de unos pastores que quedaron aterrorizados al ver, por primera vez, un tren con máquina de vapor. A raíz de ello su párroco les dio una charla para tratar de explicarles cómo funciona una máquina de vapor. Uno de los campesinos entonces dijo: 'Sí, padre, entendemos bastante bien lo que usted dice. Pero, a la postre, ¿no es cierto que es un caballo lo que de verdad hay dentro de la máquina?' Tan acostumbrados estaban los campesinos a ver los carros tirados por caballos que no pudieron asimilar la idea de que algunos vehículos pudieran autopropulsarse.
>
> Podríamos extender esta historia y sacar alguna consecuencia de todo esto —continuó Ryle—. Por ejemplo, que los pastores examinaron el motor y curiosearon cada detalle del mismo. Y entonces dijeron: 'Ciertamente no podemos ver, sentir o escuchar a un caballo dentro de la máquina. Nos sentimos frustrados. Pero sabemos que ahí, en la máquina, hay un caballo. Luego debe ser un caballo fantasma, el cual, como en las ferias, se esconde de la vista de los mortales.
>
> ¡Pobres inocentes pastores! Sin embargo, esta historia ha sido la teoría oficial de la mente en los últimos 300 siglos".

Tenemos el fantasma dentro de la máquina, y por tanto algo misterioso. ¿Es esto así? ¿Hay algo *misterioso*, *no material*, *espiritual*, entre el cerebro y la mente?, o si se quiere ¿hay un elemento de naturaleza no-material que actúa sobre el elemento material, el cerebro, que es el que finalmente produce los procesos mentales?

Digámoslo ya desde el principio. No hay misterio en la máquina. *Como la máquina de vapor hace el movimiento, el instrumento creador de los procesos mentales es el propio cerebro.* El pensamiento filosófico actual así como los posicionamientos científicos desde el lado de las neurociencias han trasladado la cuestión desde el misterio al problema. Hoy hay un problema que resolver y éste puede ser atacado científicamente y eventualmente entendido.

Muy pocos neurocientíficos dudan que el cerebro del hombre es un órgano único para cada hombre, *vivo* y siempre cambiante, inteligente, capaz de crear y tocar sus propias melodías, esas composiciones que son los procesos mentales. Su ingrediente básico es la actividad constante, el tiempo *actualizado*, (los *dinamismos* de Zubiri y Laín) de millones de años de evolución. Hoy se piensa que nadie ni nada toca ese piano (el cerebro) más que el piano mismo. El cerebro del hombre, o mejor el hombre, con su cerebro y su cuerpo, se hace a sí mismo con su carga evolutiva, filogénica y su desarrollo ontogénico en interacción con su ambiente físico y social. El cerebro del hombre actual es, pues, un concierto de tiempos y espacios acumulados a lo largo de millones de años (genes y evolución) y puesto en ejecución en este teatro que es nuestro ambiente familiar y social.

Si no hay, pues, ni fantasmas ni cosas tales entre el cerebro como órgano y la mente como expresión del funcionamiento cerebral, cabría preguntarnos lo siguiente: ¿qué nos dicen hoy las Neurociencias, entendiendo por Neurociencias todo el amplio espectro de conocimientos que aportan las diferentes disciplinas de estudio del sistema nervioso, para pensar que el cerebro es un órgano inteligente, plástico, capaz de generar sus propias melodías? Y en esa misma línea, ¿qué se piensa desde la Filosofía y, en general, desde todas las áreas posibles del conocimiento?

Como ya he señalado, y en general, ni en filosofía ni en las ciencias del cerebro se mantienen hoy posiciones dualistas. Hay un posicionamiento general, casi unánime, acerca de la idea de que es el propio cerebro el generador y último responsable de los procesos mentales. Las disensiones entre filósofos, entre los propios neurocientíficos y entre filósofos y neurocientíficos están sólo en cómo se establece la relación, causal o no, entre mecanismos cerebrales y procesos mentales, dos cuerpos de entidades tan dispares. La primera, el cerebro, de naturaleza física y química; la segunda, los procesos mentales, de naturaleza aparentemente no física ni química. A este respecto, un libro reciente puede ayudar a la introducción general de esta problemática: *El problema cerebro-mente*, editado por F. Mora. (Véase también el apartado "Algunas pinceladas filosóficas").

Sea, pues, este capítulo una visión general que invite al lector a bucear por sí mismo en toda esta problemática en la bibliografía que se acompaña. Las perspectivas, breves, que se ofertan son las siguientes:

1. Algunas pinceladas filosóficas.

¿Son los procesos mentales y los procesos cerebrales dos fenómenos correlacionados pero diferentes?, ¿son los procesos mentales un producto del funcionamiento del cerebro pero *emergentes* a otro nivel de naturaleza?, ¿son los procesos mentales lo mismo, *idénticos*, que los procesos cerebrales? Es decir, ¿tienen ambos una misma naturaleza? Y de ser así, ¿cómo es posible reducir y entender que neuronas y circuitos, físicos y químicos, son lo mismo que pensamientos y emociones?

2. Una perspectiva desde la evolución y la paleoneurología.

¿Qué conocemos hoy de la evolución del cerebro humano a partir de los restos fósiles de los homínidos predecesores del hombre actual?

3. Una perspectiva desde la etología comparada.

¿Nos permite el estudio de la inteligencia de los antropoides, chimpancés, aproximar algún conocimiento al problema cerebro-mente en el hombre?

4. Una perspectiva desde la ontonegia.

¿Qué nos dice el desarrollo del cerebro humano como expresión de su carga genética y de su interacción con su medio ambiente físico y social acerca del problema cerebro-mente?

5. Una perspectiva desde la neurobiología.

¿Qué sabemos de la estructura física y química del cerebro? ¿Qué nos dice la dinámica temporal del funcionamiento del cerebro acerca del problema cerebro-mente?

6. Una perspectiva desde la neuropsicología.

¿Qué ocurre con las funciones mentales cuando una parte del cerebro se lesiona o deja de funcionar? ¿Permiten las nuevas tecnologías de imágenes cerebrales visualizar el cerebro funcionante?

7. Consideraciones finales.

Algunas pinceladas filosóficas

Invito al lector curioso a repasar el pensamiento de cuatro griegos, Alcmeón de Crotona, Demócrito, Platón y Aristóteles. Y también al pensamiento de René Descartes. Perspectivas actuales de la Filosofía incluyen los nombres de Bunge, Chomsky, el matrimonio Churchland, Dennet, Fodor, Putnam y Searle. Entre los neurocientíficos que han dedicado algún tiempo a este problema es interesante el pensamiento de Eccles, Hubel, Mountcastle, Sperry, Llinás y Damasio. Véanse los trabajos seleccionados de algunos de estos autores en : *The Philosophy of Mind: Classical Problems / Contemporary Issues.* Editado por Beakley, B., y Ludlow, P. (Véase bibliografía).

El problema cerebro-mente tiene esencialmente tres perspectivas de ataque. O es correlacional o es causal o es un problema de identidades. No entraré aquí a discutirlas.

Mi posicionamiento intelectual actual se alinea con la Teoría Unitaria o Teoría de la Identidad del problema cerebro-mente. La idea central de esta teoría es en síntesis la siguiente: cerebro y mente son dos fenómenos de una misma realidad. Así, *no* es que el cerebro o la actividad de un determinado circuito o circuitos cerebrales exprese o dé lugar o sea la *causa* de un evento psíquico o mental. *No.* Lo que precisamente defiende esta teoría es que entre cerebro y mente *no hay causación.* De esta manera, *la actividad cerebral son los procesos mentales.* Es decir, la interacción de mapas, sistemas y circuitos principalmente en la corteza cerebral con sus potenciales eléctricos y sus neurotransmisores químicos *son* el mundo psíquico, visto éste y expresado en términos físicos, químicos y neurobiológicos. Esta misma actividad neurobiológica del cerebro cuando se expresa en la conducta y en el pensamiento (verbalizado o no) *es* lo que llamamos *procesos mentales*, y es entonces cuando éstos aparecen de naturaleza aparentemente no espacial, *espiritual* si se quiere.

De modo, pues, que a la luz de esta forma de pensar *procesos cerebrales* y *procesos mentales son una y la misma cosa* sólo que estudiados, analizados y expresados utilizando técnicas, instrumentos de análisis y lenguajes diferentes. El nudo gordiano de esta teoría está en el problema del *reduccionismo*.

Ciertamente, no es éste el lugar para entrar en esta temática filosófica. Permítaseme sin embargo, de acuerdo con el tono de este capítulo, poner en un ejemplo simple la esencia de este problema. De hecho, cualquier aspecto de la realidad del hombre o de las ciencias en general es susceptible de ser analizado con este enfoque metodológico. Supongamos el estudio del agua.

El agua, como todos sabemos, es una molécula compuesta por átomos de oxígeno e hidrógeno. El agua, por tanto, a nivel atómico, es oxígeno e hidrógeno. Pero el oxígeno por un lado o el hidrógeno por el suyo no son agua. Esa molécula que llamamos agua, con todas sus propiedades, sólo se obtiene por la particular unión del oxígeno y el hidrógeno. Y esta molécula, también todos lo sabemos, tiene unas propiedades y una apariencia externa diferentes de la de sus componentes. Y también sabemos que las leyes que rigen las propiedades del agua son diferentes a las que rigen el comportamiento del oxígeno y el hidrógeno antes de unirse para formar la molécula de agua.

¿Todo esto quiere decir acaso que de la unión del oxígeno y el hidrógeno, en una determinada manera, *emergen* nuevas propiedades como de la nada y que además no son atribuibles a sus componentes ni *reducibles* al entendimiento de la interacción atómica de esa molécula? En otras palabras, ¿podemos acaso pensar que esta emergencia molecular adquiere propiedades autónomas, independientes de esa otra realidad que es su substrato atómico?

¿Acaso no es susceptible de entendimiento científico (por muchas lagunas que todavía haya) observar que el agua vista desde *arriba* (líquida, sólida o gaseosa) tiene una realidad descriptible desde las propiedades y variaciones físicas, flujos, condensaciones, remolinos, turbulencias, caos y fractales, o más allá, en el plano literario y poético, colores, lluvia, mar, olas, ondulaciones, o todavía más allá evocadora de frescura, placidez, horror, miedo, etcétera, pero que esa misma realidad es también susceptible de ser descrita a nivel matemático del comportamiento atómico-molecular? ¿Acaso no es coherente pensar que cada nivel de descripción requiere de un lenguaje diferente, pero que a la postre todo ello refiere una y sólo una misma realidad o identidad que se llama agua, sólo que vista en planos y con instrumentos de observación y análisis diferentes y expresados éstos en lenguajes diferentes?

La integración y entendimiento de niveles y entre niveles es la piedra angular de lo que hemos querido expresar como los fundamentos de una teoría o hipótesis del conocimiento unificado. En ella se basa ese enfoque de la identidad psiconeural o teoría unitaria del problema cerebro-mente.

Evolución y paleoneurología

El hombre es el ser vivo que más volumen cerebral tiene en relación al peso de su propio cuerpo. H. J. Jerison en su libro *Evolution of the Brain and Intelligence* establece con mucha claridad esta relación. Efectivamente, la correlación entre peso de cerebro y peso corporal en kilogramos establece un claro índice de correlación positiva, y el hombre está en el punto más alto de toda la escala de los mamíferos al que corresponde un mayor peso de cerebro en relación al de su cuerpo.

Este primer dato, puramente correlacional si se quiere, ya establece una clara conexión entre cerebro y capacidades *mentales* o intelectivas. Este aumento del peso del cerebro a lo largo de la escala evolutiva tiene obviamente que ver con la complejidad de su propia estructura, al tiempo que con el número total de neuronas que lo constituyen. Es interesante a este respecto que también las propias células nerviosas, las neuronas, como ya vio el propio Ramón y Cajal, han tenido a lo largo de la escala biológica su propio desarrollo evolutivo. Así, las arborizaciones dendríticas y axonales de las neuronas han ido en aumento a lo largo de la evolución de las especies hasta alcanzar un máximo de complejidad en el cerebro del hombre.

El proceso evolutivo más espectacular, sin embargo, lo ha tenido el propio hombre en los últimos dos o tres millones de años. Phillip V. Tobias en su libro *The Brain in Hominid Evolution* traza esta fantástica aventura temporal del cerebro del hombre a partir de los cráneos fósiles encontrados. Así ha podido establecerse esta progresión rapidísima del peso y volumen del cerebro desde los australopitecinos (500 gramos), pasando por el *Homo habilis* (600-700 gramos), *Homo erectus* (900-1000 gramos), *Homo sapiens* (1.300 gramos) y el hombre actual, *Homo sapiens-sapiens* (1.400 gramos). Esta carrera en el aumento de volumen cerebral ha tenido un *sprint* espectacular en los últimos 500.000 años, donde, junto al aumento del volumen y la capacidad craneal, ha habido, supuestamente, una reorganización y aumento específico de algunas partes de la corteza cerebral como son las corteza prefrontales y parieto-temporales. Estas últimas áreas del cerebro están relacionadas de forma clara con la elaboración de las más altas capacidades intelectivas y, por tanto, con la elaboración de las características conductuales más genuinamente humanas.

Precisamente, lo espectacular en la evolución de los homínidos es el extraordinario desarrollo de esas partes del cerebro llamada áreas de asociación y situadas entre el cerebro sensorial (el que recoge toda la información del mundo que nos rodea) y el cerebro motor (que controla la ejecución de nuestra conducta). El desarrollo de estas áreas de asociación va paralelo al desarrollo o construcción del mundo psíquico y mental. Es en esta parte del cerebro, las áreas prefrontales y parieto-temporales, donde se han venido acumulando millones de neuronas, las así llamadas *extraneuronas*, cuyas lesiones o deterioro apenas afectan las capacidades sensoriales o motoras, pero producen un deterioro importante de las capacidades superiores del hombre.

Es de interés conocer que el estimado de *extra* neuronas, en estas áreas polisensoriales de asociación, es en el chimpancé de 3,4 miles de millones; en el australopitecino, 4,1; en el *Homo habilis,* 5,5; en el *Homo erectus,* 7,0; y en el *Homo sapiens,* 8,5.

Según todo esto, ¿tan descabellado es pensar que cerebro y mente tienen una profunda intimidad neurobiológica? No me cabe ninguna duda de que de existir supervivientes de todos los hominoides a lo largo del proceso evolutivo (desde los antropoides hasta el hombre actual) un estudio analítico de sus capacidades conductuales y cognoscitivas nos hubiera permitido trazar un estrecho paralelismo entre la progresión de estas capacidades y la sofisticación y complejidad de las áreas corticales de asociación prefrontales y parieto-temporales. Esta supuesta correlación permitiría ya sospechar que entre cerebro y mente hay algo más que una pura correlación y apuntaría, por lo menos, a un fenómeno de causación, es decir, el cerebro produce los procesos mentales.

Etología comparada

Ciertamente no podemos interactuar ni estudiar ninguno de nuestros más inmediatos predecesores en la evolución del hombre. Pero sí nos quedan nuestros *primos hermanos* los chimpancés. El chimpancé, con sus 400 gramos de peso de cerebro, tiene una riquísima conducta que los estudios etológicos más actuales nos están poniendo de manifiesto. El cerebro del chimpancé tiene una morfología de su corteza cerebral muy similar a la del hombre. Es como la corteza cerebral humana pero en pequeño. En particular, y ante una simple observación anatómica, es notorio el poco desarrollo de los polos frontales y parieto-temporales cuando éstos son comparados con sus homólogos de la corteza del cerebro humano.

El chimpancé posee muchas características conductuales que son semejantes a las humanas, no en vano la carga genética del chimpancé comparte un largo trecho con el hombre. En particular, el chimpancé pigmeo o Bonobo (Pan Paniscus) muestra unas capacidades intelectivas nunca sospechadas en ningún animal. Concretamente las capacidades de comunicación no verbal de estos animales muestran muy a las claras su semejanza psicológico-conductual con el hombre. Donald R. Griffin, en su libro *Animal Minds,* describe de modo muy asequible y con total documentación estas características de los chimpancés en cuanto a su capacidad de pensar, de su comunicación simbólica y conceptual, de construcción de artefactos, del significado de la conciencia y de la propia autoconciencia, en definitiva, de todo ese mundo mental de los chimpancés que tanto se aproxima al de los humanos. De los estudios y las descripciones conductuales del chimpancé Bonobo se han obtenido evidencias espectaculares acerca de la flexibilidad conductual y capacidades mentales de esta especie.

¿Quién no recuerda los experimentos de Köhler sobre la percepción y el aprendizaje en chimpancés en su colonia primatológica de Tenerife? Recordemos a Sultán, el chimpancé *genio* capaz de acoplar dos pedazos de caña con la finalidad de construir una caña más larga y alcanzar así las bananas. O las capacidades de cooperación de los chimpancés para apilar unas cajas que permitieran construir una torre y subidos a ella alcanzar la rama de bananas colgando del techo. O el espectacular proceso de aprendizaje que los chimpancés establecen de viejos a jóvenes para pacientemente cazar hormigas y termitas utilizando instrumentos.

Los avances más extraordinarios en cuanto a conocer las capacidades psicológicas de los chimpancés vienen de los experimentos iniciales de los esposos Gardner, de la Universidad de Nevada de los Estados Unidos. Efectivamente, los logros obtenidos con el famoso chimpancé Washoe fueron extraordinarios, ya que permitieron la comunicación entre él y sus cuidadores a través del Lenguaje de los Signos Americanos. Washoe, en tres años, aprendió y utilizó correctamente 85 signos. Hay que recordar que los chimpancés no poseen la capacidad anatómica en el aparato de fonación laríngeo para vocalizar. Ni tampoco, aun cuando se discute, parece existir en la corteza cerebral del chimpancé un área de Broca para el lenguaje como sucede en la corteza cerebral humana.

En cualquier caso, el problema básico sobre el lenguaje en el chimpancé, discutido hasta la saciedad, es el de su capacidad para crear una estructura sintáctica del mismo. Es decir, la unión de palabras, acorde a ciertas reglas gramaticales, que permita la creción de nuevos significados no expresados por las propias palabras. Por ejemplo, utilizando las mismas palabras no quiere decir lo mismo "Pedro golpea la pelota" que "la pelota golpea a Pedro". De este modo, señala Griffin, "tales reglas gramaticales o sintácticas son tan importantes en hacer posible la riqueza y versatilidad del lenguaje que muchos lingüistas y pensadores sostienen que la sintaxis es el *sine qua non* del lenguaje y que el uso sólo de palabras o sus equivalentes no es suficiente para cualificar de verdadero lenguaje a quien las use. Esta visión, por supuesto, entraña la negación del lenguaje a los niños pequeños con vocabularios de sólo unas pocas palabras". Precisamente, recordemos que el chimpancé, en cuanto a su psicología global, alcanza, cuando adulto, la capacidad mental de un niño de 2 a 3 años. Chomsky llega más lejos al señalar que ningún animal es capaz de utilizar nada equivalente a las palabras. Esto lleva el problema más allá, ya que cuestiona el que los signos utilizados por los antropoides para comunicarse con los humanos contengan las propiedades esenciales de las palabras.

Ontogenia

El cerebro humano tienen su nacimiento a los 16-18 días posgestación, con la aparición de la placa neural primero y después con el surco neural. Tras ello, una producción incesante y genéticamente programada de neuronas va construyendo y modelando el futuro cerebro. La actividad y complejidad del cerebro humano comienza propiamente después del establecimiento de la forma externa más esencial (alrededor de los 2 meses posgestación). Tras esto, sucesivas etapas pre y posnatales configurarán el cerebro del individuo adulto. En este proceso hay una primera etapa de *proliferación* (2-4 meses posgestación), en la que se fabrican más neuronas de las que realmente van a constituir el cerebro del adulto. Después de ello, una etapa de *emigración neuronal* (3-5 meses posgestación) colocará cada neurona en la parte de cerebro en la que finalmente debe estar. Es de esta forma que millones de neuronas emigran desde sus sitios de origen en la zona ventricular y subventricular para alcanzar los lugares en el sistema nervioso donde residirán durante toda la vida del individuo.

La *organización* (5 meses posgestación a varios años tras el nacimiento del niño), que es la etapa siguiente, produce toda una serie de procesos axonales y dendríticos que dan por resultado los circuitos característicos del cerebro humano. En esta etapa se dan *procesos regresivos* en el sistema nervioso, es decir, hay una *muerte celular programada* resultado de la cual se produce una eliminación selectiva de neuronas, axones y contactos sinápticos. Se piensa que estos procesos regresivos son altamente críticos en el desarrollo del cerebro del niño. Es así como el programa genético, junto al medio ambiente, construirá el cerebro, como un escultor trabaja una gran masa de mármol para esculpir una figura. Esto es, el cerebro se construirá desdeñando, eliminando, muchas de las neuronas previamente fabricadas. Finalmente, las neuronas y sus conexiones dentro del cerebro serán aisladas unas de otras para que la transmisión de señales pueda realizarse con nitidez. Es el proceso de *mielinización*, que durará, en las áreas de asociación de la corteza cerebral, hasta los 25-30 años de edad.

Tras el nacimiento, sucesivos períodos acontecen en el desarrollo del cerebro. Así, hay un período *perinatal* primero (de hecho se extiende entre la 32 semana pre-natal a los 2 meses posnatales) y después una *primera infancia* (2 meses a los 2 años), una *infancia media* (2 años a los 7 años) y una *segunda infancia* o *infancia mayor* (7 años a los 12 años) para seguir por los períodos de *pubertad* (12-14 años), *adolescencia* (14-18 años), *jóvenes adultos* (18-25 años), *adultos* (25-30 años hasta los 60-70 años) y *senescentes* (a partir de los 60-70 años). En estos períodos el cerebro humano, con sus cambios constantes, se lanza a la tremenda aventura de hacer del individuo un hombre que sobrevive con éxito o sin él en el medio físico y social que le rodea.

En el recién nacido, el cerebro pesará unos 350 gr, el mismo peso aproximadamente que el cerebro del chimpancé. Éste es un dato no sólo interesante sino que impresiona. Efectivamente, a pesar de nacer, tanto el chimpancé como el ser humano, con aproximadamente el mismo peso de cerebro, el del chimpancé sólo alcanzará cuando sea adulto 450 gr, mientras que el del humano alcanzará 1.400 gr. Esto quiere decir que el chimpancé ya nace con el 60-65% del peso y volumen del cerebro que tendrá cuando sea adulto. Por el contrario, el ser humano sólo nace con el 20-25% de peso del cerebro que tendrá cuando sea adulto. En otras palabras, el 80% del volumen del cerebro adulto humano se alcanza en estrecho contacto con el medio ambiente. Precisamente, es en esos 1.100 gr de cerebro adquiridos tras el nacimiento donde el ser humano desarrollará sus conexiones incorporando a ellas toda la rica experiencia que obtiene de ese mundo que le rodea, lo que incluye no sólo los aspectos físicos y sensoriales sino también emocionales y sociales que harán de él un individuo humano con toda su identidad personal.

Es de esta forma como el cerebro humano durante su desarrollo absorbe como una esponja al mundo externo y lo transformará en conexiones, circuitos y fisiología. Transformación cerebral progresiva y lenta que alcanza hasta bien entrados los 25-27 años de edad. Precisamente, las áreas de asociación prefrontales y parieto-temporales en la corteza cerebral son las últimas en alcanzar esta maduración, es decir, las áreas del cerebro que tienen que ver con el mundo cognoscitivo, moral e intelectual del individuo. Algunas consecuencias de esto deberían sacarse para la educación del hombre en un mundo moderno.

El cerebro, durante su desarrollo e incluso durante el resto de la vida del individuo, mantiene unos cambios físicos y químicos constantes. Esto quiere decir cambios bioquímicos, morfológicos y fisiológicos de sus neuronas y circuitos como consecuencia de situaciones ambientales nuevas, lo que incluye tanto aprendizaje y memoria como reajustes y compensaciones ante lesiones del propio cerebro. Pero, como todo, también estas capacidades del cerebro tienen un límite. Así, el cerebro tiene lo que podríamos llamar *etapas plásticas*. Esto quiere decir que, para muchas funciones durante el desarrollo o ante una determinada lesión, el cerebro sólo puede incorporarlas o compensarlas si ocurren antes de una cierta edad, pasada la cual esa potencialidad plástica compensatoria ya no es posible. Tomemos sólo un ejemplo, el del habla. Un niño que nunca haya oído hablar a sus congéneres antes de la edad de 7 a 10 años no podrá hablar después correcta y fluidamente.

Sobre el origen del lenguaje humano se han escrito muchas historias. La más convincente de todas es la que se cuenta del emperador mongol Akbar Khan, que aisló 12 recién nacidos al cuidado de personas sordomudas en un castillo alejado seis leguas de Akbar, capital de Agra. El jesuita padre Catrou escribió en 1705:

> "Cuando los niños tuvieron 12 años, el Akbar Khan los hizo traer a su presencia, en donde también había sabios conocedores de muchas lenguas... Cuando los niños aparecieron ante la presencia del emperador, todo el mundo quedó sorprendido al comprobar que ninguno de los niños hablaba ningún idioma en absoluto. Los niños habían aprendido de sus cuidadores a manejarse sin el habla y sencillamente expresaban sus pensamientos con *gestos*, lo que suplía a las propias palabras."

Blakemore, en su libro *Mechanisms of the Mind*, describe un caso dramático. El de un niño que, perdido en la selva, fue encontrado a los pocos años:

> "Un niño llamado Johann, criado por monjas de un orfanato de Burundi, fue descubierto por unos campesinos hace unos cuatro años viviendo con un grupo de antropoides cerca de Rumonge, en las orillas del lago Tanganika. Tenía alrededor de 4 años cuando fue capturado y es concebible que fuese abandonado en 1972 durante la guerra entre las tribus Watu-

si y Hudu en esa misma zona. Posiblemente estuvo viviendo de modo salvaje durante todo el tiempo con los antropoides. Cuando fue encontrado estaba completamente desnudo y recubierto de abundante vello. No ha hablado una palabra desde que se le encontró, pero se comunica con muecas y gesticulaciones violentas. Ahora tiene unos 8 años y se aproxima al final del período crucial para la adquisición del lenguaje. Es interesante también el paupérrimo desarrollo de la utilización de sus manos. Abrir una puerta era una operación complicada para este niño".

Ante todo esto, ¿cómo no pensar que este dinamismo cerebral tiene como expresión, a otro nivel de análisis, las capacidades conductuales e intelectuales del individuo humano?, ¿cómo no pensar que el desarrollo emocional, intelectual, moral del niño hasta que es hombre e incluso hasta su muerte no es el desarrollo dinámico, neurobiológico, de su cerebro?

Neurobiología

Hoy nos encontramos en una etapa de las investigaciones cerebrales, las neurociencias, en las que se investiga el funcionamiento cerebral desde muchos y variados enfoques experimentales. Es lo que se conoce como el estudio por niveles. Así, podríamos hablar de un nivel básico, que son las moléculas. Y de ahí pasar al estudio de receptores y transportadores que conforman las sinapsis, es decir, los puntos de contacto entre neuronas. En esencia, el cerebro está constituido por aproximadamente unos 100 mil millones de neuronas y cada una de éstas se puede comunicar con otras cinco mil o 10 mil neuronas. Existe, pues, aproximadamente un millón de billones, es decir, un trillón, de botoncitos sinápticos o conexiones entre neuronas, siendo la intimidad de cada una de estas conexiones un complejísimo ordenador. Cada sinapsis puede estar comunicando información a través de varias sustancias químicas. Son los neurotransmisores y sus receptores. Hoy desconocemos propiamente la intimidad de ese funcionamiento y cómo ese trasiego de información es integrado finalmente por la neurona.

Hoy sabemos, además, que la neurona no es un elemento pasivo que sencillamente integra la información que recibe y en función de ello la transmite o no. Por el contrario, la neurona es un elemento activo con su propio código de ritmos y funcionamiento que añade a la información que recibe su propia decisión.

Un nivel superior de integración es el de la interconexión entre neuronas para formar lo que hoy entendemos como la base funcional del cerebro, es decir, las redes neuronales o microcircuitos. Estos microcircuitos no sólo los forman las neuronas con sus interconexiones *cableadas* sino también las conexiones extrasinápticas. Esto es, conexiones *químicas*, realizadas por neurotransmisores que viajan más allá del confinamiento temporo-espacial de las sinapsis y modulan o pueden modular todo el circuito interneuronal. Actualmente desconocemos las consecuencias funcionales de este nuevo tipo de transmisión que llamamos transmisión volumétrica. Pero estos nuevos conocimientos nos están invitando a pensar que cuando se habla del cerebro como un ordenador, *un ordenador físico*, basado en las conexiones directas, *cables*, como únicos puentes de transmisión de información entre *chips* o neuronas, estamos ciertamente utilizando una visión parcial de cómo funciona el cerebro. Hoy empezamos a pensar que el cerebro es más bien un *cerebro químico* u *ordenador húmedo* en donde los *chips* o neuronas no se comunican solamente por los *cables* o sinapsis, sino por moléculas químicas a largas distancias.

El ensamblaje de microcircuitos conformaría macrocircuitos extensos a lo largo y ancho de determinadas áreas del cerebro constituyendo los mapas y los diferentes sistemas del cerebro que procesan informaciones determinadas y específicas, por ejemplo, la visión, audición, tacto, etcétera. Así, los conocimientos que la Neurociencia ha aportado al funcionamiento del sistema visual son verdaderamente impresionantes. Es éste un buen ejemplo en donde la Neurociencia ha permitido un nivel de conocimiento neuronal profundo y desde donde se empieza a responder preguntas, en lenguaje neurobiológico, que hasta hace muy poco sólo la Psicología y sus términos psicológicos podían intentar describir.

Como continuación de estos sistemas están los macrocircuitos de la corteza cerebral con sus áreas polisensoriales de asociación. La función de estas áreas de asociación en relación a las funciones superiores del cerebro del hombre (procesos mentales) es, en términos neuronales, desconocida. Mountcastle ha propuesto la teoría de los sistemas distributivos de la corteza cerebral basada en la idea de que funciones cerebrales específicas estarían codificadas en circuitos establecidos entre columnas corticales. En estos circuitos la función sería una propiedad dinámica y no dependiente, estrictamente, de su anatomía. Esta teoría indica, además, que los circuitos intercolumnares tendrían multiubicación anatómica y posiblemente redundante a lo largo y ancho de toda la corteza cerebral. Ello equivaldría a decir que lesiones concretas y focalizadas de la corteza no afectarían de modo dramático e irreversible a estas funciones superiores. El mismo Cajal no andaba lejos de estas ideas al proponer en su tiempo "la ausencia de localización cortical para los fenómenos psíquicos superiores".

En síntesis: *moléculas-sinapsis-neuronas-mapas-sistemas y globalidad funcional del sistema nervioso en interacción con su medio ambiente físico y social.* Para una síntesis asequible de este capítulo sobre Neurobiología remito al lector a mi ensayo sobre "Neurociencia y el problema cerebro-mente", en *El problema cerebro-mente*, Francisco Mora, Alianza Editorial. Madrid, 1994.

Neuropsicología

El 13 de septiembre de 1848, P. P. Gage, un obrero de la construcción de 25 años, fue víctima de un tremendo accidente. Gage era el encargado de la detonación de rocas para allanar el terreno y poder construir así una vía férrea. Esto suponía hacer agujeros en las rocas y rellenarlos parcialmente con pólvora, que era presionada junto con arena por medio de una barra de hierro. En una ocasión, Gage distraídamente empujó la barra de hierro directamente sobre la pólvora sin ser recubierta por arena. Con el rozamiento, una chispa prendió la pólvora y una tremenda explosión lanzó la barra de hierro (3 cm de ancho y 109 cm de largo) contra la cabeza de Gage atravesándola. Buena parte de los lóbulos frontales salieron lanzados por los aires. Sin embargo, Gage sólo quedó momentáneamente mareado y pronto recobró la conciencia siendo capaz de hablar e incluso andar con la ayuda de sus compañeros.

La historia del desarrollo posterior de este accidente posiblemente sea el antes y después de la Neuropsicología. Gage, tras el accidente, no tuvo ninguna alteración motora ni sensorial, ni de memoria o aprendizaje. Pero mientras que antes del accidente era un hombre responsable, inteligente y querido por sus compañeros, tras el accidente se transformó en una persona desagradable, grosera, irreverente y caprichosa. Es decir, había ocurrido un profundo cambio en su personalidad paralelo al destrozo de su corteza prefrontal. La barra y el cráneo de Phineas Gage se conservan en el Museo de la Facultad de Medicina de la Universidad de Harvard en Estados Unidos. En 1994 el matrimonio Damasio estudia el cráneo de Gage con técnicas de computación e imagen cerebral determinando por primera vez con precisión el daño anatómico sufrido por Gage en su accidente.

La Neuropsicología es esto, la disciplina que estudia la correlación entre daño cerebral y déficits psicológicos. Para ello se utilizan las llamadas técnicas de imagen cerebral PET (Tomografía de Emisión de Positrones) y Resonancia Magnética Nuclear junto a tests y pruebas psicológicas. Las técnicas más recientes de Magnetoencefalografía han alcanzado resultados, casi a tiempo real, de la actividad de la corteza cerebral humana. Esta revolución en nuestras capacidades de medir las propiedades funcionales del cerebro humano ha sido fantástica al revelar cómo el cerebro procesa la percepción, el pensamiento y la acción.

La aplicación de tests adecuados, en definitiva estudios cognoscitivos, muestra claramente la activación en el cerebro de redes neuronales cuyo resultado final es la formación de imágenes, que en condiciones normales pueden ser medidas con estas tecnologías. Precisamente éstas han resultado de una enorme utilidad al mostrar cómo el daño a diferentes partes del cerebro impide la capacidad del individuo para formar estas imágenes, lo que abre un nuevo campo en el conocimiento de la relación entre procesos cerebrales y procesos mentales.

Consideraciones finales

Este artículo ha pretendido dar, a vuelo de pájaro, una serie de perspectivas que, bordeando el problema cerebro-mente, lo haya hecho de interés para aquellos que pretendan un estudio más amplio y profundo. Inevitablemente estas perspectivas han sido hechas desde unas ideas centradas en la concepción unitaria o de identidad entre los procesos mentales y los procesos cerebrales. En cualquier caso, sea esto cierto o no, me atengo a la nobleza de la ciencia como camino en la búsqueda de la *verdad*. Y a esta verdad, sin falsificaciones, hay que atenerse. Y hoy la ciencia apunta a la concepción del hombre como *uno*, no dividido en dualismos, y producto de millones de años de evolución, consustancial y pariente de sus congéneres los animales; del hombre como producto de un trasiego constante de información a lo largo y ancho de su cerebro, entre su cerebro y su cuerpo y entre éstos y el medio que le rodea.

Una concepción del hombre y su dignidad considerado no en tanto espíritu ni tampoco como materia enraizada en la nada, sino como hombre *real, uno*, de naturaleza comprendida en una *estructura corpórea* cuya intimidad morfofuncional, dinámica, como señala Laín, todavía nos resulta enigmática. Quizás, y aun cuando parezca paradójico, la grandiosidad de ser humano nace posiblemente de ese reconocimiento; de esa nueva concepción en la que el cerebro y el cuerpo se identifican con historia personal y esta última con filogenia y ontogenia.

Esto mismo lo han expresado Churchland y Sejnowsky con las siguientes palabras que comparto: "A este nivel de la evolución de la Ciencia parece como altamente probable que los procesos psicológicos sean de hecho procesos del cerebro físico y no, como concluyó Descartes (o Eccles en el ejemplo que nos ocupa), procesos producidos por una mente o psicológicos no físicos. El dualismo cartesiano ya no se toma muy seriamente ni en Filosofía ni en Neurociencias. Sea suficiente decir que la hipótesis cartesiana fracasa en dar coherencia a los conocimientos actuales de la Física, Química, Biología Evolutiva, Biología Molecular, Embriología, Inmunología y Neurociencias. Por supuesto que el materialismo no es un hecho establecido en el sentido que, por ejemplo, lo es la estructura helicoidal del DNA. En este sentido, todavía es posible (aun cuando las evidencias actuales no lo apoyen) que el dualismo pueda ser verdad. Aun así, y a pesar de la remota posibilidad de que nuevos descubrimientos reivindiquen a Descartes, el materialismo, como lo es la revolución darwiniana, es la hipótesis de trabajo más segura".

F. J. AYALA, *Origen y evolución del Hombre*, Alianza Universidad, Alianza Editorial, Madrid, 1980.

— *La naturaleza inacabada*, Biblioteca Científica Salvat, Salvat, 1994.

B. BEAKLEY y P. LUDLOW, *The philosophy of mind: classical problems / contemporary Issues*, MIT Press, 1992.

C. BLAKEMORE, *Mechanics of the mind*, Cambridge University Press, Cambridge, 1976.

F. CRICK, *The Astonishing Hypothesis: The Scientific Search for the Soul.* Scribner's and Sons, 1994.

J. P. CHANGEAUX y J. CHAVAILLON, *Origins of the human brain*, Clarendon Press, Oxford, 1995.

N. CHOMSKY, *Language and the mind,* Harcourt. New York, 1968.
P. M. CHURCHLAND, *The engine of reason, the seat of the soul,* MIT Press, 1995.
P. S. CHURCHLAND, *Neurophilosophy,* MIT Press, 1990.
P. S. CHURCHLAND y T. J. SEJNOWSKI, *The computational brain,* MIT Press, 1992.
A. R. DAMASIO, *Descartes'Error,* Picador, London, 1994.
H. DAMASIO, y otros, *The return of Phineas Gage: Clues about the brain from the skull of a famous patient,* Science, (264 / 1102-1105), 1994.
F. DE WALL y F. LASTING, *Bonobo. The forgotten Ape,* University of California Press, Los Ángeles (USA), 1996.
G. V. EDELMAN y V. B. MOUNTCASTLE, *The mindful brain,* MIT Press, 1978.
H. E. GARRET, *Las grandes realizaciones en la Psicología Experimental,* Fondo de Cultura Económica, 1958.
M. S. GAZZANIGA, *The cognitive Neurosciences,* MIT Press, 1995.
D. R. GRIFFIN, *Animal minds,* The University of Chicago Press, Chicago, 1992.
R. L. HOLLOWAY, "Toward a synthetic theory of the Human Brain Evolution", en: Changeaoux, J. P., Chavaillon, J., *Origins of the Human Brain,* Clarendon Press, Oxford, 1995.
M. JACOBSON, *Foundations of Neuroscience,* Plenum Press, New York, 1995.
H. J. JERISON, *Evolution of the brain and intelligence,* Academic Press, New York, 1973.
W. KÖHLER, *Experimentos sobre la inteligencia de los chimpancés,* Debate, Madrid, 1989.
P. LAÍN ENTRALGO, *Cuerpo y Alma,* Espasa Universidad, Espasa-Calpe, Madrid, 1991.
— *Alma, cuerpo, persona,* Círculo de Lectores, 1995.
— *Idea del Hombre,* Círculo de Lectores, 1996.
P. LASLETT, (Ed.) *The physical basis of mind: a series of broadcast talks,* Basil Blackwell, Oxford, 1968.
R. LLINÁS y P. S. CHURCHLAND, *The mind-brain continuum,* MIT Press, 1996.
F. MORA y A. M. SANGUINETTI, *Diccionario de Neurociencias,* Alianza Editorial, Madrid, 1994.
F. MORA y A. PEÑA, "Desarrollo cerebral y adolescencia", en J. M. Segovia y F. Mora (Ed.), *Sociopatología de la adolescencia,* Farmaindustria, 1998.
F. MORA, (Ed.) *El problema cerebro-mente,* Alianza Editorial, Madrid, 1995.
— *El cerebro íntimo,* Ariel, Barcelona, 1996.
F. MORA y J .C. ECCLES. *Reflexiones sobre una consersación olvidada,* Claves de Razón Práctica ,16 (pp 68-72), 1991.
F. MORA, *Vernon Mountcastle. El Hombre como producto de su propio Cerebro,* Claves de Razón Práctica, 23 (pp. 76-80), 1992.
— *David Hubel: los caminos visuales del cerebro,* Claves de Razón Práctica, 36 (pp. 68-71), 1993.
K. R. POPPER y J. C. ECCLES, *El yo y su cerebro,* Labor Universitara, Barcelona, 1980.
M. I. POSNER y M. E. RAICHLE, *Images of mind. Scientific American Library,* HPHLP, New York, 1994.
S. RAMÓN Y CAJAL, *Histologie du systeme nerveaux de l'homme et des vertebré,* Maloine, París, 1909.
P. V. TOBIAS, *The brain in hominid evolution,* Columbia University Press, New York, 1971.
— "The brain of the first hominids", en Changeaux, J. P., Chavaillon, J., *Origins of the human brain,* Clarendon Press, Oxford, 1995.
S. A. ZEKI, *Vision of the Brain,* Blackwell Scientific Publications, 1993.

"Los ojos cerrados", ▶
por Odilon Redon
(Jeu de Paume, París)

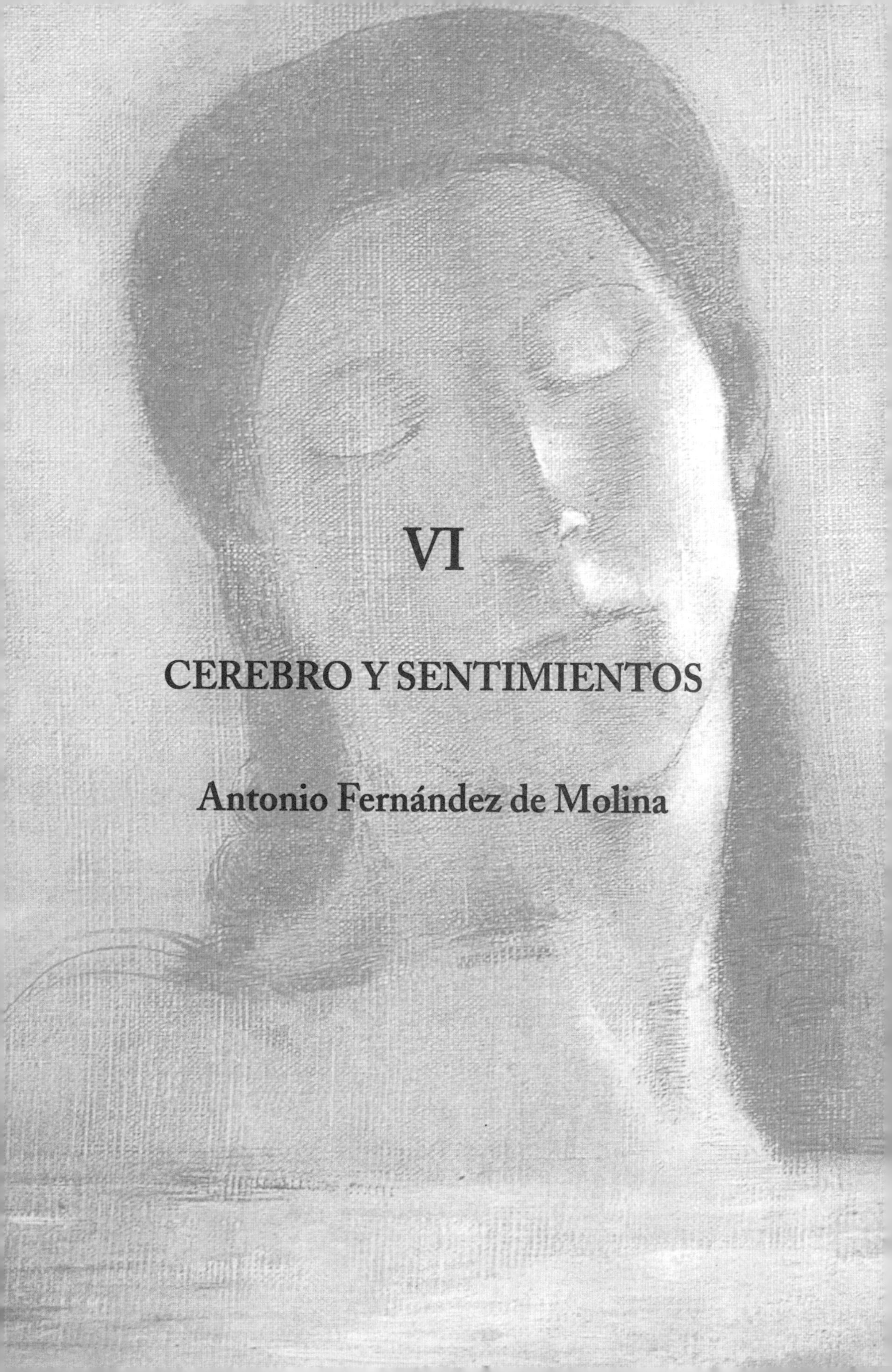

VI

CEREBRO Y SENTIMIENTOS

Antonio Fernández de Molina

CEREBRO Y SENTIMIENTOS

Antonio Fernández de Molina
Real Academia Nacional de Medicina

El sentimiento es el componente subjetivo, experiencial, de la emoción. Tradicionalmente se distinguen tres elementos en la emoción: por un lado, la experiencia subjetiva, el sentimiento o afecto, que puede ser analizado por introspección y comunicado verbalmente o por otro tipo de conducta; los afectos cualifican la emoción como agradable o desagradable, no hay afectos neutros.

Como consecuencia de esta cualidad la conducta se orienta hacia la aceptación o el rechazo y se expresa como acercamiento o evitación. Por otro lado está la expresión emocional, el conjunto de actividades que pueden medirse objetivamente y que afectan tanto al sistema nervioso motor, en forma de gestos y posturas, como a los sistemas autónomo y endocrino, además de una serie de fenómenos cerebrales que pueden registrarse durante la manifestación conductual. Pero, además de la experiencia y expresión, hemos identificado un tercer elemento en la emoción, a saber, la evaluación de la significación afectiva, emocional, de la información sensorial[1].

La emoción es la combinación de un proceso evaluador mental con una serie de respuestas a dicho proceso, la mayoría dirigidas hacia el cuerpo para generar el estado corporal emocional, pero también dirigidas hacia el mismo cerebro para producir los cambios adecuados en el modo de procesamiento cognitivo. Y la experiencia o sentimiento es la percepción de todos estos cambios, corporales y cerebrales, superpuesta a las imágenes mentales del evento o recuerdo que iniciaron el proceso emocional[2].

Hemos de afirmar que los sentimientos son tan cognitivos como cualquier otra imagen perceptual y tan dependientes del procesamiento cortical como cualquier otra imagen. Efectivamente, los sentimientos se refieren a algo distinto; pero lo que los hace diferentes es que se refieren al cuerpo, que nos ofrecen el conocimiento de nuestro estado visceral y musculoesquelético y nos permiten prestar atención al cuerpo. La esencia de un sentimiento no es una cualidad mental escurridiza ligada a un objeto o situación, sino la percepción directa de un lenguaje específico, el del cuerpo. Utilizamos el cuerpo como marco de referencia para la interpretación del sentido de subjetividad, que es parte esencial de nuestras experiencias; nuestros pensamientos, nuestras alegrías y nuestras penas utilizan el cuerpo como unidad de medida[3].

Los sentimientos no son tan intangibles como antes se suponía; podemos atribuirlos a la mente y encontrar un substrato neural para ellos. Las redes neuronales en que se basan incluyen las estructuras conocidas tradicionalmente como sistema límbico, algunas redes de las cortezas prefrontales y los sectores del cerebro que cartografían las señales procedentes del cuerpo. El sentimiento es algo que podemos ver a través de una ventana que se abre sobre una imagen actualizada de la estructura y el estado de nuestro cuerpo. Si no fuera por la posibilidad de sentir los estados del cuerpo, que de manera innata son dolorosos o placenteros, no habría sufrimiento ni dicha. Junto con las emociones, los sentimientos no son un lujo: sirven de guías internas y nos ayudan a comunicar señales a los demás, a quienes también pueden guiar. Además, al yuxtaponer los sentimientos a resultados futuros, predecibles de determinados supuestos, nos sirven bien como timbre de alarma o como guía de incentivo. Podemos pensar de ellos como un sistema de cualificación automática de predicciones, como un dispositivo de predisposición[4].

Neurobiología del sentimiento: consideraciones históricas

Hace un siglo, James[5] planteó una hipótesis sobre la naturaleza del sentimiento. Decía: "Si experimentamos alguna emoción fuerte y después intentamos abstraer de nuestra consciencia de ella todas las sensaciones de sus síntomas corporales, encontramos [...] que todo lo que queda es un estado frío y neutro de percepción intelectual". Y en otro pasaje nos dice: "¿Puede alguien imaginarse el estado de ira sin sentir que el pecho estalla (Fig. 1), la cara se ruboriza, los dientes se aprietan, sin notar el impulso hacia la acción vigorosa?". Para James, la percepción de los cambios corporales generados a consecuencia del estímulo emocional es el sentimiento. Y ello tiene lugar en la corteza cerebral.

Frente a la teoría de la retroacción de la periferia de James, en 1927 Cannon[6] presentó su teoría neural de la emoción. El tálamo, relevo de información sensorial, procesa los estímulos, y sus señales van a la corteza cerebral e hipotálamo. Éste activa músculos y vísceras generando la respuesta corporal emocional y envía información a la corteza. La interacción de mensajes en la corteza sobre los caracteres del estímulo —vía tálamo-cortical— con la significación emocional del mismo —vía hipotálamo-cortical— produce la experiencia consciente de la emoción, el sentimiento. El contenido

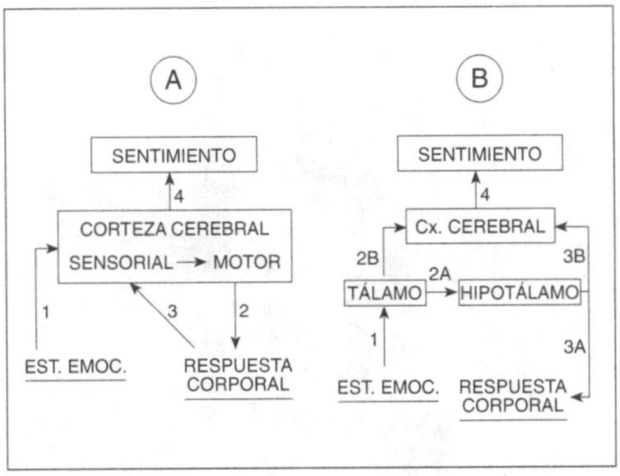

Figura 1. (A). Teoría de la emoción de W. James. El estímulo (1) es percibido por áreas sensoriales de la corteza, y las áreas motoras elaboran la respuesta corporal (2). La información de la respuesta corporal es retroalimentada a la corteza sensorial (3). La percepción de la respuesta emocional corporal generada por el estímulo emocional es el sentimiento.

(B) Teoría de W. Cannon de la emoción. Los estímulos periféricos (1) son procesados por el tálamo y relevados a la corteza cerebral (2B) e hipotálamo (2A). El hipotálamo activa músculos y órganos (3A) y envía mensajes a la corteza (3B). La interacción en la corteza de lo que es el estímulo (2B) y de su significado emocional (3B) genera la experiencia consciente, el sentimiento. Las respuestas emocionales y el sentimiento ocurren en paralelo según Cannon.

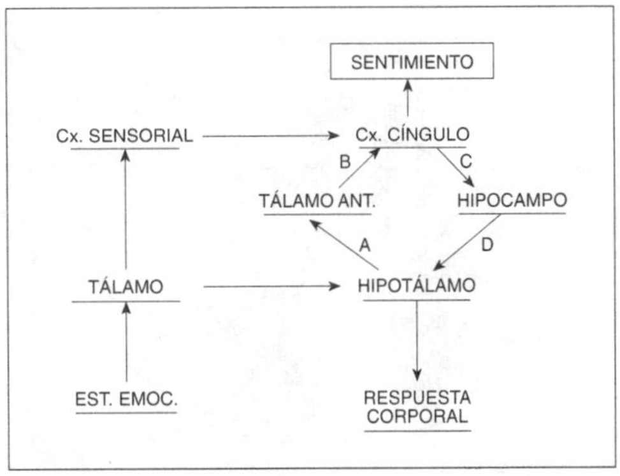

Figura 2. Teoría del circuito de J. W. Papez. Los mensajes que alcanzan el tálamo son dirigidos a la corteza cerebral y al hipotálamo; éste controla la respuesta corporal emocional. La *salida* a la corteza da lugar al sentimiento. Papez fue más específico que Cannon sobre cómo comunica el hipotálamo con la corteza y las áreas corticales implicadas. Propuso una serie de conexiones del hipotálamo al tálamo anterior, al giro del cíngulo, hipocampo y regreso a hipotálamo. La experiencia emocional, el sentimiento, surge cuando la corteza del giro del cíngulo integra señales procedentes de la corteza sensorial y del hipotálamo. La salida del cortex cíngulo al hipocampo e hipotálamo permite que los pensamientos que suceden en la corteza cerebral controlen las respuestas emocionales.

informativo de la retroacción corporal no es específico, como creía James, y es demasiado lento.

Papez propuso en 1937 una de las teorías de mayor influencia sobre el cerebro emocional[7]. Como Cannon, considera que los mensajes sensoriales recibidos por el tálamo son dirigidos a la corteza cerebral y al hipotálamo. La *salida* del hipotálamo hacia la periferia controla la respuesta corporal y la que va a la corteza da origen al sentimiento. Pero esta vía a la corteza es muy elaborada en la teoría. Propuso el famoso circuito de Papez una serie (Fig. 2) de conexiones desde cuerpos mamilares al tálamo anterior, luego, a la corteza del cíngulo, al hipocampo y de nuevo al hipotálamo. La experiencia emocional, el sentimiento, surge en el cortex del giro del cíngulo al integrar señales del cortex sensorial con las del hipotálamo.

MacLean[8] propuso su *cerebro visceral*, más tarde sistema límbico, como el substrato morfológico del cerebro emocional. La pieza central del sistema límbico era el hipo-

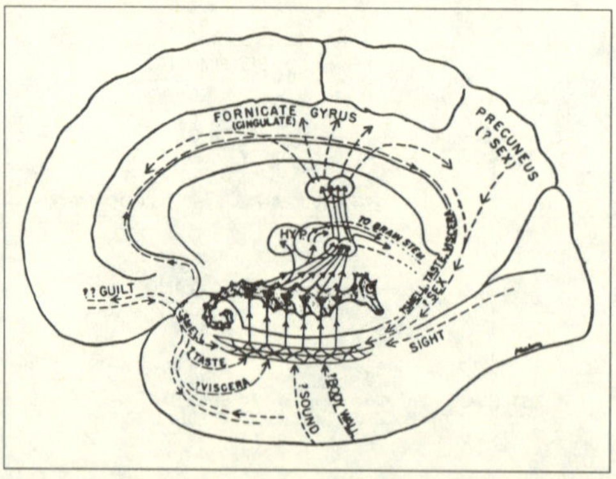

Figura 3. Teoría del cerebro visceral (sistema límbico) de P. MacLean. La pieza central de la teoría es el hipocampo. En él se integran señales de los mundos externo e interno generando la experiencia emocional.

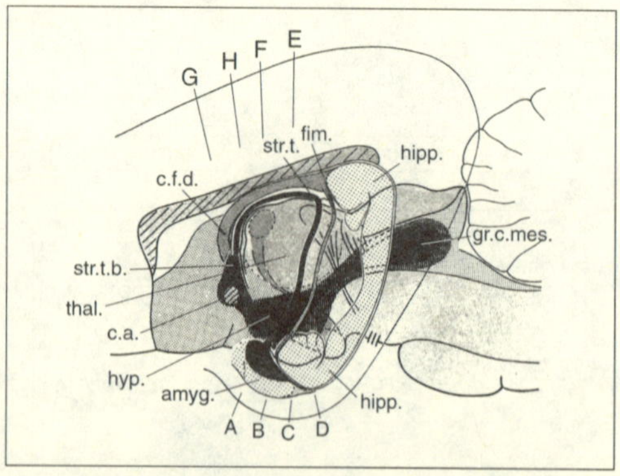

Figura 4. Teoría sobre el dispositivo neural que gobierna las reacciones emocionales de Fernández de Molina y Hunsperger. Con señales procedentes de los sistemas de recompensa y castigo y de la corteza sensorial la amígdala elabora la significación afectiva de la información sensorial. La activación amigdalina estimula los grupos neuronales del hipotálamo y mesencéfalo —sustancia gris central— generándose la respuesta emocional corporal. La amígdala conecta con las áreas prefrontales donde reside la memoria de trabajo.

campo. Señaló que en él se integraban los mensajes recibidos tanto del mundo exterior —vista, oído, tacto, olfato, gusto— como del mundo interior o visceral. De esa integración surgiría la experiencia emocional, el sentimiento. Para MacLean, las pirámides hipocampales constituían un teclado emocional. "Cuando los elementos del mundo sensorial activan las pirámides, las melodías que tocan son las emociones, los sentimientos que experimentamos". Más tarde, embelleció aún más su teoría con el concepto del cerebro trinitario: el cerebro de los paleomamíferos era básicamente el sistema límbico, cerebro filogenéticamente antiguo que había evolucionado para funcionar (Fig.3) como un sistema encargado de la supervivencia del individuo y de la especie, para mediar funciones viscerales y conductas afectivas: alimentación, defensa —huida y lucha— y reproducción. En conjunto, la hipótesis y concepto del sistema límbico como explicación de los procesos, mecanismos y estructuras que median la emoción y el sentimiento ha sido sobrepasada. Una serie de resultados experimentales de tipo morfofuncional ha conducido a su abandono. Pero ello no desacredita la idea de que un sistema emocional especial, o varios, existe en el cerebro.

Fernández de Molina y Hunsperger propusieron[1, 9, 12] en 1959 que la amígdala desempeñaba un papel fundamental en el dispositivo neural subcortical que gobierna las reacciones afectivas de defensa, huida y ataque. Ninguno de los autores previamente citados asignaron función alguna a la amígdala dentro de los mecanismos y procesos neurales que activan las reacciones emocionales. La amígdala, receptora de información de todos los sistemas sensoriales y de los sistemas de recompensa y castigo, desempeña un papel clave en la evaluación de la significación emocional de los estímulos sensoriales, basada tanto en el conocimiento adquirido por herencia —escala innata de valores en virtud del impacto sobre la supervivencia— como en el adquirido por (Fig. 4) la propia experiencia del individuo. La relevancia funcional de la amígdala en los procesos emocionales derivó de los resultados de experimentos de estimulación eléctrica y de lesión. La estimulación permite obtener reacciones de huida, defensa o ataque mediante la activación del enclave formado por los núcleos basal magnocelular, central y medial amigdalinos. La actividad generada en este conglomerado viaja por las vías amigdalofugales, tanto la estría teminal como la amigdalofugal basal, hasta el hipotálamo y mesencéfalo, donde activan las estructuras que ponen en marcha las respuestas conductuales somáticas, vegetativas y endocrinas. Por otra parte, la lesión amigdalina genera un cuadro clínico indicativo de que los animales han perdido la capacidad de interpretar las señales externas en términos de su significado funcional y motivacional, en definitiva, son incapaces de relacionar señales exteroceptivas con estados afectivos internos que gobiernan las interacciones conductuales.

Desde el punto de vista psicológico, las teorías cognitiva y de la retroacción facial han dominado la escena en los últimos 30 años. Y tanto estas teorías como las anteriores de James, Cannon, Papez y MacLean han olvidado considerar que el núcleo del sistema emocional es un mecanismo para computar la significación afectiva de los estímulos. La evaluación es un proceso en virtud del cual las entradas sensoriales se comparan con el conocimiento depositado en la memoria, conocimiento que puede ser adquirido por herencia o por experiencia. El mecanismo evaluador, del que no nos vamos a ocupar aquí, es el precursor de la experiencia emocional consciente, y, por tanto, opera fuera de la consciencia[9].

Modelos para el estudio del sentimiento

El miedo es una buena emoción para utilizar como modelo. Desde el principio forma parte de la vida; la expresión del miedo se conserva en todas las culturas humanas y, al menos hasta cierto punto, en mamíferos no humanos y es posible que en otros vertebrados. Hay buenos procedimientos experimentales para provocarlo y medirlo, y varios de ellos pueden utilizarse de forma más o menos idéntica en humanos y animales experimentales. Hasta ahora, básicamente se han empleado técnicas de estimulación cerebral, de lesión y de condicionamiento. Y en tiempos recientes se han incorporado las modernas técnicas de imagen, tomografía por emisión de positrones (TEP), resonancia magnética funcional (RMF) y magnetoencefalografía (MEG). En primates no humanos se han usado con gran eficacia las técnicas de registro electrofisiológico combinadas con las lesiones reversibles por frío.

En mi monografía titulada *El camino cerebral de la emoción*[1] encontrará el lector una descripción detallada de todo lo relativo a los resultados obtenidos en ratas, gatos y monos con la estimulación eléctrica cerebral. Hoy me referiré sobre todo a los datos extraídos por condicionamiento, y haré alguna referencia a los obtenidos con técnicas de imagen. Los datos aportados por la clínica neurológica han sido muy valiosos, muchos de ellos como confirmación de los experimentales.

El condicionamiento del miedo es el clásico de Paulov. El sujeto se expone a un tono o una luz —estímulo condicionado— seguido por un breve choque eléctrico —estímulo incondicionado—.

El condicionamiento ocurre después de unos pocos emparejamientos, y si el choque es intenso, con uno sólo basta. Los efectos del condicionamiento se pueden evaluar directamente midiendo las respuestas de defensa producidas por el estímulo condicionado solo, respuestas que incluyen la de paralización, los cambios en el sistema autónomo y endocrino. Los efectos del condicionamiento también se pueden medir indirectamente evaluando la potenciación de reflejos (v. g. parpadeo), midiendo la inhibición del dolor por el estímulo condicionado o midiendo el grado en que la conducta del animal es inteferida o suprimida[10].

Hoy día conocemos muy bien las vías neurales a través de las cuales las respuestas de defensa son condicionadas y expresadas frente a estímulos auditivos. La amígdala desempeña un papel central en esta circuitería. El estímulo condicionado llega al tálamo auditivo, y a través del cortex sensorial primario y de asociación llega a la amígdala, a su núcleo lateral, aunque también puede pasar directamente a este núcleo desde el tálamo auditivo. La información pasa del núcleo lateral al central amigdalino, que constituye la interfase con los sistemas motores, ya que este núcleo conecta con áreas del tronco del encéfalo implicadas en la regulación de las redes de la respuesta de defensa específica. Proyecciones a otras estructuras controlan las respuestas del sistema nervioso autónomo y las reacciones de estrés, que implican el eje pituitario-adrenal. A nivel celular se han obtenido datos que permiten considerar la potenciación a largo plazo, dependiente del receptor NMDA, como mediador del condicionamiento del miedo en la amígdala[11].

La experiencia emocional consciente

Nos centraremos ahora en discutir el componente experimental, subjetivo, de la emoción. De los componentes evaluativo y expresivo no nos ocuparemos, porque son simplemente la antesala de la experiencia. Los interesados pueden consultar dos publicaciones en las que se tratan ambos componentes extensamente[9, 12]. En resumen, una vez que la información sensorial es evaluada al integrarla en la amígdala con la información procedente de los sistemas de refuerzo, tanto de recompensa como castigo, las disposiciones innatas de la amígdala son activadas automáticamente y puestas en marcha las diversas respuestas a partir del hipotálamo y tronco encefálico. Esta respuesta tiene cuatro componentes: 1) la activación del sistema motor para generar las posturas y expresiones faciales adecuadas, 2) la activación del sistema nervioso autónomo, cuyas señales van a generar en las vísceras el estado habitualmente asociado con la situación desencadenante, 3) la activación del sistema endocrino y peptídico, y 4) la activación de núcleos de neurotransmisores (Noradrenalina, Serotonina, Dopamina y Acetilcolina). Los tres primeros inciden sobre el cuerpo causando el estado corporal emocional, que será después señalado tanto al sistema límbico como al cortex somatosensorial (S-I, S-II e Ínsula). El cuarto componente va a producir un cambio en la eficiencia y estilo de procesamiento cognitivo.

La cuestión de cómo se representa en la consciencia la información emocional, es decir, cómo se origina el sentimiento y de qué manera lo sentimos como nuestro, ha preocupado a los científicos de la emoción desde el principio. Siempre se han tratado las emociones como clases especiales de experiencias conscientes. En realidad, no hay nada especial en los estados emocionales subjetivos en tanto estados de consciencia, cuyos contenidos pueden referirse a acontecimientos mundanos, triviales o eventos con fuerte carga emocional. Los eventos emocionales se sienten diferentes porque las emociones son estados de consciencia duraderos y particularmente intensos, debido precisamente a su asociación con la activación del sistema nervioso central, el sistema autonómico periférico y el sistema endocrino, como acabamos de ver. Pero estas diferencias se deben más a la clase de información que se *introduce* en la consciencia durante los estados emocionales que a diferencias en la naturaleza del mecanismo consciente para los estados emocionales y no emocionales. Así podemos entender por qué el campo de la emoción ha tenido siempre tanta dificultad en aclarar procesos y mecanismos emocionales, por la sencilla razón de que los científicos de la emoción habían fijado como objetivo la tarea de entender la consciencia.

Una serie de autores[13, 14, 15, 16] ha sugerido que nos percatamos conscientemente del contenido informativo de la memoria de trabajo, es decir, que la consciencia es el conocimiento de lo que está en la memoria de trabajo. Kosslyn[17] señala que para estar enterados de algo, ese algo tiene que estar en la memoria de trabajo. Kihlstrom[15] ha combinado esta noción con la idea de James[18] de que la clave para la consciencia es la autorreferencia. Según James, el hecho consciente universal no es *sentimientos existen* y *pensamientos existen*, sino *yo pienso* y *yo siento*. Kihlstrom[15] argumenta que para que nos percatemos conscientemente de una experiencia tiene que establecerse una conexión entre la representación mental del evento y la representación mental del YO como agente que experimenta. Y extendiendo la hipótesis a la experiencia emocional, tendría que asociarse también la representación afectiva activada por la representación del evento. Y el lugar donde debe establecerse esta conexión entre las tres representaciones es en la memoria de trabajo.

La memoria de trabajo o memoria funcional es un concepto que deriva de la psicología cognitiva, introducido para reemplazar el concepto de memoria a corto plazo pasiva por otro concepto más activo, que trasciende el criterio temporal y enfatiza tanto el almacenamiento temporal de información como la manipulación de esta información para la realización de tareas cognitivas, como leer, resolver problemas, respuestas diferidas etcétera, que requieren la integración de trozos de información separados en el tiempo. En definitiva, un espacio de trabajo con un mecanismo de almacén temporal que permite mantener simultáneamente en la mente varias piezas de información, compararlas, contrastarlas o interrelacionarlas. El concepto de memoria de trabajo o funcional fue introducido por Baddeley[19] en la década de los 70, y (Fig. 5) según su opinión, consta de un sistema de almacenamiento temporal de carácter general y varios sistemas de almacén temporal de carácter especializado. El sistema de carácter o propósito general está constituido a su vez por un espacio de trabajo donde la información de los sistemas especializados se mantiene temporalmente y por un ejecutivo central responsable de establecer la conexión entre los sistemas especiales (esclavos) y la memoria a largo plazo y de coordinar las actividades de la memoria funcional, determinando qué sistemas especializados deben atenderse y mezclar la información cuando sea necesario[19].

¿Cómo trabaja la memoria funcional en el cerebro?

La base experimental son los trabajos de Jacobsen[20] en la década de los treinta sobre la respuesta diferida. Para obtener la recompensa por la tarea bien realizada, el mono debe mantener en memoria el lugar en que estaba la pieza de alimento. Cuando se lesiona la corteza prefrontal (Cx.PrFr) los monos alcanzan resultados muy deficientes. Desde entonces, y sobre la base de otras investigaciones que siguieron, se sigue pensando que el CxPrFr representa un papel preponderante en los procesos de memoria temporal a los que nos estamos refiriendo como memoria funcional.

Recientemente, tanto Fuster[21] como Goldman-Rakic[22] han estudiado el CxPrFr LATERAL en monos. Los datos obtenidos sugieren que esta corteza está implicada en los aspectos ejecutivos o de prospósito general, ya que la lesión de la CxPrFr interfiere en la memoria funcional con independencia del tipo de información. En estudios de imagen en humanos en los que los sujetos tenían que realizar tareas verbales y visuales, se obtuvo una gran activación de la CxPrFr cuando se realizaban dos tareas simultáneas, tasando así la función ejecutiva de la memoria funcional, pero no se activa cuando las dos tareas se realizaban separadamente.

El Cx.PrFr está conectado de manera ideal para realizar estas funciones de memoria funcional de carácter general. Tiene conexiones con: a) sistemas sensoriales —visual, auditivo, etcétera—, b) con otros sistemas sensoriales que realizan funciones de almacén temporal especializado —como almacenamiento espacial y verbal—, c) con hipocampo y otras áreas implicadas en el control de movimiento, permitiendo que decisiones del ejecutivo se plasmen en acciones voluntarias.

Estudios recientes han empezado a demostrar que el Cx.PrFr interacciona con alguna de estas áreas; sin duda, las mejor comprendidas son las interacciones con el Cx.

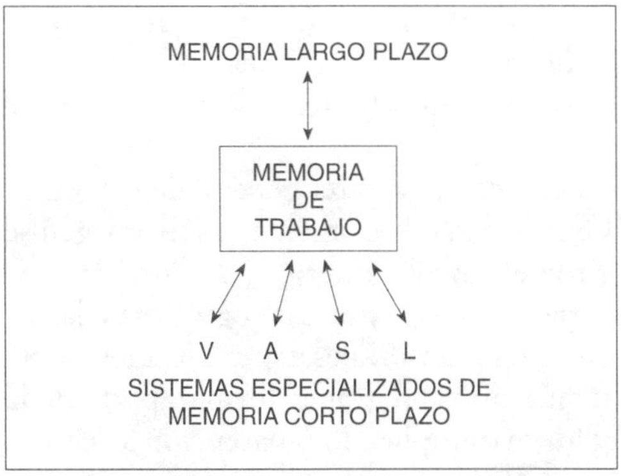

Figura 5. Esquema de la memoria de trabajo o memoria funcional. Consta de un espacio de trabajo y un ejecutivo central. Los estímulos procesados por los diferentes sistemas especializados de la memoria a corto plazo (V, visual, A, auditivo, S, somático y L, lenguaje) suministran las entradas potenciales a la memoria de trabajo, que procesa una cada vez. El ejecutivo central establece la conexión entre los sistemas especializados y la memoria a largo plazo y determina los sistemas especializados de la memoria a corto plazo, que deben atenderse coordinando y mezclando las informaciones cuando sea necesario.

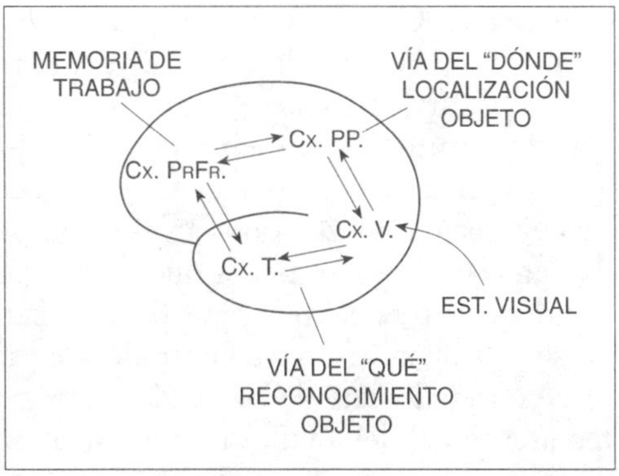

Figura 6. Relación de las vías visuales del *qué* y el *dónde* con la memoria de trabajo. La información visual es distribuida a áreas corticales que realizan el procesamiento visual especializado. Las implicadas en el reconocimiento del objeto mediadas por la vía del *qué* son las cortezas temporales, y las implicadas en la localización del objeto, vía del *dónde*, son el cortex visual y la corteza parietal posterior (CxV y Cx.PP). Ambas vías proveen de entradas a la memoria de trabajo (Cx.PrFr). Los sistemas especializados también reciben entradas de la corteza prefrontal, permitiendo que el contenido de la memoria de trabajo influencie el ulterior procesamiento en las áreas sensoriales de los sistemas especializados.

visual. La interacción con los sistemas especializados sensoriales ayudan en la percepción, permitiendo que el sistema compare lo que está viendo, oyendo o tocando ahora con lo que vio, oyó o tocó hace un momento. Los sistemas especializados asociados con aspectos del lenguaje ayudan a mantener la primera parte de la frase en la mente hasta que se ha oído la última parte, de modo que se pueda entender toda ella. Fuster, Goldman-Rakic y Desimore, entre otros[22, 23, 24], han registrado actividad neuronal unitaria en las vías del *dónde* y del *qué* durante pruebas diferidas que requieren recordar temporalmente la localización o características del objeto. Y han demostrado que las neuronas de área PrFr y las de Cx. (Fig. 6) temporal inferior (CxTI) para objeto y la del Cx. parital posterior (CxPP) para localización espacial están interconectadas recíprocamente. En definitiva, estos resultados nos dicen que el mantenimiento de la información visual —o auditiva o tactil— en la memoria funcional depende de interacciones funcionales entre Cx.PrFr y las áreas sensoriales de los sistemas especializados —puede haber uno o varios para cada sistema—. Las vías desde áreas sensoriales especializadas dicen a la CxPrFr lateral lo *que* está allí y *dónde* está localizado —lo que llaman procesamiento de abajo-arriba—. El CxPrFr lateral prima las cortezas sensoriales para atender a los objetos y localizaciones o melodías, que se están procesando en la memoria funcional —procesamiento de arriba-abajo—, aspectos estos últimos muy importantes en las funciones de control ejecutivo de la memoria de trabajo.

Hoy tenemos pruebas que indican que las funciones de carácter general de la memoria de trabajo implican otras áreas además del CxPrFr lateral. Con técnicas de imagen se ha demostrado en humanos que el cortex del giro del cínculo anterior (CxGCa) se activa también en tareas que se realizan en la memoria de trabajo y tareas cognitivas relacionadas[25]. El CxGCa recibe entradas de varios sistemas sensoriales especializados y está interconectado con el CxPrFr lateral[23, 26]. Además ambas regiones forman parte de la red atencional del lóbulo frontal, un sistema cognitivo implicado en atención selectiva, asignación de recursos mentales, procesos de toma de decisión y control de movimiento voluntario[27].

Otra área del CxPrFr, la región orbitaria, también es importante en las tareas de la memoria de trabajo[28, 29, 30]. La Cx. orbitaria interviene siempre que información relativa a recompensa o castigo se integra en la memoria funcional. La Cx. orbitaria recibe entradas de sistemas sensoriales especializados y está íntimamente conectada con la amígdala y el CxGCa, suministrando el eslabón a través del cual el procesamiento emocional por amígdala se puede relacionar en la memoria funcional con información que se está procesando en regiones sensoriales u otras del neocortex.

Nos faltan aún datos para entender en la debida medida las funciones y modo de actuar de la memoria de trabajo. Por ejemplo, todavía no tenemos claro si el espacio de trabajo y las funciones ejecutivas del sistema de carácter general están localizadas en el CxPrFr lateral u orbitario. Es posible que no se deposite nada en el CxPrFr, sino que controlen actividad en otras regiones permitiendo que se desarrollen fenómenos relacionados con la consciencia.

Los sistemas emocionales y la memoria funcional

Para entender cómo se producen los sentimientos tenemos que conocer la manera de operar de los sistemas especializados de la emoción y determinar de qué manera su actividad se representa en la memoria funcional. Si partimos de la tesis de que la memoria funcional es la clave para la consciencia, entonces los sentimientos ocurrirán cuando la actividad de los sistemas especializados de la emoción se represente en la memoria funcional para dar lugar a la experiencia emocional subjetiva consciente.

Cuando nos encontramos con un objeto o animal que puede ser peligroso, se activa de modo automático el sistema construido por la evolución para hacer frente a los peligros; este sistema implica de modo crucial a la amígdala, y su activación conlleva la generación de una reacción emocional completa, que incluye respuestas corporales y sentimientos emocionales. ¿Qué sucede con la activación de la amígdala que convierte una simple experiencia (visión de animal inocuo, v. g. conejo) en una experiencia emocional (v. g. cuando vemos una serpiente venenosa)? Analicemos las consecuencias de activar todas las salidas de la amígdala.

Consecuencias de la activación amigdalina

1. Influencias directas de la amígdala sobre la corteza cerebral

a) La amígdala tiene conexiones con todas las áreas sensoriales. Estas proyecciones son más importantes que las que recibe de la corteza. Por ejemplo, en el procesamiento de un estímulo visual se pasa de las áreas primarias a las secundarias para ir finalmente al cortex temporal inferior, que proyecta a la amígdala. NO proyectan las iniciales. Y, sin embargo, la conexión amigdalo-cortical se extiende a todas las regiones visuales, desde las iniciales hasta el Cx temporal inferior, por un lado, y hasta el Cx. parietal posterior, por otro. Esta conexión es importante para influenciar las percepciones, la memoria a corto plazo, y dirigir la atención hacia estimulaciones emocionales relevantes al mantener el sistema especializado visual enfocado hacia estímulos a los que la amígdala está asignando significación afectiva (Fig. 7).

b) La amígdala tiene conexiones con las redes de la memoria a largo plazo, que implican al sistema hipocampal y las áreas de corteza que interaccionan con hipocampo en el depósito duradero de información. Estas vías amigdalo-hipocampales contribuyen a la activación de las memorias duraderas, relevantes para las implicaciones emocionales de los estímulos actuales.

c) La amígdala tiene conexiones con el Cx.PrFr lateral, pero sobre todo con el Cx. orbitario y el Cx cíngulo anterior, ambos miembros de la circuitería de la memoria funcional. A través de todas estas conexiones con los sistemas especializados de la memoria

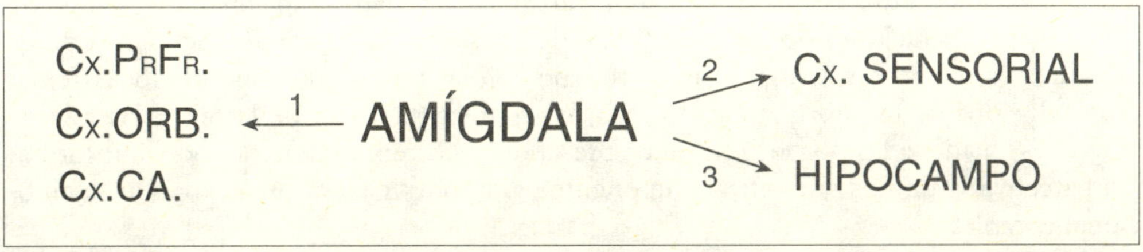

Figura 7. Salidas de la amígdala y su función. A través de la proyección a las áreas sensoriales permite influenciar las percepciones, la memoria a corto plazo y dirigir la atención hacia estimulaciones emocionales relevantes (ver texto) a las que la amígdala asigna significación afectiva. Mediante la proyección al hipocampo implica a las redes de memoria a largo plazo y con las conexiones con el Cx. prefrontal lateral, pero sobre todo con el Cx. orbitario y del cíngulo anterior puede influenciar el contenido informativo de la memoria de trabajo y los procesos de atención.

a corto plazo, las redes de memoria duradera y las redes de Lóbulo frontal, la amígdala puede influenciar el contenido informativo de la memoria de trabajo y permitir que las redes de su sistema de defensa influencien la atención, la percepción, la imaginería mental, las memorias cortas, duraderas y de trabajo, así como los procesos de pensamiento, de orden superior, que todo este conjunto de sistemas hace posibles. Pero todas estas redes son insuficientes para generar los sentimientos que se producen por el conocimiento de que algo bueno o malo está actuando[31].

2. Activación desencadenada desde la amígdala (Arousal)

La *activación* es importante en todas las funciones mentales; contribuye a la percepción, atención, memoria, emoción y solución de problemas. Las reacciones emocionales se acompañan de intensa activación cortical. Diferentes sistemas contribuyen a la *activación*. Cuatro de ellos están en el tronco del encéfalo; sus neuronas liberan neurotransmisores específicos al ser activadas: Noradrenalica (NA), Dopamina (DA), Serotonina (SA) y Acetilcolina (ACh). Un quinto grupo, también de ACh. se encuentra en el núcleo basal de Meynert. Los axones de estas neuronas terminan en extensas zonas de corteza. En presencia de estímulos nuevos o significativos se liberan en corteza los neurotransmisores, despertándose las neuronas corticales, haciéndolas especialmente sensibles a las señales entrantes[9].

Las interacciones de la amígdala con el sistema basal de Meynert son especialmente importantes. Al detectar peligro, la amígdala activa el núcleo basal, cuyos axones liberan ACh. en corteza. La amígdala también interacciona con los otros sistemas de neurotransmisores, siendo muy importante el nivel global de *activación* generado por la amígdala. Ante estímulos emocionales, la *activación* se perpetúa, porque la presencia del estímulo nocivo es continuada así como la interpretación por la amígdala del carácter peligroso. Pero además, la amígdala es activada directamente desde los sistemas de *activación*, generándose círculos autoperpetuantes que nos traban con el estado emocional[32, 33, 34] (Fig. 8).

Las representaciones de la información de los sistemas sensoriales activados desde amígdala convergen en la memoria de trabajo con las representaciones de los sistemas especializados de memoria a corto plazo, las representaciones de la memoria a largo plazo desencadenadas por los estímulos presentes y las representaciones de la información afectiva. Aún nos falta otro componente para poder generar una experiencia emocional completa.

3. Retroacción de la información del estado corporal

El estado corporal emocional se crea al activarse las redes que controlan la expresión de una variedad de respuestas, activación puesta en marcha por la amígdala a través del

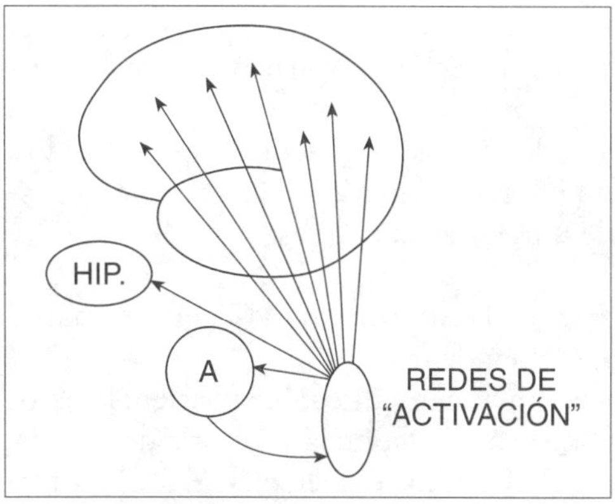

Figura 8. Activación de las diversas áreas corticales e hipocampo iniciada desde la amígdala, a través de la excitación de los sistemas (redes) de activación no específicos.

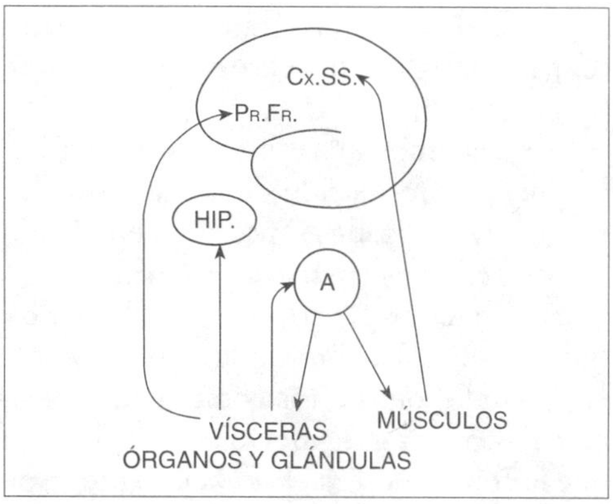

Figura 9. Retroalimentación de las respuestas corporales emocionales —músculos y vísceras— generadas por la amígdala hacia las áreas corticales, en especial las somatosensoriales (SI- SII e Ínsula), el cortex prefrontal, así como el hipocampo y la amígdala. El individuo percibe estos cambios corporales y sigue su despliegue en el tiempo. El sentimiento es la experiencia de estos cambios yuxtapuesta a las imágenes mentales que iniciaron el ciclo como estímulo emocional.

hipotálamo y estructuras troncoencefálicas. Comprenden: a) conductas específicas de especie —huida, lucha, paralización, gestos y posturas, etcétera—, b) repuestas por activación del sistema nervioso autónomo —cambios en la presión arterial, frecuencia cardiaca, piloerección, sudoración, etcétera— y respuestas hormonales —liberación de hormonas de estrés y péptidos a la sangre— (Fig. 9).

Todos estos cambios son señalados continuamente al cerebro por dos rutas, la neural y la química. A medida que tienen lugar los cambios corporales, el individuo los percibe y sigue su despliegue en el tiempo. El sentir una emoción es la experiencia de estos cambios yuxtapuesta a las imágenes mentales que iniciaron el ciclo[2].

Resumen de la neurobiología del sentimiento

Hemos comentado brevemente todos los componentes del sentimiento emocional, todo lo que se necesita para transformar una reacción emocional en una experiencia emocional consciente:

1.- Tenemos un sistema emocional especializado que recibe entradas sensoriales, las interpreta y produce respuestas conductuales, autónomas y endocrinas.

2.- Tenemos un conjunto de sistemas especializados de memoria a corto plazo, sistemas especializados sensoriales corticales, que mantienen la información sobre los estímulos presentes.

3.- Tenemos unas funciones ejecutivas que atienden a los sistemas especializados, recuperan información de la memoria duradera e interpretan los contenidos de los sistemas especializados sensoriales en términos de memorias duraderas.

4.- Tenemos la *activación* cortical.

5.- Tenemos la retroacción del estado corporal de la información visceral y somática que retorna al cerebro durante un acto de respuesta emocional.

Cuando todos estos componentes o sistemas funcionan juntos, la experiencia emocional consciente es inevitable. Pero decíamos antes, al hablar de la memoria de trabajo, que la consciencia es el conocimiento, o parte de él, de lo que está en ella. Y decía Kihlstrom que para que nos percatemos conscientemente de una experiencia tenían que coincidir en la memoria de trabajo la representación mental del acontecimiento o persona, la representación afectiva activada por la anterior y la representación del YO[15].

Síntesis de la subjetividad: la consciencia emocional

Hemos analizado ya las representaciones del acontecimiento y las afectivas. Conceptualizamos el YO como un conjunto de imágenes sobre los aspectos más invariables de nuestro organismo y sus interacciones. La base neural reside en dos tipos de representaciones:

1. Las de los eventos clave en la vida del individuo, sobre las que puede construirse una noción de identidad, repetidamente, por la activación de los mapas sensoriales topográficamente organizados. Comprenden: nuestras afinidades, gustos, objetos, lugares, hechos de nuestro pasado, datos profesionales, vivienda, amigos, ciudad, país, etcétera; la reactivación continuada de las imágenes actualizadas sobre nuestra identidad constituye una parte substancial del YO.

2. Las representaciones que se refieren al cuerpo del individuo, tanto de su estructura como de las funciones que realiza, incluyendo repertorio de gestos y posturas[9].

Pero tener todas las representaciones del acontecimiento o persona, la afectiva y del YO, no basta para generar el sentimiento. Es necesario que las representaciones se hagan subjetivas, se conviertan en parte del YO que las posee. Según Damasio[31], el cerebro crea una representación del estado corporal alterado que genera una imagen del proceso de perturbación y del YO perturbado. Para ello el cerebro tiene que poseer las estructuras que sustentan las imágenes del YO y del cuerpo y estructuras que no sustentan ninguno de los entes previos pero que están recíprocamente conectadas con ellas. La subjetividad emerge cuando el cerebro está produciendo la imagen del organismo en el acto de percibir y de responder al objeto que está perturbando al YO. La perspectiva subjetiva surge del contenido de este tipo de imagen.

Hay una cierta correspondencia entre esta noción de subjetividad de Damasio y la de Edelman[35] de consciencia primaria. Pero considero de mayor enjundia la teoría de Llinás[36] sobre las bases neurobiológicas de la consciencia. Empecemos por decir que en el cerebro no hay ninguna pantalla de cinemascope. ¿Sobre qué principio físico se organiza la consciencia? La respuesta, piensan muchos científicos, tiene que radicar en alguna forma de temporización, en un código temporal para el trabajo cerebral. Los sistemas sensoriales rompen la escena visoacústica en trozos de caracteres que procesan en paralelo. Múltiples regiones de corteza se activan en el procesamiento sensorial. Para reconstruir la imagen unitaria que percibimos tiene que existir algún mecanismo que una, conecte, todas las zonas corticales. Sería una sincronización de las descargas neuronales. Hay un ritmo de 40 Hz que se genera tanto en los núcleos específicos del tálamo (núcleos de relevo) como en el núcleo intralaminar y que se ha podido registrar mediante la magnetoencefalografía (MEG). El ritmo del núcleo intralaminar 40 Hz es la fuente de la ritmicidad que se registra en corteza con la MEG. En cada ciclo, una onda de potenciales de acción irradia desde el *rosco* intralaminar a toda la corteza. Por otra parte, el sistema de núcleos específicos del tálamo releva las entradas sensoriales a la corteza. Estos núcleos específicos también generan su ritmo de 40 Hz, con lo que se asegura que las neuronas corticales sean coordinadas en un ritmo cercano a los 40 Hz. La interacción entre los dos sistemas, el corticotalámico específico y el intralaminar-cortical, es crítica para el acto de la cognición (Fig. 10).

La onda intralaminar *barre* la superficie cerebral en dirección fronto-occipital cada 12,5 milisegundos. La onda del barrido sondea toda la corteza, y las regiones que tienen neuronas activas, que representan alguna entrada sensorial, son incorporadas al mismo ritmo de la onda de barrido y sus salvas de impulsos nerviosos son llevadas al tálamo, todo ello precisamente temporizado en un patrón coherente. Todos los impulsos coherentes recibidos en cada ciclo son percibidos como una imagen única. Los mensajes sensoriales de la vista, oído, olfato y tacto son reunidos no en un único lugar sino en un único instante de tiempo. Cada barrido crea una nueva imagen, pero como las imágenes son tan rápidas parecen continuas.

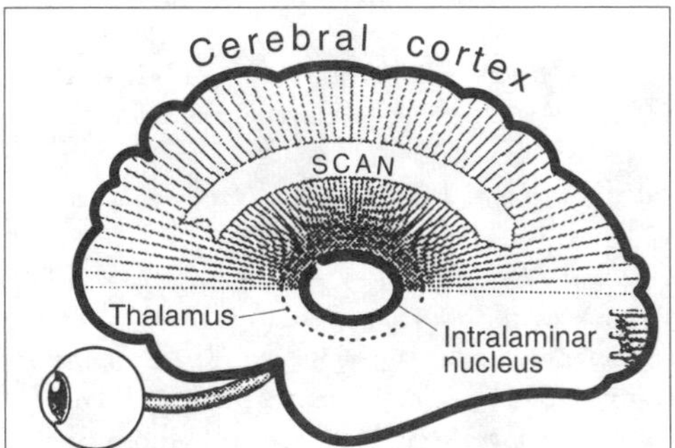

Figura 10. Teoría de R. Llinás sobre la experiencia consciente. El cerebro tiene un sistema de exploración corticotalámico que *barre* todas las áreas de la corteza cerebral cada 12,5 milisegundos. El barrido toma la forma de una onda de impulsos nerviosos enviados desde el tálamo, tanto desde los núcleos intralaminares —estructura en *rosco*— como desde los núcleos específicos de relevo sensorial.

Cuando paseamos tranquilos vamos generando ritmos 40 Hz mientras construimos imágenes del mundo externo. De pronto, un perro que ladra y amenaza o una serpiente venenosa aparecen en la escena. El centinela amigdalino entra automáticamente en actividad y pone en marcha todas las respuestas corporales con alteración subsiguiente de su representación y la del YO. Con el estímulo peligroso, el ritmo de 40 Hz es reciclado de forma abrupta para incorporar el nuevo estímulo en la escena globalmente considerada para poder procesar todo su contenido. Hemos dicho que todo termina ocupando las estructuras del espacio de trabajo de la memoria funcional. ¿Cómo estas estructuras de memoria funcional, incluyendo las que sustentan las representaciones emocionales, afectivas, se integran en la circuitería cortico-talámica, cuya actividad es la base de la consciencia? Todas las cortezas prefrontales están conectadas con el núcleo dorsomedial talámico. Éste, a su vez, está asociado con la amígdala por un lado, y con las estructuras hipotalámicas del sistema de valor, por otro. La experiencia emocional se hace consciente al integrarse al contenido de la memoria funcional en el circuito cortico-talámico. La consciencia es el producto de la actividad cortico-talámica. Justamente el diálogo entre el tálamo y la corteza cerebral es lo que genera la subjetividad.

---

[1] A. FERNÁNDEZ DE MOLINA, "El camino cerebral de la emoción", en *Anales Real Academia Nacional de Medicina,* 1991.

[2] A. R. DAMASIO, "Towards a Neurobiology of emotion and feeling: operational concept and hypothesis", en *The Neuroscientist,* 1, (pp. 19-25), 1995.

[3] A. R. DAMASIO y H. DAMASIO, "Images and subjetivity: neurobiological trials and tribulatios", en *The churchlands and their critics,* (pp. 163-185), MIT Press, Cambridge, 1995.

[4] A. N. SCHORE, *Affect regulation and the origin of the self,* Lawrence Erlbaum Associates, Publishers, Hillsdale, New Jersey, 1994.

[5] W. JAMES, "What is emotion?", en *Mind,* 9, (pp.188-205), 1884.

[6] W. B. CANNON, "The James-Lange theory of emotions: a critical examination and an alternative theory", en *Amer. J. Physiol,* 39, (pp. 106-124), 1927.

[7] J. W. PAPEZ, "A proposed mechanism of emotion", en *Arch. neurol. Psychiatry,* 79, (pp. 217-224), 1937.

[8] P. D. MACLEAN, "Psychosomatic disease and the *visceral brain*: recent developments bearing on the Papez theory of emotion", en *Psychosomatic Medicine,* 11, (pp. 338-352), 1949.

[9] A. FERNÁNDEZ DE MOLINA, "Emoción y subjetividad",en *Anales Real Academia Nacional de Medicina,* CXII, (pp. 713-725), 1995.

[10] J. E. LE DOUX, "Emotion: clues from the brain", en *Annual Rev. Psychology,* 46, (pp. 209-235), 1995.

[11] J. E. LE DOUX, "Emotion, memory and the brain", en *Scientific American,* 270, (pp. 32-39), 1994.

[12] A. FERNÁNDEZ DE MOLINA, "Comportamientos de defensa, huida y agresión", en *Hormonas, instintos y emociones.* Ed. J. BOTELLA y J. A. F. TRESGUERRES, (pp. 129-247), Complutense, Madrid, 1996.

[13] D. DENNETT, *Brain storms: philosophical essays on mind and phychology,* MIT Press, Bradford Books, Cambridge, 1981.

[14] R. JACKENDORF, *Consciousness and the computational Mind,* MIT Press. Bradford Books, Cambridge, Mass. 1987.

[15] J. F. KIHLSTROM, "The cognitive unconscious", en *Science,* 237, (pp. 1.445-1.252), 1987.

[16] M. MINSKY, *The society of mind,* Touchstone Books, Simon and Schuster, 1985.

[17] S. M. KOSSLYN y O. KOENING, *Wet mind: the new cognitive neuroscience,* MacMillan, New York, 1992.

[18] W. JAMES, *Principles of Psychology,* Holt, New York, 1890.

[19] A. BADDELEY, "Working memory", en *The cognitive neuroscience,* (pp. 755-764), MIT Press, Ed. M. GAZZANIGA, Cambridge, Mass, 1996.

[20] C. F. JACOBSEN y H. W. NISSEN, "Studies of cerebral function in primates: IV, the effects of frontal lobe lesions on the delayed alternation Habit in Monkeys", en J. *Comp. & Phys. Psychol,* 23, (pp. 101-112), 1937.

[21] J. M. FUSTER, *Memory in the cerebral cortex,* MIT Press, Bradford Books, Cambridge, Mass, 1995.

[22] P. S. GOLDMAN-RAKIC, "Topography and cognition: parallel distributed networks in primate association cortex", en *Annual review of neuroscience,* 11, (pp. 137-156), 1988.

[23] J. M. FUSTER, *The prefrontal cortex,* Raven Press, New York, 1989.

[24] R. DESIMORE et al., "Multiple memory systems in the visual cortex", en *The cognitive neurosciences,* Ed. M. GAZZANIGA, MIT Press, Cambridge, Mass. (pp. 475-486), 1995.

[25] M. D'ESPOSITO et al., "The neural basis of the central executive system of working memory", en *Nature,* 378, (pp. 279-281), 1995.

[26] P. S. GOLDMAN-RAKIC, "The issue of memory in the estudy of prefrontal functions", en, *Motor and cognitive functions of the prefrontal cortex,* Ed. A. M. THEIRY, (pp. 112-122), Springer-Verlag, Berlín, 1994.

[27] M. POSNER, "Attention as a cognitive and neural system", en *Current directions in phychological science,* 1, (pp. 11-14), 1992.

[28] D. GAFFAN, E. A. MURRAY y M. FABRE-THORPE, "Interaction of the amygdala whit the frontal lobe in reward memory", en *European J. of Neuroscience,* 5, (pp. 968-975), 1993.

[29] S. J. THORPE, E. T. ROLLS y S. MADDISON, "The orbitofrontal cortex: neuronal activity in the behaving monkey", en *Experimental brain res,* 49, (pp. 93-115), 1993.

[30] A. SHIMAMURA, "Memory and frontal lobe function", en *The cognitive neurosciences,* Ed. M. GAZZANIGA, MIT Press, Cambridge, Mass, 1995.

[31] D. AMARAL et al., "Anatomical organization of the primate amygdaloid complex", en *Neurobiological aspects of emotion, memory and mental dysfunction,* J. P. AGGLETON, ed, Wiley-Liss, (pp. 1-66), New York, 1992.

[32] B. S. KAPP et al., "Amygdaloid contributions to conditioned arousal and sensori information processing", en *The amygdala: neurobiological aspects of emotion, memory and mental dysfunction,* Ed. J. P. AGGLETON, Wiley-Liss, New York, 1992.

[33] N. M. WEINBERGER, "Returning the brain by fear conditioning", en *The cognitiva neurosciences,* Ed. M. GAZZANIGA, (pp. 1.071-1.090), MIT Press, Cambridge, Mass, 1995.

[34] M. MISHKIN, "A memory system in the monkey", en *Philos. Trans. Royal Soc.,* London B, Biol. Soc., 298, (pp. 85-95), 1982.

[35] G. M. EDELMAN, *Bright air, brilliant fire: on the matter of the mind,* Basic Books, Harper Collin, USA, 1992.

[36] R. LLINÁS y D. PARÉ, "The brain as a closed system moldulated by the Senses", en *The mind-brain continuum, sensory processes,* Ed. R. LLINÁS & P. S. CHURCHLAND, (pp. 1-18), MIT Press, Bradford Book, Cambridge, Mass, 1996.

"Novia", ▶
por Francis Picabia
(Col. particular, París)

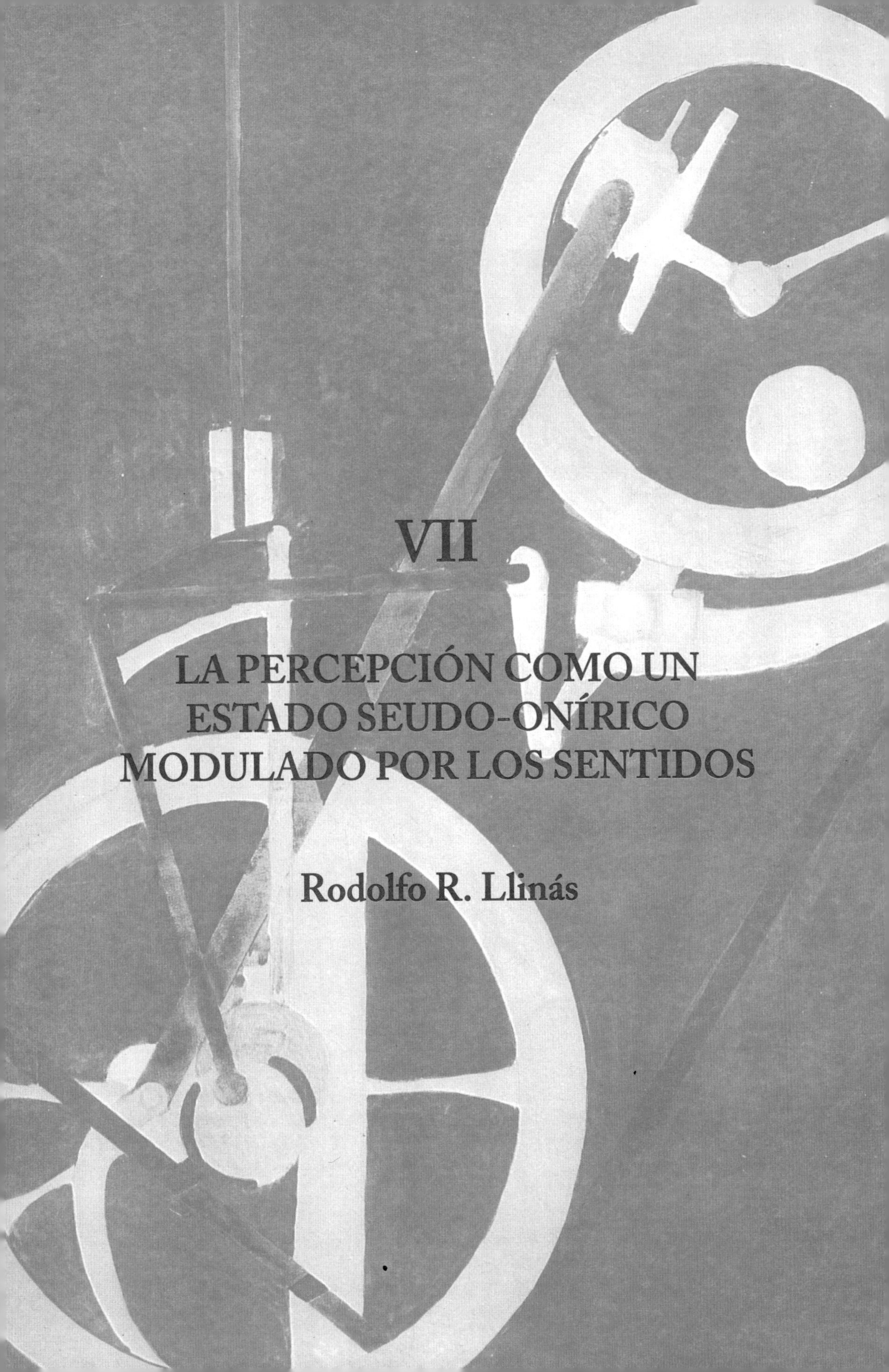

VII

LA PERCEPCIÓN COMO UN ESTADO SEUDO-ONÍRICO MODULADO POR LOS SENTIDOS

Rodolfo R. Llinás

LA PERCEPCIÓN COMO UN ESTADO SEUDO-ONÍRICO MODULADO POR LOS SENTIDOS

RODOLFO R. LLINÁS
Departamento de Fisiología y Biofísica
Universidad de Nueva York, EE UU

Un punto fundamental en nuestra apreciación de la función del sistema nervioso central concierne a las similitudes y diferencias que existen entre el estado de vigilia y el estado de ensueños. Efectivamente, desde el punto de vista del sistema talamocortical, estos dos estados tienen un mecanismo de implementación intrínseco común y por lo tanto pueden considerarse, en ese sentido, como fundamentalmente equivalentes[1]. Si se demuestra que el estado de vigilia es el producto de un mecanismo funcional intrínseco y fundamentalmente cerrado, como lo es el estado de ensueño, las implicaciones de tal hipótesis serían de gran trascendencia. Si tal fuere el caso, la principal diferencia entre el estado de ensueño y el de vigilia vendría dada por el grado de modulación que a tal estado le proporciona la activación sensorial.

EL ESTADO DE VIGILIA Y LOS ENSUEÑOS

Los ensueños generalmente ocurren durante la etapa del *sueño paradójico*, que se caracteriza por la aparición de atonía muscular y de movimientos oculares rápidos —*rapid eye movements*, o REM—, de donde se deriva el nombre alterno de *sueño REM*. Sujetos despertados durante el sueño REM indican, con frecuencia, que estaban soñando, y por lo tanto el sueño REM se usa como sinónimo para el estado de ensueño. Una de las diferencias más notorias entre el estado de vigilia y el de ensueño reside en el hecho, conocido universalmente, de que la estimulación sensorial no genera, en el estado de ensueño, las consecuencias cognoscitivas que se encuentran en el estado de vigilia. Con respecto a las otras etapas del sueño, el sueño REM difiere de aquéllas en que los umbrales sensoriales para el despertar son los más altos, salvo en la etapa IV[2, 3] o de sueño más profundo. De interés aquí es el hallazgo de los potenciales evocados que se registran sobre el cráneo por estímulo sensorial durante el estado de vigilia y el del sueño REM. Por ejemplo, los primeros componentes del potencial auditivo evocados en los humanos (<10 mseg)[4] no presentan durante el ciclo sueño-vigilia fluctuaciones dependientes del estado[5, 6, 7]. Sin embargo, aquellos componentes de la latencia media (10-80 mseg) parecen reflejar la primera actividad talamocortical con una amplitud disminuida desde la vigilia hasta la etapa IV de sueño. Su amplitud regresa, sin embargo, *a la normal*[8] *o sobrepasa los valores de la vigilia, durante los ensueños*[9, 10, 11].

Igualmente, los componentes de las latencias corta, media y larga también pueden registrarse por medio de los potenciales evocados de origen somatosensorial. Entre los primeros componentes, solamente la positividad a 15 mseg (P-15) no presenta fluctuaciones dependientes del estado[12]. La amplitud de los otros componentes decrece notoriamente desde el estado de vigilia hasta la etapa IV, pero, como en el caso de la audición, *se recupera en el sueño REM*[12].

La paradoja central

Como la respuesta del cerebro a los estímulos sensoriales es similar durante el sueño REM y la vigilia, el umbral del estímulo sensorial necesario para el despertar del sueño REM debería ser muy bajo. Sin embargo, como se indicó anteriormente, éste no es el caso ni en los humanos ni en otros mamíferos, en los cuales el umbral auditivo para despertar es notoriamente más alto en el sueño REM[13]. Estos estudios señalan la principal paradoja del sueño REM: que los estímulos que se perciben fácilmente durante la vigilia no despiertan a sujetos durante el sueño REM *aunque la amplitud de la respuesta cortical evocada durante el REM es similar o más alta que durante la vigilia.* En otras palabras, aunque la red talamocortical es tan excitable durante el sueño REM como durante la vigilia, en el primero las señales sensoriales se ignoran, en la gran mayoría de los casos.

El estímulo sensorial

La respuesta a esta paradoja parece estar relacionada con la naturaleza de la función cerebral en el sentido más fundamental. En especial, el hecho de que los últimos componentes del potencial evocado (P100, P200 y P300) no estén presentes durante el ensueño[14, 15] sugiere que la actividad nerviosa que genera la percepción durante los ensueños impide que la activación talamocortical de origen sensorial se incorpore al mundo cognoscitivo del ensueño. Quizás éste sea el origen del alto umbral requerido para el despertar cuando se está soñando[1].

¿Es el mecanismo perceptivo del sueño REM similar al del estado consciente?

Una herramienta importante para estudiar la posible similitud en el mecanismo que genera la percepción en los ensueños y en la vigilia es la comparación entre estos dos estados en personas que sufren problemas neurológicos. Un buen ejemplo de este paradigma lo ofrece el estudio de las alteraciones de las capacidades cognoscitivas que se encuentran después de lesiones de las áreas asociativas temporal y parietal del cerebro. En el caso de pacientes que padecen de negligencia unilateral como resultado de una lesión en el lóbulo parietal derecho, en los cuales la mitad contraria del campo visual o somatosensorial no se percibe durante la vigilia, reportan una anomalía similar durante la percepción en los ensueños[16, 17]. Igualmente, en los prosopagnósticos los ensueños presentan personas que no poseen rostro[18]. Es interesante el recordar que durante la vigilia estos pacientes perciben componentes faciales aislados pero son incapaces de utilizarlos para reconstruir o reconocer caras particulares. Estas observaciones indican que la percepción durante el ensueño opera sobre el mismo substrato morfofuncional que durante la vigilia.

Partiendo del hecho de que en la vigilia como en el ensueño se encuentran déficits similares, se puede concluir que la vigilia es un elemento en la misma categoría de funcionamiento que los ensueños. La diferencia entre estos dos estados parece estribar en que en el ensueño la especificación sensorial presente durante la vigilia se altera de tal modo que la *atención* a los estímulos sensoriales está completamente inoperante, como pasa en ciertas clases de alucinaciones de tipo psiquiátrico.

Basado en esta concatenación de raciocinios, se propuso la atrevida hipótesis de que *la vigilia no es más que un estado de ensueño modulado por la presencia de estímulos sensoriales*[1]. Con respecto a este punto debe tenerse en cuenta lo siguiente:

Es típico considerar el tálamo como la compuerta al cerebro[19]. Ciertamente, con excepción del sistema olfatorio, todos los mensajes sensoriales llegan a la corteza cerebral a través del tálamo[20]. Sin embargo, las sinapsis establecidas por fibras talamocorticales específicas son una minoría del número total de los contactos sinápticos corticales. Por ejemplo, en las cortezas primarias somatosensorial y visual los axones originados de los núcleos talámicos ventroposteriores y geniculado lateral corresponden respectivamente al 28 por ciento y 20 por ciento de la sinapsis en la capa IV y partes adyacentes de la capa III[21, 22], donde se proyecta la mayoría de los axones talamocorticales. Inclusive en la corteza sensorial primaria, la mayor parte de la conectividad no está representada por aferentes sensoriales talámicos, sino por la conectividad intrínseca cortical. Más aún, las neuronas piramidales corticoestriatales, corticocorticales y corticotalámicas reciben respectivamente 0.3-0.9 por ciento, 1.5-6-8 por ciento y 6.7-20 por ciento de sus sinapsis de fibras talamocorticales específicas[23, 24]. El promedio de los aferentes corticales de origen talámico es de menos del 4 por ciento en las neuronas espinosas multipolares en la capa IV, el área de recepción de la corteza.

Hay que recordar además que la conectividad entre el tálamo y la corteza es bidireccional. Ciertamente, las células piramidales de la capa VI proyectan profusamente al tálamo[25]. El número de fibras corticotalámicas es aproximadamente diez veces mayor que el número de axones tálamocorticales[26]. Aún más, la proyección del nervio óptico al núcleo geniculado lateral es menor que la de la corteza visual al mismo núcleo[26]. Este dato es importante porque implica que la corteza tiene más acceso al tálamo visual que la retina.

Hablemos brevemente sobre la naturaleza de la interacción entre este conjunto de mecanismos innatos y las señales sensoriales. Primeramente debe reconocerse que el contenido sensitivo no es más que una serie de simplificaciones del contenido del mundo externo determinadas por las propiedades físicas de nuestros órganos sensoriales. De manera similar, la representación interna que se deriva de tal especificación sensorial está profundamente restringida por las capacidades *computacionales* del cerebro. Este punto de vista implica que el modelo del mundo que surge en nuestra mente durante el desarrollo de niños a adultos está regido por las interacciones entre las predisposiciones innatas del cerebro y las adquiridas por la experiencia senso-motora. Aunque el modelo particular de mundo computacional derivado por un individuo dado es una función de su experiencia personal, los límites y características de la adaptación funcional resultante están ya determinados genéticamente. Por lo tanto, los estímulos sensoriales durante la vida adulta solamente transfieren los parámetros necesarios para especificar componentes cognoscitivos que provienen fundamentalmente de la historia de la evolución del sistema nervioso. Estos estados cognoscitivos pueden crearse durante los ensueños según los recuerdos o según estados cognoscitivos no especificados con anterioridad por los sentidos, como puede ocurrir también durante alucinaciones de origen psiquiátrico.

Este preámbulo nos permite considerar uno de los problemas centrales en las neurociencias, el de la naturaleza abierta —extrínseca— o cerrada —intrínseca— de la función del sistema nervioso. El punto de vista clásico de William James propone que los estado funcionales del cerebro que describen el mundo exterior son simplemente un conjunto de reflejos elaborados[27]. El punto de vista opuesto sugiere que el cerebro es fundamentalmente un sistema recurrente o cerrado. Las bases fisiológicas para esta última propuesta provienen de los estudios electrofisiológicos que indican que las células cerebrales tienen propiedades eléctricas intrínsecas que les permiten oscilar o resonar espontáneamente a diferentes frecuencias[28] y que dicha actividad intrínseca sustenta los eventos oscilatorios rítmicos que generan la cognición[28, 29].

La percepción como una modulación de la actividad de un sistema cerrado

Varios factores sugieren que el cerebro es esencialmente un sistema cerrado capaz de autogenerar una actividad oscilatoria que corresponde al estado *activado* o de vigilia/ensueño y que en esta plataforma funcional básica se puede sobreponer la percepción, sea por estímulo sensorial durante la vigilia o puramente intrínseco, durante los ensueños. Recordemos, primero, que, como se indicó anteriormente, tan sólo una pequeña parte de las aferentes corticales de la conectividad talamocortical está dedicada a recibir y transferir los estímulos sensoriales. Segundo, que el número de fibras corticales que se proyectan a los núcleos talámicos específicos es muy superior al número de fibras que transmiten al tálamo los estímulos de los órganos sensoriales[26]. Por lo tanto, gran parte de la conectividad talamocortical está organizada como un circuito de retroalimentación reentrante[30] o denominada anteriormente actividad reverberante[31]. Tercero, que la aparición de neuronas con capacidad oscilatoria intrínseca en esta compleja red sináptica le permite al cerebro generar estados oscilatorios dinámicos que a su vez son modulados por los estímulos sensoriales. En este contexto, los estados funcionales tales como el estado de vigilia o el de ensueño u otras etapas del sueño parecen ser ejemplos particulares de las múltiples variaciones que proporciona la actividad cerebral autógena.

Otros aspectos de la fisiología sensorial también sustentan este concepto del cerebro como un sistema cerrado en el que el estímulo sensorial desempeña un papel extraordinariamente importante pero principalmente modulatorio. Así pues, la descripción de los ensueños de los prosopagnósticos indica que la percepción y sus anormalidades depende en su totalidad de la activación de un aparato cognoscitivo global de origen interno. En otras palabras, las señales sensoriales logran su importancia en virtud de que incitan disposiciones preexistentes del cerebro, que al ser activado genera la cognición. La percepción nace como la música de un piano, donde el sonido —la metáfora que representa la percepción— está generado por las cuerdas del piano —las propiedades intrínsecas—, cuyo orden está especificado por la activación de las teclas —los sentidos—.

Aún más, desde su comienzo la investigación neurológica[32, 33] ha indicado que la mayor parte de las conectividades que existen en el humano al nacer se modifican sólo en detalle durante la maduración normal. Así pues, la localización de la función en el cerebro comenzó con la identificación hecha por Broca de un centro cortical para el lenguaje, seguida por el descubrimiento de mapas somatotópicos punto por punto en las cortezas motora y sensorial[34] y en el tálamo[35, 36].

Un tipo totalmente diferente de geometría funcional sugiere la existencia, además de mapas espaciales, de mapas temporales[37]. Esto ha sido más difícil de conceptualizar, ya que su estudio requiere entender la simultaneidad en la función del cerebro, lo que usualmente no se toma en cuenta en la mayoría de los estudios, sobre las funciones del sistema nervioso.

Actividad de 40 Hz y conjunción cognoscitiva: el cómo de los mapas temporales

En estudios recientes se ha encontrado que los estímulos sensoriales producen activación sincrónica de las neuronas corticales de los mamíferos. El estímulo visual consiste en pequeñas barras de luz proyectadas sobre un telón enfrente del campo visual de un mamífero en el cual se registra la actividad de las neuronas en la corteza visual. Estos estudios demuestran que un estímulo visual de orientación, dimensiones y velocidad óptimas para una columna dada de la corteza genera activación sincrónica de las células nerviosas de esa columna[38, 39, 40]. Más aún, los componentes de un estímulo visual que se relaciona con un objeto cognoscitivo singular —tal como las tres líneas que definen la letra A— producen oscilaciones rítmicas coherentes a 40 Hz en las tres columnas correspondientes a la orientación de los tres trazos de la A. Esta coherencia temporal puede ocurrir entre células separadas por más de 7 milímetros de distancia[39, 40]. Esto indica que los objetos visuales son generados por la conjunción temporal cross-correlacionada de la actividad neuronal.

Estos hallazgos han inspirado un gran número de trabajos teóricos, que se basan en el concepto de que los mapas temporales son fundamentales en la función del sistema nervioso. El principio central de esta discusión puede resumirse de la manera siguiente. Sabemos que en nuestro cerebro los componentes sensoriales que especifican un elemento cognoscitivo, digamos una naranja, están distribuidos espacialmente en las cortezas sensoriales. Así, por ejemplo, el color, la forma y el movimiento están elaborados en áreas distintas de la corteza visual. De igual modo la activación táctil que ocurre cuando la naranja está en nuestra mano y la tocamos —además de verla— impulsa vías táctiles que terminan en otra parte del sistema. Algo similar ocurre con la olfacción y con el sonido. La pregunta es entonces la siguiente; ¿cómo hacemos de todos esos pedazos de sensaciones, de esos retazos, una imagen única de la naranja? ¿La que botamos al aire y que cae en nuestra mano dejando una vívida impresión visual, auditiva y táctil y una fragancia en el aire? Éste es entonces un problema central, *la conjunción sensorial.*

Los mapas neurológicos basados en anatomía —espacio—, dada su especialización, permiten tan sólo un número limitado de representaciones posibles. Regresando a la metáfora musical, cada punto en la corteza podría ser una nota musical, pero como la cognición semeja más una obra sinfónica que una secuencia de notas únicas, se requeriría para representar el mundo externo la combinación de muchas notas. Esto se podría hacer generando un piano donde cada tecla tocará muchas cuerdas, cada una representando un momento cognoscitivo. Esto requeriría un número infinito de teclas, una para cada estado cognoscitivo, y aprender a tocar ese piano sería imposible. La otra posibilidad es que el estado cognoscitivo se genere mediante mapas temporales en los cuales cada área produciría una nota, que al unirse otras notas, por medio de conjunción temporal, i. e. por la simultaneidad de su aparición, produzca la estructura sincrónica. La representación cognoscitiva sería entonces la superposición temporal de la actividad de todas aquellas células que responden de modo simultáneo y correlacionado. Es decir, un mapa formado por dos componentes, uno espacial y otro temporal. Esta implementación podría representar un número infinito de estados cognoscitivos, como en un piano se puede tocar un número infinito de melodías, dando muchas notas simultáneamente.

El problema es entonces: ¿cómo unimos estas notas en el tiempo para hacer el sistema isocrónico y correlacionado? ¿Y quién o qué percibe este isocronismo?

Los registros magnetoencefalográficos realizados en humanos en estado de vigilia han revelado la presencia de oscilaciones a 40 Hz continuas y coherentes sobre la totalidad del manto cortical. La representación de estímulos auditivos produce una clara reiniciación temporal de esta actividad a 40 Hz La comparación de la fase de estas ondas corticales reveló la presencia de un cambio de 12 a 13 mseg en la fase entre los polos rostral y caudal del cerebro[41].

El alto grado de organización espacio-temporal que presenta esta oscilación a 40 Hz sugiere que tal coherencia sea un posible candidato para la producción de la conjunción temporal de que hablábamos arriba, constituido por la aparición de actividad rítmica coherente en un gran número de neuronas. Esta solución no requiere interconectividad al nivel cortical, sólo isocronismo, que regresando al tálamo hace la conjunción a ese nivel. Esta actividad eléctrica macroscópica está relacionada con la actividad oscilatoria de las neuronas corticales. Así pues, se ha demostrado que las neuronas parvoespinosas de la capa IV de la corteza[42] son capaces de generar oscilaciones intrínsecas a 40 Hz. Estas oscilaciones se conducen a las células piramidales de la capa VI y de allí regresan a su punto de origen en el tálamo[44]. Recientemente se demostró que además de las oscilaciones debido a las propiedades del circuito cortical, las neuronas talámicas *in vivo* también pueden oscilar intrínsecamente a 40 Hz utilizando mecanismos iónicos similares a los de las neuronas de las células parvoespinosas[45]. En consecuencia, los caminos cortico-tálamo-corticales específicos pueden generar una oscilación resonante a 40 Hz, facilitada por la acción de los colaterales dendrodendríticas e intranucleares en el tálamo[46, 47].

Influencia del tronco del encéfalo sobre la forma de activación talámica

Mientras que la forma de activación de las células talamocorticales está relacionada con la expresión de las propiedades eléctricas intrínsecas de la membrana plasmática, las fluctuaciones independientes del nivel del potencial de membrana parecen resultar de influencias sinápticas extrínsecas. Por lo tanto, la conjunción temporal que genera la subjetividad en los ensueños ocurre de modo discrónico con respecto los estímulos sensoriales, y en consecuencia, solamente estímulos fuertes pueden reorganizar tales condiciones temporales y despertar al que sueña. En resumen, *si el impulso sensorial que llega al cerebro no se pone en el contexto temporal de la actividad talamocortical en curso, el estímulo no existe como evento funcionalmente significativo.*

Si éste es el caso, podemos concluir que la percepción de la realidad externa es una función intrínseca del CNS, desarrollada y pulida por los mismos procedimientos evolutivos que generaron otras especializaciones. Más aún, esto implica que las cualidades secundarias de nuestros sentidos, tales como colores, olores, sabores y sonidos, son invenciones de nuestro sistema nervioso que permiten que el cerebro interactúe con el mundo exterior de manera predictiva[48]. *El grado en el que nuestra percepción de la realidad, y la realidad "verdadera", se sobreponen no tienen trascendencia siempre y cuando las propiedades predictivas de la computación cerebral cumplan los requerimientos para una exitosa interacción con el mundo exterior.*

Si suponemos que el cambio de fase de las oscilaciones eléctricas cerebrales que se observó en estos estudios se relaciona con la presencia de ondas coherentes que hacen un barrido rostrocaudal de nuestro cerebro a 40 Hz, podemos concluir que el estado consciente es un evento discontinuo que, como veremos, implica la presencia de *cuanto* cognoscitivos de 12 a 13 milisegundos de duración.

Resonancia talamocortical como la base funcional del estado consciente

De lo anterior se puede concluir que el principal desarrollo en la evolución del cerebro de los primates superiores, incluyendo el hombre, es el enriquecimiento del sistema corticotalámico. Esta conclusión está corroborada por estudios evolutivos, si se tiene en cuenta el incremento de la corticalización en los mamíferos. El aumento del área de superficie de la neocorteza en el hombre la hace aproximadamente tres veces más grande que la de los antropoides más altos[49].

¿Por qué pensamos que el sistema tálamo-cortico-talámico genera la incomparable experiencia que todos reconocemos como la existencia del sí mismo o la existencia del aquí o del ahora? Lo sabemos porque: (a) el daño de ese sistema produce, como veremos más tarde, cambios perceptuales específicos que nos indican qué parte de la percepción está relacionada con qué parte del sistema talamocortical; (b) la estimulación eléctrica directa de tales sistemas talamocorticales genera percepciones similares a las producidas por la activación sensorial o por los ensueños[34]. En principio, la actividad que se genera a través de las interacciones talamocorticales mediante la activación sensorial debe ser similar a la que se produce durante los ensueños. Lo anterior indica que *el diálogo entre el tálamo y la corteza es el gran generador de la subjetividad.*

Experimentos que respaldan las similitudes entre el ensueño y la vigilia

Si, como se señaló anteriormente, la resonancia talamocortical a 40 Hz es la encargada del barrido temporal global que genera la percepción, dicha conjunción global debería estar presente durante el estado de ensueño. De hecho, recientemente se ha demostrado que la actividad a 40 Hz durante los ensueños se presenta de manera organizada y demuestra un cambio de fase rostrocaudal igual al que aparece en la vigilia[50].

Ese estudio se obtuvo por medio de la magnetoencefalografía (MEG). Tres grupos de mediciones se realizaron: (a) la presencia de la actividad a 40 Hz durante el sueño; (b) las posibles diferencias entre el reinicio de la ritmicidad de 40 Hz en diferentes estados de sueño/vigilia; y (c) la cuestión del barrido a 40 Hz durante los ensueños.

A tal efecto, la actividad magnética espontánea se registró continuamente y se filtró a 35-45 Hz durante la vigilia, durante el sueño delta y el sueño REM —los ensueños—, utilizando una matriz de registros que tiene 37 magnetosensores con una sensitividad de 10-15 tesla (i.e. femto-tesla) (Fig. 1A). El análisis de Fourier de los campos magnéticos rítmicos filtrados (1-200 Hz) demostró un máximo de actividad de 40 Hz sobre gran parte de la corteza. La coherencia entre las diferentes partes del cerebro se registró con facilidad utilizando esta técnica (Fig. 1B). Esta figura ilustra un período de 0.6 seg de la oscilación global espontánea en un individuo en estado de vigilia.

Un segundo grupo de experimentos examinó la sensibilidad de la oscilación de 40 Hz a los estímulos durante estos tres estados funcionales. Como se indicó anteriormente, la oscilación a 40 Hz puede ser reiniciada mediante estímulos sensoriales[50, 51, 52]. Esto se puede observar después de un estímulo auditivo. En esos experimentos, el estímulo auditivo consistió en tonos de una frecuencia modulada de 500 mseg, activado 100 mseg después del inicio del período de registro. Los estímulos se presentaron durante la vigilia (Fig. 2C), durante el sueño delta (Fig. 2D) y durante el sueño REM (Fig. 2E). De conformidad con los hallazgos previos[50, 51, 52], los estímulos auditivos —flecha— produjeron una oscilación a 40 Hz bien definida[52]. Sin embargo, ni en este individuo ni en ninguno de los otros seis sujetos en los que se realizó este experimento se observó el reinicio mencionado durante el sueño delta o durante el sueño REM, tal como aparece en el panel E de la figura 1.

De dichos registros se deduce que existe coherencia entre todos los registros, además de un cambio de fase de la oscilación a lo largo de los diferentes puntos de registro. Este nivel de coherencia también está presente durante las ráfagas espontáneas a 40 Hz, tales como las que se ven en la figura 1A. Estos hallazgos indican que aunque el estado de vigilia y el de ensueño son similares eléctricamente con respecto a la presencia de oscilaciones a 40 Hz, la diferencia central entre estos estados es la ausencia del reinicio de la onda de 40 Hz durante los ensueños. A lo largo del sueño delta, las oscilaciones a 40 Hz no aparecen espontáneamente ni se activan por el estímulo sensorial.

Estos hallazgos indican, por lo tanto, que durante la vigilia y el sueño REM hay una resonancia talamocortical a 40 Hz muy específica, que tiene propiedades generales similares y que no aparece durante el sueño delta. Más aún, aunque ambos estados pueden generar experiencias cognoscitivas, los registros indican de modo objetivo que los estímulos sensoriales que ocurren durante los ensueños no reinician la onda de 40 Hz ni son percibidos en la gran mayoría de los casos. Esto sustenta aún más una propuesta presentada recientemente[1] de que el estado de ensueños se caracteriza por una incrementada atención hacia el estado intrínseco, que impide que el estímulo sensorial module la acti-

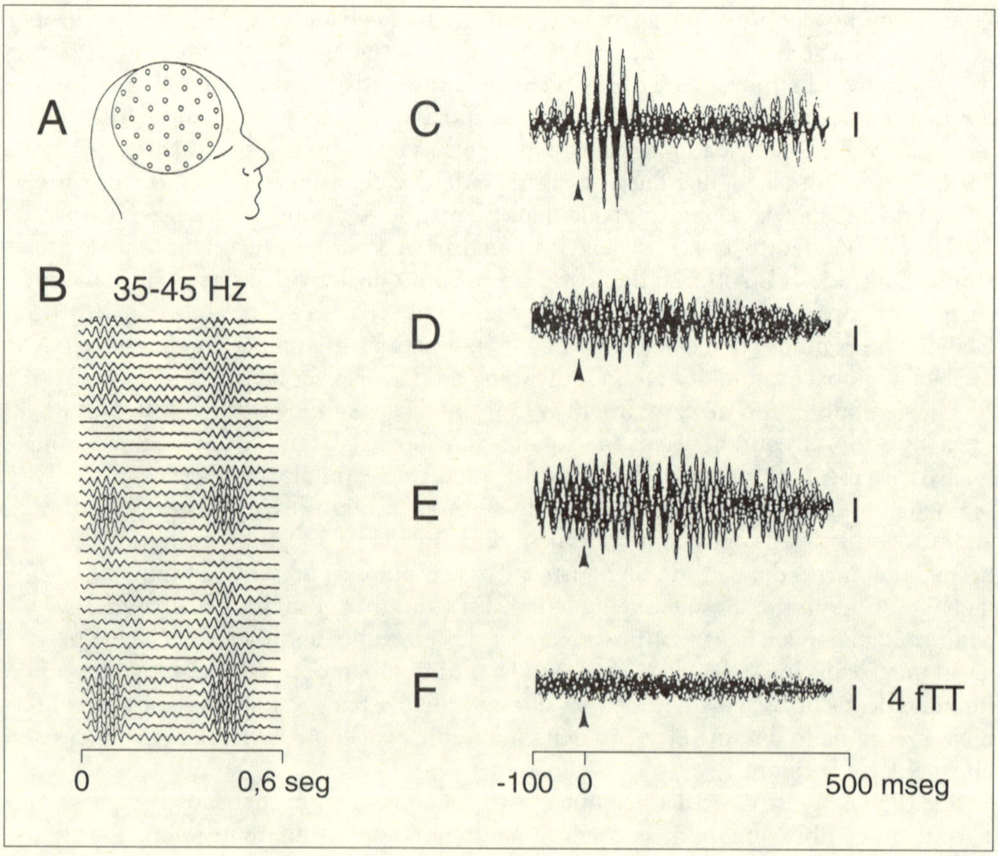

Figura 1. Oscilaciones espontáneas a 40 Hz y reinicio de la onda de 40 ciclos durante la vigilia, y su ausencia durante el sueño delta y durante el sueño REM. Los registros se hicieron con un magnetoencefalógrafo de 37 canales. A) Diagrama de la distribución de los sensores sobre la cabeza del paciente. En B) la actividad magnética espontánea registrada por los 37 canales está ilustrada inmediatamente debajo. Los registros están filtrados entre 35 y 45 Hz En C) las respuestas oscilatorias promediadas —300 estímulos— inmediatamente después de activación auditiva —flechas—. Durante la vigilia el estímulo está seguido por una respuesta de reinicio a 40 Hz En D) y E) el estímulo no produce el reinicio del ritmo, durante el sueño delta o durante los ensueños. F) Ruido de base del sistema en femtotesla. (Modificada de Llinás y Ribary, 1993).

vidad intrínseca. Es de esperar que en casos especiales —llanto del recién nacido— el sistema esté alertado continuamente a su posible presencia.

Un tercer grupo de experimentos se centró en el tema del cambio rostrocaudal de la fase de la actividad a 40 Hz durante el ensueño. La actividad espontánea a 40 Hz durante un período de 0.6 seg en el sueño REM (Figs. 2A y B) y una porción expandida de esta ráfaga en el panel B muestran el cambio de fase de 12 mseg por la oscilación

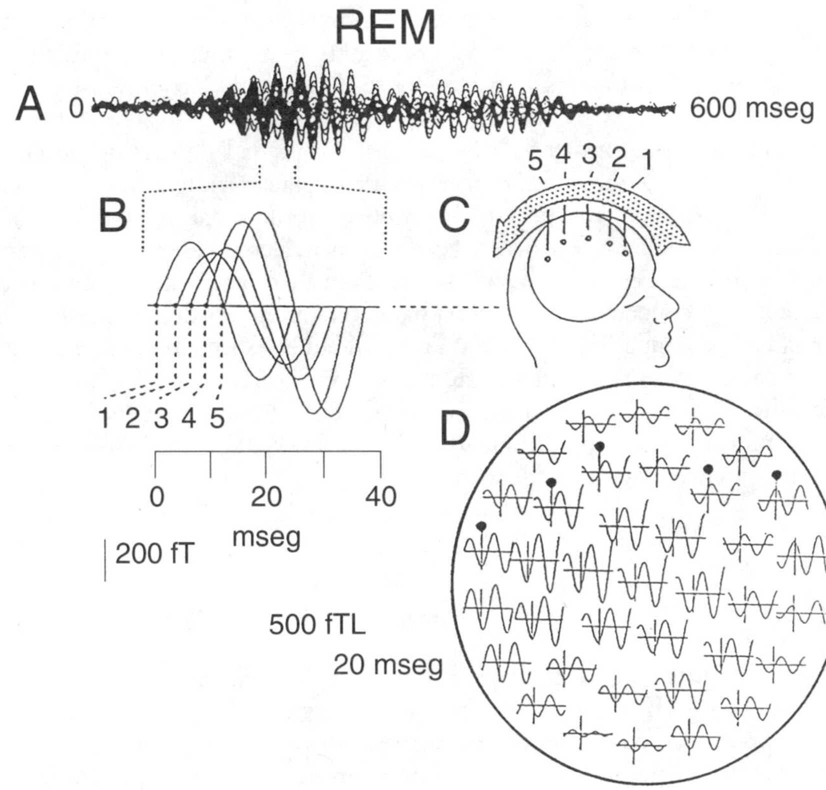

Figura 2. Barrido rostrocaudal de la oscilación de 40 Hz durante los ensueños utilizando el mismo sistema de registro ilustrado en la figura 1. A) Sincronización de la actividad oscilatoria en los 37 canales durante un período de 600 msegs. Las oscilaciones en la parte izquierda del panel A) están expandidas en B) para demostrar 5 ondas específicas y su cambio de fase sobre la cabeza. Los sitios de registro se muestran directamente en la figura C). La dirección del cambio de fase está indicada por la flecha que va de adelante atrás. Los registros actuales utilizados en la figura B) están marcados en la figura D), en donde se ilustran los registros en cada uno de los canales. (Modificada de Llinás y Ribary, 1993).

a 40 Hz de los registros tomados en los puntos 1 a 5, tal como se ilustra en el diagrama esquemático del panel C. Los sitios actuales de registro se ilustran para el período que aparece en A, en la figura D. En el mismo individuo en estado de vigilia también se observa tal cambio de fase similar de 12 mseg.

El hallazgo más significativo es el hecho de que durante los ensueños se observa una oscilación a 40 Hz similar en la fase de distribución y en amplitud a la que se observa durante el estado de vigilia. En los cinco individuos en los que se tomaron los registros, la velocidad general del barrido rostrocaudal —aproximadamente 12.5 milisegundos— corresponde a la mitad de un período de 40 Hz Este número es igual al calculado por Kristofferson[53] en sus estudios psicofísicos sobre el *quantum de cognición* en el sistema auditivo.

Con respecto a la base morfofisiológica de la propiedad de barrido descrita, una hipótesis posible es que el substrato responsable de esta activación ordenada sea el sistema talámico *no específico*, y en especial, el complejo intralaminar. Esta serie de núcleos representa una masa celular que proyecta las capas corticales más superficiales y en especial las cortezas sensoriales primarias y las cortezas asociativas[20]. Este grupo de células además tiene la interconectividad necesaria para generar el barrido que se observa en el cambio de fase de las ondas de 40 Hz Esta posibilidad es especialmente atractiva, dado que la lesión del sistema intralaminar resulta en letargo o en coma[55, 56] y que las propiedades electrofisiológicas de las neuronas, especialmente durante el sueño REM, tienen descargas en ráfaga con una periodicidad de 35-40 Hz[57], tal como se observa con los registros magnetoencefalográficos descritos aquí.

Enlace mediante conjunciones resonantes de los sistemas talámicos específicos y no específicos

Los resultados descritos en este trabajo, al igual que otros hallazgos recientes, indican que la oscilación a 40 Hz está presente en muchos niveles del sistema nervioso. Ciertamente dicha propiedad se encuentra en lugares tan periféricos como la retina[58] y el bulbo olfatorio[59] o centrales como en el tálamo —específico y no específico—[57], en el núcleo reticular talámico[60], y en el neopalio[42]. Más aún, se ha demostrado que algunas de las oscilaciones a 40 Hz registradas en la corteza visual están correlacionadas con las oscilaciones a 40 Hz de la retina[58]. Por lo tanto, esta oscilación no sólo incluye las interacciones corticales sino también las talamocorticales. En los diagramas de la figura 3 se indica tal posibilidad. La oscilación a 40 Hz de las neuronas talamocorticales específicas[45] puede establecer —como aparece en la figura 3 izquierda— resonancia talamocortical a través de su inervación de la capa IV cortical, la cual resuena con las interneuronas inhibitorias a ese nivel[42]. Dicha oscilación, que entra de nuevo al tálamo por vía de células piramidales[19] de la capa VI, estaría en condición de producir una resonancia rítmica con las células del núcleo reticular talámico y en los núcleos específicos[52].

Por otra parte, la inervación cortical de origen intralaminar a la capa I representa un segundo sistema (Fig. 3, derecha). Su proyección reentrante se hace directamente a través de las pirámides de la quinta y sexta capas al núcleo intralaminar e indirectamente por vías colaterales al núcleo reticular[20]. Se ha indicado, como se mencionó arriba, que estas células oscilan en ráfagas a 40 Hz y que están organizadas en el espacio como una masa toroidal que tiene la posibilidad de activación recursiva[61], lo que podría resultar en

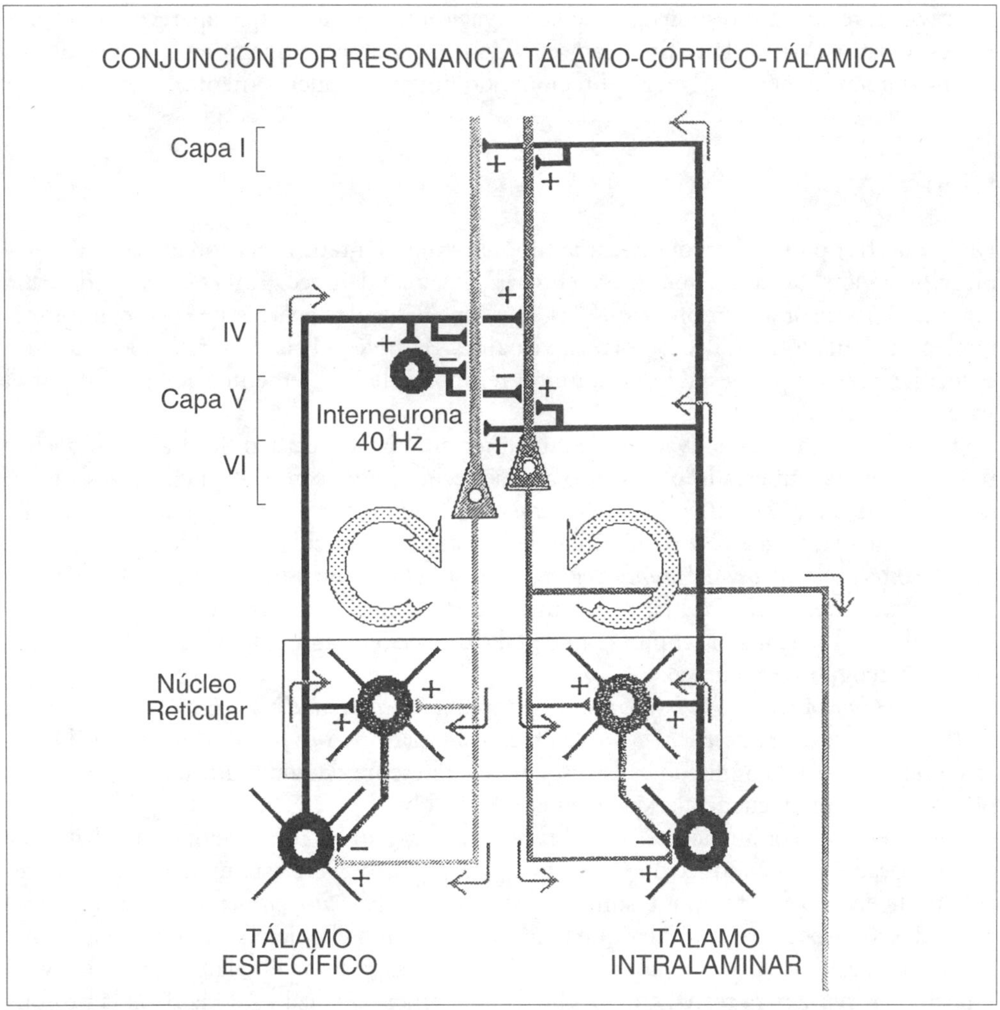

Figura 3. Circuito tálamo-cortical que se propone como la base funcional del mecanismo para la conjunción temporal. Dos sistemas talámicos están ilustrados. En la izquierda, el sistema específico sensorial proyecta a la lámina 4 de la corteza produciendo oscilaciones en las células piramidales mediante activación directa seguida de la prealimentación inhibitoria generada por interneuronas de la capa 4 que oscila a 40 Hz. Colaterales de estas vías talámicas producen una retroalimentación negativa a través del núcleo reticular. La vía de retorno ocurre por medio de las pirámides de la lámina 6, flecha circular de la izquierda que regresa al tálamo y reinicia el ciclo. A la derecha se muestra la segunda parte del circuito, donde las células del tálamo intralaminar terminan en la parte superficial de la corteza y dan colaterales al núcleo reticular. Los axones de las pirámides corticales recurren y reestimulan cíclicamente el tálamo intralaminar. La conjunción temporal del sistema específico y no específico sobre las células piramidales de la corteza a 40 Hz se propone como el mecanismo que genera la singularidad perceptual. (Modificada de Llinás y Ribary, 1993).

la actividad recurrente responsable de la activación rostrocaudal que aparece en los presentes registros MEG. Para finalizar, se evidencia claramente que ninguno de estos dos circuitos puede generar cognición funcionando de forma independiente.

Hipótesis general sobre el origen de la cognición

De lo anterior podemos proponer una hipótesis muy tentativa relacionada con la organización general de la función del cerebro. El sistema talamocortical *específico* codifica la *información* sensorial y motora que las vías especializadas acarrean —por ejemplo, el núcleo geniculado lateral y la corteza visual—. A su vez el sistema talamocortical no específico serviría para establecer la unión temporal de los elementos acarreados por el sistema específico.

Es decir, cuando la activación de cualquier circuito específico llega al *nivel óptimo* tiende a generar un estado oscilatorio a una frecuencia cercana a 40 Hz, tal activación *óptima* del sistema específico puede *detectarse* fácilmente por su característica oscilatoria. En tal esquema, las áreas corticales que demuestran tal actividad a 40 Hz *representarían los diferentes componentes del mundo cognoscitivo que han alcanzado, en esa fracción del tiempo, una actividad adecuada*. El problema entonces es el encontrar el mecanismo por medio del cual se realiza la conjunción de tal descripción fragmentada con el fin de crear un evento cognoscitivo único.

Esta conjunción se podría implementar integrando la actividad específica y la no específica a 40 Hz cuando estas dos se sobreponen en el tiempo y en el mismo grupo de neuronas. Desde este punto de vista, cognición es la resonancia coherente de una multitud de elementos neuronales a una frecuencia en la vecindad de 40 Hz.

El sistema de conjunción temporal funcionaría según las integraciones dendríticas y estaría basado en la conducción dendrítica pasiva y activa. De esta manera, la actividad coherente en el plano temporal sumaría, *basado en un algoritmo de detección de coincidencia*, todos los aspectos sensoriales que tendrían en común el objeto percibido —la naranja de que hablé hace poco—. Este sistema de interacción entre el tálamo específico y no específico serviría para realizar, de hecho, la coherencia cortical a 40 Hz dada la profunda diferencia que existe entre estos dos sistemas. Así pues, el sistema específico proporcionaría el *contenido*, sensorial y motor, y el sistema no específico ofrecería el *contexto interno* nacido del tronco encefálico y del cerebro afectivo. El sistema no específico realiza la conjunción temporal basada en las necesidades del cuerpo, en las pasiones, en los recuerdos y en la razón. Ese sistema no específico, que si se lesiona nos hace vegetales, representa la base de lo que llamamos la atención.

¿Y dónde nace la experiencia? Como los ríos, de la confluencia de muchos tributarios, pero ante todo de la lluvia, que, como la reentrada córtico-tálamo-cortical, devuelve a las vertientes las gotas de agua que se perdieron en el pasado. El sistema es cíclico —una vez activado—, y como el corazón, su actividad dura tanto como la vida misma. Pero durante ella no tiene principio o fin, tan sólo las modulaciones que reflejan las vicisitudes de nuestra existencia.

---

[1] R. R. LLINÁS y D. PARÉ, "Of dreaming and wakefulness", en *Neuroscience*, 44, (pp. 521-535), 1991.

[2] A. RECHTSCHAFFEN, P. HAURI y M. ZEITLIN, "Auditory awakening thresholds in REM and NREM sleep stages", en *Percept. Mot. Skills*, 22, (pp. 927-942), 1966.

[3] H. L. WILLIAMS et al., "Responses to auditory stimulation, sleep loss and the EEG stages of sleep", en *Electroenceph Clin. Neurophysiol*, 16, (pp. 269-279), 1964.

[4] A. R. MOLLER y J. BURGESS, "Neural generators of the brain stem auditory-evoked potentials (BAEPs) in the rhesus monkey", en *Electroenceph. Clin. Neurophysiol*, 65, (pp. 361-372), 1986.

[5] K. B. CAMPBELL y E. A. BARTOLI, "Human auditory evoked potentials during natural sleep: the early components", en *Electroenceph. Clin. Neurophysiol*, 65, (pp. 142-149), 1986.

[6] M. H. GIARD et al., "Several attention-related waveforms in auditory areas: a topographic study", en *Electroenceph. Clin. Neurophysiol*, 69, (pp. 371-384), 1988.

[7] T. W. PICTON y S. A. HILLYARD, "Human AEPs. Effect of attention", en *Electroenceph. Clin. Neurophysiol*, 36, (pp. 191-199), 1974.

[8] B. M. CHEN y J. S. BUCHWALD, "Midlatency auditory evoked responses: differential effects of sleep in the cat", en *Electroenceph. Clin. Neurophysiol*, 65, (pp. 373-382), 1986.

[9] M. P. DEIBER et al., "Changes of middle latency auditory evoked potentials during natural sleep in humans", en *Neurology*, 39, (pp. 806-813), 1989.

[10] M. I. MENDEL y R. GOLDSTEIN, "Early components of the averaged electroencephalographic response to constant-level clicks during all-night sleep", en *J. Speech Hear. Res*, 14, (pp. 829-840), 1971.

[11] M. I. MENDEL y G. L. KUPERMAN, "Early components of the averaged electroencephalographic response to constant level clicks during rapid eye movements sleep", en *Audiology*, 13, (pp. 23-32), 1974.

[12] T. YAMADA et al., "Changes of short-latency somatosensory evoked potential in sleep", en *Electroenceph. Clin. Neurophysiol*, 70, (pp. 126-136), 1988.

[13] M. JOUVET y F. MICHEL, "Corrélations électromyographiques du sommeil chez le chat décortiqué et mésendcéphalique chronique", en *C.R. Soc. Biol., Paris*, 153, (pp. 422-425), 1959.

[14] W. R. GOFF et al., "Cerebral somatosensory responses evoked during sleep in man", en *Electroenceph. Clin. Neurophysiol*, 21, (pp. 1-9), 1966.

[15] F. VELASCO et al., "Wakefulness sleep modulation of cortical and subcortical somatic evoked potentials in man", en *Electroencepahlogr. Clin. Neurophysiol*, 48, (pp. 64-72), 1980.

[16] O. SACKS, "Neurological dreams", en *Medical Doctor*, 35, (pp. 29-32), 1991.

[17] M. MESULAM. Personal communication.

[18] A. DAMASIO. Personal communication.

[19] M. STERIADE, E. G. JONES y R. LLINÁS, *Thalamic oscillations and signalling*, John Wiley & Sons, New York, 1990.

[20] E. G. JONES, *The Thalamus*, Plenum Press, New York, 1985.

[21] S. LE VAY y C. D. GILBERT, "Laminar patterns of geniculocortical projection in the cat", en *Brain Res*, 113, (pp. 1-19), 1976.

[22] E. L. WHITE, "Identified neurons in mouse Sm1 cortex which are postsynaptic to thalamocortical axon terminals: a combined Golgi-electronmicroscopic and degeneration study", en *J. Comp. Neurol,* 181, (pp. 627-662), 1978.

[23] E. L. WHITE y S. M. HERSCH, "A quantitative study of thalamocortical and other synapses involving the apical dendrites of corticothalamic projection cells in mouse Sm1 cortex", en *J. Neurocytol,* 11, (pp. 137-157), 1982.

[24] E. L. WHITE y S. M. HERSCH, "Thalamocortical synapses of pyramidal cells which project Sm1 to Ms1 cortex in the mouse", en *J. Comp. Neurol,* 198, (pp. 167-181), 1981.

[25] E. G. JONES, "Laminar distribution of cortical efferent cells", en *Cerebral cortex: cellular components of the cerebral cortex,* (Eds. Peters, A. and Jones, E.G.), (pp. 521-552), Plenum Press, New York, 1984.

[26] J. R. WILSON, M. J. FRIEDLANDER y S. M. SHERMAN, "Ultrastructural morphology of identified X- and Y-cells in the cat's lateral geniculate nucleus", en *Proc. R. Soc,* B221, (pp.411-436), 1984.

[27] W. JAMES, *The principles of psychology,* Henry Holt & Co., London, 1890.

[28] R. R. LLINÁS, "The intrinsic electrophysiological properties of mammalian neurons: insights into central nervous system function", *Science,* 242, (1.654-1.664), 1988.

[29] W. SINGER et al., "Formation of cortical cell assemblies", en *Cold Spring Harbor Symposia on Quant. Biol,* 55, (pp. 939-952), 1990.

[30] G. M. EDELMAN, *Neuronal darwinism: the theory of neuronal group selection,* Basic Books, New York, 1987.

[31] R. LLORENTE DE NÓ, "Studies on the structure of the cerebral cortex", en *J. F. Psychol. und Neurol,* 45, (pp. 381-438), 1932.

[32] S. R. CAJAL, *Etude sur la neurogénese de quelques vertébrés,* Thomas, Springfield, 1929.

[33] W. A. HARRIS, "Neurogenetics", en *Encyclopedia of neuroscience,* (ed. Adelman, G.), (pp. 791-793), Birkhäuser, Basel, 1987.

[34] W. PENFIELD y T. RASMUSSEN, *The cerebral cortex of man,* MacMillan, New York, 1950.

[35] V. B. MOUNTCASTLE y E. HENNEMANN, "Pattern of tactile representation in thalamus of cat", en *J. Neurophysiol,* 12, (pp. 85-100), 1949.

[36] V. B. MOUNTCASTLE y E. HENNEMANN, "The representation of tactile sensibility in the thalamus of the monkey", en *J. Comp. Neurol.,* 97, (pp. 409-440), 1952.

[37] A. PELLIONISZ y R. R. LLINÁS, "Space-time representation in the brain. The cerebellum as a predictive space-time metric tensor", en *Neuroscience,* 7, (pp. 2.949-2.970), 1982.

[38] R. ECKHORN et al., "Coherent oscillations: a mechanism of feature linking in the visual cortex?", en *Biol. Cybern.,* 60, (pp. 121-130), 1988.

[39] C. M. GRAY et al., "Oscillatory responses in cat visual cortex exhibit inter-columnar synchronization which reflects global stimulus properties", *Nature,* 338, (pp. 334-337), 1989.

[40] C. M. GRAY y W. SINGER, "Stimulus-specific neuronal oscillations in orientation columns of cat visual cortex" Proc. *Natl. Acad. Sci. USA,* 86, (pp. 1.698-1.702), 1989.

[41] R. R. LLINÁS y U. RIBARY, "Rostrocaudal scan inhuman brain: a global characteristic of the 40-Hz response during sensory input", en *Induced Rhythms in the Brain* (eds. Basar, E. and Bullock, T.), Birkhäuser, (pp. 147-154), Boston, 1992.

[42] R. R. LLINÁS, A. A. GRACE e Y. YAROM, "*In vitro* neurons in mammalian cortical layer 4 exhibit intrinsic activity in the 10 to 50 Hz frequency range", en *Proc. Natl. Acad. Sci. USA,* 88, (pp. 897-901), 1991.

[43] R. R. LLINÁS, "Intrinsic electrical properties of mammalian neurons and CNS function", en *Fidia Research Foundation Neuroscience Award Lectures,* (pp. 175-194), Raven Press, New York, 1990.

[44] M. STERIADE, A. PARENT y J. HADA, "Thalamic projections of nucleus reticularis thalami of cat: A study using retrograde transport of horseradish peroxidase and double fluorescent tracers", en *J. Comp. Neurol.*, 229, (pp. 531-547), 1984.

[45] M. STERIADE et al., "Fast oscillations (20-40 Hz) in thalamocortical systems and their potentiation by mesopontine cholinergic nuclei in the cat", en *Proc. Natl. Acad. Sci. USA*, 88, (pp, 4.396-4.400), 1991.

[46] M. DESCHÊNES, A. MADARIAGA-DOMICH y M. STERIADE, "Dendrodendritic synapses in the cat reticularis thalami nucleus: A structural basis for thalamic spindle synchronization", en *Brain Res*, 334, (pp. 165-168), 1985.

[47] C. T. YEN et al., "The morphology of physiologically identified Gabaergic neurons in the somatic sensory part of the thalamic reticular nucleus in the cat", en *J. Neurosci*, 5, (2.254-2.268), 1985.

[48] R. R. LLINÁS "*Mindness* as a functional state of the brain", en *Mind Waves* (eds. Blakemore, C. and Greenfield, S.A.), (pp. 339-358), Basil Blackwell, Oxford, 1988.

[49] R. LANDE, "Quantitative genetic analysis of multivariate evolution, applied to brain-body size allometry", en *Evolution*, 33, (pp. 400-416), 1979.

[50] R. LLINÁS y U. RIBARY, "Coherent 40-Hz oscillation characterizes dream state in humans", en *PNAS USA*, 90, (pp. 2.078-2.081), 1993.

[51] R. GALAMBOS, S. MAKEIG y P. J. TALMACHOFF, "A 40-Hz auditory potential recorded from the human scalp", en *Proc. Natl. Acad. Sci. USA,* 78, (pp. 2.643-2.647), 1981.

[52] C. PANTEV et al., "Human auditory evoked gamma-band magnetic fields", en *Proc. Natl. Acad. Sci. USA*, 88, (pp. 8.996-9.000), 1991.

[53] A. B. KRISTOFFERSON, "Quantal and deterministic timing in human duration discrimination", en *Ann. N.Y. Acad. Sci.*, 423, (pp. 3-15), 1984.

[54] M. STERIADE, *Cerebral Cortex* (eds. Peters, A. and Jones, E.G.) 9, (pp. 279-357), Plenum, New York, 1991.

[55] E. FACON, M. STERIADE y N. WERTHEIM, "Hypersomnie prolongée engendrée par des lésions bilatérales due systèm activateur médial le syndrome thrombotique de la biffurcation du tronc basilaire", en *Rev. Neurol.*, 98, (pp. 117-133), 1958

[56] P. CASTAIGNE, "Ramollissement pédonculaire médian, tegmento-thalamique avec ophtalmoplégie et hupersomnie", en *Rev. Neurol.*, 106, (pp. 357-367), 1962.

[57] M. STERIADE, R. CURRÓ DOSSI y F. CONTRERAS, *Neuroscience*, in press, 1993.

[58] G. M. GHOSE y R. D. FREEMAN, "Oscillatory discharge in the visual system: Does it have a functional role?", en *J. Neurophysiol*, 68, (pp. 1.558-1.574), 1992.

[59] S. L. BRESSLER y W. J. FREEMAN, "Frequency analysis of olfacotry system EEG in cat, rabbit and rat", en *Electroencephalogr. Clin. Neurophysiol*, 50, (pp. 19-24), 1980.

[60] D. PINAULT y M. DESCHENES, "Voltage-dependent 40-Hz oscillations in rat reticular thalamic neurons *in vivo*", *Neuroscience*, 51, (pp. 245-258), 1992.

[61] F. CRICK y C. KOCH, "Some reflections on visual awareness", en *Cold Spring Harbor Symp. Quant. Biol.*, 55, (pp. 953-962), 1990.

"La danza de la vida", ►
por Edvard Munch
(Galería Nacional, Oslo)

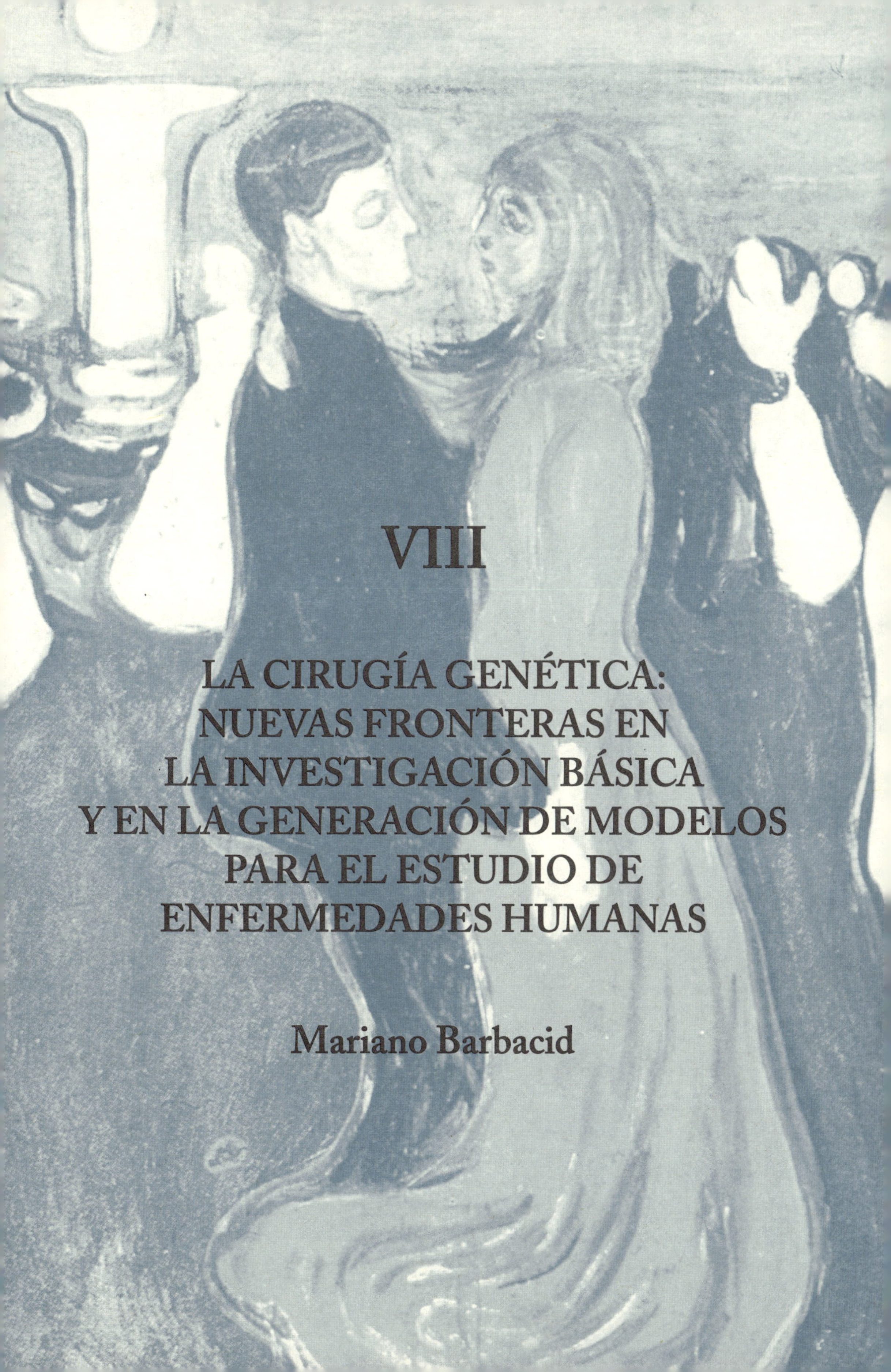

VIII

LA CIRUGÍA GENÉTICA: NUEVAS FRONTERAS EN LA INVESTIGACIÓN BÁSICA Y EN LA GENERACIÓN DE MODELOS PARA EL ESTUDIO DE ENFERMEDADES HUMANAS

Mariano Barbacid

LA CIRUGÍA GENÉTICA: NUEVAS FRONTERAS EN LA INVESTIGACIÓN BÁSICA Y EN LA GENERACIÓN DE MODELOS PARA EL ESTUDIO DE ENFERMEDADES HUMANAS

MARIANO BARBACID
Departamento de Oncología
Laboratorio Bristol Myers Squibb, Princenton, EE UU

En primer lugar, vamos a definir la cirugía genética. Es la mejor traducción que he encontrado para el concepto que en inglés se denomina *Gen tagety*. Creo que es cirugía porque se puede cortar, es posible insertar cualquier segmento del DNA en las células embrionarias de ratón. Es decir, podemos crear una estirpe de ratón. Esto, en teoría por supuesto, es factible en cualquier animal, pero evidentemente, de forma experimental, por razones de espacio, de tiempo, etcétera, sólo se ha realizado por el momento en ratones. Se puede introducir cualquier cambio genético que uno quiera dentro del genoma del ratón. Es decir, es una tecnología que nos va a permitir la generación de nuevas estirpes de ratón que llevan *designer jeans* —los pantalones vaqueros de *designer*— en cualquier gen o grupo de genes.

Esta tecnología está revolucionando la forma en que estudiamos la función de los genes en los mamíferos, en nosotros. ¿Por qué? Porque ahora podemos estudiar estos genes en vivo, en animales. El otro día leía un artículo que escribía Sidney Brener —uno de los científicos más prestigiosos de la actualidad—, donde se lamentaba, curiosamente se lamentaba, de que hoy día ya no se discute mucho sobre la aplicabilidad, o mejor dicho la validez, de los descubrimientos en un determinado sistema celular *in vitro*. Recuerdo que éste era uno de los temas de conversación más habitual cuando estaba haciendo la tesis doctoral. Es decir, si uno utilizaba una línea celular o un sistema acelular; por ejemplo, de síntesis de proteínas, tipo de trabajo que hacía en el laboratorio del doctor David Vázquez. Siempre nos preguntábamos si los resultados que estábamos encontrando allí realmente representaban lo que estaba pasando en la naturaleza.

Cuando se usa una línea celular y se estudian sus propiedades, y si han tenido contacto con la investigación en forma directa, siempre se pregunta uno, ¿lo que veo en esta línea celular realmente representa lo que está sucediendo en la naturaleza? Este tipo de preguntas que nos hacíamos y de las cuales se lamentaba Sidney Brener, aunque, ya digo, no estaba muy de acuerdo con él en esa lamentación, ya es cosa del pasado cuando se utilizan ratones. Porque aquí la experimentación se hace directamente con un animal. Y si bien aún debemos tener en cuenta que los ratones no son seres humanos, ni los seres humanos somos ratones, es evidente que ya estamos tratando no sólo de un sistema *in vivo* animal, sino además de un mamífero que a nivel del genoma es más de un 95 por ciento homólogo al ser humano. Además, y quizás éste sea el valor que yo le veo más importante, al diseñar cualquier mutación en un ratón, en una estirpe de ratón, podemos hacer sistemas modelo para las enfermedades humanas. Ese sistema modelo, independientemente de las propiedades o de los resultados que obtengamos en el ratón, va a estar causado por la misma mutación que ocurre en un ser humano. Por ejemplo, poniendo el caso que ha mencionado el profesor Segovia de Arana del gen BRCA 1, BRACA 1, como lo llamamos normalmente en el laboratorio, que es un gen que determina una predisposición al cáncer de mama y que hoy día, si bien se puede diagnosticar —como decía muy bien él—, desgraciadamente no podemos hacer nada por estas personas que lo llevan, porque no sabemos cómo funciona el gen y no tenemos ningún fármaco que pueda inhibir su actividad maligna. Lo que sí podemos hacer es introducir exactamente la misma mutación que lleva una persona que ha nacido con una mutación en este gen en un ratón y estudiar cuáles son las propiedades tumorales que ocurren en ese animal, o incluso el día que haya un fármaco para curar este tumor causado por una mutación en el gen BRACA 1 podremos ensayarlo en el ratón, por supuesto antes de que tengamos que hacer ensayos clínicos.

Es decir, que hoy día es posible hacer exactamente las mismas mutaciones que ocurren en nuestras enfermedades y ponerlas en un ratón. Y ahí es donde yo creo que tiene la mayor validez.

¿Qué es lo que ha hecho posible esto? La tecnología es lo que realmente hace avanzar la ciencia. Digo esto, aunque quizás a algún purista no le parezca bien, porque se da por hecho, o doy por hecho, que los científicos tenemos las ideas. Lo que pasa es que la mayor parte de las veces que tenemos las ideas, no podemos hacer los experimentos necesarios para ver si son correctas o no, simplemente porque no tenemos la tecnología. Imagínense lo que se ha avanzado hoy día, volviendo otra vez al ejemplo del gen BRACA 1, que si no pudiéramos secuenciar, no podríamos hacer este tipo de análisis. Entonces no se trata ya de tener una idea, que puede ser el concepto de la existencia de los genes supresores de tumores, además necesitamos una tecnología que nos permita ensayar dicha idea.

Las dos tecnologías que han hecho posible la generación de los ratones transgénicos con mutaciones de diseño son, primero, el establecimiento de las líneas celulares embrionarias totipotentes. Es decir, líneas celulares que si bien se transmiten como tales en el laboratorio, si se insertan de nuevo en un ratón, en un blastocito de ratón, y en una madre seudopreñada ANA, aparece el ratón completo. Estas células, aunque se mantienen en cultivo, retienen la capacidad de generar un ratón cuando se ponen en el entorno adecuado. Esto hace que evidentemente tengamos el material donde manipular el genoma, es decir, el genoma no lo podemos manipular directamente en el ratón, tenemos que hacerlo en una línea celular. Pero es una línea celular que, como decía hace un momento, cuando se vuelve a poner en condiciones adecuadas es capaz de regenerar un ratón, y aquí la dificultad es mantener esa totipotencialidad, porque en el momento que se pierda tenemos una quimera: sale medio ratón pero no el ratón completo.

Y la otra tecnología realmente no es nueva, pero se ha mejorado hasta llegar a unos niveles aceptables de funcionamiento, que es la transfección de estas células, lo que ha llevado a esa posible recombinación homóloga en células de mamífero, ahora lo veremos con más detalle.

Así pues, hoy día existen cuatro tipos de manipulación dentro del genoma de un ratón, de un mamífero en general. Ya digo que hoy estoy hablando del ratón, pero se puede hacer con cualquier animal, puesto que todos ustedes han leído informaciones sobre la clonación de ovejas. Simplemente un ratón tarda 21 días en nacer, las ovejas tardan muchísimo más, y los primeros pueden estar cinco en una cajita, mientras que cinco ovejas ocupan más espacio. Pero esto en realidad se puede hacer con cualquier mamífero.

Hay cuatro categorías: lo que llamamos los *knock outs*, es decir, aquí se elimina un gen de un ratón. Un *knock out* —aquellos que sean aficionados al boxeo saben lo que es un *knock out*, cuando al boxeador lo eliminan de un golpe— lo que hace es destruir un gen. Un *knock in* resulta cuando se introduce una mutación precisa de un gen y éste no solamente no se elimina, sino que además adquiere una propiedad nueva como corresponde a un gen mutado. Tanto el *knock out* como el *knock in* tienen lugar en todas las células del animal, puesto que la mutación se introduce en la línea germinal. Ahora bien, una variedad es que esta mutación ocurra solamente en ciertos tejidos, y esto luego verán por qué es muy útil. Y por último, lo más útil, y no se lo voy a adelantar ahora, ya lo verán luego, es hacer los *knock outs* de forma inducible. Así que hay cuatro clases principales de experimentación para introducir estos animales.

Ya lo he definido, pero lo explicaré otra vez, se denomina ratón *knock out* a aquél en el cual un gen se ha destruido, y la función de este gen se deduce basándola en los defectos que aparecen en los animales mutantes que carecen de este gen en particular. Por ejemplo, volviendo otra vez al caso de un gen supresor de tumor, si lo eliminamos y vemos que aparecen tumores, ya sabemos cuál es su función: la de prevenir la aparición de los mismos. Si eliminamos un gen y, por ejemplo, el animal es infértil, no puede tener descendencia, sabemos que ese gen es necesario para, por ejemplo, la producción de espermatozoides en un animal macho. Es decir, que se asocia, al ver el defecto se puede deducir cuál es la función del gen.

Ahora voy a explicar la parte técnica. Creo que es importante, porque sin ello, aun sin entrar en detalles, es mucho más difícil el exponer cómo se hace esto.

En primer lugar, se aísla un gen por técnicas de clonación molecular que ya están al alcance de cualquiera, y este gen se muta, se cambia, se destruye, porque estamos hablando de *knock out*, se elimina en el laboratorio simplemente por técnicas de recombinación de DNA, que también están al alcance de todo el mundo. Y lo que sí se hace en esta destrucción del gen es introducir dos marcadores. Un marcador es un gen bacteriano que da resistencia a un antibiótico —luego veremos por qué—, y después se introduce el gen de la *timidina quinasa,* que nos va a ayudar a seleccionar.

¿Por qué tenemos que introducir dos genes de selección? Bien, porque desgraciadamente en las células de mamífero —en este caso ratón—, la recombinación homóloga, el intercambio de las secuencias de un gen por las secuencias de ese mismo gen pero mutadas, es decir, entre el gen que está dentro del genoma y el que nosotros introducimos, tiene que haber un intercambio, el gen normal sale y se mete el gen mutado. Eso es la recombinación homóloga. Y este proceso, si bien en bacterias sin levaduras ocurre con una frecuencia tremenda y es lo que hizo que la investigación avanzara tan rápido en bacterias y en levaduras en los años cincuenta y sesenta, en células de mamífero prácticamente no ha sido posible hacerlo. De hecho, el primer experimento de recombinación homóloga se hizo a finales de los años ochenta, y no me extrañaría nada que dentro de unos pocos años el premio Nobel sea dado a los pioneros en hacer este tipo de experimentos.

Entonces simplemente se mezcla el DNA con las células embrionarias, se le da una corriente eléctrica para que entre el DNA y se ponen en cultivo y se seleccionan. Vamos a ver cómo tiene lugar esa selección:

Hay básicamente tres tipos de células después de este proceso de transfección. Unas que no han cogido el DNA que se les ha añadido, ésas son la mayoría. Éstas, donde no se ha integrado el DNA, van a morir, porque a este cultivo lo vamos a poner con un antibiótico que mata a las células normales, a todas las células excepto aquellas que hayan incorporado este gen. Por eso utilizamos este gen, ya que confiere resistencia a este antibiótico. Entonces estas células que no han integrado DNA, que son la mayoría, se nos van a morir. Otras van a integrar el DNA, pero en cualquier sitio, es decir, no va a haber recombinación homóloga.

Recordad, la recombinación homóloga es el intercambio entre el gen residente, el que está en la célula, y el gen mutado que le introducimos nosotros. Entonces, si esto se integra en cualquier sitio, el gen que da resistencia a la neomicina va a estar, es decir, la célula va a sobrevivir, y nosotros no queremos esas células, pero resulta que para eso hemos metido el gen de la timidinquinasa, que es un gen suicida que en presencia de *ganscyclobir* mata a la célula. Entonces tenemos una selección positiva, la resistencia a la neomicina, y una selección negativa, el hecho de que mueran en presencia de este otro compuesto que se llama *ganscyclobir*. Luego estas células tampoco sobrevivirán, sólo lo harán aquellas que incorporen el gen que produce resistencia a la neomicina y pierdan el que produce la timidinquinasa. Y eso sólo puede ocurrir cuando haya una recombinación homóloga, como se indica aquí.

Es decir, éste sería el genoma de la célula del ratón, y aquí hay una recombinación donde estas secuencias entran y salen. Sólo en esta circunstancia se da el hecho de recombinación homóloga, y ocurre que se queda el gen que da resistencia a la neomicina y se elimina el que produce sensibilidad al *ganscyclobir*, es decir, el proceso que tarda unos 10 o 12 días en seleccionar el cultivo y al final nos quedamos solamente con aquellos clones en que ha tenido lugar la recombinación homóloga.

Luego estos clones se analizan, por supuesto, a nivel molecular, para asegurarnos que ha pasado lo que tiene que pasar. En la mayor parte de las veces ocurre, puede variar la eficiencia desde un 1 por ciento hasta un 10 por ciento, un 0,1 por ciento a un 10 por ciento, pero ya entra en lo manejable dentro del laboratorio. Así pues, estas células, las que han tenido recombinación homóloga, se inyectan, o simplemente se agregan, en un blastocito que viene de un ratón de color negro. Quien estableció por primera vez las células embrionarias tuvo la idea de obtenerlas de un ratón de color abuti (marrón). Vemos, pues, la contribución de las células embrionarias que se han transfectado por la aparición de color marrón. Evidentemente, como aquí se inyectan en un blastocito que ya existe, vamos a generar una quimera, es decir, un ratón mezclado donde algunas de sus células y de sus órganos van a venir del ratón madre y otras de las células embrionarias que hemos manipulado en el laboratorio. Cuanto más componente venga de estas células, más color marrón; cuanto menos componente, más color negro. Y, en general, cuanto más color marrón tiene esta quimera, más probabilidades hay de que se hayan colonizado las células germinales.

Porque el color, en realidad, es simplemente un marcador. A nosotros no nos interesa la piel del animal, esto sólo nos dice cuál ha sido el porcentaje de contribución de estas células y cuál el de contribución de estas otras. Cuanto más sea el porcentaje de contribución de estas células, mayor probabilidad hay de que las células germinales de este ratón contengan la mutación y la transmitan a su descendencia. Y ése es el paso final que todos estamos esperando que ocurra, porque es cuando realmente el experimento ha tenido lugar, cuando se ha introducido la mutación ya en una estirpe nueva de ratón.

Entonces lo que se hace es cruzar la quimera con un ratón normal y se espera la aparición de color marrón. Y aquí ya no hay más quimeras, sino que sale el ratón o no. Si es negro quiere decir que las células germinales de este ratón provienen del ratón del cual se han obtenido los blastocitos, si aparecen todas marrones indican que las células terminales de este ratón fueron contribuidas por las que hemos manipulado en el laboratorio. Pueden, por tanto, pasar dos cosas: que el alelo mutado se haya transmitido o no, pero esto ya es una cuestión de números. Normalmente el 50 por ciento tiene la mutación. Entonces se selecciona el que tiene la mutación —esto ya es un heterocigoto—, se cruza con otro normal o, si tuviéramos dos de estos, se cruzan entre ellos, y ya son las leyes de Mendel.

El trabajo del investigador ya ha terminado en su primera parte. Es el momento de caracterizar los animales, ya simplemente lo hacen ellos por sus cruces. Se siguen las leyes de Mendel, y en cuanto se tienen dos heterocigotos que se cruzan, el 25 por ciento —como recordarán de Bachillerato— son homocigotos, es decir, este ratón ya tiene la mutación en sus dos copias, la del padre y la de la madre, no tiene el gen normal, sólo el gen mutado.

El animal se representa como más pequeñito y con un tumor para indicar que ya no es normal. Y, por supuesto, la colonia se mantiene cruzando los ratones portadores, que en su mayoría suelen ser normales, porque en general en casi todos, y hay algunas excepciones, no se produce ningún efecto fenotípico cuando se tiene una copia sólo de gen normal. Parece ser que con la mitad de nuestros genes podemos vivir bien.

Esto es, en líneas muy generales, la tecnología de los *knock outs.* Se trata de una tecnología que nosotros pusimos a punto en el laboratorio en el año 1992. Nuestro primer *knock out* salió al año siguiente, así como el primer trabajo sobre un *knock out*, y tres años y medio más tarde éstos son todos los *knock outs* que hemos generado en el laboratorio. Los he dividido en tres ramas, que son las líneas generales que hacemos en el laboratorio.

En el año 1987 descubrimos un oncogén que ha resultado ser un traductor de señales de células linfoides. Hay una abundancia de genes del sistema nervioso. Y también más recientemente hemos empezado a hacer animales *knock outs*, de genes que controlan el ciclo celular y que, como ha mencionado el profesor Segovia Arana, están implicados por supuesto en el desarrollo de tumores. Porque, como todos saben, al fin y al cabo la gran diferencia entre una célula tumoral y una normal es que la segunda para de crecer cuando tiene que parar y la tumoral no para. Ésta es un área muy interesante, y hemos empezado a generar este tipo de animales mutados en el ciclo celular, y de algunos de ellos todavía no tenemos resultados. Estamos en proceso de generación.

Lo que voy a darles ahora es un breve ejemplo. Vamos a ver el valor que tienen estos animales para saber cuál es la función de un determinado gen y, como decía antes, poder servir de sistema modelo para estudiar enfermedades humanas.

Para ello trataremos dos *knock outs* de la familia de los receptores TRAC, que son receptores de neurotrofinas. Éstas son unas moléculas responsables del mantenimiento de nuestras neuronas y que, curiosamente, descubrimos como oncogenes. Es decir, nosotros no trabajábamos en el sistema nervioso y fue una de esas casualidades que ocurren en la ciencia. Estos genes cuando se mutan pueden causar cáncer. Cuando se expresan fuera de las neuronas por una aberración genética causan cáncer.

Y ésa fue la forma en que los descubrimos. Primero, a un miembro de la familia TRAC lo aisló el doctor Dionisio Martín Zanca, en la Universidad de Salamanca, en el año 1986. Y luego fueron él y otros colaboradores quienes vimos que la función de estos protooncogenes es servir de receptores de las neurotrofinas.

Esto lo sabemos ahora, pero evidentemente no lo sabíamos entonces. Y la forma en que lo descubrimos fue mediante la generación, puesto que eran defectivos en estos receptores. Generamos tres estirpes de ratones, y les voy a mencionar muy brevemente la estirpe de ratón que no tiene el receptor del factor de crecimiento nervioso, que llamamos TRAC o TRAC A y la del receptor TRAC B, que es un miembro de la misma familia que sirve de receptor para la llamada neurotrofina 3.

No se sabía cuál era la función en el año 1991. Lo primero que vimos es que estos animales se morían. Es decir, estos genes no eran fundamentales para el desarrollo embrionario. Pero después de nacer, aproximadamente en un mes de edad, prácticamente todos los animales morían. Y ahora vamos a ver por qué.

Todos estos animales tenían un defecto sensorial, pero distinto según el receptor que hubiéramos mutado. Así pues, si mutábamos el receptor TRAC A, que es el receptor para el factor de crecimiento nervioso NGF, veíamos que no tenían nocicepción, es decir, no tenían actividad sensorial para notar el dolor o la temperatura. Estos animales no sienten ni dolor ni temperatura. Se les puede poner en una plancha caliente y hay que quitarlos, por supuesto, porque si no se queman.

Otros, los que no tienen receptor TRAC B, presentan un problema: no tragan, y de hecho se mueren nada más nacer, además los que tragan un poco y sobreviven tienen el equilibrio deficiente por un problema en el oído, en la región coclear y en la región vestibular. Así, cuando caen no se pueden poner de pie porque tienen el equilibrio perdido.

Y quizás el más curioso para mí, porque yo ni siquiera conocía esta actividad sensorial antes de hacer estos ratones, es la *proprriocepción*, que es la actividad sensorial que nos dice dónde tenemos las extremidades en el espacio. Si quieren hacer una prueba, estiren sin mirarlo uno de los brazos; aunque no lo estén viendo, saben que lo tienen extendido, esa es la *propiocepción*. Es un sentido que yo no conocía hasta que nos encontramos estos animales y unos colaboradores, la doctora Silo Santiago y el doctor Bill Snaider, cuando vieron los ratones dijeron que se debía a que no tienen *proprriocepción*. Porque ellos son neurobiólogos y, evidentemente, conocían el caso.

Volvamos ahora a los ratones TRAC A, que no tienen dolor. Se les hicieron unos análisis sensoriales y vimos que no tenían defectos, excepto cuando les pinchábamos, que no notaban nada, bien fuera en el pie o en la cola, o cuando los poníamos en una placa a 60º. Tampoco reaccionaban con un olor molesto; entonces pensamos que no tenían olfato, pero luego nuestros colegas neurobiólogos nos aclararon que sí olían, lo que pasa es que como no les molestaba porque no sentían dolor, simplemente no reaccionaban, pero que lo más probable es que sí olieran. Evidentemente, es difícil preguntarle a un ratón si huele o no, a no ser que sienta rechazo, y como no lo hacían, pensamos que era el olor al principio; luego, estos animales, por ejemplo, para la actividad sexual, que en los ratones depende muchísimo del olor, no tienen ningún problema. Así que opinamos que no es una cuestión de olor sino un problema de dolor.

Pero, ¿por qué estos animales no sienten dolor? Fue sencillo averiguarlo, una vez que colaboramos con la doctora Silo Santiago, al ver que este receptor se expresa en los llamados ganglios dorsales, de la raíz dorsal, que es donde están las neuronas nociceptivas, las que transmiten la sensación de dolor. Esto, por supuesto, se conocía ya, por eso cuando analizamos nuestros animales se utiliza una inyección de un tinte que migra por la parte exterior de los axones. Podemos ver un animal normal, esto es, la mitad de la espina dorsal y los axones que entran en la espina dorsal del ganglio dorsal, entonces una neurona mandaría un axón y por el otro lado lo enviaría a la piel. Y así es como transmite la sensación de dolor. Vemos, pues, que en el animal normal hay muchísimos axones, todos son axones que transmiten el dolor, la sensación de dolor, todos estos axones han desaparecido en este animal. Es decir, cuando un animal no tiene este receptor, las neuronas nocicépticas mueren durante el desarrollo, el animal nace sin estas neuronas y por consiguiente no tiene dolor. Estos animales por supuesto tienen otros defectos, por ejemplo, carecen de sistema simpático, no vamos a entrar en ello, nadie muere de no tener dolor, mueren probablemente por falta del sistema simpático, pero eso es otra historia.

Simplemente quisiera poner un pequeño ejemplo, ya que no se trata de entrar en una caracterización en detalle, de cómo viendo el defecto de estos animales, hemos podido saber de forma inmediata la función del receptor TRAC, y además, tener un sistema modelo que en su día puede valer para estudiar, por ejemplo, fenómenos de dolor, al observar cómo mueren o dejan de morir las neuronas sensoriales. Y en el caso de las neuronas sensoriales, solamente las que transmiten el dolor desaparecen, porque resulta que las que transmiten la *propriocepción* usan otro receptor; en este caso, el TRAC C no el TRAC A. Y lo sabemos porque, como decía antes, estos animales no tienen *propriocepción*. Un ejemplo es un animal que no sabe dónde tiene las extremidades. No tiene un problema motor, ya que, cuando sobreviven, aprenden a andar porque usan la vista para saber dónde tienen las extremidades. Es decir, si yo por ejemplo tuviera este defecto, que de hecho existe en los humanos, aunque no es muy corriente, si yo supiera que no controlo mis brazos porque no sé dónde están, procuraría no tenerlos fuera de mi vista, para saber que no estoy moviéndolos de una forma anormal. Eso es un poco lo que hacen los ratones también.

Y ¿qué es lo que pasa aquí? Vamos ahora a ver otra vez lo mismo, la espina dorsal. Éstas de nuevo son las proyecciones que vienen del ganglio dorsal. Y las proyecciones de nuevo vienen hacia la espina dorsal, y la otra proyección de la neurona va al músculo, que es la que controla el movimiento. Entonces vemos que donde faltaban los axones era en esta parte. Ahora en estos animales estos axones tienen perfecta sensibilidad al dolor, pero, sin embargo, les faltan éstos. Y éstas son las fibras que habían previsto los neurólogos que eran las responsables de la *propriocepción*, y que sólo cuando se tuvieron estos animales, se pudo demostrar que efectivamente estas fibras que bajan hacia la parte ventral de la espina dorsal, que es donde están las neuronas motoras, son los axones responsables de la *propriocepción*.

Ahora quiero dar un ejemplo más del sistema nervioso, y me alegra que el profesor Segovia de Arana haya mencionado a nuestro científico por excelencia don Santiago Ramón y Cajal, porque éstos son trabajos que ni siquiera han sido publicados, van a serlo dentro de muy poco.

Hay otros receptores de la familia tirosinquinasa. ¿Por qué trabajamos con ellos? Muy sencillo, porque estos receptores se encuentran amplificados en el cáncer humano y quisimos saber cuál es su función en él. Pero, cosas de la vida, su función es completamente distinta y no vamos a aprender mucho del cáncer humano con estos receptores, aunque puede que sí, pero no entraremos ahora en ese asunto. Sin embargo, estamos aprendiendo mucho sobre *axonalguidance*, es decir, la guía o la manera en que se forman los axones, la dirección de los axones.

Guía de axones. Éste es un tema que fascinó a Cajal y a los neurobiólogos desde entonces. Uno de los mayores descubrimientos de Cajal fue el del cono de crecimiento, lo que llevó al concepto de que las neuronas no sólo se forman, van hacia todos los lados y hacen sus conexiones, sino que una neurona sabe dónde tiene que enviar su axón. Y esto, sin ser un experto en la materia, es para mí uno de los misterios más impresionantes dentro de la Biología. Es decir, imagínense cualquier neurona que está aquí y tiene que conectar en la espina dorsal y sabe que tiene que ir allí, el axón sabe precisamente dónde tiene que ir. Y debemos tener en cuenta que nosotros, el ser humano, tenemos un millón de millones de neuronas, y todas conectan perfectamente, todas saben dónde tienen que ir, porque, si no, no pensaríamos, no tendríamos las sensaciones de dolor o los movimientos, simplemente no seríamos como somos.

Y hay una familia de estos receptores, nosotros sólo hemos hecho el trabajo con uno de ellos, y lo que hemos hecho aquí ha sido un pequeño truco es una variación del *knock out*. Al destruir el gen lo que hacemos no es sólo destruirlo, sino que introducimos un gen de bacterias cuya única función es dar color azul. Y esto es muy útil, porque si hay 10 a 12 neuronas, evidentemente son muy difíciles de caracterizar, hay algunas que están muy bien caracterizadas pero otras no, como sucede en este caso. Entonces ahora sabemos dónde se expresa este gen, no porque tengamos un reactivo que no lo identifique, sino simplemente porque son azules, y esto facilita muchísimo el trabajo. Por ejemplo, en un ratón al día embrionario 10 el receptor sólo se expresa en el tecto, que es en la parte central del cerebro y hay un poquito de expresión en la parte posterior del cerebro, un poquito en la espina dorsal y un poquito en un conducto nasolacrimal. Pero nos vamos a olvidar de esto, nos centraremos solamente en la parte central del cerebro, en el culículo superior y en el culículo inferior.

Vemos que este receptor sólo se expresa en el culículo superior y en una forma de gradiente. Es fácil ver dónde se expresa, simplemente haciendo una tinción, porque hemos hecho el truco de reemplazar el receptor por un gen de bacterias que sólo nos da un color azul.

Luego la verdad es que nosotros acabamos de hacer los animales y no les pasaba nada. No sabíamos realmente cómo caracterizarlos cuando salió hace casi dos años un trabajo de unos investigadores en Estados Unidos y otros en Alemania que llevaban estudiando muchos años el sistema retinotectal. Este sistema es de todos los del cerebro donde mejor se estudia la guía de axones. El cerebro es como una cámara fotográfica; la retina recoge una imagen y esa imagen sólo la ven porque hay axones que la llevan al cerebro y la traducen. Lo mismo que una cámara fotográfica sólo recoge una foto si tiene película.

Lo que sucede es que las neuronas en la retina conectan con dianas, que son otras neuronas, dianas en el tecto. Pero lo hacen siguiendo un mapa topográfico, es decir, cada neurona de la zona anterior conecta con una neurona de la zona posterior del tecto; recuerden que una fotografía se imprime en la película al revés, esto es lo que pasa aquí. Y las de la zona posterior de la retina conectan con las neuronas de la zona anterior del tecto. Y esto las neuronas lo saben, aunque no entendemos cómo lo saben. Ya en el año 1940 se dijo que tenía que haber unos gradientes de moléculas, que en aquella época no se sabía de qué moléculas se trataba, que de alguna forma sirvieran para dirigir el avance de esos axones. Hemos tardado 50 años en descubrir estas moléculas, pero se han descubierto, no todas, porque es evidente que este problema es muy complejo y una familia de moléculas sólo no va a ser suficiente. Pero al menos se ha descubierto una de ellas y es precisamente estos receptores. ¿Cómo lo sabemos? Éste no es un trabajo sólo de nuestro grupo, de muchos grupos, de hecho, ha habido una reunión en la Fundación March que sólo ha tratado este tema durante tres días.

Nosotros hemos visto que estos ratones —ahora nos vamos del sistema retinotectal—, los ratones que veíamos antes, los nuestros tenían el tecto azul, es porque estos animales tienen unas neuronas que conectan el culículo superior con el culículo inferior pero del lado contrario. No sabemos cuáles son las funciones de estas neuronas, pues éstas nunca se habían descrito. Evidentemente, no son vitales para el ratón, porque éste es normal. Pero no sabemos si un ratón, por ejemplo, ve bien o tiene una percepción que no sea correcta, lógicamente el ratón no lo va a decir. Es una de las limitaciones de trabajar con ratones, pero sabemos que hay un error en los axones.

Además cuando se destruye este receptor en lugar de producirse este axón se produce éste. No cruza la línea central y sigue hacia la columna dorsal, hacia la espina dorsal. Y eso se debe a que estos receptores reconocen una actividad repulsora que les impide pasar del culículo inferior. Entonces, lo que sucede es que el axón empieza a avanzar, encuentra una actividad repulsora y en lugar de seguir, es como si encontrara una señal de *stop*, de parar, tuerce a la derecha hasta que llega un momento en que puede penetrar un poquito y se para. Pero cuando esta actividad repulsora no existe porque este receptor no existe, parece ser que no encuentran esa señal de parar y siguen hacia la espina dorsal por un camino que está determinado por otras moléculas que no conocemos, pero que no es el camino normal que tiene que seguir.

En el culículo superior hay muchísimas proyecciones, éste es el mismo tipo de experimento con el tinte que les mencionaba antes, por eso está muy rojo, porque hay muchísimas proyecciones, pero pueden ver que esta proyección en el ratón normal no existe en el ratón mutado. Esto podía ser simplemente debido a que esta proyección no se ha formado, pero cuando empezamos a analizar el ratón, y éste es el trabajo de un posdoctoral sueco, Jonas Frezen, cuando vimos la espina dorsal, resulta que el tinte que le hemos pinchado al ratón en el tecto ha bajado en el ratón mutado siguiendo un grupo de axones hacia la espina dorsal. No sabemos lo que hacen pero sí que van al sitio equivocado, luego la función de este receptor tiene que ser guiar axones.

Esta es la primera molécula, pero ahora hay otra familia en que se han descubierto, la primera de dos familias, moléculas que se ha demostrado que tienen un papel en la guía de axones. Algo que ya a Ramón y Cajal le interesó; llevamos prácticamente 100 años esperando encontrar cuáles son estas moléculas. Que nadie piense que ya se ha resuelto el problema de la guía de axones. Todavía faltan muchísimas moléculas por descubrir, pero éstas son una de las dos primeras que se han descubierto.

Querría referirme un poco a la técnica de los ratones *knock in*. Porque hasta ahora lo que les he dicho, expuesto realmente desde el punto de vista de cirugía genética, es un poco burdo, pues lo que hacemos es destruir un gen. Se pueden hacer cosas mucho más sofisticadas, y una de ellas es introducir mutaciones específicas. ¿Cómo se hace esto? Es una cuestión de tecnología, se utiliza de nuevo un ejemplo de la concurrencia, de la convergencia de la ciencia, un sistema de bacterias. Se emplea un sistema con bacteriófagos, que son unos virus que infectan bacterias y entran y salen de ella dependiendo de las condiciones en las cuales vive la bacteria. El bacteriófago Landa es el más conocido. En este caso, éste es otro bacteriófago, se llama el bacteriófago P, pero el principio es el mismo. Éste utiliza dos secuencias, que aquí se representan en estos triángulos rojos, muy pequeñitas, de unos 40 nucleótidos y un enzima, una recombinasa. Cuando esta recombinasa encuentra estas secuencias, saca del DNA lo que se encuentra entre ellas. En la naturaleza saca el bacteriófago, pero aquí le estamos engañando, en lugar del bacteriófago estamos poniendo el gen de la neomicina. ¿Por qué el gen de la neomicina? Muy sencillo, aquí lo que tenemos que hacer es una recombinación homóloga exactamente igual que la que explicaba antes. Pero no destruimos el gen, sino que introducimos un gen que está mutado. Y eso simplemente lo represento por una estrella, por un asterisco en este axón. Puede ser una mutación puntual, como las que se refería el profesor Segovia de Arana en el caso de los oncogenes Ras, puede ser una delección pequeña, puede ser una inserción, aquí cada uno diseña la mutación que quiere. Pero hay que seleccionar por ella, y para eso tenemos que introducir otra vez nuestro amigo el gen de la neomicina. Entonces se hace el mismo procedimiento, se utilizan las células como les expliqué antes, y ya tenemos una célula cuyo genoma es como éste. Hemos introducido la mutación, pero para seleccionarla tenemos que llevar el gen de la neomicina, y ese gen no lo queremos allí porque nos está estorbando. Es un gen dentro de nuestro propio gen, no lo queremos, hay que sacarlo. Para eso se utilizan estas secuencias que se llaman LOX P, porque vienen del bacteriófago P.

Se obtiene así nuestro ratón mutante tal y como lo teníamos antes, pero aquí el gen no se ha destruido, hemos introducido una mutación, pero tenemos que sacar ese gen de la neomicina que no nos interesa porque está dentro del gen que queremos estudiar. Para ello cruzamos este ratón con otro transgénico que expresa la recombinasa. Aquí lo que se indica es lo que está sucediendo a nivel molecular en las células germinales del ratón que hemos generado, que hemos hecho, en el cual hemos introducido la mutación. Aquí está la mutación, aquí está el gen neo y lo queremos quitar. ¿Qué hacemos? Cruzamos este ratón con un ratón que expresa la recombinasa; llega la recombinasa, reconoce estas dos secuencias y saca del genoma todo lo que se encuentra entre ellas, que es en este caso el gen de la neomicina. Aquí tenemos un gen exactamente igual al original, excepto por la mutación que hemos introducido. Para aquellos que sean más aficionados al tema les diré que queda una de las dos secuencias reconocidas por el bacteriófago, esto es, parte del mecanismo de la recombinasa. Pero, como esto no son nada más que 40 nucleótidos y se pueden colocar en un intrón, no afectan para nada al gen.

Así pues, ya tenemos el gen con la mutación deseada. Y esto ya lo hemos hecho en el laboratorio, tenemos ya tres estirpes de ratón en el cual hemos introducido una mutación. No les puedo hablar de ella porque todavía no tenemos los resultados. Lo que hemos hecho ha sido mutar un nucleótido exclusivamente, que cambia un aminoácido cisteína arginina en uno de los enzimas más importantes que controlan el ciclo celular. ¿Por qué hemos hecho esto? Porque esta mutación aparece en seres humanos que tienen un síndrome de gran incidencia, de incidencia alta de melanoma, un síndrome hereditario. Es decir, éstos no son señores como nosotros, como yo, que van a la playa, toman mucho el sol y no se ponen cremas protectoras y les sale un melanoma después de 30 años. Éstas son personas que nacen ya con la mutación, no tienen que ir a la playa a que se les mute el gen por los rayos ultravioletas, la llevan ya y estas personas tienen una incidencia de melanomas muy alta desde muy pequeños, sin necesidad de estar expuestos al sol.

Estamos muy interesados en desarrollar inhibidores de este enzima, inhibidores del ciclo celular, y hemos utilizado esta mutación, este error que existe en humanos para hacer un ratón idéntico, por lo menos un ratón con la misma mutación, que nos va a servir de modelo para estudiar inhibidores del ciclo celular en general, y en particular de esta quinasa, que es uno de los principales controladores del ciclo celular. No les puedo decir los resultados, porque tenemos los ratones heterocigotos pero todavía no tenemos los homocigotos, los estamos cruzando ahora. Pero supongo que en dos o tres meses podremos saber los resultados.

Quiero terminar simplemente mencionándoles dos de los animales que se pueden generar, de hecho algunos de éstos ya se están generando, otros todavía estamos en el período de diseño porque estos animales tienen mucho valor, sobre todo los últimos.

Vamos a ver ahora *knock in* y *knock out* en tejido específico. ¿Por qué en tejido específico? Luego lo verán en un momento, primero les voy a explicar lo que es. Es lo que veían antes, pero en lugar de que el ratón transgénico, por ejemplo, lleve la recombinasa en todas sus células, este ratón transgénico las lleva en el cerebro, en las neuronas.

¿Cómo se hace esto? Simplemente un ratón transgénico en el que la recombinasa se inyecta bajo el control de un promotor que sólo se expresa en neuronas. En este caso la *neuronspecificinolize*, es decir, la inolasa específica de neuronas; esto no es un sistema perfecto, sobre todo se expresa en neuronas. Así, este proceso que veíamos antes de eliminación del gen neo solamente ocurrirá en neuronas. Otro ejemplo, si tenemos un promotor, por ejemplo el de la quinasa LCK, que sólo se expresa en células T, solamente nos ocurrirá en el timo.

¿Y por qué queremos hacer esto? Porque muchas veces queremos estudiar la función en una determinada parte del organismo, pero como ese gen, esa proteína, son necesarios para un proceso de desarrollo, no nos permiten llegar al proceso. Ahora les voy a explicar.

Esto lo hemos sufrido, por decirlo así, con un gen, con un factor neurotrófico descubierto hace ahora unos cinco años, llamado GDNF *(Glial derived neurotrofic factor* o *factor neurotrófico derivado de células gliales).* Fue descubierto en una compañía de biotecnología y tuvo mucho interés, porque si este factor se le añade a las neuronas dopaminérgicas, es decir, las que se nos van en la enfermedad de Parkinson, esas neuronas sobreviven.

Por ello se ha pensado que este factor neurotrófico puede servir para paliar, o incluso curar, la enfermedad de Parkinson. Están en ensayos clínicos y todavía no hay ningún resultado, pero nosotros pensamos en hacer un sistema modelo de la enfermedad de Parkinson. Si este factor neurotrófico es necesario para la supervivencia de las neuronas dopaminérgicas, si se lo destruimos, vamos a conseguir un ratón con la enfermedad de Parkinson. Bien, pues no fue así, y ahora verán por qué. Cuando utilizamos los ratones, empleamos el mismo truco de poner el gen de la betagalactosidasa para ver en azul las células que expresan este receptor, y observamos que durante el desarrollo no había expresión en el cerebro. La expresión ocurre en el cordón nefrítico, nefrogénico, también en el aparato digestivo, en lo que llamamos el GAT el intestino primitivo, y en otra zona llamada los arcos bronquiales, no en el cerebro.

¿Y qué sucede con estos ratones? Pues que se mueren nada más nacer porque carecen de riñones. Es decir, hemos visto, lo publicamos el año pasado, que este factor de crecimiento, que se le llamó factor neurotrófico porque se descubrió que tenía actividad neurotrófica, en realidad es el factor necesario para la inducción de la formación del tubo uretérico, que es el primer paso en la formación del riñón. Se sabe desde hace mucho tiempo que el blastema metanéfrico manda una señal que hace que del tubo nefrítico salga una ramificación que se llama en inglés el *uretericbrat*, donde empieza a formarse un tubo que es luego lo que va a dar lugar al tubo uretérico, que es el principio del riñón, y sin esta inducción no hay formación del riñón. Bien, pues esta señal es el factor neurotrófico, es decir, que es una molécula que tiene múltiples funciones durante el desarrollo. Por desgracia, si estos animales mueren nada más nacer, y evidentemente todos mueren sin riñones, no podemos estudiar esto como modelo en la enfermedad de Parkinson.

Nosotros no lo hemos hecho. Sólo es para decirles que estos animales también carecen de sistema entérico, es decir, que si no mueren porque no tienen riñones, lo harán porque no pueden hacer la digestión. Y es una función del sistema nervioso, pero no del sistema nervioso del Parkinson de las dopaminérgicas, que es lo que queríamos. Evidentemente, este sistema no nos sirve como sistema modelo. Sin embargo, si fuéramos capaces de que este gen *knock out* sólo se hiciera *knock out* en esta zona del cerebro, porque al final si se expresa en el cerebro, no se expresa en los estadios iniciales. Esto por ejemplo es el motor, el núcleo motor del trigémino, la *germinal motor nucleos*, veis qué bien se expresa.

Y aquí tenéis la sustancia negra, que es la estructura que forman las neuronas dopaminérgicas. Y mirad qué cerca hay células que expresan este factor. Luego probablemente este factor represente un papel en la enfermedad de Parkinson. Pero esto lo hubiéramos podido ver sólo si estos ratones fuesen capaces de sobrevivir y llegar a ser adultos.

Esto nosotros no lo estamos siguiendo ahora, por razones que no vienen al caso, pero aquí lo que habría que hacer es el *knock out* sólo en el cerebro, sólo en estas células. Entonces probablemente tengamos un modelo de la enfermedad de Parkinson. Es decir, esto os da una idea de que a veces hacer un *knock out* no es útil en un sistema modelo porque el gen que se destruye tiene una función muy importante en el desarrollo, y si lo que se quiere ver es una función en el adulto, estos animales no llegan a adultos porque mueren antes.

Y esto me lleva a la última parte. Ésta es la que todavía no se ha conseguido hacer, es una cosa en la que nosotros y mucha otra gente estamos trabajando, que son los *knock out* y *knock in* condicionales. ¿Por qué? Porque de cada mil personas que mueren de una enfermedad, probablemente de cada cien mil personas que mueren de una enfermedad, una lo hace por tener un defecto genético. Es decir, la gran mayoría de nuestras enfermedades nos ocurren por defectos que ocurren somáticamente en nuestra vida; la persona que muere de cáncer nace y vive con normalidad hasta que tiene 40 o 50 años, se dedica a fumar mucho y 10 años, 20 años más tarde le aparece un cáncer de pulmón. Hay una mutación, pero es somática, una mutación que le ocurre a los 40 años o a los 50 años, no cuando nace.

En el cáncer la proporción de mutaciones hereditarias es mínima, es menos del 1 por ciento. En cardiovascular, lo mismo. Cuando nos da un ataque al corazón porque las arterias están llenas de lípidos no es porque hayamos nacido con esto, hay personas que nacen con síndromes que lo favorecen, pero la gran mayoría es por la dieta, por la falta de ejercicio, etcétera.

Entonces para que estos animales realmente sirvan de animales modelo para el desarrollo y el descubrimiento de fármacos, tenemos que causar la mutación en el adulto, no en la célula embrionaria. Y esto es lo que estamos intentando. Cómo lo hacemos lo expondré muy brevemente:

Aquí ahora ponemos estas secuencias del bacteriófago, no alrededor del gen de la neomicina. El gen de la neomicina lo necesitamos porque, si no, no seleccionamos las células, pero lo ponemos fuera del gen, a una distancia suficiente como para esperar que no nos cause problemas. Y lo que hacemos es que nuestro gen lo rodeamos, lo flanqueamos, por estas secuencias. No es necesario flanquear todo el gen, con que sea un trocito es más que suficiente. Se hace la recombinación homóloga —como he explicado antes—, se obtiene el ratón y aquí tenemos las dos copias del gen que queremos destruir, o un trozo del gen —siempre que el gen se destruya—, rodeadas de estas secuencias del bacteriófago. ¿Y ahora qué hacemos? Si ahora cruzamos este ratón con un ratón que tenga la recombinasa CRE va a sacar el gen y vamos a tener la mutación desde el principio, y eso no nos interesa.

Entonces lo que se está haciendo, se ha hecho, es diseñar un CRE inducible. Y esto hay muchas formas de hacerlo. Yo aquí represento una estrategia que ha diseñado el doctor Pierre Chambon, que está en el equivalente al Consejo Superior de Investigaciones Científicas en Francia, en Estrasburgo. Y éste es un CRE inducible, este CRE no es activo, esta recombinasa no es activa. Y ahora os diré un momento por qué.

Así pues, podemos tener un ratón que es perfectamente normal porque tiene el gen, está el gen aquí, flanqueado por estas secuencias. Estas secuencias son 30 nucleótidos que no hacen nada. El gen neo está, pero como está fuera del gen, tampoco hace nada, además eso se ensaya que no lo hace, y llevan una copia de esta recombinasa que es inactiva. Luego este ratón va a crecer, no es un ratón por supuesto genéticamente normal, porque tiene todas estas alteraciones. Pero éstas no son funcionales y, por consiguiente, el ratón va a nacer y a vivir perfectamente.

Ahora bien, en el momento en que activamos el enzima, activamos la recombinasa. ¿Y cómo lo hacemos? Una idea muy genial que ha tenido el doctor Chambon, y es que cree que la recombinasa tiene que ir al DNA, entonces lo que ha hecho ha sido quitarle el dominio, las secuencias que se pegan al DNA. Y en su lugar le ha puesto las secuencias necesarias para la fijación al DNA del receptor de estrógenos. De hecho, de una forma mutada que no pega estrógeno, porque entonces la recombinación ocurriría en las hembras, y eso no lo queremos, de un receptor de estrógeno mutado que sólo responde a un esteroide artificial, un esteroide que no existe en la naturaleza, que es el 4 hidroxitamoxifen, puede ser cualquier otro. Y cuando le añadimos ese esteroide al animal, activa la región de fijación del DNA, ahora se fija el DNA y llega el CRE y nos saca el gen, nos saca todo lo que está flanqueado por estas secuencias que reconoce por los LOX P, nos saca el gen y nos quedamos sin él. Es decir, hacemos cirugía genética en el adulto, como consecuencia de añadirle simplemente un compuesto químico, un derivado de un esteroide.

Esto todavía no se ha conseguido, se está empezando a conseguir, pero nosotros ya tenemos animales transgénicos a este nivel y lo que hemos hecho, el primer experimento que hemos hecho, ha sido flanqueando el gen del factor de crecimiento nervioso. ¿Por qué? Cuando quitábamos el receptor, y por supuesto el factor de crecimiento, daba el mismo resultado, se morían todas las neuronas nocicépticas, todas las neuronas que transmiten el dolor. Estos animales no tenían dolor porque no tenían neuronas. Evidentemente ésa es una terapia que no nos gustaría (que nos quitasen el dolor a base de quitarnos las neuronas). Sin embargo, existe la posibilidad de que si eliminamos ese factor neurotrófico durante un tiempo limitado en el adulto, las neuronas no mueran sino que se desensitiven. Es decir, que dejen de actuar durante un tiempo.

Es una hipótesis, pero si funcionara, podríamos tener un fármaco para el tratamiento del dolor crónico. ¿Cómo vamos a verlo? ¿Vamos a desarrollar un fármaco? No, vamos a hacer un experimento genético, y si funciona desarrollaremos el fármaco. Si no funciona, no hace falta gastar los millones de dólares que son necesarios para desarrollar cualquier fármaco. Es decir, vamos a probar genéticamente la idea de si al inhibir temporalmente un determinado gen somos capaces de producir un beneficio terapéutico.

Y es aquí donde realmente creo que está el futuro de estos sistemas animales, sobre todo el futuro práctico, para, en lugar de tener que probar a base de sintetizar compuestos y más compuestos un proceso que puede llevar 10 o 15 años y que al final muchas veces no lleva a nada, probarlo mediante un experimento genético. No es fácil, lleva un año, pero lo pueden hacer dos o tres personas. Una vez que esto está puesto a punto, dos o tres personas en un año pueden llevar a examinar si esta hipótesis —hay miles de otras posibilidades— realmente es correcta o no.

Con ello quiero concluir. Simplemente deseo recordar como resumen que el establecimiento de estas células totipotentes en cultivo ha hecho posible introducir mutaciones en la línea germinal, en cualquier gen, mediante la recombinación homóloga. La combinación de estas tecnologías con el sistema del bacteriófago LOX y la recombinasa CRE o cualquier otro sistema que permita la eliminación de secuencias precisas del genoma de mamíferos nos ha permitido introducir en el genoma del ratón prácticamente, hay ciertas limitaciones, cualquier tipo de cirugía molecular; tal como puede ser una mutación puntual, una delección pequeña, una inserción pequeña o, en algunos casos, y esto no lo he mencionado, hacer un reemplazamiento de genes, es decir, sustituir un gen por otro, lo que también puede tener mucho valor.

Esta tecnología nos está ayudando a determinar el papel preciso que *in vivo* representa cada uno de esos cien mil genes, de los cuales ya conocemos una tercera parte y vamos a conocer las dos terceras partes en cuanto se secuencie el genoma humano en los próximos cinco años. Esta tecnología está haciendo también posible el diseño de modelos animales que llevan las mismas mutaciones responsables de una gran variedad de enfermedades humanas, incluido por supuesto el cáncer.

Finalmente, la posibilidad de utilizar sistemas inducibles nos va a permitir el extender estos estudios al animal adulto, como mencionaba hace un momento, y así diseccionar los distintos papeles que muchos genes representan durante el proceso de desarrollo embrionario y el proceso en adultos. Estos genes tienen papeles distintos en el desarrollo del adulto.

Por último, como decía hace un momento, los genes, los sistemas inducibles, nos pueden ser de gran ayuda como sistemas animales para poder estudiar estrategias de valor terapéutico.

Muchas gracias.

"P.V.N. Proun", ▶
por El Lissitzky (Niedersächsisches Landesmuseum, Hannover)

IX

LA INTELIGENCIA ARTIFICIAL Y LA RAZÓN INEXACTA

Enric Trillas

LA INTELIGENCIA ARTIFICIAL Y LA RAZÓN INEXACTA

ENRIC TRILLAS
Departamento de Inteligencia Artificial
Universidad Politécnica de Madrid

1. INTRODUCCIÓN

La inteligencia artificial (IA) es una rama de la investigación científico-técnica cuyos orígenes pueden remontarse, si se quiere, a la mitología; a la vez, es una de las ramas más jóvenes del árbol de la ciencia. Su evolución ha dependido de la cultura de cada tiempo, de los objetivos a alcanzar, de las tecnologías disponibles para ello y de las metodologías científicas coyunturalmente usadas en su estudio; de hecho, objetivos, tecnologías y metodologías científicas han sido tan relevantes que algunas de sus partes están entremezcladas con otras ramas de aquel árbol. Por ello, los investigadores e investigadoras que, a lo largo de los últimos años, han creado la actual disciplina de la IA provienen de campos que van desde las Matemáticas y la Ingeniería a la Psicología.

Si, provisionalmente, aceptamos que la IA se preocupa y ocupa de estudiar todo lo relacionado con procesos conducentes a que, por medio de máquinas, se efectúen tareas que hacen los seres humanos —quienes consideran que las pueden hacer en virtud de que son *inteligentes*—, ya se ve que tanto el estudio de tales procesos en los seres humanos, la evolución de las máquinas, la definición y descripción operacional de las tareas candidatas, como la adaptación de las máquinas para realizarlas en lo posible, y lo que se entienda en cada momento por inteligencia humana, son aspectos esenciales para la evolución de la IA. A la vez, las teorías y metodologías científico-técnicas involucradas tienen, como es usual, un papel ideológico notable en la evolución de la IA.

En realidad, las palabras *inteligencia* y *artificial* han provocado desde que se usan conjuntamente en la expresión IA toda una serie de controversias por cuanto si la segunda se refiere a *hecho por las personas*, la primera intenta traducir un concepto inexacto, por mal conocido científicamente, que se refiere a procesos mentales que extensivamente las personas sólo los han venido concibiendo como propios. Para ilustrar este punto, pensemos que tanto de los pájaros como de los aviones decimos que vuelan, pero no que tienen capacidad de volar natural los primeros y artificial los segundos. Por ello, aunque la expresión IA es algo ya acuñado y difícil de sacar del mundo tanto de la calle como del laboratorio, tal vez hubiese sido mejor —aunque ciertamente menos propagandístico— hablar de *sistemas informáticos inteligentes* o, más propiamente, *sistemas informáticos para inteligir*, usando un verbo que denota acción y no posesión. De hecho, ya hace años que se usa *sistemas inteligentes* como un sinónimo de IA, y como esta disciplina hace sus experimentos por medio de los ordenadores o computadoras, también es frecuente hablar de *inteligencia computacional* en lugar de IA.

En conclusión, lo que actualmente se entiende por IA puede identificarse con el intento de construir máquinas y hacerlas funcionar para que realicen tareas que puedan calificarse, consensuadamente, como *inteligentes*. Y aquí, mejor que la pregunta ¿qué es la inteligencia? aparece la más modesta de ¿qué es una tarea que pueda calificarse inteligente?

Si se ojea un libro de texto de IA, se tiene una idea de qué estudios quedan actualmente acotados por su título; así, un texto acreditado como el (14), de 930 páginas, presenta los capítulos titulados:

1. *Inteligencia artificial.* Introducción. Agentes inteligentes.
2. *Resolución de problemas.* Resolución mediante búsqueda. Métodos de búsqueda. Juegos.
3. *Conocimiento y razonamiento.* Agentes que razonan lógicamente. Lógica de primer orden. Construcción de bases de conocimientos. Inferencia en lógica de primer orden. Sistemas de razonamiento lógico.
4. *Actuación lógica.* Planeamiento. Planeamiento práctico. Planeamiento y actuación.
5. "Conocimiento incierto y razonamiento". Incertidumbre. Sistemas de razonamiento probabilístico. Toma de decisiones simples, toma de decisiones complejas.
6. *Aprendizaje.* Aprendizaje a partir de observaciones. Aprendizaje con redes neuronales y con redes de creencias. Aprendizaje reforzado. Conocimiento en el aprendizaje.
7. *Comunicar, percibir y actuar.* Agentes que comunican. Procesamiento práctico del lenguaje natural. Percepción. Robótica.
8. *Conclusiones.* Fundamentos filosóficos. IA: presente y futuro.

Un rápido repaso a esos capítulos hace ver que las referencias directas a la inteligencia están casi limitadas al primer y al último capítulos, en tanto que los otros seis se refieren a palabras clave como *resolución de problemas*, *conocimiento y razonamiento*, *sistemas de razonamiento lógico*, *actuación lógica*, *planear y actuar*, *conocimiento incierto*, *decisiones*, *aprendizaje* y *comunicación, percepción y actuación*. Todas ellas, sin duda, están relacionadas con tareas que realizan las personas y que atribuimos ordinariamente a su capacidad de aprender, razonar, responder a preguntas y hacérselas, alcanzar objetivos, tomar decisiones y construir máquinas que realicen tareas determinadas de antemano.

Antes de seguir, y teniendo en cuenta las similitudes que frecuentemente se establecen entre el cerebro y los ordenadores, conviene hacer un alto para ponernos en guardia frente a los razonamientos por analogía, ya que, además, deberemos utilizarlos varias veces. Cuando algo no es bien conocido o es tan nuevo que aún no disponemos de palabras adecuadas que reclamen imágenes comprensibles, solemos recurrir a la analogía como medio de relacionarlo con algo conocido y que, de alguna manera, nos parece próximo; buscamos representaciones mediante imágenes que nos sean familiares y que resultan útiles sólo si son suficientemente isomórficas con lo nuevo. Es decir, si las propiedades relevantes que hay en lo conocido y las propiedades relevantes de lo nuevo están en adecuada correspondencia; en general, sin embargo, el razonamiento analógico es peligroso.

Veamos un ejemplo fácil. Un agente conoce bien la estructura de orden entre los números naturales N= {1, 2, 3, ..., n, ...}, y desconoce cómo ordenar los números fraccionarios positivos Q^+= {n/m; n,m en N}. Sin embargo, observa que la relación: n/m ≤ p/q si nq ≤ p si nq ≤ mp, definida en Q^+ gracias al orden de N, tiene las mismas propiedades que la *análoga* de N y puede estar tentado de creer que, por tanto, las texturas de N y de Q^+ son del mismo tipo. Sin embargo, eso no lo puede concluir, ya que, por ejemplo, en N hay un primer elemento (el 1) en tanto que en Q^+ no lo hay: dado n/m, siempre existe un 1/q tal que 1/p < n/m, ya que basta tomar un q de N tal que m<nq. Además, entre dos números naturales n<m hay exactamente m-n-1 de ellos —un número finito—, mientras que entre dos fraccionarios positivos n/m < p/q hay infinitos de ellos: n/m < n+p/m+q < p/q, n/m < 2n+p/2m+q < n+p/m+q < n+2p/m+2q < p/q, etcétera. Por lo tanto, las texturas que esos órdenes dan a cada conjunto son francamente distintas.

Así, si dados dos sistemas S_1 y S_2, el primero bien conocido y el segundo poco o mal conocido, se establece una relación analógica entre ambos por alguna razón, no se puede suponer que tengan exactamente las mismas propiedades, ya que de lo compartido pueden surgir algunas propiedades que sean relevantes para el segundo sin que las tuviese el primero. En esa línea, el orden establecido en Q^+ es una ampliación del conocido en N (ya que es n ≤ m si y sólo si n/1 ≤ m/1), pero, con la ampliación, aparecen nuevas propiedades que antes no se daban. Lo que se puede decir de S_1 puede ser mucho menos de lo que cabrá decir de S_2 cuando se conozca mejor: si S_1 es el ordenador más potente actualmente construido, S_2 es el cerebro de una persona y las relaciones de S_1 son las que el ordenador establece entre datos, no cabe decir que S_2 establezca sólo esas mismas relaciones. Las analogías entre ordenadores y cerebros son, hoy por hoy, peligrosas; puede ser que conozcamos la textura relacional del ordenador, pero es mal conocida la del cerebro. Dicho de otra forma, si la gramática que nos permite hablar correctamente de cómo hace un ordenador lo que hace[4] es bastante conocida, la que nos permite hablar de cómo hace un cerebro humano lo que hace es bastante desconocida y, por tanto, es impropio asimilar el funcionamiento del cerebro al del ordenador. En este sentido, si se usa la palabra inteligencia con relación a funciones cerebrales, hay que poner muchas cautelas antes de decir que un ordenador tiene inteligencia.

Sin embargo, las cosas no son tan estrictas ni tan nítidas, especialmente si contemplamos el tema desde el punto de vista de las *apariencias*. Así, los pájaros y los aviones vuelan aunque lo hagan por medios distintos; es un hecho que sabemos más del vuelo de los pájaros desde que los aviones vuelan y que cuando las personas intentaban volar como los pájaros lo hacían muy mal, viéndose mucho más tarde que se intentaba empezar por lo que son las fronteras de la aerodinámica, lo que los materiales y las tecnologías entonces existentes no permitían. Cuando se dejó de pensar en volar como los pájaros y se intentó, simplemente, volar dentro de un artefacto, se dio un paso de gigante tanto hacia efectuar una función hasta entonces privativa de los pájaros, como hacia comprender el mismo concepto de volar. Y actualmente, para la función de transportar, los aviones son mucho más eficientes que los pájaros[21]. El conjunto Q^+ se construye a partir del N y permite abordar problemas que en N no se podían resolver, como es la ecuación $2x = 3$; pero, por ejemplo, la ecuación $x^2 = 3$ no tiene solución en Q^+ , por lo que para la función de resolver ecuaciones hubo que ampliar los números racionales hasta los números reales primero y los complejos después.

Por ello, que en forma estricta no deba trasladarse la afirmación *x es inteligente, x = persona* a *y es inteligente, y = ordenador*, no quiere decir que sucesivas ampliaciones del concepto de ordenador no puedan llegar a efectuar algunas de las cosas que nos parecen entre las más relevantes para la primera afirmación. Y entre ellas figuran, como se ha dicho: resolver problemas, jugar determinados juegos, poseer conocimientos y razonar gestionándolos adecuadamente y tomar decisiones, aprender según las experiencias y adquirir nuevo conocimiento de ello, percibir y actuar en consecuencia.

Pues bien, hay sistemas informáticos que no sólo resuelven problemas sino que consiguen plantear otros[3] e incluso alguno ha llegado a encontrar nuevos conceptos matemáticos, si bien poco relevantes. En las damas y el chaquete o backgammon, los ordenadores, con programas adecuados, ganan a los mejores jugadores humanos, y en cuanto al ajedrez, ya ganan en más del 95 por ciento de los casos. Los sistemas informáticos basados en el conocimiento —o sistemas expertos—, lo usan para razonar y ayudar a tomar decisiones como en el diagnóstico médico, las inversiones, determinar la estructura molecular de compuestos químicos, encontrar minerales, planear complejas operaciones de diseño, etcétera. Los sistemas probabilísticos, por su parte, gestionan la incertidumbre y resuelven, o ayudan a resolver, problemas complejos difíciles de abordar *a mano*, como el análisis automático de fallos en plantas industriales, el análisis de clientes para la concesión de créditos bancarios o el control de los terremotos antes de que se produzcan. Las redes neuronales aprenden y generalizan formando conceptos a partir de ejemplos y hay sistemas físicos tan complejos e inestables como un helicóptero no-tripulado, que son gobernados a distancia por medio de instrucciones orales en lenguaje natural, actuando prácticamente como lo harían con un piloto humano, por ejemplo, al percibir un objetivo y seguirlo. El tema de la inteligencia no es, por tanto, tan nítido ni tan simple.

Hay muchas cuestiones abiertas[3] y es imposible, en un escrito de extensión necesariamente limitada, abordarlas todas. Por ello sólo se tratarán algunas que conciernen al uso de conocimientos y a los razonamientos basados en ellos, ya que si nadie duda de que gracias a su inmensa capacidad de cálculo, los ordenadores son mejores que las personas —o, por lo menos, pueden serlo—, en lo que se refiere a computación y razonamiento deductivo formal y sintáctico, la habilidad de la gente para razonar, decidir y actuar según el conocimiento impreciso o vago, parcial y no totalmente fiable, sólo está empezando a ser abordada por la informática. Y de todo eso, el porqué del título, aunque obviamente lo dicho tenga una base de razonamiento analógico contra el cual, como se ha dicho, debemos estar prevenidos. Pero la exactitud completa no es más que un ideal y la inmensa mayoría de las razones que comúnmente esgrimimos, y con las que tomamos decisiones importantes, son esencialmente inexactas, la razón no es exacta.

2. Un concepto (posiblemente compartido) de la IA

2.1. Según parece, el cerebro humano ha evolucionado poco en los últimos 20 o 30 mil años; por lo menos no parece haberlo hecho la inteligencia *media* humana, a juicio de los antropólogos. Con todo, ese sistema físico de razonamiento tan complejo ha conseguido en los últimos tres o cuatro mil años, para bien y para mal, tal cantidad de logros artísticos, científicos, técnicos, industriales y médicos, que revela unas notables potencialidades de inteligencia y capacidad de actuación por aprendizaje. Claro está que, sin embargo, no tenemos ninguna posibilidad de comparación con otras *inteligencias*; no tenemos unidad de medida para usarla experimentalmente por encima; de ahí que siga prevaleciendo la frase de Protágoras de que "el hombre es la medida de todas las cosas".

Además, en los últimos 500 años la centralidad del ser humano en el mundo conocido ha ido desapareciendo[1]. No sólo no está en el centro del Universo, sino que su planeta es uno más de un sistema con una estrella mediana, el Sol, que no está precisamente en el centro de su galaxia; la cual tampoco tiene un papel singular entre ellas y ni siquiera parece que lo que ve el ser humano sea lo más del Universo. Además, estamos hechos de la misma materia del Universo y, por tanto, en tal aspecto no presentamos más singularidad que la particular organización de la misma; por si fuera poco, tal organización material no se ha producido de forma singular sino evolutivamente, por lo menos desde los simios y seguramente desde antes. En conclusión, hay continuidad de la materia en todo el Universo, hay continuidad biológica de todos los seres vivos y, además, parece haber continuidad en las tendencias mentales de todos los seres humanos y hasta con determinados animales. Todas las discontinuidades que antaño hacían singulares[9] a los seres humanos, en su conjunto o uno por uno, se han ido zurciendo y sólo queda una, la inteligencia, que aunque se esté dispuesto a reconocerla también en algunos animales, sin duda la ejercen en un grado menor.

He aquí, después de eso, dos palabras que parecen esenciales en el estado actual del conocimiento sobre la inteligencia, *ejercerla* y *grado*, ya que si es bastante desconocido a qué se debe y cómo opera internamente, entonces no queda más remedio que estudiarla por sus manifestaciones aparentes —como las antes reseñadas— e intentar establecer gracias a ellas grados razonables de comparación. Así se ha venido haciendo tanto al asignar los logros artísticos y científico-técnicos de las personas a su inteligencia, como al establecer métodos comparativos para su estudio externo en Psicología e incluso, en lo que respecta a la gradualidad, con los intentos de establecer tests de inteligencia para llegar al concepto —hoy más bien devaluado— de coeficiente intelectual. Hay que notar, por otra parte, que aunque la inteligencia se asigne al cerebro, y sin duda así sea, éste no anda solo sino encajado en un cuerpo, incorporado, y que desde los simios al *Homo sapiens* la evolución ha sido conjunta y no separada; el cerebro es, en primer lugar, el que controla cuanto hace el cuerpo y el que recibe y procesa cuanto le llega de dentro y de fuera. Desde que la persona nace hasta que se hace adulta, además, el cerebro se entrena y del lenguaje más simple al razonamiento abstracto se va ejercitando para posibilitar más y más logros; no parece un sinsentido verlo también como el *músculo* del pensamiento[19].

Por lo tanto, si lo que sea la inteligencia hay que pensarlo por ahora a través de sus manifestaciones y la frase *ser inteligente* hay que asimilarla a *manifestar inteligencia en aspectos conservados*, entonces, siendo tales manifestaciones una cuestión de grado, habrá que convenir que *manifiesta inteligencia* es una propiedad graduada que se aplica a los seres vivos, por lo menos. Con ello, las afirmaciones *x manifiesta inteligencia* no sólo pueden ser verdaderas o falsas, sino que tienen grados de verdad y de falsedad intermedios y hay que verlas a la luz no de la lógica booleana clásica sino de alguna lógica polivalente; otra cosa es, naturalmente, cómo determinar esos grados. Sin embargo, un listado de manifestaciones primarias esenciales —que se pueda convenir— podrá indicar un camino en esa dirección que no será muy distinto, por ejemplo, de lo que se hace con los estudiantes al evaluar su preparación por medio de un examen basado en un listado de preguntas que se califican entre 0 y 10, tras asignar a cada una un peso de relevancia determinado. Se trata de un método de evaluación tan arraigado que casi continuamente, en todo el mundo, millones de estudiantes se juegan su futuro con él, con el consenso social. Y no es esencialmente distinto de otros muchos tests, como el introducido por George Birkhoff para evaluar determinados criterios estéticos en edificios, o los usados por Michio Sugeno para evaluar la belleza de caras femeninas y la aceptación social de la industria nuclear. Se trata de métodos de evaluación por fusión o síntesis de información depurada que no sólo tienen tradición y aceptación sino que están respaldados por serios estudios matemáticos y experimentales.

Si elaboramos la hipótesis de que una parte importante de *ser inteligente*, en la acepción de *manifestar inteligencia* —racional—, queda recogida por los temas tratados en el libro citado en el párrafo 1, cabe afirmar que existen sistemas no vivos que superan a los vivos en algunas de tales manifestaciones y están muy cerca en otras.

Solamente a modo de ejemplo, de asignar los pesos entre 0 y 100 y en la forma siguiente:

— 20 a la capacidad (1) para resolver problemas

— 25 a la capacidad (2) de adquirir conocimiento y razonar con él
— 20 a la capacidad (3) de actuar planificadamente
— 20 a la capacidad (4) de aprendizaje
— 15 a la capacidad (5) de percibir, comunicar y actuar,

entonces un ser humano x que recibiese, con un test adecuado, las siguientes puntuaciones entre 0 y 10: 6 en (1), 7 en (2), 7 en (3), 5 en (4) y 6 en (5), merecería una puntuación global de 20.6+25.7+20.7+20.5+15.6/100 = 6.25. Y un sistema informático y que recibiese las puntuaciones parciales: 4 en (1), 6 en (2), 8 en (3), 3 en (4) y 3 en (5), merecería la puntuación global de 4.95. Es decir, x tendría un aprobado alto, mientras que y estaría raspando el aprobado; por ello, posiblemente cabría perfeccionar la nota ampliando el examen.

Añadiendo los criterios *capacidad creadora (6)* y *capacidad de computación (7)*, el reajuste de pesos: 10 a (1), 25 a (2), 10 a (3), 10 a (4), 10 a (5), 20 a (6) y 15 a (7) supuesto que x puntuase 8 en (6) y 4 en (7) y que y puntuase 2 en (6) y 9 en (7), otorgaría unas puntuaciones globales de 6.35 para x y 5.05 para y. Con ello llegamos al resultado cualitativo siguiente:

— Una persona con capacidad regular de resolver problemas, capacidad regular de razonar según los conocimientos, capacidad notable de actuar planificadamente, capacidad media de aprendizaje, capacidad regular de percibir y comunicarse, capacidad creativa alta y capacidad computacional no demasiado mala, tendría entre aprobado y notable en cuanto a manifestación de inteligencia racional.

— Un sistema informático con capacidad no demasiado mala para resolver problemas, capacidad regular para razonar según los conocimientos, capacidad alta de actuar planificadamente, capacidad baja de aprendizaje, capacidad baja de comunicar y percibir, capacidad muy baja de creatividad y capacidad muy alta computacional, tendría un aprobado en cuanto a manifestación de inteligencia racional.

En resumen, es plausible que en condiciones relativamente homologables las afirmaciones:

— x es inteligente = x manifiesta inteligencia racional
— y es inteligente = y manifiesta inteligencia racional

tengan grados de verdad respectivos que oscilan entre 6 y 7 la primera y 4.5 y 5.1 la segunda.

2.2. El ejemplo anterior no pretende sino mostrar que en el proceso evolutivo de la IA no es arriesgado decir que se están logrando moderados grados globales de inteligencia racional; grados que, considerando a las personas una a una, colocan a la IA en un puesto no inferior a muchas de ellas. Está claro que hay personas que superan ampliamente el 7, y que si las máquinas están lejos de llegar al 6, sin embargo, en algunas de las manifestaciones (1) a (7) se están haciendo progresos que permiten esperar que se sobrepase esa calificación en un plazo no lejano, y no debe olvidarse que si un chimpancé no pasaría de un 3.5, la evolución hasta el *Homo sapiens* ha llevado muchos miles de años.

En la misma línea, tampoco se debe olvidar que en lo que respecta a aspectos laterales, como es el de las prótesis artificiales, se ha evolucionado mucho, aunque no todas ellas puedan calificarse de inteligentes; pero por lo menos su grado de indistinguibilidad funcional es en muchos casos notable, como, por ejemplo, en lo que va de las patas de palo de no hace tanto tiempo a las actuales piernas artificiales mecánicas, o de los garfios a las manos artificiales e incluso a órganos internos artificiales, por no hablar de los cromosomas artificiales. Es decir, que aparte de las características inteligentes de las máquinas, ya las hay que han hecho disminuir el grado de indistinguibilidad con los miembros y órganos *naturales* correspondientes; sin contar con algunos robots que para ciertas tareas sustituyen con ventaja a las personas.

El proceso de zurcir la discontinuidad entre personas y máquinas, en cuanto a racionalidad, debe verse como un proceso evolutivo en el que si estamos muy lejos de poder construir una máquina globalmente indistinguible de una persona, no es menos cierto que en el corto plazo de los últimos 100 años los grados de indistinguibilidad parcial no sólo han ido disminuyendo de forma paulatina, sino que existen máquinas que ejecutan determinadas tareas *inteligentes* mejor que las personas más expertas en ellas. Ello no significa que el proceso pueda llegar a un límite suficientemente aproximado a las personas, mucho menos que si ese límite existiese fuese único y, además, que tuviese las mismas características que las máquinas anteriores. Para entendernos, la sucesión de números fraccionarios positivos 1, 1/2, 1/3... tiene límite 0, que ni es positivo ni está en la sucesión. ¡Quién sabe dónde llevarán las actuales investigaciones sobre *ordenadores cuánticos!*

Si ese proceso de obtener máquinas con grados de indistinguibilidad mecánica e inteligente con las personas cada vez más pequeños se llega a mostrar con las características de un proceso adaptativo, entonces, como es típico de ellos, cabe esperar que encuentre una salida. Pero esa salida, si se da, puede tener características muy distintas de las que ahora mismo podamos pensar. ¿Quién sino un visionario podía pensar hace 100 años que las personas volarían sin escalas y por más de 12 horas sobre la superficie terrestre? ¿O que un hombre pisaría la Luna y que una máquina llegaría a Marte? Afirmar con rotundidad que nunca el ser humano construirá una máquina indistinguible de algunos seres humanos parece históricamente temerario; tan temerario como afirmar con rotundidad que no lo logrará. En el estado actual de las cosas y sin poner límites temporales, se trata de un problema que no se puede decidir; tanto puede ser que sólo se llegue a máquinas que simplemente hagan mucho de lo que hacen las personas como a máquinas que lo hagan todo mucho mejor[3, 11].

2.3. Bien, ¿y mientras tanto qué? Mientras tanto, y aceptando que el proceso está empezado pero que no es teleológico, investigar, esperar y ver. Por lo que se habrá ido viendo, la IA tiene un componente de ciencia empírica cuyos experimentos se hacen gracias a la informática y la microelectrónica, y otro componente de ingeniería al construir sistemas computacionales que manifiestan grados crecientes de inteligencia para ser útiles a las personas [15, 4]. Como ciencia empírica, experimenta computacionalmente con distintos tipos de razonamiento en base a conocimientos y va tanteando teorías sobre ello; tales razonamientos son tanto formales y exactos, según el conocimiento estructurado fuertemente, como informales e inexactos en base a conocimiento poco estructurado, incierto, no del todo fiable o incorporando buenas dosis de vaguedad. Como ingeniería, usa lo anterior para ejecutar acciones útiles a las personas o a las organizaciones mediante automatización a la mayor velocidad posible. Por lo general, una vez logrado un objetivo relevante con la correspondiente informatización o automatización, el área deja de pertenecer a la IA y pasa a engrosar el *corpus* general de la informática o la automática, industrial, de gestión o de lo que sea; por eso se ha llegado a decir que la IA se ocupa de lo que la informática o la automática aún no saben hacer, lo que da idea, además, de que la IA es un campo fronterizo en el que se dan intereses multidisciplinarios entre diversas ramas de la investigación sin demasiado contacto en otros aspectos. De hecho, la IA tiene intereses y potenciales aplicaciones en y a todos los sectores de la actividad humana y, con mejor o peor fortuna, ya está presente en muchos de ellos; es que calcular, aprender, conocer y razonar, jugar, decidir, planificar actuaciones complejas o ejecutar tareas rutinarias, diseñar, efectuar actividades artísticas y hacer pruebas formales cubre un alto porcentaje de la actividad de las personas[1, 4].

La actividad humana en la que la IA tiene menos presencia es la de la creación, sea artística o científica, aunque determinados sistemas y técnicas de la IA están ayudando a los creadores en su trabajo y existen, por ejemplo, sistemas de ayuda al diseño y otros que generan música; además de los que intentan crear nuevas ideas o ayudar a ello en campos científicos. Pero no se trata más que de intentos primerizos, con los que se obtienen resultados muy alejados de lo que los *buenos* creadores son capaces de hacer. Si en las técnicas de jugar al ajedrez los ordenadores ya están en el nivel de gran maestro, es decir, que aquellos compiten con éstos —aunque por ahora pierdan casi siempre—, por lo que respecta a actividades creativas, a la generación de ideas nuevas plasmadas en el soporte que sea, los ordenadores están a nivel de principiante. No obstante, hay que añadir de nuevo que las llamadas redes neuronales ya hace tiempo que aprenden por ejemplos y generalización subsiguiente y que están dejando de ser cajas negras —es decir, mecanismos de funcionamiento interno poco conocido— para empezar a ser cajas grises sabiéndose, en algunos casos, con qué tipo de lógica se puede entender cómo razonan por inducción y generalización.

Pese a todos esos avances, para penetrar decididamente en el campo creativo hace falta comprender mejor los mecanismos del llamado *razonamiento de sentido común*; comprender mejor los modos de razonar ni estrictamente formales ni paso a paso de las personas, en lo que se refiere a los asuntos ordinarios, en los que de forma contraria al razonamiento deductivo formal se *salta* de las premisas a las consecuencias. De ello nos ocuparemos un poco en lo que sigue, puesto que dotar a las máquinas de este tipo de razonamiento común, sobre todo cuando la información es vaga o parcial, es uno de los desafíos que, por lo dicho, tiene la IA; y aquí viene a cuento la frase de Theodor von

Kármán, el padre de la aerodinámica: "El científico describe lo que es; el ingeniero crea lo que nunca fue".

Además de todo lo dicho, quedan aspectos, en absoluto menores, que no se han tocado; sólo se ha visto la inteligencia a través de sus manifestaciones racionales y se han dejado de lado por completo las emociones, pese a la extraordinaria capacidad directiva que tienen por lo que se refiere a las actitudes, las decisiones y las acciones de las personas. En ellos, seguramente muy relacionados con la creatividad, la IA anda retrasada. Pero existen sistemas capaces de reconocer emociones a través de expresiones faciales y también de simular estas expresiones; otros sistemas que permiten acceder a los discapacitados físicos al ordenador a través de sus terminaciones nerviosas o del movimiento de los ojos, y se han hecho curiosas simulaciones de algunas enfermedades de origen emocional. Sin embargo, se está a años luz de lograr muchos aspectos de tipo emocional, como es el caso importante de la comunicación no verbal entre las personas, aunque también hay intentos de comunicación directa cerebro-ordenador.

3. Algunos comentarios sobre el razonamiento de sentido común

Cuando, en algún momento de los estudios elementales de matemáticas, se nos ha propuesto probar que la suma de los n primeros números naturales, 1+2+...+n, es igual a n(n+1)/2, hemos realizado un razonamiento en base a conocimiento, el del axioma de inducción completa*. Se trató de un razonamiento en base a conocimientos y con un objetivo definido, el de comprobar que efectivamente es 1+2+...+n = n(n+1)/2 para cualquier número n de sumandos; es decir, para probar que esa fórmula siempre es válida. Fue un razonamiento de prueba de una conjetura.

Distinto problema hubiese sido la propuesta de llegar a conjeturar una fórmula para calcular la suma 1+2+...+n que, si para valores pequeños de n no tiene ningún interés, sería práctica para valores mayores y, en todo caso, nos daría un nuevo conocimiento aritmético. Para intentar llegar a conjeturar una fórmula podríamos haber intentado dos estrategias distintas; la primera, la del poco hábil en matemáticas, partiría de algunos ejemplos sucesivos: 1, 1+2 = 3, 1+2+3 = 6, 1+2+3+4 = 10,...,1+2+...+7 = 28, etcétera, e intentaría encontrar alguna regularidad en las sumas 1,3,6,10,..., 28. Ensayando algunas funciones de n (por ejemplo, polinómicas) con suerte se vería que la secuencia obedecía a la fórmula $(n^2+n)/2$, para n = 1,2,...,7 y se llegaría a la hipótesis 1+2+...+n = n(n+1)/2, en la que se *creería más* al comprobarla para algunos valores de n mayores que 7. Como una creencia fuerte en la hipótesis y en la imposibilidad de verificarla directamente en todos los casos —lo que, por otra parte, es lo que se quiere evitar con la fórmula— se

* Según el cual si S(n) es una fórmula aritmética, para probar su validez general hay que comprobar S(1) y, supuesta válida para un número natural k arbitrario, probar entonces S(k+1) a partir de S(k).

debería pasar a probarla con los medios de prueba ordinarios de la aritmética, es decir, con el axioma de inducción completa. Hasta llegar a una hipótesis creíble se habría realizado un razonamiento de búsqueda de algo no previamente conocido, para lo que se habría usado un conocimiento aritmético elemental y efectuando ensayos hasta conjeturar cuál podía ser la fórmula.

Estos dos problemas presentan diferencias importantes. En el primero se ha aplicado un conocimiento especializado para efectuar una prueba —demostración aritmética— sistemática y formal; en el segundo se ha buscado información previa y utilizando bien la imaginación, bien tanteando y excluyendo posibilidades, se ha llegado a una fórmula en la que se ha creído al ver que no estaba en contradicción con la información disponible, y sólo entonces se ha establecido como conjetura. He aquí un esquema de lo hecho en el segundo caso —que luego nos será útil—:

— Información acumulada. Las premisas $p_1 = (1=1)$, $p_2 = (1+2=3)$,...,$p_7 = (1+2+...+7=28)$.

— Hipótesis. La afirmación, de verdad desconocida, $h = (1+2+...+n = n(n+1)/2)$.

— Comprobación de que h no es contradictoria con p_1,...,p_7, e incluso con otras p_i, con i mayor que 7.

— Establecimiento de h como conclusión provisional o conjetura.

— Prueba de h con la metodología propia de su ámbito de conocimiento —la aritmética—.

Por descontado, si h se hubiese encontrado contradictoria con alguna p_i se la habría desechado como conjetura.

En general, la estrategia para llegar a la conjetura no es única. La segunda estrategia de las citadas, la del más hábil con las matemáticas, consistiría en darse cuenta de que en 1+2+...+n la suma de términos equidistantes de los extremos 1 y n siempre es igual a n+1, con lo que siendo $x = 1+2+...+n$ también $x = n+...+2+1$, es $2x = (1+n)+(2+n-1)+...+(n+1) = n(n+1)$, y se obtiene $x = n(n+1)/2$. Se llega así al resultado a través de un razonamiento deductivo, paso a paso, definitivo; es una estrategia que requiere mayor habilidad, mayor entrenamiento y mayor conocimiento y que, obviamente, es mejor.

El segundo problema pertenece a una amplia clase de razonamientos que interesan a la IA; son razonamientos *creativos*, que revelan una importante manifestación de inteligencia y en ellos el aprendizaje y el conocimiento específico suelen ayudar a dar con una estrategia de búsqueda que sea óptima. El cualquier caso, hacer hipótesis racionales, mantenerlas y probarlas en la medida que se pueda parece ser una característica típica de la inteligencia humana.

3.1. La práctica de este tipo de razonamientos que llevan a una conjetura, plausible mas no necesariamente cierta, a partir de una información cierta es típica de muchos procesos de búsqueda inquisitiva tanto en las ciencias empíricas como, por ejemplo, en los procedimientos judiciales. Tales razonamientos —creíbles— admiten patrones como: "Si se verifica una consecuencia c de h, se refuerza la creencia en h", "La creencia en h disminuye si un fundamento f de ella es refutado" y "La creencia en h aumenta si se refuta otra conjetura ho contradictoria con ella".

Precisamente, existe un modelo matemático [13, 12] con el que interpretando adecuadamente la palabra *creencia* tales patrones resultan ser teoremas dentro del modelo y, por tanto, lo justifican como tal.

Si tanto las p_i como h son elementos de un álgebra de Boole* E que contiene todas las afirmaciones sobre el Universo del discurso en cuestión, y $P:E \rightarrow [0,1]$ es una probabilidad cualquiera en E, basta definir el grado de creencia en h por P(h); el grado de creencia en h después de probar c por $P(h/c) = P(h.c)/P(c)$, y el grado de creencia en h después de refutar h_o por $P(h/h'_o)$, para poder demostrar que:

$P(h) < P(h/c)$, $P(h/f') < P(h)$, y $P(h) < P(h/h'_o)$;

es decir, aquellos patrones empíricos se pueden demostrar con sólo aceptar que todas las afirmaciones están en un álgebra de Boole, que la creencia otorgada inicialmente a una conjetura es una probabilidad y que la nueva creencia que se asigna a una conjetura tras probar o refutar algo, con ella relacionado lógicamente, es la correspondiente probabilidad condicional. Además, en las demostraciones no importan en absoluto los valores particulares que pueda tomar P, sino sólo las leyes que sigue una P cualquiera; valen para cualquier P que se use.

Este resultado es relevante por lo menos por dos motivos. El primero es que el modelo matemático exige poco, y el segundo es la misma existencia del modelo, que explica un tipo de razonamiento plausible de búsqueda. Es un resultado que da confianza en la posibilidad de modelizar matemáticamente[15] diversos tipos de razonamiento inexacto.

3.2. Un retículo no es sino un conjunto parcialmente ordenado $(E,\leq)$ en el que, para cada par de elementos a,b de E existen: $a.b = \text{Sup}\{x \in E; x \leq a, x \leq b\}$, $a+b = \text{Inf}\{y \in E; a \leq y, b \leq y\}$. Por su parte, $\leq$ es una relación binaria entre los elementos de E con las propiedades reflexiva ($a \leq a$), antisimétrica (si $a \leq b$ y $b \leq a$, entonces $a = b$) y transitiva (si $a \leq b$ y $b \leq c$, entonces $a \leq c$). El elemento mínimo 0, si existe, es el que verifica $0 \leq a$, para todo a de E, y el máximo 1 si existe es el que verifica $a \leq 1$. Las álgebras de Boole son, como se dijo, un tipo especial de retículo.

La operación . modeliza el *y* lógico, la + modeliza el *o* lógico. Además, una negación o pseudocomplemento es una operación monaria ' tal que $0' = 1$, $1' = 0$ y que si $a \leq b$ es $b' \leq a'$. Una negación modeliza el *no* lógico.

* Es decir, E es un retículo distributivo respecto de operaciones binarias +(unión, ó) y. (intersección, y), con elemento mínimo 0 y elemento máximo 1, que es además complementado por una operación monaria '(negación, complemento, no) y verifica una serie de axiomas característicos de cada operación y de cada una de ellas con las demás. Una condición necesaria y suficiente para que E sea un álgebra de Boole es que las tres operaciones verifiquen los cuatro axiomas: 1) $a+b=b+a$; 2) $a+(b+c)=(a+b)+c$; 3) $a.b=(a'+b')'$, y 4) $a=a.b+a.b'$.

Un retículo se llama distributivo cuando valen las dos leyes distributivas a.(b+c) = a.b+a.b y a+b.c = (a+b).(a+c). Un retículo se llama complementado cuando la negación verifica el axioma (a')' = a, llamándose intuicionista si sólo vale (a')' $\leq$ a.

Los retículos han resultado muy útiles para modelizar matemáticamente varios tipos de razonamiento[20]. Así, el conjunto de las preguntas que pueden hacerse sobre un experimento aleatorio se representa por un álgebra de Boole con 2^n elementos, si los resultados posibles del experimento son en número de n. Por ejemplo, al lanzar un dado sólo pueden obtenerse los seis resultados 1,2,3,4,5,6, pero cabe hacer muchas más preguntas sobre el resultado, antes de que se produzca, como son ¿saldrá par?, ¿saldrá un múltiplo de 3?, ¿saldrá un resultado menor que 4?, etcétera. Cada una de esas preguntas se corresponde con una parte del conjunto X = {1,2,3,4,5,6}; así, la primera equivale a preguntar si el resultado caerá en el subconjunto {2,4,6}; la segunda, si caerá en el {3,6}, y la tercera, en el {1,2,3}; es decir, cada pregunta puede representarse por uno de los 2^6 subconjuntos o partes de X. Y el conjunto de tales partes es un álgebra de Boole con las operaciones + = reunión de subconjuntos, . = intersección de subconjuntos y ' = complementario de un subconjunto, con mínimo el subconjunto vacío ϕ —que representa a las preguntas absurdas como ¿saldrá un 8?— y máximo el mismo X —que representa a las preguntas de respuesta obviamente afirmativa, como ¿saldrá un número mayor o igual que 1?—.

La operación + corresponde a la disyunción de preguntas: ¿saldrá par o múltiplo de 3?, y se representa por {2,4,6} + {3,6} = {2,3,4,6}. La operación . corresponde a la conjunción de preguntas: ¿saldrá par y múltiplo de 3?, y se representa por {2,4,6} . {3,6}' = {6}. La negación de una pregunta se representa por la operación ': ¿saldrá un número que no sea múltiplo de 3?, y se representa por {3,6}' = {1,2,4,5}. Por ello, los razonamientos sobre preguntas acerca del experimento aleatorio consistente en lanzar un dado pueden estudiarse por medio del modelo matemático del álgebra de Boole de las partes del conjunto X de los seis resultados posibles.

También los razonamientos del cálculo proposicional clásico admiten un modelo de álgebra de Boole en la que es muy sencillo efectuar los cálculos lógicos. Por ejemplo, una ley típica del cálculo proposicional —del razonamiento formal deductivo con afirmaciones que sólo pueden ser verdaderas o falsas—, la ley del intercambio x → (y → z) = y → (x → z), donde → es la operación de implicación que a x e y asigna *si x, entonces y*" = x → y = x'+y, se demuestra fácilmente con el cálculo siguiente: x → (y → z) = x'+ (y'+z) = y' + (x'+z)=y → (x → z), sin tener que recurrir a los tediosos cálculos con tablas de verdad típicos de la lógica proposicional.

Por otra parte, los razonamientos de la matemática constructivista de Brouwer —la llamada matemática intuicionista— admiten un modelo con un retículo no distributivo intuicionista, y los razonamientos de la física cuántica admiten un modelo con un retículo no distributivo y complementado —los retículos ortocomplementados— donde, por ejemplo, *si x, entonces y*" = x → y se identifica con x'+ x.y, en lugar de x'+ y. Así, cinco grandes logros científicos de los últimos 100 años, los razonamientos de búsqueda plausible, los razonamientos sobre el azar, dos tipos distintos de razonamientos matemáticos y determinados razonamientos sobre el mundo subatómico, admiten modelos matemáticos basados en retículos. Pero estos modelos tienen importantes diferencias entre sí, y, desde luego, no se adaptan a cualquier tipo de razonamiento, ya que ante todo presuponen que se dispone en cada caso de mucha información.

3.3. El razonamiento común que, conviene decirlo, también abarca los anteriores tipos de razonamiento, tiene un importante componente de razonar —esto es, de desencadenar razones más o menos fuertemente para llegar a conclusiones más o menos definitivas— según la información incompleta, inexacta y no del todo fiable. En los modelos reticulares se representa la conjunción *y*, por ejemplo, como la más grande de las cotas inferiores de lo que se conjunta: a y b = Sup $\{ x \in E; x \leq a, x \leq b\}$; con ello, si en un razonamiento ordinario es a = Juan es rico y b = Juan es infeliz, entonces a y b = Juan es rico y Juan es infeliz = Juan es rico e infeliz, debería ser la afirmación más grande de todas las que son más pequeñas que Juan es rico y que Juan es infeliz. Esta interpretación obligaría a conocer todas esas afirmaciones y a aceptar que la conjunción *Juan es rico e infeliz* es la mayor de todas ellas; ello exige una notable cantidad de información no sólo para conocer, por lo menos en teoría, todas esas afirmaciones, sino para tener la seguridad de que no existe una afirmación z tal que siendo menor que ambas *Juan es rico* y *Juan es infeliz*, no sea mayor que *Juan es rico e infeliz*. Lo que obliga en muchos casos a limitar mucho el número de afirmaciones en consideración, en contra de la gran capacidad de gestión de información del cerebro humano; pretender, por tanto, que cada vez usamos la conjunción copulativa *y* sabemos todo eso, parece exagerado; más bien parece que la usamos en una forma menos exacta y más bien aproximada. Los modelos reticulares serán adecuados sólo para los tipos de razonamiento en los que sus propiedades sean razonablemente suponibles.

Por otra parte, es una característica de muchos razonamientos de la vida ordinaria que sus conclusiones son provisionales; que más bien son conjeturas creíbles con la información disponible y siempre que la estrategia de búsqueda haya sido racional. Es decir, que nueva información —por el paso del tiempo o porque no se podía pensar en ella— puede hacer que debamos retractarnos de la conclusión; el razonamiento común lo es con conocimiento que fluye y con conclusiones revisables. Así, por ejemplo, de convenir en la regla de sentido común *si a una persona le toca el "gordo", esa persona es feliz*, ante la información de que a Juan le ha tocado el *gordo* de Navidad cabe concluir plausiblemente que Juan es feliz pero, ante la nueva información de que está en coma por un accidente de coche, no concluiremos lo mismo. En general, hacemos razonamientos según el patrón siguiente:

Si se dispone de la información p1,...,pn, entonces conjetúrese h; supuesto que no hay otra información contradictoria con h.

Hay que recordar que, en los modelos reticulares, dos afirmaciones a y b son contradictorias si es $a \leq b'$, lo que equivale, si la negación ' es un complemento, a que también sea $b \leq a'$ y comporta que a y b sean incompatibles, $a . b = 0$; aunque esto no siempre implica aquello. En las álgebras de Boole hay equivalencia entre contradicción e incompatibilidad. Por ello, si en esos modelos se dispone de un cuerpo de información, comprimido en premisas $p_1,...,p_n$ que no contradictorias entre si —es decir, que nunca es $p_i \leq p'_j$—, lo primero que se le exigirá a una conjetura h es que no sea contradictoria con ninguna de las p_i; es decir, que no sea $h \leq p'_1 \cdot p'_2 ... p'_n$. Sin embargo, si aparece una nueva información p_{n+1} no contradictoria con las anteriores, entonces no puede ser tampoco $h \leq p'_1 \cdot p'_2 ... p'_n \cdot p'_{n+1}$, puesto que entonces también sería $h \leq p'_1 \cdot p'_2 ... p'_n$: por consiguiente, h nunca sería revisable con nueva y no contradictoria información, con más información. El ejemplo de antes, *A Juan le ha tocado el "gordo" de Navidad,* no es una afirmación contradictoria con *Juan está en coma*, sino con el conocimiento *implícito* en la regla, que supone que *Juan es feliz*; lo que no es el caso si está en coma y en el sentido usual de *es feliz*.

Sucede, en el razonamiento usual de las personas, que el cuerpo de información es unas veces demasiado pequeño y otras demasiado grande; en el primer caso, la contradicción puede llegar rápidamente. En el segundo, y aun suponiendo que la información sea muy completa, el problema suele provenir de su gestión. En efecto, si el número n de premisas es grande, puede ser que sólo las podamos tener en cuenta por bloques que mantengan entre sí ciertas relaciones, como por ejemplo: $p_1,...,p_{10}$; $p_{11},...,p_{27}$; $p_{28},...,p_{50}$, y en lugar de considerar h como conjetura si "no es $h \leq p'_1...p'_{50}$", lo hagamos si "no es $h \leq q'_1 \cdot q'_2 \cdot q'_3$", con las agregaciones $q_1 = p_1 \cdot ... \cdot p_{10}$, $q_2 = p_{11} \cdot ... \cdot p_{27}$, $q_3 = p_{28} \cdot ... \cdot p_{50}$, logradas como sea. En tal supuesto, no sería h conservada necesariamente por cualquier premisa p_{n+1} no contradictoria con las demás: nueva información *buena* podría invalidar la conjetura. En efecto, si por ejemplo se hiciese un solo bloque q_1, entonces que fuese $h \leq p'_1+...+p'_n+p'_{n+1}$ no implicaría necesariamente $h \leq p'_1+...+p'_n$ (en el orden reticular siempre es $a+b \leq a+b+c$); es decir, que puede no ser $h \leq p'_1+...+p'_{n+1}$ y, sin embargo, ser $h \leq p'_1+...+p'_n+p'_{n+1}$. Por tanto, el problema puede aparecer en función de cómo se acopie y gestione información relevante.

3.4. Por llegar a algún final de este párrafo, digamos que para que los ordenadores puedan llegar a razonar como las personas lo hacen habitualmente, se presentan problemas teóricos y prácticos importantes; los primeros se intentan plantear y resolver poco a poco mediante modelos matemáticos, reticulares o no. En cuanto a los segundos, a la hora de hacer computables esos muchos tipos de razonamientos incluidos en lo que se ha llamado *el de sentido común*, aparecen multitud de problemas prácticos que dependen tanto del conocimiento contenido en las bases de datos como de su actualización, del conocimiento implícito necesario para entender al explícito y de las formas en que se pueda efectuar el razonamiento automático —en función, a su vez, de la tecnología disponible y de cómo sea accesible el conocimiento explícito— y también de la capacidad de gestión de las inconsistencias que, inevitablemente, aparecerán pronto o tarde[2]. Así como en los procesos inferenciales del razonamiento formal deductivo la aparición de una contradicción —como *a y no a*— lo detiene todo, en el caso de los procesos inferenciales del razonamiento inductivo común, la detención sólo se produce a los efectos de revisión y continuación. No obstante, la gran capacidad de almacenar conocimiento, la gran velocidad de actuación y cómputo así como las técnicas heurísticas de búsqueda ayudan a ir venciendo los obstáculos. Además, las implementaciones por medio de agentes —informáticos— autónomos que tienen conocimiento de su entorno y lo intercambian con los vecinos, junto al paralelismo masivo y medios como las redes neuronales y los algoritmos genéticos, permiten avanzar por medio de experimentación con sistemas informáticos que, poco a poco, van mostrando más y mejores manifestaciones de inteligencia. No obstante, hay que advertir que para tareas inteligentes en las que los seres humanos son bastante buenos —como es resumir información—, los ordenadores todavía son francamente ineficientes.

Con todo, se van haciendo progresos. Por ejemplo, aunque es una seria dificultad para los ordenadores el trabajar en lenguaje natural, el experimento —real— del helicóptero no tripulado dirigido a distancia por instrucciones orales, mediante técnicas de lógica borrosa y redes neuronales, es ya mucho más relevante que las conversaciones telefónicas que desde hace tiempo se mantienen con ordenadores de centros oficiales, compañías de servicios o bancos; además del sentido común que el funcionamiento del sistema exhibe. La incorporación de sentido común a los sistemas se va abriendo paso, y ya en 1989 el mismo investigador del helicóptero, el japonés Michio Sugeno, había terminado un prototipo de coche guiado a distancia que obedecía instrucciones orales como *gira a la derecha*, en forma eficiente; es decir, girando lentamente a la derecha en el primer cruce en que ello era posible y enderezándose luego suavemente. Para lograr que el coche no girase bruscamente 90º a la derecha hubo que incorporarle algo de sentido común en función tanto de conocimientos dados por reglas de conducción habituales como de la capacidad de comprender las órdenes en japonés; fue un sistema inteligente precursor del más complejo, e inestable, helicóptero, que muestra cómo la investigación en la IA consta de series de experimentos crecientemente más complejos que cada vez exhiben mayor comportamiento inteligente. De hecho, el sistema de Sugeno hace prácticamente indistinguible el subsistema en tierra de un piloto humano en el helicóptero; incluso puede llegar a ser mejor si, como parece, es capaz de estabilizarlo en la eventualidad de perder una pala del rotor, lo que ningún piloto humano ha logrado aún[10].

Como se viene diciendo, cada vez hay más tareas concretas en las que la indistinguibilidad personas-máquinas es un proceso decreciente. El vídeo del vuelo real del helicóptero no permite, salvo por pequeñas vibraciones que en nada afectan a su estabilidad en vuelo, distinguir que el mismo no está tripulado; y en tareas peligrosas típicas de los helicópteros nunca, en caso de accidente, perderá la vida una persona. No hay que olvidar que un objetivo esencial de la ingeniería derivada de la IA es ayudar a las personas en tareas aburridas, fatigosas, peligrosas o de decisión compleja, incrementando el coeficiente intelectual de las máquinas.

4. La representación y el aprovechamiento de la vaguedad en la IA

4.1. Al igual que la ciencia clásica ha venido tradicionalmente excluyendo las contradicciones, también ha intentado escapar de los conceptos vagos, es decir, de aquellos asociados a una propiedad graduada y que, por lo tanto, vienen designados por nombres que son predicados vagos. Así, un concepto tan usualmente empleado para calificar animales, personas o cosas como *pequeño* es un concepto vago y su nombre, la palabra *pequeño*, se predica de los sujetos u objetos que sea de forma graduada; por ejemplo, si los objetos son todos los números entre 0 y 1 —los del intervalo unidad [0,1]—, los que son pequeños no forman un conjunto a menos que se acepte que todos ellos son pequeños; algo de todo punto inaceptable en el conocimiento ordinario. Es decir, los predicados vagos carecen de *extensión* conjuntista como la que tienen los predicados nítidos: el predicado *menor que 0.5* aplicado a los mismos objetos de [0,1] tiene la extensión conjuntista [0,0.5], reflejándose con ello que la afirmación *x es menor que 0.5* sólo es verdadera o falsa, que una de dos, x está en [0,0.5] o x no está en [0,0.5]; lo que implica, a su vez, que las afirmaciones *x es pequeño* no son sólo verdaderas o falsas sino ambas cosas en un cierto grado, que tienen un grado de verdad variable entre 0 (falso) y 1 (verdadero).

La gran cantidad de predicados vagos que aparecen en el discurso ordinario y su uso extensivo en el razonamiento común han hecho que la IA no pueda desentenderse de ellos, sino que deba encontrar formas de representarlos y de gestionar los razonamientos en los que aparezcan[22]. La IA tampoco puede olvidar el valor, tanto sugestivo como comunicativo, de los predicados vagos, amén de su capacidad de síntesis, para convencerse basta intentar mantener una conversación ordinaria sin emplear ni uno y ver cómo se alarga la conversación, cuán pedante resulta quien lo intenta y el escaso margen que deja al otro interlocutor para entrar en la discusión —que se supone común—, además del aburrimiento producido por la falta de expresividad. Es que intentar precisar los predicados vagos lleva a dejar mucho fuera de consideración; de convenir que en [0,1], *x es pequeño* si y sólo si x es menor o igual que 0. Resultaría que x = 0.101 ya no sería pequeño, contra el propio uso del predicado en el lenguaje ordinario. El significado de los predicados vagos viene determinado por su uso lingüístico flexible en un contexto dado.

Para representar de forma operativa a los predicados vagos y poder aprovechar con ello la vaguedad, ha resultado muy fecundo el cambio de manera de hablar que consiste en pasar de afirmaciones como *x es pequeño, tiene grado de verdad* r, a la afirmación *x está en el conjunto de los números pequeños de [0,1] con grado de pertenencia r;* conjunto este último que no es, evidentemente, un conjunto clásico sino un conjunto borroso —*fuzzy*, en inglés—. Surge así, de forma natural el conjunto borroso de los números pequeños entre 0 y 1, al que todos los números del intervalo unidad pertenecen en algún grado; el número 0 le pertenece con grado 1 —pertenece absolutamente—, el número 1 le pertenece con grado 0 —no pertenece en absoluto— y el 0.5 le pertenece con un grado intermedio a determinar[22].

4.2. Distintamente al caso de los conjuntos clásicos, no hay una sola álgebra de conjuntos borrosos[20]; una sola sería sorprendente, a causa de la dependencia de uso contextual que, en el lenguaje, tienen los predicados vagos. Pequeño no se usa exactamente igual si se refiere a pigmeos que si se refiere a batusis. Por ejemplo, con los predicados vagos, hay muchas formas de representar la cópula *y* de la que antes se habló, y de entre ellas sólo una facilita una estructura reticular; y lo mismo sucede con la cópula *o*, la negación *no* y la implicación *Si...entonces...*, lo que, acompañado de que se puede representar el antónimo de un predicado y también sus sinónimos, le da una notable capacidad a la teoría de los conjuntos borrosos para representar conocimiento común y modelizar matemáticamente los razonamientos aproximados en él basados. Más aún[10, 20], ya que la lógica borrosa —la de los predicados vagos representados por conjuntos borrosos— contiene como casos particulares a las lógicas clásica, polivalente y probabilística, permite representar conocimiento exacto, conocimiento con incertidumbre y conocimiento impreciso, lo que hace de ella un útil importante para representar y gestionar una amplia parcela del razonamiento común. Es una lógica que permite representar robustamente conocimientos comunes comprimibles en reglas, como *si el servicio es bueno y la comida abundante y de calidad, entonces dar una propina generosa*[22], mediante las cuales se explicita una buena parte de lo que la gente hace en la vida corriente.

La regla anterior corresponde al tipo genérico:

Si 'x_1 es P'_1 y 'x_2 es P'_2 y... y'x_n es P'_n, entonces 'y es Q',

donde x_1, x_2 ,..., x_n son variables en universos de discurso respectivos X_1, X_2,..., X_n, cada P_i es un predicado vago en el correspondiente X_i e y, Q son la variable y el predicado resultantes en el Universo que sea. Por ejemplo, la regla sintética *si alto y pesado, entonces grande*, aplicada a personas x de una población X puede leerse: *si x es alto y x es pesado, entonces x es grande*, donde *alto* es una propiedad graduada en [0,3], en metros; *pesado* lo es en [25,150], en kilogramos, y *grande* lo es en X. Por tanto, si *alto* es el conjunto borroso A en [0,3], *pesado* el conjunto borroso P en [25,150], y *grande* el G en X, la lógica borrosa permite representar el grado de certeza de la regla por medio de la fórmula Min(1,1-Min(A(z), P(y))+G(x)), donde A(z) es el grado en que x es alto, P(y) el grado en que x es pesado y G(x) el grado en que x es grande (expresados por medio de z = altura de x, y = peso de x). Con ello, si x es tal que A(z) = 0.8, P(y) = 0.9 y la regla tiene un grado de certeza de 0.8, resulta 0.8 = Min(1,1-Min(0.8,0.9)+G(x)) = Min(1, 0.2+G(x)), o sea G(x) = 0.6; es decir, la persona x *está* en el conjunto borroso de las personas grandes de X con grado 0.6, o bien x *es* grande con grado 0.6.

4.3. La lógica borrosa representa las reglas del tipo *si x es P, entonces y es Q* mediante funciones numéricas[20] R(P(x), Q(y)), donde P(x) = grado en que x es P, Q(y) = grado en que y es Q; además permite hacer inferencias. Por ejemplo, si el sistema elemental que consta sólo de dos variables (x, y) está gobernado por una regla del tipo anterior y se observa que x está en el estado lingüístico P*, entonces y estará en el Q* dado por $Q^*(y) = \underset{x \in X_1}{\text{Sup}} \text{Min}(P^*(x), R(P(x), Q(y))$.

Con ello, el control de sistemas físicos de comportamiento describible por medio de reglas lingüísticas como las anteriores puede efectuarse de modo automático mediante las correspondientes *salidas* Q* —correspondientes a *entradas* P*— que, en la práctica, deben *desborrosificarse* para dar un número que indique el valor a recibir por la variable resultante para que el sistema se mantenga en funcionamiento regulado; es decir, siga funcionando de acuerdo con las reglas que gobiernan su comportamiento estable —ése es, por ejemplo, el caso del helicóptero de Sugeno—. Es más, se ha probado que toda función continua f: $X_1 x X_2 x \ldots x X_n \rightarrow X_{n+1}$ puede aproximarse tanto como se quiera, por medio de una familia de reglas del tipo antes citado, con los predicados P_i sobre cada X_i, y el predicado Q sobre X_{n+1}; así se consigue el control inteligente de sistemas físicos de comportamiento no-lineal en forma robusta.

Por ejemplo, el control de verticalidad en el ascenso de un cohete puede simularse con 11 reglas empíricas de tipo parecido a las que una persona, con la práctica de un actor de circo, utiliza para mantener una escoba invertida en equilibrio sobre la palma de la mano —*si la escoba se ladea moderadamente hacia la izquierda, entonces muévase la mano hacia la izquierda suavemente y luego moderadamente hacia la derecha*—. Tal simulación resulta mejor que el control clásico, basado en el sistema de ecuaciones diferenciales no-lineales de la dinámica del sistema, incluso en malas condiciones de viento lateral. Además del coche y el helicóptero citados, también se han controlado motores de vapor, plantas de fabricación de cemento, potabilizadoras de agua, transmisiones de automóvil, arranque y frenada de trenes, plantas productoras de hidrógeno, tráfico de ascensores en grandes edificios, etcétera. Por otra parte, hay en el mercado diversos productos de gran consumo —cámaras fotográficas autoenfocantes, lavadoras, aspiradoras, ollas a presión y hornos microondas, etcétera— que funcionan con ese tipo de control de sentido común y que cabe llamar *un poco inteligentes*, ya que se autoprograman para efectuar autónoma y eficientemente sus funciones. Todos esos sistemas funcionan igual o mejor que cuando sus operaciones son efectuadas por personas expertas; su funcionamiento es, por tanto, indistinguible del que tendrían si lo efectuase un grupo de personas en turnos. En algunos casos se trata de sistemas en los que el control humano se ha considerado derivado de una notable capacidad de aprendizaje, planificación de operaciones y previsión; de algo de inteligencia, en suma.

En estos modelos de control inteligente mediante lógica borrosa es clave la construcción de las reglas; es decir, la manera de determinar las reglas lingüísticas que describen el comportamiento del sistema, las cuales deben ser, ante todo, adecuadas y suficientes. Al comienzo se usaron los mismos métodos que en los sistemas expertos por la llamada ingeniería del conocimiento: las reglas se obtenían interpretando el conocimiento práctico de un experto y en diálogo con él. Posteriormente se han utilizado redes neuronales con las que se llega a establecer las reglas por medio de experimentación con el sistema, a través de entradas y las correspondientes salidas; cuando se dispone de expertos, la conjunción de ambos métodos da excelentes resultados, tomando las reglas extraídas a los expertos como reglas de tanteo y sometiéndolas a un ajuste experimental.

La lógica borrosa permite otros logros que muestran razonamiento inteligente, pero lo anterior es lo más conocido hoy por hoy[20]. Para acabar, digamos que también permite, mediante *números borrosos* representar silogismos aproximados tan típicos como:

> La mayor parte de los estudiantes son jóvenes; unos pocos jóvenes son estudiantes. La mayor parte de los jóvenes son solteros; un aparte significativa de los solteros son jóvenes,

y concluir plausiblemente, mediante cálculo, que: más de una quinta parte de los estudiantes son solteros y alrededor de una cuarta parte de los solteros son estudiantes.

Si la motivación principal de la lógica borrosa es facilitar un instrumento para la representación de la imprecisión que es típica de muchos conceptos que usan las personas para describir, discutir y pensar sobre el mundo, también ha resultado muy útil para construir sistemas computacionales inteligentes. El corazón de su uso reside en la explotación de la tolerancia a la imprecisión para lograr soluciones de problemas complejos; lo que hasta hace poco era, únicamente, una extraordinaria habilidad del cerebro humano. Sin embargo, si ya hay electrónica que procesa directamente información vaga, se está lejos de disponer de ordenadores de propósito general que funcionen con lógica borrosa y sólo hay, por ahora, procesadores de propósito específico y se tienen dificultades tecnológicas para, por ejemplo, conectar un ordenador clásico con un procesador borroso.

4.4. A lo largo de este siglo el concepto de regla ha tenido una importante evolución dentro de la cultura científico-técnica y también en la filosofía. Si hasta los años veinte sólo eran aceptadas las reglas ciertas, o de obligado cumplimiento, del estilo de *si* $(x+y \leq 1)$ *y* $(0.5 \leq x)$, *entonces* $(y \leq 0.5)$, a lo largo de la primera mitad del siglo se fueron aceptando reglas inciertas de cumplimiento probabilístico del estilo de *si x es hombre y es menor de 55 años, entonces vivirá por lo menos 20 años más; con probabilidad del 90 por ciento*. Tales reglas se fueron acreditando gracias, por una parte, a los exitosos trabajos estadísticos del mundo de los seguros, y por otra, posteriormente gracias a las investigaciones de la física de partículas, con las que se produjo un cambio cultural muy importante al dejar de hablar de la posición de un electrón para hacerlo en su lugar de la probabilidad de que se le encuentre en una región; es decir, en la cultura de la ciencia el concepto de *posición de un electrón* pasó de ser un concepto preciso a ser impreciso, de ser nítido a vago.

Finalmente, a partir de los años cincuenta y principalmente, pero no sólo, por la teoría de los conjuntos borrosos, se están haciendo lentamente un lugar en la cultura de científicos, técnicos y filósofos las reglas vagas con grados de certeza no necesariamente probabilísticos sino representando creencias expertas —basadas en conocimiento empírico—, no siempre representables por probabilidades —por no existir suficientes datos estadísticos, por no poder existir o por no responder su evaluación al patrón de las apuestas de la llamada probabilidad subjetiva—.

Si con las reglas ciertas se escribe la mayor parte de las matemáticas del siglo XIX y del XX, la lógica matemática de la primera mitad del siglo XX y la física determinística desde el siglo XVIII; con las reglas frecuentísticas o de *apuestas* se escribe todo lo referente al mundo incierto del azar, desde la teoría matemática de los procesos estocásticos a la estadística, la teoría de los seguros, la mecánica cuántica, la teoría de la decisión, la de la fiabilidad de los sistemas, la investigación operativa, etcétera[7]. Las reglas vagas han permitido iniciar el estudio lógico de la vaguedad[18], la modelización matemática de algunos de sus aspectos más importantes, la gestión computacional de la imprecisión inherente a muchos conceptos de uso habitual en el razonamiento común y han contribuido a la mecanización informática del conocimiento experto.

Lentamente, a lo largo de 100 años se ha ido haciendo evidente la razón del lógico norteamericano Charles S. Peirce (1839-1914) cuando afirmó que "la vaguedad no puede despreciarse en la lógica, como no puede despreciarse la fricción en la mecánica". Y sólo después del fracaso de la Cibernética se ha ido viendo con el ingeniero Lotfi A. Zadeh, el creador de la lógica borrosa, que "cuando crece la complejidad, las afirmaciones precisas pierden sentido y las significativas pierden precisión".

Las investigaciones conducentes a dotar las máquinas de *inteligencia computacional* para el control de sistemas no-lineales complejos están propiciando un cambio en la forma de ver y decir de los pensadores; por lo menos así es entre muchos de quienes se dedican a la investigación dirigida a la tecnología y en lo que concierne a la forma de modelizar sistemas informáticos cuyo funcionamiento depende de información contextual, con diseños más centrados en las personas que en las organizaciones[5]. Con formas nuevas de humanismo, las personas intentan recuperar un lugar central en un futuro social, que se vislumbra lleno de máquinas inteligentes, realizando no sólo simples tareas rutinarias requiriendo bajos niveles de inteligencia sino tareas complejas a las que tradicionalmente se les ha asignado grados notables de inteligencia a través, por lo menos, de conocimientos expertos contextuales y de comprensión espacial, ya que mucho de lo que eran los antiguos *oficios* va siendo realizado por tales máquinas a través de procesos de producción automatizados.

En formas distintas externamente, los nuevos puntos de vista que van surgiendo parecen partir de las siguientes tres afirmaciones[5]: 1) a lo largo de 400 años la ciencia ha venido explicando el mundo por medio de relaciones causales con las que el pasado condiciona al futuro y el propósito queda excluido. Tales explicaciones han sido muy exitosas pero han tenido consecuencias culturales, en la relación personas-naturaleza y en la estructuración de las organizaciones políticas, sociales y económicas que, actualmente, concitan una gran preocupación; 2) la descripción causal cierta del mundo no se sigue necesariamente de las observaciones y los experimentos, sino que es algo que se ha impuesto al mundo antes de empezar a estudiarlo; es algo cultural; 3) quienes se dedican a investigar y usar las tecnologías inteligentes están culturalmente equipados para comprender y apreciar las afirmaciones anteriores.

En fin, si siempre que la ciencia o la técnica han llevado a nuevas formas de vida, de comunicación y de relación entre personas y organizaciones, nuevas formas de mirar el mundo, la vida y la sociedad se han ido imponiendo, también va a ser así con los cambios que la informática en general y la IA en particular están promoviendo. Y entre ellos, el de ver la razón como inexacta.

5. Comentarios finales

Como se advirtió al comienzo, muchos temas no han podido ser tratados en este artículo [1, 3, 14], y su autor ha hecho una selección de entre aquellos que, a su juicio, y dentro del reducido campo de su conocimiento y experiencia, ha considerado más importantes. Y los ha explicado sin intentar, en ningún momento, efectuar predicciones sino sugerencias para que el lector pueda, si le parece, tenerlas en cuenta. Quedan por comentar dos aspectos; uno, acerca del cual se ha pasado por encima como sobre ascuas, y otro que ni se ha mencionado. Digamos algo de ambos con brevedad.

5.1. El concepto de probabilidad está íntimamente relacionado con el de retículo, y de hecho en las teorías de la probabilidad aceptadas lo supone. En el caso de un álgebra de Boole E, una probabilidad finita es cualquier función $P{:}E \rightarrow [0,1]$ verificando las propiedades 1) $P(1) = 1$, 2) Si $a \,.\, b = 0$, $P(a+b) = P(a)+P(b)$, que no individualizan una única probabilidad y de las que fácilmente se deducen: 3) $P(a') = 1-P(a)$ y, por consiguiente si $A \neq \phi$, que es una posibilidad (con distribución f), ya que verifica $p_f(\phi) = 0$, $p_f(X) = 1$, y $p_f(A \cup B) = \mathrm{Max}(p_f(A), p_f(B))$. De esta forma, si Q es un predicado vago sobre un conjunto X, la función Q(x) = grado de certeza de la afirmación *x es Q*, para cada x de X, permite definir la posibilidad p_Q que, aplicada a los conjuntos unitarios, lleva a $p_Q(\{x\}) = Q(x)$. Así, el grado de certeza en la afirmación *x es Q* puede leerse como la posibilidad de {x} asociada al predicado Q; los conjuntos borrosos no son, por tanto, otra cosa sino distribuciones de posibilidad asociadas al predicado que les da nombre; lo que permite pensar en los predicados como distribuciones de posibilidad que son degeneradas si el predicado es nítido (Q(x) sólo puede valer 0 o 1) y no degeneradas si Q es vago. La nitidez está dentro de la vaguedad y también, en cierto modo la incertidumbre.

A este respecto hay que notar que, con frecuencia, de las llamadas probabilidades *a priori* con las que se define la probabilidad condicional (vid. párrafo 1), no siempre puede asegurarse otra cosa sino que crecen, sin que se tenga información suficiente para saber si lo hacen en forma aditiva, con lo que difícilmente puede adoptarse en esos casos un modelo probabilístico no habiendo probabilidad. Precisamente la lógica borrosa se muestra muy flexible al no forzar la semántica de un problema con sintaxis preconcebidas y aceptar que en unos contextos el razonamiento sea cierto; en otros, incierto, y en otros, vago; en modularizar las largas piezas de razonamiento, en suma. Dicho de otra manera, la gran dependencia contextual de los problemas relacionados con la computación de razonamientos comunes[4] hace que en la IA sea esencial tener en cuenta, de nuevo pero como siempre, la llamada Navaja de Ockham, enunciada como sigue: no introducir más conceptos operacionales que los estrictamente necesarios después de contrastar, en lo posible, que no implican un forzamiento sintáctico contrario a la semántica del problema en cuestión. Lo que podría enunciarse como el principio de *mente abierta y manos libres.*

Si para razonar sobre los experimentos de la física cuántica hubo que flexibilizar la estructura de álgebra de Boole con la más floja de retículo ortomodular, para razonar sobre el conocimiento común aún hace falta más flexibilidad y estructuras matemáticas más flojas.

5.2. En la actualidad la computación ya representa un papel relativamente importante en los procesos de toma de decisiones por parte de las personas y es previsible que ese papel se incremente de forma considerable en un futuro inmediato; por ello es conveniente hacer previsiones de cómo eso va a afectar a la sociedad en el siglo XXI, a las personas y a sus relaciones profesionales y privadas. Es posible que se planteen así preguntas sin respuesta definitiva, pero no por ello es menos interesante intentar plantear algunas.

La evolución de los seres vivos se ha producido básicamente con unos pocos de los materiales que hay disponibles en la naturaleza, y es un hecho que todos los seres vivos no funcionan óptimamente para muchas tareas que, a lo largo de los años, han ido imponiéndose y que al final han devenido de gran importancia para su supervivencia, como es el caso del cálculo matemático. ¿No deberá continuar la evolución con otros materiales? Más aún, si el cráneo es una limitación al crecimiento del cerebro, ¿no hará la gran velocidad de mutación del entorno cultural, social, profesional, natural, etcétera, que el cerebro deba buscar su evolución fuera del cráneo por medio de artefactos que él ha creado?

Por otra parte, no es precisamente el caso que las personas gestionen en forma óptima ni los problemas de la economía ni los de la guerra, entre otros que tampoco son menores y que llevan a la miseria, la destrucción de la naturaleza, la muerte masiva de personas, la falta de libertad y la desolación. Tal vez por esa falta de optimalidad es por lo que la gente se siente inquieta por la evolución del control de la economía y de las guerras, que ya comparten con las máquinas y que, del mañana, no saben si éstas necesitarán o no compartir tales controles con las personas[3]. Realmente las máquinas que muestran inteligencia van ocupando, cada vez más, parcelas de decisión que hasta hace poco eran privativas de las personas; así, en aspectos críticos de las modernas batallas la decisión humana, aun final, está limitada a unos pocos segundos, mientras que en los muchos minutos anteriores todo *lo ve y lo dice* la máquina o el sistema de máquinas.

Si las cosas siguen así, ¿cómo hacer que las máquinas tengan, en el mundo económico y de los negocios, el *propósito necesario* de actuar sólo en favor de los *buenos intereses de la humanidad*? Si al fin se logra hacerlo, ¿cómo saber que las máquinas lo harán así indefinidamente? ¿Hay que imponer antes limitaciones al desarrollo de la inteligencia computacional? ¿Cuáles, quién las decide y cómo?

Análogamente, en el caso de las guerras, ¿cómo saber qué sistemas inteligentes de armas no tomarán si no por la fuerza bruta sí por la fuerza de los hechos, el control del mundo? Incluso, en forma más concreta, ¿se podrá mantener la decisión humana final en aquellos últimos segundos? ¿Es mejor o peor que la decisión final la tome una persona o que la tome un sistema de máquinas? ¿O no será indiferente? Todo ello, ¿en función de qué experiencias o experimentos planificados?

Por otro lado, la *circuitería* del cerebro humano y la de los sistemas con los que controla el cuerpo está sujeta a disfunciones de manifestaciones externas mejor o peor conocidas pero de causas internas mal conocidas, y los ingenieros saben bien que en las máquinas se dan fenómenos parecidos. Por ejemplo, algunas veces el *software* no se comporta como quien lo diseñó esperaba y parece desvariar, o los mecanismos electrónicos actúan, en pequeños períodos temporales, en forma no prevista; todo lo cual puede afectar, y afecta, a lo que hace la máquina como razonamientos si es el caso. Las *enfermedades mentales* de las máquinas electrónicas existen y se producen cuando menos se espera, como en las personas; los programas de IA están sujetos a comportamientos imprevisibles y potencialmente salvajes.

En los grandes sistemas artificiales los problemas de estabilidad no son excepcionales, ya que el tamaño y la complejidad tienden a amplificar las pequeñas vibraciones que se dan de ordinario, sean éstas electrónicas, mecánicas o de errores en la escritura del *software*. Es el ejemplo clásico bien conocido de los peligros que presentan los puentes largos al pasar por ellos, marcando el paso compañías de infantería; lo que sucede con los generadores eléctricos, cuyas oscilaciones espontáneas hacen caer la conexión con las redes y llegan a dejar a oscuras una ciudad entera. Casi puede decirse que en la ingeniería la inestabilidad forma parte de una venerable tradición. ¿Con qué problemas de inestabilidad no previstos se encontrarán en el futuro los ingenieros informáticos? Como en muchísimos casos anteriores, como el de los puentes largos de estructura metálica, ¿les cogerá por sorpresa? ¿Hay que esperar a que en sus primeros períodos de funcionamiento los grandes sistemas inteligentes, de gran potencia computacional y extraordinaria complejidad, sean propensos a comportamientos *enfermizos*? ¿A que más adelante tengan tendencias de tipo paranoico o psicótico análogas a las de las personas?

Construir grandes o potentes sistemas inteligentes, o programarlos, con *buenas intenciones* puede no ser, por tanto, suficiente para que sirvan a los mejores intereses de las personas —sean éstos colectivos o individuales—. Cabe aquí hacer la analogía con las grandes burocracias, sistemas complejos construidos por los humanos para que sirvan al bien común pero que, poco a poco, van desarrollando tales modos de autoorganización, crecen de tal manera y aumentan tanto la complejidad de sus procesos tanto internos como de relación externa, que pueden llegar a ser paralizantes de las actividades creativas, sea en la I+D, sea en los negocios, sea en la producción industrial, sea en la agricultura, en el arte o la sanidad pública. Acaban autoprogramándose para incrementar su poder de supervivencia y a través de razones que son aceptadas por quienes tendrían la capacidad de limitarles el poder. Así, el papel creciente que los sistemas inteligentes van adquiriendo sobre los asuntos de los ciudadanos permite pensar que, por lo menos, llegarán a tener una gran influencia en la vida de las sociedades. Influencia que en parte ya tienen.

En resumen, muchas preguntas de quien, al fin, tiene pocas respuestas que dar; salvo, tal vez, un consejo: no dejemos de poner atención a cómo van sucediendo las cosas de la IA en los próximos 30 años y exijamos que los sistemas inteligentes deban explicar lo que hacen o aconsejan en forma tal que pueda entenderlo cualquier ciudadano corriente.

5.3. Hay que ponerle punto final al escrito, y para ello, todavía una última pregunta: ¿qué consecuencias culturales nos está trayendo la IA? No debe olvidarse, por ejemplo, que *Internet* es una consecuencia de la investigación y desarrollo en IA —financiada, además, por el Departamento de Defensa de los EE UU—.

De nuevo sólo tenemos el recurso de la analogía, con todos los peligros anunciados al comienzo. Lo haremos con la escritura[3]. Las palabras escritas tampoco saben lo que nos están diciendo y, además, no hay forma de preguntárselo ni a ellas ni al lápiz con las que han sido escritas; sólo el escritor puede responder, pero es tal su poder una vez leídas por otra persona que muchas veces la escritura —no toda, pero sí alguna— ha sido vista como un peligro por quienes detentan el poder político, militar, religioso o económico y están usualmente anclados en ideas anticuadas, interesadas u opresivas. La escritura, que no sólo ha facilitado el comercio, sino que ha permitido que las ideas duren más que la memoria de la gente —hubo que ampliar la memoria fuera del cráneo, podríamos decir— de forma menos imprecisa que antes, también ha permitido archivar mejor los hechos del pasado. Además llevó a que el derecho, las matemáticas, la filosofía y las ciencias adquiriesen otra dimensión; de hecho, que llegasen a ser. Sin la escritura es difícil imaginar dónde estaría ahora mismo la humanidad e incluso saber si realmente aún existiría, aunque la analogía con algunas sociedades primitivas aún existentes es irrefrenable.

La escritura ha permitido, sobre todo, comprimir las ideas y repartirlas por todo el mundo, y no sólo reemplazó las anteriores formas de comunicación oral, sino que incrementó su potencia e hizo posibles nuevos niveles de comprensión a través del contraste de conocimientos y opiniones ente mucha más gente. Y actualmente debemos habérnoslas con una gran cantidad de ideas muy complejas en casi todos los ámbitos de la actividad humana; por ello, en el pensamiento de algunos investigadores, la IA puede ofrecer un remedio a la *polución de la complejidad*, ya que sin capacidad de sintetizar mucha información y de actuar según ella, cada día va a ser todo más difícil para muchas personas y organizaciones. Hay multitud de ejemplos del pasado en los que el progreso científico y técnico hizo reacomodar patrones de conocimiento, actuación y comportamiento que se creían estables. La estabilidad no parece ser cosa estable.

A plazo medio y largo todo apunta a que las sociedades, por lo menos las desarrolladas, deberán efectuar importantes reajustes para evolucionar conjuntamente con la informática y, en particular, con los sistemas computacionales inteligentes; pero, al igual que la escritura ha fomentado la libertad de pensamiento y la creatividad global de la humanidad, las cosas no tienen por qué ir necesariamente mal, aunque sería sorprendente que la maldad —que, por ahora, es cosa de las personas— dejase de acechar a una nueva sociedad más o menos simbiótica entre personas y máquinas. Todo dependerá de la racionalidad y de la bondad que manifiestan las personas y las máquinas, y ojalá se alcancen mejores grados de ambas.

---

[1] M. A. BODEN, *The philosophy of artificial intelligence*, Oxford University Press, Oxford, 1990.

[2] J. L. CASTRO y E. TRILLAS, "The management of the inconsistency in expert systems", en *Fuzzy Sets and Systems*, 58, (pp. 51-57), 1993.

[3] D. GREVIER, *AI: the tumultuous history of the search for artificial intelligence*, Basic Books, Nueva York, 1993.

[4] J. CUENA, *Inteligencia artificial* (Partes I y II), Arbor, monográficos de julio y septiembre, 1995.

[5] K. S. GILL, *Human machine symbiosis*, Springer-Verlag, Londres, 1996.

[6] J. H. HOLLAND et al., *Induction. Processes of inference, learning and discovery*, MIT Press, Cambridge (Mass.) 1986.

[7] M. KAC y S. M. ULAM, *Mathematics and Logic*, Dover Pubs, Nueva York (reedición de la edición de 1968), 1992.

[8] L. N. KANAL y J. F. LEMMER, *Uncertainty in artificial intelligence*, North-Holland, Amsterdam, 1988.

[9] B. MAZLISH, *La cuarta discontinuidad. La coevolución de hombres y máquinas*, Alianza Editorial, Madrid, 1995.

[10] D. MCNEILL y P. FREIBERGER, *Fuzzy Logic. The discovery of a revolutionary computer technology*, Simon and Schuster, Nueva York, 1993.

[11] H. MORAVEC, *Mind children. The future of robot and human intelligence*, Harvard University Press, Cambridge (Mass.), 1988.

[12] J. PEARL, *Probabilistic reasoning in intelligent systems*, Morgan Kaufmann Pubs, San Mateo (Cal.), 1988.

[13] G. PÓLYA, *Patterns of plausible inference*, Princeton Univ. Press, Princeton (N. J.), 1954.

[14] S. RUSSELL y P. NORVIG, *Artificial intelligence. A modern approach*, Prentice Hall, Englewood Ciffs (N. J.), 1995.

[15] L. A. SANTALÓ, *La matemática: una filosofía y una técnica*, Ariel, Barcelona, 1994.

[16] H. A. SIMON, "Artificial intelligence: an empirical science", en *Artificial Intelligence*, 77, (pp. 95-127), 1995.

[17] H. A. SIMON, *The science of the artificial*, MIT Press, Cambridge (Mass.), (2ª edición), 1981.

[18] H. J. SKALA, S. TERMINI y E. TRILLAS, *Aspects of vagueness*, Reidel Pubs., Dordrecht. 1984.

[19] E. TRILLAS, "Pero, ¿le importa a la IA el problema mente-cerebro?", en *El problema cerebro-mente,* (F. Mora, ed.); Alianza Editorial, Madrid, 1995.

[20] E. TRILLAS, C. ALSINA y J. M. TERRICABRAS, *Introducción a la lógica borrosa,* Ariel, Barcelona, 1995.

[21] E. TRILLAS, "La IA: ¿hacia el Mathware?", en *Saber, sentir, pensar,* (C. Nieto, edtr), Debate, Madrid, 1997.

[22] R. R. YAGER, et al., *Fuzzy sets and applications: selected papers by L. A. Zadeh,* John Wiley & Sons, Nueva York, 1987.

"La gitana dormida", ▶
por Henri Rousseau (Museo de Arte Moderno, Nueva York)

X

EL SUEÑO: MECANISMOS DE REGULACIÓN Y SUS TRASTORNOS

Diego García-Borreguero

EL SUEÑO: MECANISMOS DE REGULACIÓN Y SUS TRASTORNOS

DIEGO GARCÍA-BORREGUERO
Unidad de Patología General del Sueño
Fundación Jiménez Díaz, Madrid

INTRODUCCIÓN

El conocimiento científico sobre la actividad fisiológica relacionada con los estados de sueño y vigilia es relativamente reciente. Uno de los factores que de forma más decisiva ha contribuido al hecho de que la neurobiología del sueño sea una ciencia aún joven ha sido la ausencia hasta las primeras décadas de este siglo de instrumentos de medición del sueño. Basándonos en la simple descripción de la conducta observable, podemos definir el sueño como un estado de conducta caracterizado por la reversibilidad, la desconexión perceptiva y la falta de respuesta hacia el entorno. No obstante, la observación de la conducta durante el sueño ha llevado a pensar a lo largo de la historia que se trataba de un fenómeno carente de interés por tratarse de una mera reducción de aquella actividad que caracteriza la vigilia. Sin embargo, la visión del sueño como proceso pasivo no ha sido exclusiva de la era precientífica de la medicina. A comienzos del siglo XIX, cuando el conocimiento sobre el funcionamiento del cuerpo humano comenzaba a ser más completo y moderno, diversos experimentos científicos realizados sobre cerebros animales dieron resultados que en principio parecían apoyar dicha caracterización del sueño como proceso pasivo. Así, el fisiólogo italiano Rolando, tras seccionar las porciones anteriores del cerebro de un ave, observó un patrón de conducta similar al de la somnolencia. Rolando concluyó que el centro regulador de la vigilia debía de encontrarse en el cerebro, por lo que el corte debía de haberlo dañado, produciéndose de esta manera sueño. Esta interpretación fue corroborada por el fisiólogo francés Fluorens en 1822, al comprobar un aumento de la somnolencia tras realizar una sección entre los dos hemisferios cerebrales. El aumento del tiempo de sueño fue interpretado en ambos experimentos como resultado de una lesión del centro de la vigilia. Por lo tanto, el sueño sería una mera ausencia de vigilia.

En líneas generales, esta concepción del sueño como proceso pasivo permaneció en vigor hasta bien entrado el siglo XX y tuvo como consecuencia un desinterés por la investigación en sus mecanismos. Todo ello ha ocasionado que el conocimiento de la neurobiología del sueño sea relativamente reciente, en buena parte surgido en la segunda mitad de este siglo. La aparición a lo largo de esta centuria de técnicas neurofisiológicas que posibilitan la medición del sueño, en particular del electroencefalograma de sueño, así como de otras técnicas derivadas del avance general que ha experimentado la Neurobiología, han permitido un avance importante de nuestro conocimiento sobre el sueño y sobre su importancia médica.

1. Las fases del sueño

Basándonos en la constelación de algunos parámetros fisiológicos durante el sueño, se definen dos tipos diferentes: sueño no REM (N-REM) y sueño REM.

El sueño N-REM se caracteriza por la sincronización del electroencefalograma (EEG) y por la presentación de ondas características tales como los husos de sueño, complejos K, y ondas lentas de alto voltaje. Según va el sueño adquiriendo profundidad a lo largo de la noche, resultan necesarios estímulos cada vez mayores para producir alertamientos. Correspondiendo con dicho aumento de profundidad se observan cuatro estadíos llamados fases 1, 2, 3 y 4.

Por otra parte, el sueño REM se caracteriza por una activación del electroencefalograma, con atonía muscular y movimientos oculares rápidos. El sueño REM suele asociarse a la presencia de ensueños (Dement, 1957). Intentando simplificar, se puede decir que "durante el sueño REM se da un cerebro altamente activado, al tiempo que el resto del sistema neuromuscular se encuentra paralizado".

2. Progresión de estadíos del sueño a lo largo de la noche

En el individuo adulto, el sueño suele comenzar a través del sueño de estadío 1 (gráfico 1). Ésta es una fase de transición, en la que no se suele permanecer más de 7 minutos. Mientras el sujeto permanece en fase 1, puede ser despertado utilizando estímulos leves tales como llamarlo por su nombre o tocarlo ligeramente, etcétera. Debido a que se trata de un estadío de transición, aquellos sujetos que tienen un sueño fragmentado con frecuentes despertares a lo largo de la noche suelen presentar un alto porcentaje de estadío 1. Tras el estadío 1, se produce durante los siguientes 10 a 25 minutos el estadío 2, caracterizado por la presencia de husos de sueño y de complejos K en el electroencefalograma (gráfico 2). El estímulo necesario para despertar a un sujeto que se encuentra durmiendo en fase 2 es superior al necesario para hacerlo en fase 1.

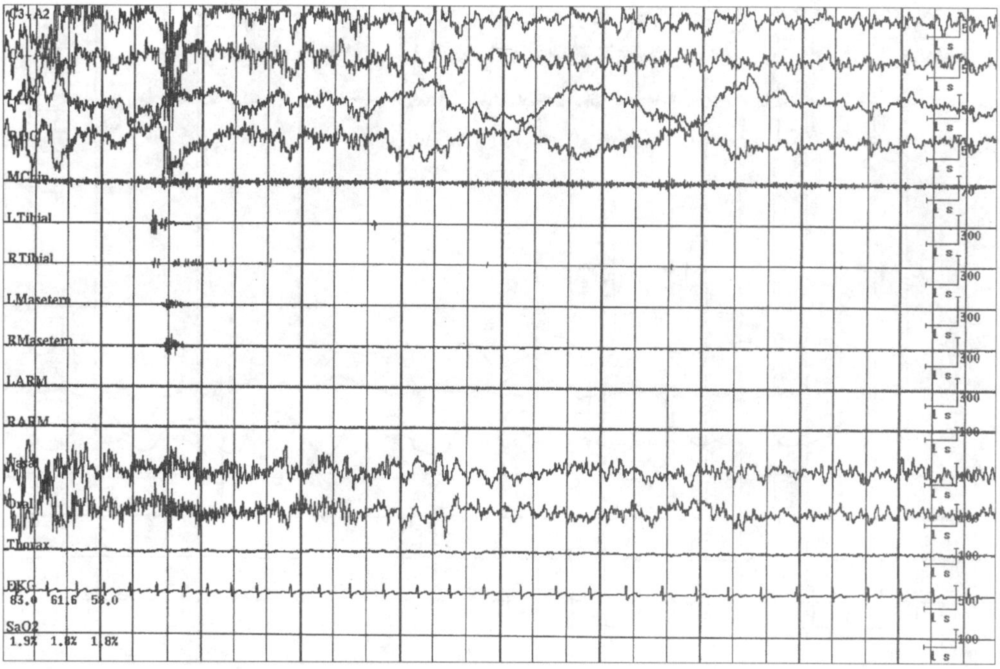

Gráfico 1: *Transición electroencefalográfica entre la vigilia y el sueño.*
La zona izquierda del trazado corresponde a la vigilia. Como puede verse, se produce un enlentecimiento de las ondas EEG (canales C3-A2 y C4-A1) disminuyendo la frecuencia y aumentando ligeramente la amplitud, iniciándose la fase 1. El ritmo del EEG se hace más regular, produciéndose una sincronización de las ondas. Es característica de la fase 1 la aparición de movimientos oculares lentos en el electrooculograma, tal como puede observarse en el gráfico.

Según progresa el período de sueño, aparecen en el electroencefalograma ondas de baja frecuencia (<2Hz) y alta amplitud, las cuales, dependiendo del porcentaje de tiempo que ocupen, componen los estadíos 3 y 4 (gráfico 3). Ambos estadíos suelen denominarse comúnmente sueño de ondas lentas o sueño delta. El umbral de estimulación necesario para producir la vigilia es más alto aún a partir del sueño de ondas lentas que a partir de los estadíos 1 y 2.

Al transcurrir aproximadamente 90 minutos desde el comienzo del sueño en fase 1, suele aparecer por primera vez sueño REM, el cual, como se ha mencionado más arriba, se caracteriza por la aparición de un electroencefalograma más activo y similar al EEG de vigilia, con ondas de baja amplitud y alta frecuencia (gráfico 4). Al mismo tiempo, en el electromiograma se produce una disminución del tono muscular, y en algunos tramos del electrooculograma se observan movimientos oculares rápidos. El nivel de estimulación necesario para producir vigilia a partir de sueño REM es variable.

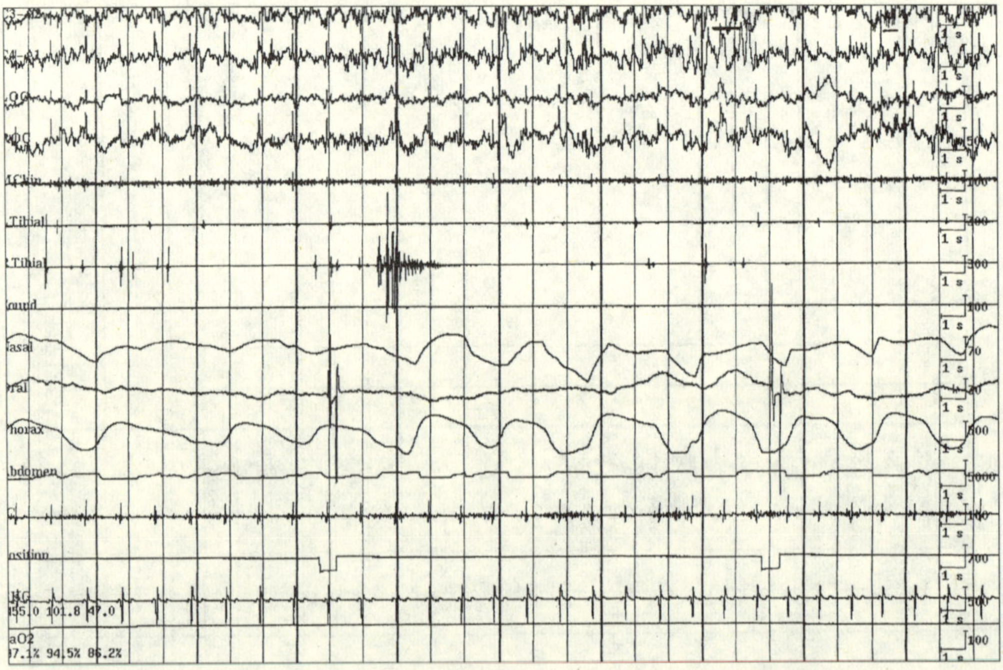

Gráfico 2: *Sueño de fase 2.*
La característica principal de la fase 2 es la aparición de husos de sueño y de complejos K. Los husos de sueño son ondas de frecuencia situada entre 7 y 14 Hz de amplitud inicialmente creciente y después decreciente, y su duración total es de 0.5 a 1.5 segundos. Los complejos K son un tipo de complejo de ondas paroxístico consistente en una onda negativa de morfología bien delimitada seguida de otra onda positiva. La duración total del complejo debe de ser superior a 0.5 segundos. El sueño de fase 2 puede llegar a ocupar el 50 por ciento del tiempo total de sueño en un adulto joven.

Esta progresión de fases de sueño N-REM seguida de sueño REM se repite a lo largo de la noche y forma el llamado ciclo N-REM/REM (gráfico 5). Cada noche se producen varios ciclos, con duración de 90-110 minutos cada uno. Con cada ciclo, los episodios de sueño REM adquieren mayor duración, mientras que el contenido de sueño N-REM va disminuyendo. En el adulto joven, el sueño de ondas lentas suele concentrarse en el primer tercio de la noche, mientras que el sueño REM domina el tercio último.

3. Efecto de la edad sobre el sueño

La edad es el factor que más poderosa y consistentemente afecta a la distribución de fases del sueño. En el recién nacido, la transición de la vigilia al sueño se realiza a través del

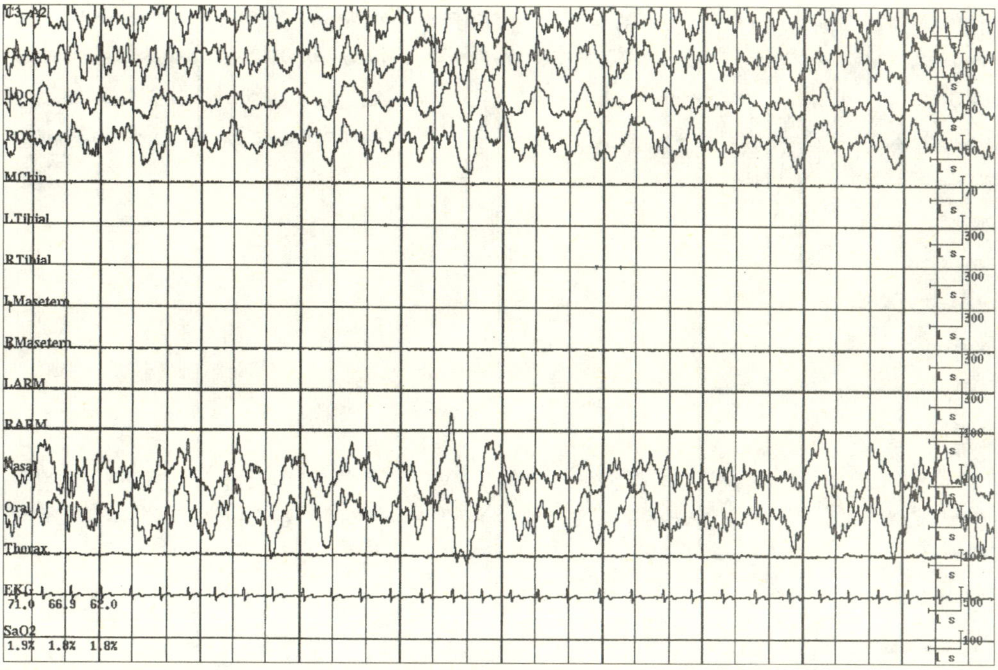

Gráfico 3: *Sueño de ondas lentas.*

En la fase 3 el patrón del EEG está dominado por ondas de alto voltaje (>75μ V) y baja frecuencia (<2cps) que ocupan por lo menos el 20 por ciento del trazado. El criterio para diferenciar fase 3 de fase 4 es puramente cuantitativo: cuando las ondas lentas ocupan más del 50 por ciento del trazado —como es el caso en este gráfico—, estamos en fase 4. No obstante, hablamos de sueño de ondas lentas para referirnos de una manera combinada a las fases 3 y 4.

sueño REM —llamado en esta etapa de la vida sueño activo—. Este tipo de sueño tiende a predominar tras el nacimiento, disminuyendo su porcentaje progresivamente. Al igual que en el adulto, se produce una alternancia entre sueño REM y sueño N-REM, aunque en el recién nacido este ciclo es más rápido. El sueño N-REM emerge con sus patrones electroencefálicos plenamente diferenciados de manera gradual entre los 2 y los 6 meses de edad.

El porcentaje de sueño de ondas lentas alcanza un nivel máximo en los niños y disminuye con la edad. Esta disminución es más acusada durante la adolescencia, en la que se pierde un 40 por ciento de la cantidad total del sueño de ondas lentas por noche (Carskadon, 1987). Se ha postulado que esta disminución de la cantidad de sueño lento discurre de una manera paralela a la disminución de densidad sináptica en la corteza cerebral (Feinberg, 1983). Al llegar a los 60 años, las ondas lentas son de menor amplitud, y el porcentaje de sueño de ondas lentas disminuye. Por su parte, el sueño REM

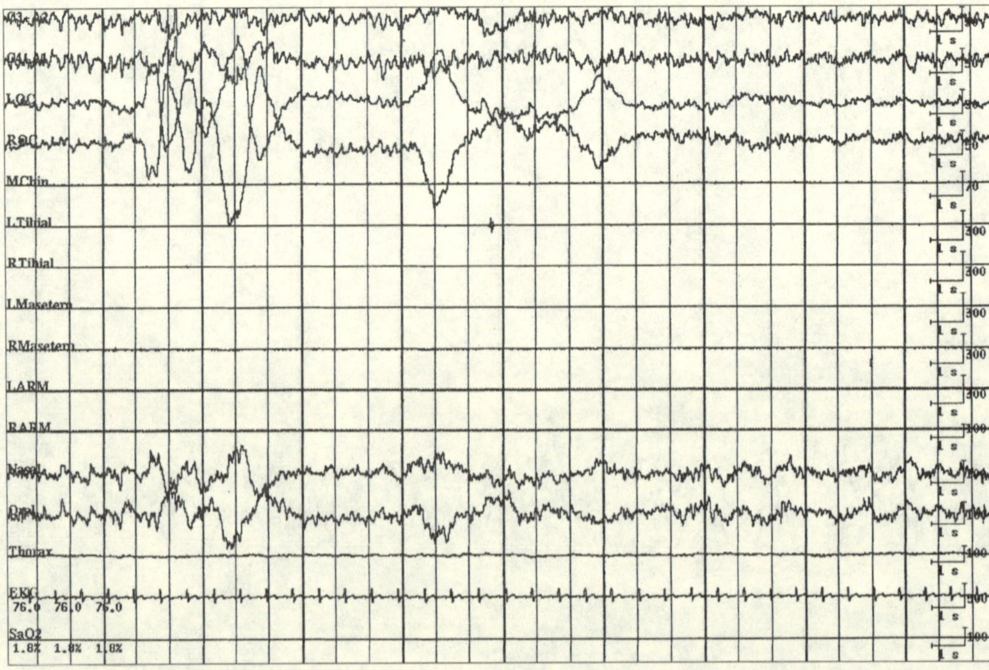

Gráfico 4: *Sueño REM.*

Como puede apreciarse en la imagen, el electroencefalograma —canales C3-A2 y C4-A1: primero y segundo comenzando por arriba— se caracteriza por la presencia de un trazado de frecuencia relativamente baja y de frecuencia mixta. Asimismo, el tono del electromiograma submentoniano —MChin: quinto canal comenzando por arriba— se encuentra prácticamente suprimido. Al mismo tiempo se observan movimientos oculares rápidos en el electrooculograma —LOC y ROC: canales tercero y cuarto—.

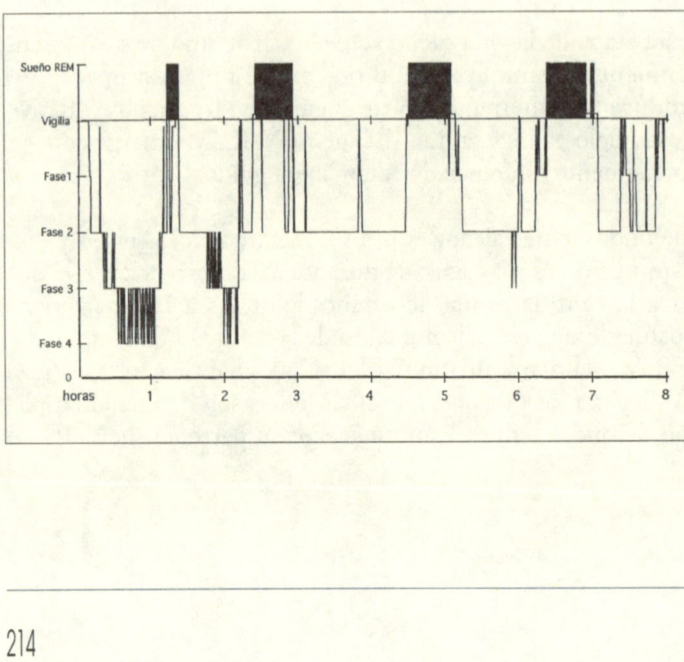

Gráfico 5: *Estadíos de sueño a lo largo de una noche en un adulto joven.*

disminuye durante los primeros años de la infancia, aunque el descenso a lo largo de la vida adulta es más gradual. A diferencia del sueño de ondas lentas, el sueño REM se encuentra mejor preservado en el anciano. El sueño del anciano muestra un mayor número de despertares tanto de larga como de breve duración, encontrándose más fragmentado que en el adulto joven. En parte, dichos despertares se deben a la mayor presencia de enfermedades que contribuyen a fragmentar el sueño (Ancoli-Israel y col., 1981). Sin embargo, el hecho más característico del sueño del anciano es la existencia de un alto grado de variación interindividual, el cual dificulta la realización de generalizaciones tales como las que se hacen en el adulto joven (Williams y col., 1974).

4. Evolución filogenética del sueño

Resulta evidente que los animales muestran cambios de conducta indicativos de sueño. Cuanto más evolucionado esté el animal objeto de observación, tanto mayor es la evidencia de la existencia de sueño. En los animales menos evolucionados resulta difícil definir el sueño de acuerdo con los criterios que utilizamos para los mamíferos. A pesar de presentar una conducta compatible con la presencia de sueño, los correlatos electrofisiológicos son difíciles de registrar y de reconocer. Así, mientras en los insectos no observamos más que conductas de reposo —desconociendo de hecho si ello implica sueño, según la manera en que lo definimos en los mamíferos—, en los reptiles se observan ondas de alto voltaje durante períodos de reposo y umbrales de alertamiento elevados. Algo parecido ocurre en los anfibios (Hartse et al., 1994).

Las aves presentan dos tipos de sueño: *quieto* y *activo*. Mientras que el *sueño activo* vendría a ser el equivalente al sueño paradójico —es decir, EEG desincronizado, umbral de alertamiento elevado y atonía muscular—, en el *sueño quieto* el EEG muestra sincronización, además de algunos husos de sueño mientras el animal se encuentra en estado de reposo. Algunos animales muestran formas intermedias de sueño tales como el sopor con inmovilidad cataléptica de la lechuza, caracterizada por la presencia de ojos abiertos, disminución de respuesta, EEG enlentecido y nuca cataléptica que se mantiene en la postura impuesta. Otras especies muestran vigilia con EEG desoncronizado, ojos parcialmente abiertos e hipotonía muscular. En otras ocasiones se produce el sueño vigilante, que consiste en sueño quieto fragmentado durante períodos de pocos segundos y que permite la reanudación rápida del sueño tras episodios de observación con los ojos abiertos. Algunas aves poseen, al igual que los delfines, la capacidad de mantener estados de conciencia independientes entre ambos hemisferios cerebrales, durmiendo sólo con uno de ellos y alternando el estado de sueño/vigilia entre ambos hemisferios. La función de estos estadíos intermedios es el mantenimiento de la vigilancia frente a otros predadores mientras el animal duerme (Amlaner y col., 1994).

En los mamíferos, encontramos patrones de conducta postural diversos en cada especie, tales como la presencia de sueño en posición erecta —caballo—, nadar contra la corriente —delfín— o dormir colgado de una rama —vampiro—. Algunas especies duermen de día, mientras que otras lo hacen de noche. Pero, en general, existe un patrón común de reposo y reducción del nivel cognitivo. El trazado electroencefalográfico diferencia el sueño REM del sueño N-REM, conformando ambos estados la unidad cíclica básica del sueño del mamífero. El sueño N-REM se caracteriza por la presencia de husos de sueño y de ondas lentas. Los carnívoros, ungulados e insectívoros muestran un patrón de sueño N-REM superficial —simulando una letargia continua— e interpuesto por períodos prolongados de vigilia. En términos generales, el sueño paradójico viene a equivaler al sueño REM. Un denominador común a todas las especies es la abundancia del sueño paradójico en el animal recién nacido, con disminución gradual según se desarrolla el telencéfalo, el cual determina un incremento del sueño N-REM (Zeppelin, 1994).

Desde un punto de vista ontogénico, el sueño REM —o paradójico— es más primitivo que el sueño N-REM, que depende del desarrollo cortical. Sin embargo, en la escala filogenética, el sueño paradójico es una adquisición relativamente reciente, y sólo se presenta en mamíferos y en las aves. Por otro lado, en los mamíferos existe una variación importante en la cantidad total de sueño entre las diferentes especies: así, mientras algunos marsupiales necesitan 18 horas de sueño, a la jirafa le bastan 2 horas.

5. Mecanismos cerebrales de control del sueño

a) Control del sueño N-REM

Hasta comienzos de este siglo, muchos fisiólogos pensaron que para mantener el estado de vigilia era preciso sostener una estimulación sensorial continua del cerebro. Este punto de vista estaba basado sobre todo en el hecho de que la transección del tronco del encéfalo, separando el cerebro de la médula espinal, producía un estado similar al del sueño. No sería hasta la década de los años cuarenta, cuando se vio que sólo mediante la estimulación de las fibras de la Formación Reticular (FR) del tronco del encéfalo y no de las fibras transmisoras de estímulos sensoriales, se producía una activación de la corteza cerebral (Moruzzi y col., 1949). El tronco del encéfalo es el órgano de conexión de la médula espinal con estructuras más evolucionadas del sistema nervioso tales como el diencéfalo y el cerebro. Entre sus funciones se encuentra la coordinación de los sistemas de reflejos medulares, así como el nivel de activación general de todo el sistema. Aun cuando las funciones más complicadas se encuentran localizadas en la corteza cerebral, el tronco del encéfalo realiza la labor de coordinador de estado, uniendo funcionalmente el cerebro con la médula espinal. Dentro del tronco del encéfalo, la formación reticular recibe impulsos de todas las vías sensitivas, y su función consiste en estimular otros centros nerviosos. Por otro lado, a comienzos de siglo, el neurólogo austriaco Von Economo había observado los cerebros de personas fallecidas de encefalitis letárgica, un tipo de encefalitis viral que cursa con somnolencia y síntomas parkinsonianos, y concluyó que debía de existir en el diencéfalo un centro regulador del estado de sueño y otro de vigilia.

Fueron las estructuras responsables del mantenimiento de la vigilia las primeras en describirse con detalle en la década de los años cuarenta y cincuenta. Actualmente se conoce que el área responsable de la vigilia comprende, además de la ya mencionada FR troncoencefálica, el hipotálamo posterior, el subtálamo y el prosencéfalo anterior (gráfico 6). Estas estructuras diencefálicas, cuya función principal es la integración de la vida vegetativa con la respuesta somática, reciben fibras ascendentes de la formación reticular y a su vez las proyectan a la corteza cerebral, aunque, como tales, son capaces de mantener la activación cortical del cerebro anterior a largo plazo incluso en ausencia de estimulación proveniente de la formación reticular.

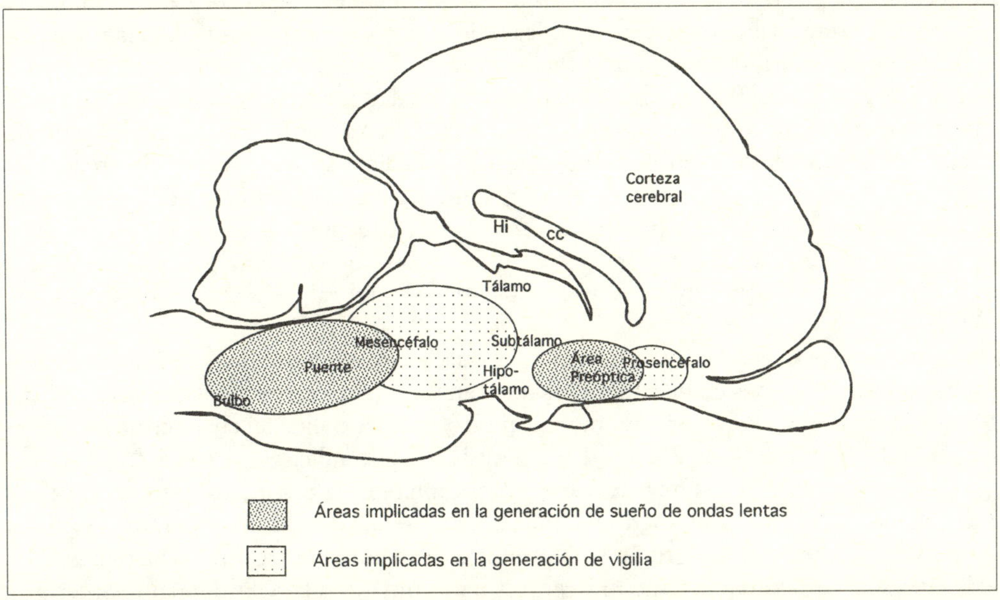

Gráfico 6: *Estructuras cerebrales implicadas en la generación de sueño N-REM y de viligia.*
El esquema muestra, de manera muy simplificada, las estructuras relacionadas con la generación de sueño lento y de la vigilia. Se encuentran representados principalmente los núcleos del tracto solitario y del tegmento adyacente, que proyectan ventralmente en el prosencéfalo viscerolímbico. Adicionalmente, las neuronas serotoninérgicas de los núcleos troncoencefálicos del rafe facilitan también el comienzo del sueño de ondas lentas y emiten proyecciones rostralmente hacia el tálamo, subtálamo, hipotálamo, prosencéfalo basal, hipocampo (Hi) y corteza. Asimismo las neuronas gabérgicas del hipotálamo y prosencéfalo basal emiten a su vez proyecciones hacia el hipocampo y corteza cerebral. Estos sistemas neuronales están implicados a su vez en la inhibición sensorial, en la analgesia y en otras acciones tales como la inhibición conductual y las respuestas parasimpáticas y neuroendocrinas (adaptado de Jones, 1994).

Pese a que los estudios de Von Economo sugerían la existencia de un centro del sueño, tras la identificación del centro de la vigilia se continuó pensando que el sueño era mero resultado de una disminución en la actividad del sistema generador de la vigilia. Sin embargo, la realización de transecciones del tronco del encéfalo mostró que el sueño podía ser de hecho disminuido, por lo que resultaba lógico pensar que existieran estructuras generadoras de sueño al menos a ese nivel (Moruzzi, 1972). Sabemos que dentro del tronco del encéfalo se encuentran neuronas relacionadas con la generación de sueño en la formación reticular bulbar dorsal y del núcleo del tracto solitario. Estos núcleos reciben información mediante fibras ascendentes de los nervios glosofaríngeo y vago, y emiten proyecciones a la zona anterior de la protuberancia y al mesencéfalo, todo ello, diversas áreas del tronco del encéfalo. Desde aquí se emiten fibras al tálamo, hipotálamo, área preóptica e hipocampo, estructuras responsables de la integración de los reflejos dentro de la conducta instintiva, así como de la modulación de la sensibilidad y de la conducta afectivo-visceral. Algunas de estas fibras llegan a la corteza cerebral.

Von Economo había observado que las lesiones de los pacientes de encefalitis letárgica que habían sufrido somnolencia estaban centradas en el hipotalamo anterior, por lo que allí debía de situarse un centro facilitador del sueño, en contraposición y normalmente en equilibrio funcional con el centro facilitador de la vigilia. La realización de cortes anatómicos y de estudios con estimulación eléctrica selectiva en el cerebro del gato permitió definir finalmente la existencia de un centro facilitador del sueño en el hipotálamo anterior y área preóptica. Posteriormente pudo comprobarse que estas estructuras se encontraban integradas en un sistema que contenía grupos neuronales también en los ganglios basales y en la corteza cerebral —cortex orbitofrontal— (McGinty, 1968).

Las estructuras reguladoras del sueño situadas en el hipotálamo anterior y área preóptica emiten proyecciones nerviosas que van dirigidas a estructuras del sistema límbico, formando el llamado circuito mesencefálico-anterocefálico, el cual permite un cierto grado de modulación de la actividad de la FR mesencefálica.

La importancia del sistema nervioso autonómico en la estructura y función de los mecanismos reguladores del sueño fue inicialmente señalada por Hess y Nauta (1957) al poner de manifiesto la congruencia anatómica y funcional entre ambos sistemas. Así, existe un solapamiento entre sueño y centros parasimpáticos en el hipotálamo anterior y en el área preóptica. Paralelamente existe un sobrelapamiento anatómico-funcional entre las estructuras reguladoras de la vigilia y del sistema nervioso simpático en el hipotálamo posterior.

Procesos cerebrales durante la transición entre la vigilia y el sueño

En consonancia con la experiencia subjetiva común de que la conciliación del sueño es un fenómeno gradual, la actividad de descarga de las neuronas responsables de la vigilia no disminuye drásticamente. El mantenimiento de la vigilia se basa principalmente en el grado de excitación de las vías talamocorticales. Cada vía sensorial tiene adjudicada una zona específica del tálamo, donde recala para continuar hacia la zona de la corteza en la que estos estímulos son elaborados. Estas vías talamocorticales son bidireccionales, enviando información del tálamo a la corteza y de la corteza al tálamo (gráfico 7). La FR mesencefálica posee una actividad sobre la cantidad de información que es suministrada y sobre el grado de actividad del circuito talamocortical. De esta manera, durante la vigilia la formación reticular se encarga de que el nivel de estimulación sea suficientemente alto para que la vía talamocortical descargue de manera rítmica. Así, una señal que tenga su origen en las vías sensitivas exteriores puede ser reconocida con mayor facilidad, ya que produce una irregularidad dentro de un patrón de descarga rítmica. Durante el sueño, y principalmente a partir de la fase 2, se produce una disminución de actividad de la formación reticular mesencefálica. Rebasado un determinado umbral, las neuronas de la vía talamocortical recuperan su propia actividad. Debido a la existencia de un *feedback* positivo entre las dos direcciones, se produce la actividad oscilatoria. Como consecuencia, las señales originadas en las vías sensoriales no pueden ser diferenciadas de la actividad generada por la propia vía talamocortical. Fruto de ello es que la corteza pierde la capacidad para elaborar la información sensorial, desapareciendo la consciencia.

Para evitar que cada vez que se produzca un estímulo externo comience una actividad oscilatoria que cause una pérdida de conciencia, el núcleo reticular del tálamo produce una inhibición cada vez que recibe estímulos de la vía corticotalámica. Con cada oscilación aumenta el número de neuronas de la vía corticotalámica que participan. De esta manera, la amplitud de la onda electroencefalográfica aumenta progresivamente. No obstante, la actividad de las neuronas inhibidoras también aumenta, por lo que lle-

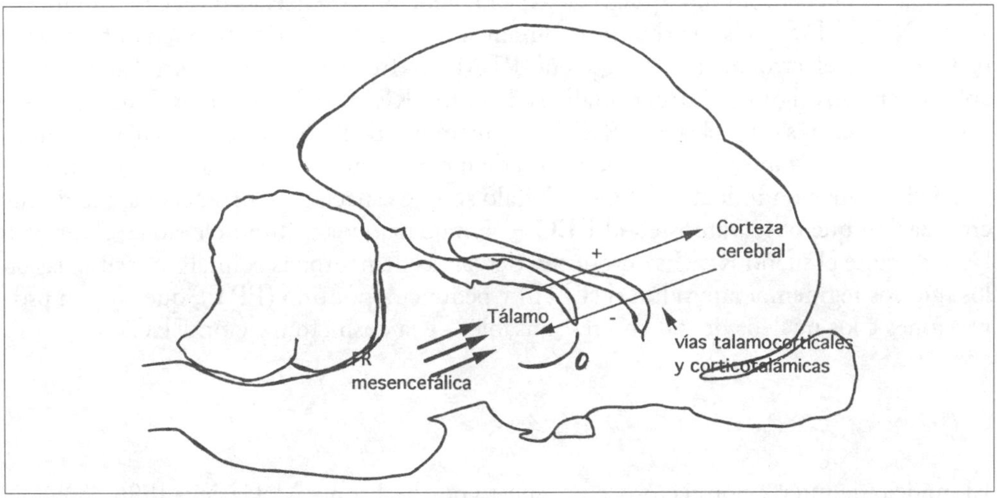

Gráfico 7: *Interacción entre la formación reticular mesencefálica y las vías talamocorticales.*

gado a un punto crítico la actividad de la onda comienza a disminuir. Este aumento y disminución progresiva de la onda del EEG es lo que conforma la topografía de los husos de sueño (gráfico 2), que durante el sueño de fase 2 aparecen aproximadamente cada 10 segundos. La actividad inhibidora proviene de las proyecciones colinérgicas del tronco del encéfalo al tálamo, las cuales hiperpolarizan las neuronas del tálamo por un mecanismo de incremento de permeabilidad al potasio, mediado por receptores muscarínicos. El núcleo basal prosencefálico también provee impulsos nerviosos —mediante los neurotransmisores GABA y acetilcolina— al núcleo reticular del tálamo, contribuyendo a inhibir la producción de husos de sueño.

b) Control del sueño REM

Los estudios de transección realizados en 1960 por Jouvet sirvieron para demostrar la localización troncoencefálica de la maquinaria neural responsable de generar el sueño REM. De los estudios realizados desde entonces se sabe que mientras que el cerebro anterior representa un papel modulador del sueño REM, la mayoría de los mecanismos generadores del ritmo REM/N-REM se encuentra en el tronco del encéfalo.

Diversos estudios realizados a lo largo de las últimas tres décadas han demostrado que el estado de conducta de sueño REM en mamíferos es disociable en diversos componentes con localización en varias zonas del cerebro y que son controlados por mecanismos diferentes.

La mayor parte de los eventos fisiológicos que se producen durante el sueño REM tiene sus centros neuronales en la formación reticular de la protuberancia (PRF). Estas neuronas se encuentran hiperpolarizadas, y no generan potenciales de acción durante el sueño N-REM. Su despolarización comienza poco antes de que se pueda observar el primer signo electroencefálico de sueño REM. La frecuencia de descarga aumenta al aproximarse los signos electroencefálicos de sueño REM, manteniéndose este grado de actividad mientras dura el sueño REM. Las neuronas de la formación reticular protuberancial son importantes para la generación de movimientos oculares rápidos. Las neuronas de la formación reticular del mesencéfalo son de especial importancia para la desincronización que observamos en el EEG —voltaje bajo y amplitud elevada—. Por otro lado, durante el sueño REM se producen descargas de neuronas colinérgicas situadas en los núcleos tegmental laterodorsal (LDT) y pedunculopontino (PPT), que emiten proyecciones a los núcleos del tálamo responsables de la desincronización EEG.

c) Control del ciclo REM-N-REM

El modelo de interacción recíproca propuesto por Hobson y McCarley (1986) y revisado recientemente propone (gráfico 8): neuronas localizadas en el LDT y en el PPT

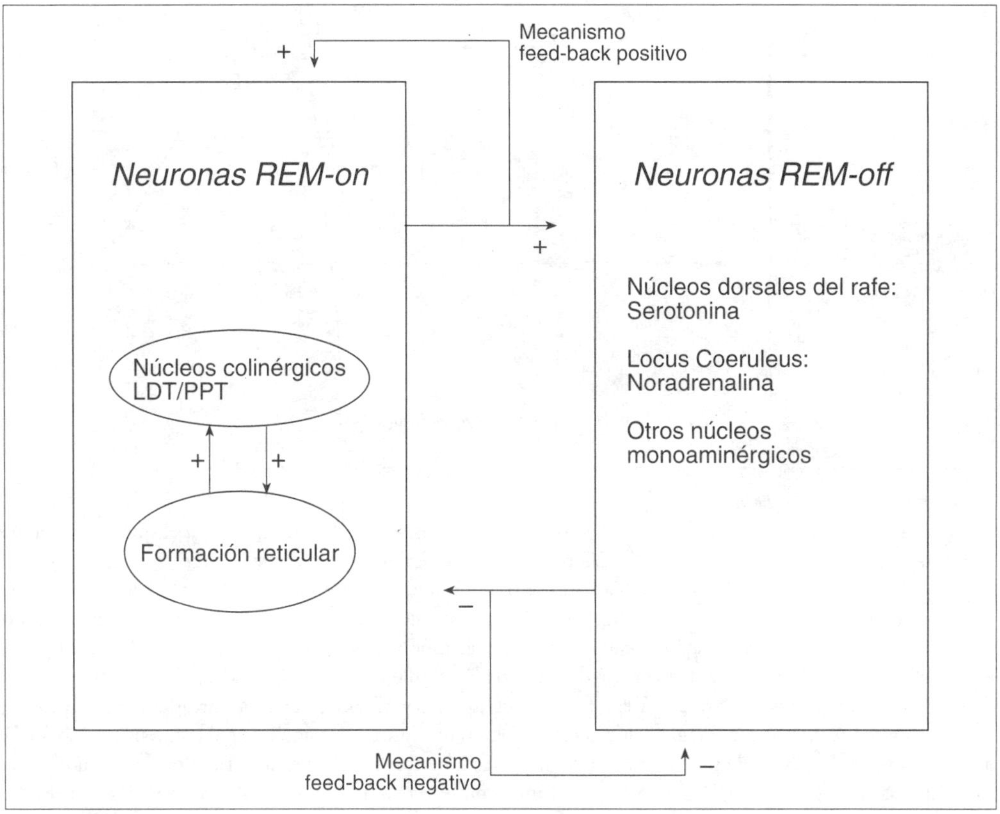

Gráfico 8: *Modelo de interacción recíproca* (adaptado de: Hobson y McCarley, 1986).

—llamadas *REM-on*— activan las neuronas de la FPR mediante un sistema de *feedback* positivo, produciendo el comienzo del sueño REM (Lydic y col., 1991). Esto, a su vez excita paulatinamente a las neuronas serotoninérgicas, situadas en el núcleo del rafe, y noradrenérgias del Locus Coeruleus —llamadas *REM-off*—. Al incrementarse al final del período REM el número de neuronas REM-off que están activas, éstas finalizan el período REM inhibiendo a las neuronas REM-on. La actividad de las neuronas REM-off es máxima justo en el momento de acabar el sueño REM y disminuye paulatinamente durante el período N-REM, debido a que posee un mecanismo de autoinhibición (*feedback* negativo). La disminución de actividad REM-off desinhibe las neuronas REM-on, lo cual permite que comience un nuevo ciclo de sueño REM.

El modelo sigue siendo válido, habiendo sido apoyado por nuevos datos que muestran la importancia de la acetilcolina y demuestran la capacidad inhibidora de neuronas colinérgicas de la serotonina.

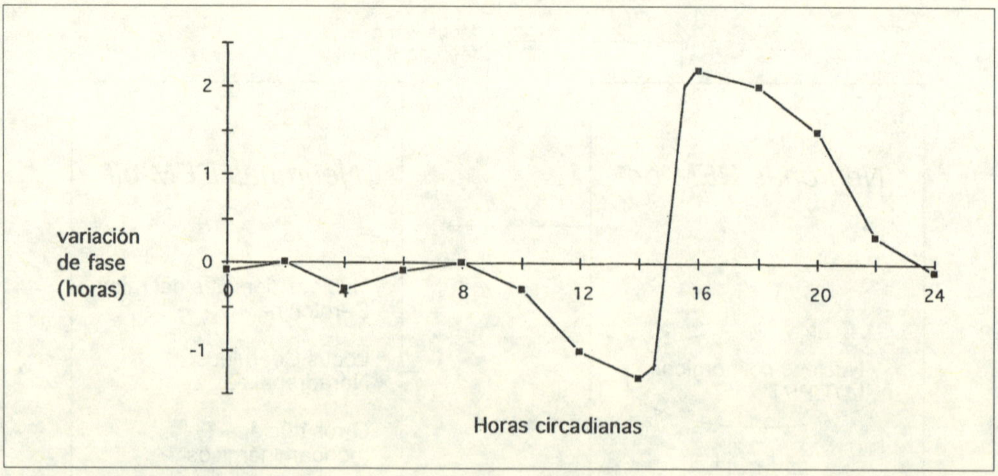

Gráfico 9: *Curva de respuesta de fase.*
El gráfico, obtenido en un *hamster,* resume la relacion existente entre el momento en el que el animal es sometido a una pulsación de luz y la dirección y magnitud de tiempo en la que se produce una desviación de los ritmos circadianos. El tiempo circadiano se obtiene normalizando el período circadiano —normalmente diferente a 24 horas— a una escala de 24 horas. Así, cuando el animal es sometido a un estímulo lumínico a las 12 —hora circadiana—, se produce por término medio un retraso de fase de 1 hora. Las 12 es, por definición, la hora en la que la actividad del roedor comienza. Los mayores efectos se obtienen a las 13-14 —hora circadiana—. No se obtiene prácticamente actividad entre las horas circadianas 0 y 10. Esto quiere decir, en términos funcionales, que la estimulación lumínica que tiene lugar al comienzo del ciclo de actividad es percibida por el animal como si de una puesta de sol tardía se tratase. El reloj circadiano intenta compensar retrasándose algo, con lo cual el animal comienza al día siguiente su actividad algo más tarde. De manera similar, un estímulo luminoso que tenga lugar cerca del final de la fase de actividad es interpretado como un amanecer temprano, por lo que el reloj circadiano intentará reaccionar al día siguiente comenzando la actividad algo más tarde (adaptado de Takahashi, 1982).

D) Regulación neuroquímica y neuroendocrinológica del sueño lento

Las estructuras anatómicas descritas conforman lo que se ha venido a llamar el *aparato de organización y regulación del sueño*, el cual vendría a ejercer las labores del centro de coordinación y operaría con dos programas: uno de mantenimiento de la vigilia y otro de mantenimiento del sueño (Koella, 1984). Por razones de espacio pasaremos a describir el sustrato neurohumoral de este último.

La serotonina es el neurotransmisor que más comúnmente ha sido implicado en la generación del sueño (Hartmann, 1977). Así, por ejemplo, es conocido que el tryptofano, uno de los aminoácidos precursores de la síntesis de serotonina en el cerebro, es un hipnótico natural que aumenta la somnolencia y que incrementa el sueño de ondas lentas. La realización de lesiones anatómicas y deplecciones farmacológicas en áreas que

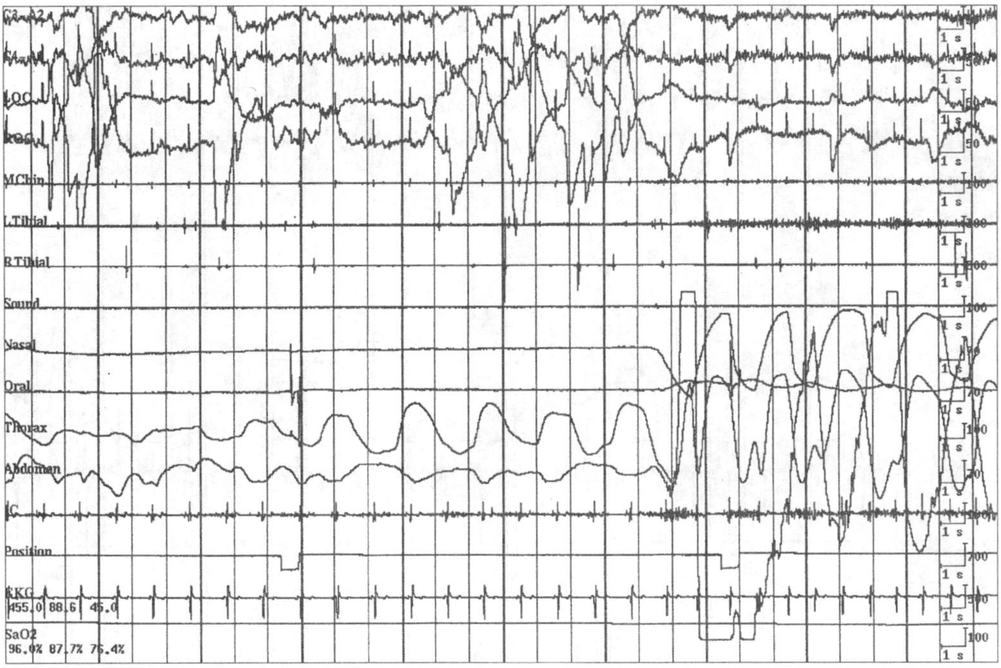

Gráfico 10: *Apnea obstructiva.*

La imagen muestra una práctica paralización del flujo de aire nasal y oral —canales 9º y 10º—, indicando la interrupción respiratoria. Como reacción se produce un aumento del movimiento torácico y abdominal con el fin de vencer la obstrucción respiratoria. En las apneas de tipo central no tiene lugar tal reacción abdominal, ya que su causa no es debida a una obstrucción sino a una disminución del impulso ventilatorio proveniente del tronco del encéfalo. Como resultado de la apnea tiene lugar una disminución en la saturación arterial de oxígeno, alcanzando un valor mínimo del 76 por ciento. Al finalizar la apnea se produce un alertamiento en el electroencefalograma, el cual puede verse en la porción derecha de la imagen —canales C3-A2, C4-A1—.

contienen serotonina producen insomnio, y éste es reversible mediante tratamiento con precursores de la serotonina. Por otro lado, los niveles de serotonina aumentan en el cerebro anterior durante la privación de sueño, y el número de receptores específicos de serotonina muestra un ritmo circadiano (Weseman, 1986). Todo ello hace pensar que la serotonina pudiera estar implicada en estos efectos hipnóticos. No obstante, el mecanismo responsable para la acción de la serotonina en el sueño no está aclarado (Jouvet y col., 1986). Sin embargo, es posible que el efecto se deba más a la rapidez de la deplección que a los niveles absolutos de serotonina.

Otro neurotransmisor frecuentemente relacionado con el sueño de ondas lentas es el ácido Gamma-amino-butírico (GABA) (Mendelson, 1983). Sus efectos vienen avalados por la función de las benzodiacepinas hipnóticas, las cuales actúan aumentando la

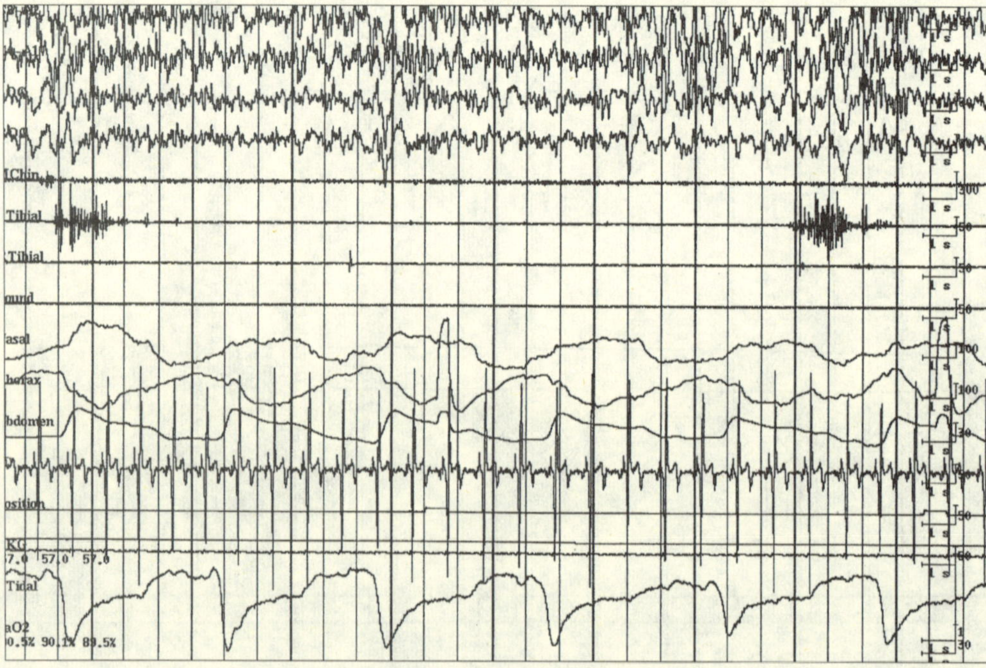

Gráfico 11: *Movimientos periódicos en las piernas durante el sueño.*
En la imagen puede observarse la aparición de aumento súbito del tono muscular de los canales correspondientes a los músculos tibiales anteriores. Es característico que aparezcan en secuencias de 4 o más movimientos seguidos. Una de las consecuencias de los movimientos periódicos de piernas es la generación de microalertamientos, contribuyendo así a fragmentar y a inestabilizar el sueño.

inhibición gabérgica. No obstante, las benzodiacepinas también poseen efectos inespecíficos mediante los cuales pueden actuar indirectamente sobre el sueño, tales como la ansiolisis y la relajación muscular. Por otro lado, la administración de cicloserina, una sustancia que actúa inhibiendo la GABA transaminasa, aumentado por tanto los niveles de GABA, produce efectos hipnóticos, lo cual apunta a un papel prominente del neurotransmisor GABA en la inducción y el mantenimiento del sueño. Es posible que el GABA pueda representar un papel transmisor en el centro regulador del sueño coordinando el flujo excitatorio e inhibidor según es procesado por el SORA (sleep organizing and regulating apparatus) (Koella, 1984).

Basados en la existencia de un sistema de regulación homeostática, mediante el cual se produce una correlación positiva entre la duración de la vigilia y la propensidad al sueño, se ha pensado en la posible existencia de alguna sustancia endógena que actuaría como hipnotoxina, acumulándose durante la vigilia y promoviendo el sueño (Ishimori, 1990). Así, la administración intracerebral de dializados de sangre de conejos a los que

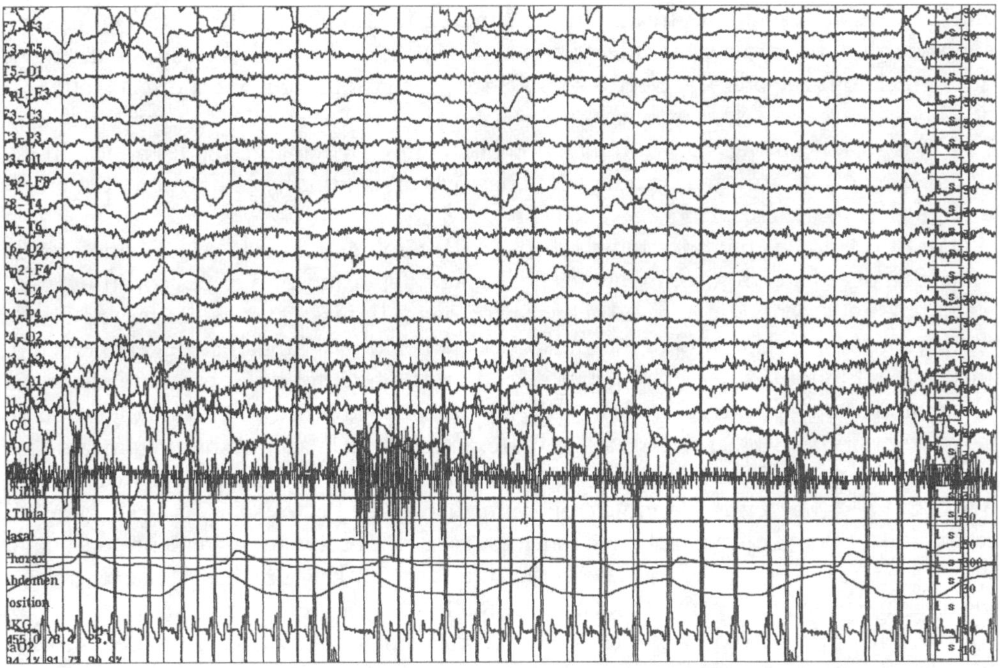

Gráfico 12: Ejemplo de ausencia de atonía muscular completa en un paciente con trastorno de conducta del sueño REM.
Como se observa canal 22 (Mchin), la supresión del tono muscular no es total durante el sueño REM.

había sido inducido el sueño por mecanismos electrofisiológicos producía sueño de ondas lentas en el conejo receptor. De este dializado pudo extraerse el nonapéptido DSIP (Péptido Inductor de Sueño Delta) (Schneider-Helmert, 1988; Bes y col., 1992). Posteriormente se vio que también su administración intravenosa y subcutánea actuaba aumentando el tiempo total de sueño y la temperatura corporal, disminuyendo la presión arterial, la ansiedad y la actividad motora. Se ha sugerido que DSIP, de manera añadida a sus efectos facilitadores del sueño, pudiera ejercer una acción cronofarmacológica como sustancia programadora natural de los ritmos circadianos. Otras sustancias que han sido propuestas más recientemente como posibles hipnotoxinas son la sustancia promotora del sueño —SPS— (Inoue, 1986) y la uridina.

Otra sustancia que actúa sobre el sueño por un mecanismo mixto es la melatonina (Brezinski, 1997). Es la principal hormona de la glándula pineal. Su síntesis y liberación vienen determinadas por uno o más relojes biológicos. Por otro lado, la luz ambiental suprime su síntesis, de manera que se trata de una hormona de liberación predominantemente nocturna. Cuando se estudia a sujetos en condiciones de oscuridad, el momento de comienzo y cese de secreción han sido utilizados para determinar la posición de fase del oscilador circadiano. Su función fisiológica en el hombre no es bien conocida, aunque en otros mamíferos regula la conducta reproductora estacional. Parece que la melatonina ejerce sus efectos sobre el sueño, más que de manera directa, alterando la fase del marcapasos circadiano.

Otras sustancias que han sido mencionadas como participantes en la inducción del sueño han sido la arginina, la adenosina, las prostaglandinas y la hormona del crecimiento (Kerkhof y col., 1993).

Por otro lado, los péptidos muramílicos (MP) también han sido relacionados con la inducción del sueño. Son componentes de los péptidoglicanos, los cuales constituyen un elemento fundamental de la pared celular bacteriana. Inducen efectos de elevación de la temperatura corporal e inmunoestimuladores ejerciendo así funciones de recuperación. Los efectos hipnóticos tienen lugar por mecanismos diferentes de los termorreguladores. Los mamíferos no pueden sintetizar MPs, aunque pueden procesarse tras la digestión de las bacterias por los macrófagos de la sangre. Parece que la acción somnogénica de los MPs es ejercida por la interleuquina-1 (IL-1), un producto liberado por los macrófagos, que activa a los linfocitos T e induce fiebre mediante sus efectos sobre el hipotálamo. Si se administra por vía intracerebral a conejos o ratas se observa un incremento del sueño N-REM. La IL-1 se encuentra elevada durante el sueño. En humanos, la concentración máxima de IL ocurre durante el sueño de onda lenta poco tiempo después de su inicio. En ratas, el incremento de sueño lento no se correlaciona con el incremento de temperatura, lo cual señala que el efecto inductor del sueño no es secundario a la elevación de la temperatura. Krueger ha sugerido la existencia de una interacción recíproca entre el sistema inmunológico y el sueño de ondas lentas (Krueger, 1990; Brown, 1995; Johannsen, 1994). Tal como vemos, algunas sustancias ejercen acciones importantes en ambos sistemas. Tanto las células de la glía como los macrófagos poseen lugares de fijación para los MPs, y ambos tipos celulares liberan sustancias hipnóticas inmunoactivas tales como las prostaglandinas, el interferón-alpha y la interleukina-1. Por otro lado, la actividad de los linfocitos T-killer muestra correlación con diversos aspectos del sueño N-REM. En conjunto, estos hallazgos sugieren una interacción entre el sueño y la respuesta inmune, aludiendo a que el sueño representa un papel en el proceso de recuperación tisular.

E) Control neurohumoral del sueño REM

Diversos trabajos realizados durante los últimos años han demostrado la importancia del neurotransmisor acetilcolina para la inducción del sueño REM (Hobson y cols., 1993; Gillin y col., 1993). La influencia colinérgica actúa incrementando la excitabilidad de las neuronas de la formación reticular pontina (FPR), cuyas neuronas, como hemos visto más arriba, actúan como inductoras del sueño REM.

Otras sustancias que son cosegreguegadas con la acetilcolina, tales como la sustancia P, el péptido intestinal vasoactivo (VIP) y el factor liberador de corticotropina (CRF), se encuentran también en estudio por su posible función moduladora sobre la actividad colinérgica. Por otro lado, el sistema noradrenérgico también representa un papel como inhibidor del sueño REM (Siegel y cols., 1988). En general, los estudios farmacológicos demuestran que aquellas sustancias que producen aumentos de noradrenalina inhiben el sueño REM, mientras que aquellas que inhiben su producción aumentan el sueño REM. Por otra parte, el locus ceruleus, principal centro noradrenérgico en el tronco del encéfalo, cesa su actividad de descarga sináptica durante el sueño REM.

Neuropéptidos y sueño REM

El conocimiento de los péptidos y neuromoduladores del sueño es un campo en crecimiento rápido, pero del cual no se tiene una noción tan detallada como de los neurotransmisores. Así, no se conoce con claridad la localización y función de muchos de estos compuestos, lo cual oscurece su integración en cualquier modelo presente de sueño REM. Adicionalmente, al no cruzar muchos de estos compuestos la barrera hematoencefálica, los estudios realizados en humanos pueden reflejar efectos sistémicos más que centrales. Por otro lado, está por ver si los efectos vistos en animales representan efectos farmacológicos más que fisiológicos.

La administración en el ventrículo cerebral del péptido intestinal vasoactivo (VIP) al comienzo del período de sueño produce un aumento de sueño REM (Jiménez-Anguiano y cols., 1993). Cuando incrementamos 10 veces la dosis, el efecto hipnótico ocurre con un día de retraso. Lo contrario sucede si se da un suero anti-VIP. Todo ello hace pensar que dependiendo de la dosis, el efecto puede ser hipnótico directo o a través de un ajuste de la fase del ritmo circadiano.

Por otra parte, la somatostatina (SS) produce por vía intraventricular un aumento de sueño REM sin alterar el sueño N-REM, normalizándose tras interrumpir el tratamiento (Danguir, 1986). Si se administra por vía intraventricular cisteamina —deplecciona los depósitos de somatostatina—, los efectos sobre el sueño son similares.

Adicionalmente, la administración pontomedular de CRH produce atonía muscular (Lai y col., 1992), mientras que en la corteza cerebral produce desincronización del EEG (Ehlers, 1986), sugiriendo un posible papel del péptido en la inducción de sueño REM. Por otro lado, tanto el CRF como el GRF se inhiben recíprocamente, lo cual, teniendo en cuenta el papel que el GRF representa en la inducción de sueño N-REM, podría contribuir a explicar la generación del ciclo REM/N-REM.

Como fruto de estos avances en la interrelación entre el sistema neuroendocrino y el sueño está emergiendo una concepción más amplia sobre la regulación del sueño. Todo ello parte del entendimiento del sistema neuroendocrino como un sistema complejo, con interacciones recíprocas entre los diversos ejes hormonales, que a su vez ejerce efectos neurofisiológicos sobre las neuronas reguladoras del sueño. Por otro lado, el tipo de sueño también tendría efectos sobre la secreción hormonal. En este sentido, están recibiendo particular atención las interacciones entre los sistemas hormonales y las consecuencias de éstas sobre la regulación del sueño.

f) Regulación circadiana

Los seres vivos han tenido que desarrollar a lo largo de la evolución una estrategia para poder adaptarse a los cambios drásticos de temperatura y de luminosidad ocasionados por el movimiento rotatorio de la tierra así como por la traslación del planeta alrededor del sol. Así, las especies han tenido que especializarse y optar por desarrollar su actividad bien de día bien de noche, especializándose y obteniendo ventajas frente a sus competidores. Una de estas estrategias ha sido el desarrollo de relojes con los que poder programar su actividad y sincronizarla con el ritmo de luminosidad y temperatura generado por las estaciones y el ciclo día-noche. Cuando se aísla a un organismo de la luz solar y de otras posibles influencias, los organismos muestran ritmos intrínsecos en la mayoría de las funciones biológicas. La duración de este ritmo suele ser de aproximadamente 24 horas. Cuando un sujeto es aislado de la luz solar y de otros factores que influyen sobre los ritmos biológicos, se observa que el sueño y la vigilia aparecen de manera cíclica con una periodicidad de aproximadamente 24 horas. Debido a que este ritmo es cercano al del ritmo día-noche, hablamos de ritmo circadiano. Dicho ciclo está controlado por el núcleo supraquiasmático, que es una zona del hipotálamo que controla también otros ritmos biológicos, como el de temperatura corporal, actividad física, presión arterial, secreción hormonal, etcétera. En ausencia de influencia de la luz solar, el ciclo sueño-vigilia tiene una duración de 24.8 horas.

El núcleo supraquiasmático recibe información sobre la luz solar a través de la vía retinohipotalámica. La luz solar tiene capacidad para reprogramar el ritmo circadiano, adaptando así la duración del ciclo sueño-vigilia a la duración del día. No obstante, la cantidad de la reprogramación y la dirección del cambio dependen del momento del ciclo en que se produzca la exposición a la luz solar. En general, la administración de terapia lumínica al finalizar la noche avanza el ritmo, mientras que al comienzo de la noche lo retrasa. Se han generado así las curvas fase-respuesta, que representan las variaciones en la sensibilidad del oscilador circadiano a la estimulación lumínica a lo largo del ciclo circadiano.

6. La función del sueño

Actualmente desconocemos el motivo por el cual los humanos y los animales duermen. Durante muchos años se pensó que el sueño tenía una función restauradora, permitiendo la síntesis de proteínas, el descanso del músculo y la recuperación general. El hecho de que las personas se acuesten cada noche sintiéndose cansadas y se levanten por la mañana descansadas proporciona a esta teoría una base intuitiva importante. Algunos hallazgos en los que se basa esta teoría son, entre otros:

1. La tasa de síntesis tisular es mayor durante el sueño que durante la vigilia (Adam y Oswald, 1977, 1983); 2. la hormona del crecimiento, que promueve la actividad anabólica, es segregada durante el sueño de ondas lentas (Takahashi y col., 1968); 3. el consu-

mo total de oxígeno por parte de los tejidos es inferior durante el sueño, lo cual sugiere una menor actividad catabólica durante el sueño (Shapiro y cols., 1984).

Estos motivos han hecho postular que el sueño N-REM tendría una función de reparación de tejidos corporales, mientras que durante el sueño REM predominaría la reparación cerebral. Otros hallazgos que apoyan este punto de vista son el incremento de sueño de onda lenta tras la privación de sueño (Berger, 1962) y tras el ayuno (MacFayden, 1973), así como su predominio en niños durante los años de máximo crecimiento (Feinberg, 1968) y en atletas (Shapiro, 1975). Por otro lado, los niveles de lactato sérico se encuentran elevados tras la privación de sueño durante 120 horas, indicando catabolismo muscular (Vondra, 1981). Además, el incremento de síntesis proteica cerebral durante el sueño REM resulta crucial en la preparación del sistema nervioso central (Drucker-Colín y cols., 1983; Velluti, 1985). Por otra parte, la tasa metabólica sigue un patrón ontogénico —a lo largo del desarrollo de un ser humano— similar al tiempo total de sueño, disminuyendo progresivamente a partir de la infancia y alcanzando un valor mínimo en personas ancianas. Desde un punto de vista de la evolución de las especies, se puede observar que los animales con menor tasa de actividad metabólica duermen menos que aquellos con tasas metabólicas más elevadas. No obstante, el punto criticable de esta teoría es que no ayuda a explicar la existencia de las diferentes fases del sueño ni la complejidad de su arquitectura.

Una buena parte de la investigación se ha centrado en la función específica del sueño REM. A diferencia del sueño N-REM, que depende principalmente de la duración previa de la vigilia, el sueño REM está estrechamente asociado a la ritmicidad circadiana y ultradiana. El hecho de que el sueño REM sea más abundante en niños y decrezca con la edad ha llevado a pensar que su función podría estar relacionada con el desarrollo. Así, el grupo de Roffwarg (Marks, 1995) propuso que el sueño REM proporcionaría la estimulación endógena necesaria para el desarrollo normal del niño, siendo esta estimulación posteriormente sustituida por la interacción con el medio. De hecho, el sueño REM contribuye decisivamente al desarrollo cerebral, especialmente en lo concerniente al sistema visual (Oksenberg, 1996). Por otro lado, existe relación entre madurez cerebral neonatal, edad de gestación, temperatura corporal y sueño REM. El sueño REM sólo se da en animales endotérmicos, es decir, capaces de mantener una temperatura corporal estable que sea independiente de la temperatura del medio ambiente. La supresión de sueño causa un aumento en el gasto de energía que no resulta explicable por el aumento de tiempo de vigilancia, actividad motora, etcétera. Además, al final del período de supervivencia se observa una disminución de la temperatura corporal. Cuando se analiza toda esta información de manera global, todo ello hace pensar que una de las posibles funciones del sueño REM sea la termorregulación (Wehr, 1992).

Otra posible función del sueño REM es la consolidación de la memoria (Smith, 1996; Dotto, 1996). Es conocido desde hace muchos años que la información adquirida es mejor retenida si va seguida de sueño que si no (Jenkins, 1924). La cantidad de sueño REM aumenta cuando los animales están aprendiendo una nueva conducta (Smith, 1996). En humanos, la densidad del sueño REM —número de movimientos oculares rápidos/hora de sueño REM— aumenta tras un período de aprendizaje (Smith, 1991). Si se suprime el sueño REM, la capacidad de aprendizaje disminuye (Karni, 1994). El mecanismo mediante el cual el sueño REM modula el proceso de aprendizaje puede estar relacionado con oscilaciones de neurotransmisores y hormonas que estén implicados en los procesos de memoria (Siegel, 1988).

En conclusión, no tenemos evidencia suficiente para conocer el mecanismo y la razón por los que se produce el sueño tras un período de vigilia. No obstante, existe evidencia suficiente para destacar tres hechos principales:

Por un lado, los animales —y probablemente los seres humanos— no pueden sobrevivir sin sueño; por otro, el desarrollo evolutivo del sueño, con su estructura compleja de sueño N-REM y sueño REM, sugiere que tiene importancia crítica para la supervivencia. La enorme variación de patrones de sueño en las diferentes especies simplemente pone de relieve el proceso adaptativo para la supervivencia (Webb, 1988). Por último, el estado de vigilia es necesario para la supervivencia de cualquier especie. En todas las especies esto comprende la necesidad de reproducción, la obtención de alimentos y probablemente la existencia de sueño para reducir los requerimientos de energía y permitir descansar al cerebro. En el ser humano, la supervivencia requiere no sólo el desarrollo de las actividades básicas, sino que debe añadirse al patrón complejo de la existencia humana, el intelecto, el humor, el arte y las relaciones sociales.

7. Privación de sueño

La investigación sobre los efectos de la privación de sueño ha tenido tradicionalmente como fin investigar las funciones del sueño. No obstante, la privación de sueño es un método insuficiente para estudiar las funciones del sueño, ya que a todo estudio sobre supresión de sueño se incorpora un importante componente de estrés que afecta a los resultados (Horne, 1984; Bergmann, 1989). A ello debe añadirse un interés creciente por conocer los efectos sociales y laborales del déficit de sueño.

La privación de sueño puede ser total, parcial o específica para un tipo de sueño —por ejemplo, sueño REM—. En todos los casos, la manifestación clínica más inmediata es la aparición de somnolencia diurna. Con el tiempo también se desarrolla una disminución de la vigilancia y del rendimiento. Asimismo, aparecen cambios del estado de humor tales como irritabilidad, fatiga, dificultades de concentración y desorientación. Como consecuencia de la disminución de atención surgen alteraciones de la memoria reciente. En individuos con psicopatología previa pueden desarrollarse ilusiones, alucinaciones, ideas paranoides. Cuando la supresión de sueño es total durante períodos de hasta 8 días (Kales, 1970) se producen algunas manifestaciones neurológicas leves, como el nistagmus horizontal, temblor —principalmente en la mano—, la hiperreflexia osteotendinosa y el aumento de sensibilidad al dolor. Bajo tales circunstancias, el EEG muestra un ritmo alpha —de vigilia— fragmentado, haciendo más lentos los ritmos theta y delta, así como los microsueños (Pilcher, 1996).

Por motivos éticos obvios, se desconoce cuánto tiempo puede tolerar el ser humano la ausencia total de sueño. Parece que los humanos soportan la supresión de sueño mejor que los animales. La extrapolación de los datos obtenidos en animales sugiere que serían necesarios 7 meses de supresión total de sueño antes de producirse la muerte (Bonnet, 1994). En las ratas de experimentación, ésta sobreviene como consecuencia de heridas ulceradas y sobreinfectadas en la piel y pérdida de peso continuada, pese a intentar compensarla con aumento de la ingesta. No obstante, tanto los humanos como las ratas de experimentación se recuperan completamente tras permitirse que duerman 1-2 noches, sin que permanezca ningún tipo de signos de disfunción.

Por otro lado, los estudios de privación parcial de sueño en humanos sugieren que las necesidades básicas de sueño son de 4-5 horas cada 24 horas. Reducciones de sueño por debajo de este número de horas alteran el rendimiento motor e intelectual. Estas necesidades elementales de sueño han sido llamadas *sueño nuclear* (Horne, 1988), en contraposición al *sueño opcional*, que sería la diferencia de horas de sueño hasta alcanzar las 7-8 horas que duerme la mayoría de los adultos. Mientras que el sueño nuclear es básico para el mantenimiento de las funciones vitales, y esto posiblemente esté en relación con su contenido de sueño de ondas lentas, el sueño opcional no lo es, simplemente añade bienestar al organismo. La mayoría de los adultos duerme entre 7-8 horas al día. Este número de horas de sueño nocturno en la población adulta sigue una distribución gaussiana. A ambos lados de la campana se encuentran personas con necesidades diarias mayores y menores de sueño, sin que por ello sufran somnolencia ni otras limitaciones durante el día. Se considera que las personas que duermen menos horas mantienen el sueño nuclear, mientras que las que duermen más horas que lo estadísticamente normal simplemente añadirían un mayor número de horas de sueño opcional.

8. Patología del sueño

El desarrollo de la patología del sueño como especialidad clínica ha surgido como consecuencia indirecta del aumento de interés por el conocimiento de los factores que intervienen en su regulación. La existencia de la patología del sueño tiene como premisa que el funcionamiento del cuerpo humano durante el estado de sueño se produce en unas condiciones diferentes a las que tienen lugar durante la vigilia, desencadenándose en algunos casos manifestaciones clínicas *de novo*, o bien contribuyendo el estado de sueño al agravamiento de la patología ya existente en condiciones de vigilia. Abarca un amplio campo interdisciplinar comprendiendo áreas de neurología, medicina interna, psiquiatría, cardiología, endocrinología, gastroenterología, otorrinolaringología, pediatría, urología, etcétera. Como resultado de este interés creciente por la patología del sueño han surgido las Unidades de Sueño, que consisten en una consulta médica centrada en dicha patología y en la actividad diagnóstica de un laboratorio de sueño. Describimos a continuación varios ejemplos representativos de algunos cuadros patológicos relacionados con el sueño.

A) Apnea del sueño

La apnea del sueño es la patología más frecuentemente estudiada en las Unidades de Sueño, estimándose su frecuencia en la población adulta en torno al 4 por ciento (Young, 1993). Su descripción inicial (Gastaut, 1965; Jung, 1965) y su posterior evolución han contribuido de manera decisiva al desarrollo de la Medicina del Sueño como especialidad médica. Consiste en la aparición repetitiva de pausas en el flujo respiratorio a lo largo de la noche (Strollo, 1996). Por definición, estas pausas se denominan apneas solamente cuando su duración es superior a 10 segundos. Cuando las apneas se producen como consecuencia de una obstrucción en la vía aérea superior, hablamos de apnea obstructiva (gráfico 10). Por el contrario, cuando la causa de la apnea es la falta de impulso respiratorio, se habla de apnea central (Guilleminault, 1996).

Desde un punto de vista clínico, el paciente con apnea del sueño suele presentar ronquido así como frecuentes interrupciones en el flujo respiratorio mientras duerme. Como resultado, el sueño se encuentra fragmentado. A su vez, la fragmentación del sueño causa somnolencia diurna (Krieger, 1996), que suele manifestarse como una tendencia a caer inadvertidamente dormido en situaciones sedentarias, a dormir siestas o a presentar lapsos de atención durante tareas monótonas. Frecuentemente los pacientes atribuyen la somnolencia a las características de la situación, más que al grado intrínseco de somnolencia. De hecho, las situaciones sedentarias no desencadenan la somnolencia, sino que la desenmascaran. Otros síntomas frecuentemente presentes son falta de memoria y dificultades de concentración —los cuales suelen incidir sobre el rendimiento laboral—, cambios de personalidad, dolores de cabeza y disminución de líbido. Por otro lado, la apnea del sueño causa hipoxemia nocturna, así como un aumento del riesgo cardiovascular. La aparición de estas apneas se debe a múltiples causas: por un lado, durante el sueño se produce una disminución del tono muscular de la musculatura dilatadora de la faringe —particularmente del músculo geniogloso y genihioideo—, la cual en algunas personas es insuficiente para compensar las presiones negativas subatmosféricas que se producen comúnmente durante la inspiración. Por otro lado, el impulso ventilatorio proveniente del centro de control troncoencefálico disminuye al iniciarse el sueño, dependiendo la respiración en mayor medida de la presión sanguínea de CO_2 que durante la vigilia (Dempsey, 1996). Los frecuentes cambios entre sueño y vigilia que tienen lugar durante el sueño en las personas con apnea hacen que con frecuencia el nivel de PCO_2 sea insuficiente para mantener un estímulo ventilatorio neuronal adecuado, produciéndose a su vez nuevas apneas.

b) Síndrome de movimientos periódicos de piernas durante el sueño

Es un ejemplo de una enfermedad neurológica asociada al sueño. Se trata de la aparición de movimientos estereotipados que se producen principalmente en las piernas y que toman la forma de flexiones en la rodilla, tobillo y cadera, así como de extensión de los dedos de los pies (Trenkkwalder, 1996; O'Keeffe, 1996) (gráfico 11). En algunas ocasiones pueden aparecer en las extremidades superiores. Estos movimientos tienen lugar exclusivamente durante el sueño, y aparecen de manera periódica cada 15 a 40 segundos. Desde un punto de vista clínico, estos movimientos adquieren importancia cuando fragmentan el sueño. Pueden causar además dificultades para mantener sueño y somnolencia diurna. Debido a que dichos movimientos tienen lugar exclusivamente durante el sueño, el paciente no suele ser consciente de su existencia, atribuyendo el insomnio a otras causas. El síndrome de movimientos periódicos de piernas es una enfermedad común, y se estima su frecuencia en aproximadamente el 5 por ciento de la población adulta. Este número es más alto en personas de edad. Suele ir en ocasiones asociado al síndrome de piernas inquietas (Walters, 1995), que se caracteriza por la aparición de pinchazos, hormigueos, quemazón, dolor y otras sensaciones molestas en las piernas. Dichas alteraciones sensoriales tienen lugar de noche durante el reposo, encontrando alivio con el movimiento. Suelen causar trastornos de iniciación del sueño y en ocasiones de incapacidad de mantenimiento del mismo.

c) Reflujo gastroesofágico nocturno

Consiste en la aparición de ardor retroesternal que tiene lugar cuando el paciente se encuentra tumbado por la noche. Puede causar dificultad en la conciliación del sueño, así como despertares frecuentes y sueño fragmentado. Se debe al aumento de riesgo que existe en algunas personas a que se produzca paso de jugo ácido de la cavidad gástrica al esófago durante la noche. Parte de dicho aumento de riesgo es debido a la posición de decúbito, debido a que en esta posición se reduce el gradiente de presiones entre la cavidad esofágica y el esfínter muscular que la separa del esófago, haciéndose más probable el paso de jugo gástrico al esófago. Existen, sin embargo, factores relacionados específicamente con el sueño, como son la pérdida de tono contráctil del esfínter durante los microalertamientos que tienen lugar durante el sueño (Dent, 1980; Schoemann, 1995), la disminución de salivación y la casi total ausencia de movimientos de deglución salivar. Estos factores actúan aumentando de manera específica durante el sueño el riesgo de reflujo (Orr, 1994).

d) Trastorno de conducta del sueño REM

Se trata de un cuadro de reciente descripción caracterizado por la aparición de anomalías de conducta, tales como hiperactividad motora, sacudidas musculares, movimientos de extremidades, vocalizaciones y hasta conducta agresiva, etcétera, durante el sueño REM. Cuando se despierta a dichos pacientes, suelen describir un ensueño de características generalmente violentas, frecuentemente relacionadas con persecuciones o confrontaciones con animales. En este sentido, se ha sugerido que la conducta violenta observable en el paciente mientras duerme vendría a ser un intento de escenificación del ensueño. Cuando se estudia en el laboratorio a un paciente con esta patología puede observarse la ausencia de inhibición del tono muscular durante el sueño REM (gráfico 12). Puede aparecer todas las noches o sólo aisladamente, y es una enfermedad que se da sobre todo en personas mayores (Schenk, 1996).

e) Narcolepsia

Se trata de una enfermedad conocida desde el siglo pasado pero que está siendo objeto de una gran atención desde hace dos décadas. La narcolepsia es una enfermedad de probable origen genético (Mignot, 1997), que se caracteriza por la presencia de sueño excesivo durante el día, pese a haber dormido durante la noche un número de horas adecuado. Los pacientes con esta enfermedad suelen padecer además episodios paroxísticos de sueño, en los que éste sobreviene de manera súbita e irresistible durante el día, independientemente de la actividad que se esté desarrollando —al comer, hablar, etcétera—. Son típicos además los episodios de cataplejia, que son pérdidas súbitas del tono muscular que tienen lugar tras sentir emociones —risa, sustos, etcétera—. Algunos pacientes con esta enfermedad padecen además parálisis del sueño —sensación de paralización muscular— y alucinaciones hipnagógicas —alteraciones de la percepción de tipo visual, auditivo o sensorial— al comienzo o al final del sueño (Bassetti, 1996).

En la narcolepsia se produce una alteración en la regulación del sueño REM consistente en un aumento de la presión de este tipo de sueño durante el día. Así, las manifestaciones clínicas de la narcolepsia son resultado de una protrusión patológica de sueño REM bien durante la vigilia bien al comienzo del sueño (Aldrich, 1992). Se piensa que las alteraciones del sueño REM son resultado de un desequilibrio troncoencefálico entre los neurotransmisores que lo regulan (Nishino, 1994). Existen factores genéticos que intervienen de manera relevante en la génesis de esta enfermedad. Así, prácticamente la totalidad de los pacientes con este cuadro poseen el antígeno de histocompatibilidad HLA-DR2 (Aldrich, 1992).

f) El problema del insomnio

El insomnio es el tipo de patología del sueño más frecuente (Ohayon, 1996). La simple experiencia individual nos permite observar que en el insomnio existe una incapacidad de inhibir aquellos procesos cerebrales que van asociados al pensamiento o a las emociones, impidiendo así la conciliación del sueño. En el insomnio se produce un desequilibrio entre la acción de dos sistemas cerebrales: por un lado, el sistema aminérgico, relacionado con la ansiedad y la activación del sistema nervioso vegetativo propia de la vigilia, y por otro, el sistema colinérgico. En el insomnio se produce un desequilibrio entre la actividad de ambos sistemas de neurotransmisores a favor del primero (Golda, 1981; Hobson, 1989). En las personas con dificultades para conciliar o mantener el sueño, los correlatos neuronales de la actividad del pensamiento hacen que la actividad cortical de las neuronas aminérgicas del tronco del encéfalo se mantenga en un nivel excesivamente elevado como para que se pueda producir una conciliación del sueño. A su vez, este nivel de excitación elevado hace que no pueda disminuir el flujo de pensamientos. De esta manera, se crea un círculo vicioso en el que la conciliación del sueño resulta cada vez más improbable. Cuando este desequilibrio dura más de varios minutos, el problema puede llegar a complicarse, al crearse un círculo vicioso de activación cerebral. El sueño no sobreviene hasta que el círculo vicioso cesa su actividad por agotamiento. Este proceso concuerda con la experiencia de muchos insomnes que sienten que no son capaces de dormir los primeros 10 minutos; el momento de la conciliación del sueño puede llegar a retrasarse en varias horas. Por otro lado, como resultado de dicho desequilibrio entre los sistemas aminérgico y colinérgico, una vez conciliado el sueño, éste es de tipo superficial, y pequeñas molestias internas —por ejemplo, pesadillas— o ambientales —ruido, calor, etcétera— son suficientes para producir despertares breves. El equilibrio entre ambos sistemas de neurotransmisores resulta tan frágil que a primeras horas de la mañana se produce un despertar precoz. Cuando se utiliza medicación benzodiazepínica para conciliar el sueño, ésta disminuye la actividad en el tronco del encéfalo del núcleo dorsal de rafe, lo cual desliza el equilibrio aminérgico-colinérgico a favor del último, facilitándose de esta manera la conciliación del sueño (Gillin, 1993).

G) Trastornos del sueño en la depresión

Los pacientes con depresión suelen quejarse de tener un sueño inquieto, con numerosas pesadillas, así como de un despertar precozmente (Dew, 1996). No obstante, algunos pacientes depresivos, más que de insomnio, padecen de exceso de sueño. Al parecer, en la depresión se produce una disminución de la amplitud del ritmo sueño-vigilia, con lo cual la diferencia entre el estado de vigilia y el sueño disminuye, produciéndose, entre otras cosas, un sueño superficial y fragmentado. Por otro lado, en la depresión existe además un adelanto del ritmo sueño-vigilia respecto al ciclo de 24 horas, con lo cual el paciente se siente somnoliento antes y se despierta antes de lo acostumbrado (Buysse, 1995). En la hipersomnia depresiva se produce un aumento de la presión del sueño REM, lo cual explica el hecho de que la latencia del sueño REM esté acortada y que los períodos del mismo sean más largos y densos —mayor número de movimientos periódicos/hora de sueño— (Van Bemmel, 1997). Resulta interesante que en estos pacientes la supresión selectiva de sueño REM produce efectos antidepresivos. Es más, cuando tras haber mejorado por supresión del sueño REM duermen una siesta en la que tiene lugar sueño REM, se produce una recaída de la depresión (Wiegand, 1987). Se piensa que en la base de estos trastornos se encuentra una hipersensibilidad hacia los neurotransmisores colinérgicos, así como una hiposensibilidad hacia las sustancias aminérgicas (Petty, 1996).

H) CONCLUSIÓN

El sueño es un estado en el que los seres humanos permanecen durante un tercio de sus vidas y ha recibido hasta hace algunas décadas una escasa atención por parte de la investigación biológica y médica. Como resultado del esfuerzo realizado desde entonces se ha logrado un mayor conocimiento de los mecanismos cerebrales que regulan la aparición y el desarrollo del sueño. Esto a su vez ha redundado en un incremento del interés por la patología del sueño y por sus repercusiones médicas, sociales y laborales. Aunque dicho campo de la medicina se encuentra aún en sus comienzos, constituye hoy una de las áreas de expansión más prometedoras, encontrándose involucrados en todo el mundo un número creciente de investigadores y profesionales de la medicina.

K. ADAM e I. OSWALD, "Sleep is for tissue restoration", en *R. Coll Physicians Lond,* 11 (pp. 376-388), 1977.

— "Protein synthesis, bodily renewal and the sleep-wake cycle", en *Clin Sci,* 65 (pp. 561-567), 1983.

M. S. ALDRICH, "Narcolepsy", en *Neurology,* 42 (Suppl. 6), (pp. 34-43), 1992.

M. S. ALDRICH, Z. HOLLINGSWORTH y J. B. PENNEY, "Autoradiographic studies of post-mortem human narcoleptic brain", en *Neurophysiol Clin,* 23 (pp. 35-45), 1993.

C. J. AMLANER y N. J. BALL, "Avian Sleep", en M. H. KRYGER, T. ROTH y W. C. DEMENT, *Principles and Practice of Sleep Medicine,* Saunders, Philadelphia, 1994.

S. ANCOLI-ISRAEL et al., "Sleep apnea and nocturnal myoclonus in a senior population", en *Sleep* 4 (pp. 349-358), 1981.

C. BASSETTI y M. S. ALDRICH, "Narcolepsy", en *Neurol Clin,* 14, (pp. 545-571), 1996.

R. J. BERGER e I. OSWALD, *Effects of sleep deprivation on behavior, subsequent sleep and dreaming,* J. Ment Sci, 108, (pp. 457-465), 1962.

B. M. BERGMANN et al., "Sleep deprivation in the rat: II. Methodology",en *Sleep,* 12, (pp. 5-12), 1989.

F. BES, et al., "Effects of delta sleep-inducing peptide on sleep of chronic insomniac patients. A souble-blind study", en *Neuropsychobiology,* 26, (pp. 193-197), 1992.

M. H. BONNET, "Sleep Deprivation", en M. H. KRYGER, T. ROTH y W. C. DEMENT, *Principles and practice of sleep medicine,* Saunders, Philadelphia, 1994.

D. J. BUYSSE et al., *Circadian patterns of unintended sleep episodes during a constant routine in remitted depressed patients,* J. Psychiatr Res, 29, (pp. 407-416), 1995.

A. BREZINSKI, *Melatonin in humans,* N. Engl. J. Med., 336, (pp. 186-195), 1997.

R. BROWN, *Muramyl peptides and the functions of sleep,* Behav Brain Res, 69, (pp. 85-90), 1995.

M. A. CARSKADON y W. C. DEMENT, "Sleepiness in the normal adolescent", en C. GUILLEMINAULT, (Ed.) *Sleep and its disorders in children,* Raven Press, New York, (pp. 53-66), 1987.

J. DANGUIR, *Intracerebroventricular infusion of somatostatin selectively increases paradoxical sleep in rats,* Brain Res, 367, (pp. 26-30), 1986.

W. DEMENT y N. KLEITMAN, "The relation of eye movements during sleep to dream activity: An objective method for the study of dreaming", en *J. Exp. Psychol,* 53, (pp. 339-346), 1957.

J. A. DEMPSEY et al., "Sleep-induced breathing instability", en *Sleep,* 19, (pp. 236-247), 1996.

J. DENT et al., *Mechanism of gastroesophageal reflux in recumbent asymptomatic human subjects,* J. Clin Invest, 65, (pp. 256-267), 1980.

M. A. DEW et al., "Electroencephalographic sleep profiles during depression. Effects of episode duration and other clinical and psychosocial factors in older adults", en *Arch Gen Psychiatry,* 53, (pp. 148-156), 1996.

L. DOTTO, *Sleep stages, memory and learning,* Can Med Assoc J, 154, (1.193-1196), 1996.

R. DRUCKER-COLIN et al., *Dissociation of rapid eye movement (REM) sleep features: possible implications for REM triggering mechanisms,* J Neurosci Res, 9, (pp. 425-435), 1983.

C. L. EHLERS, T. K. REED y S. J. HENRISEN, "Effects of corticotropin-releasing factor and growth hormone-releasing factor on sleep and activity in rats2, en *Neuroendocrinology,* 42, (pp. 467-474), 1986.

I. FEINBERG y V. R. CARLSON, "Sleep variables as a function of age in man", en *Arch Gen Psychiat,* 18, (pp. 239-250), 1968.

I. FEINBERG, *Schizophrenia: caused by a fault in programmed synaptic elimination during adolescence?,* J Psychiatr Res, 17, (pp. 319-334), 1983.

H. GASTAUT, C. A. TASSINARI y B. DURON, "Polygraphic study of diurnal and nocturnal (hypnic and reespiratory) episodal manifestations of Pickwick syndrome", en *Rev Neurol,* 112, (pp. 568-579), París, 1965.

V. GOLDA, R. PETR y P. SUBA, *Studies in behavioral neurochemistry: motor and vegetative reactivity to electric shock and brain monoamines in the normotensive and/or genetically hypertensive rats,* Sb Ved Pr Lek Fak Karlovy Univerzity Hradci Kralove, 24, (pp. 293-305), 1981.

J. C. GILLIN et al., "The cholinergic rapid eye movement induction test with arecoline in depression", en *Arch Gen Psychiatry,* 48, (pp. 264-270), 1991.

J. C. GILLIN et al., *Cholinergic receptor subtypes and REM sleep in animals and normal controls,* Prog Brain Res, 98, (pp. 379-387), 1993.

C. GUILLEMINAULT y A. ROBINSON, *Central Sleep apnea,* Neurol Clin, 14, (pp. 611-628), 1996.

E. HARTMANN, "L-Tryptophan as a hipnotic agent: a review", en *Waking-Sleeping,* 1, (pp. 155-161). 1977.

K. M. HARTSE, "Sleep in insects and non-mammalian vertebrates", en M. H. KRYGER, T. ROTH y W. C. DEMENT, *Principles and practice of sleep medicine,* Saunders, Philadelphia, 1994.

W. R. HESS, *Diencephalon: autonomic and extrapyramidal functions,* Grune and Stratton, New York, 1956.

J. A. HOBSON et al., *Acetylcholine as a brain state modulator: triggering and long-term regulation of REM sleep,* Prog Brain Res, 98, (pp. 389-404), 1993.

J. A. HOBSON, *Human Sleep.* Scientific American, New York, 1989.

J. A. HORNE y M. J. MCGRATH, "The consolidation hypothesis for REM sleep function: stress and other confounding factors-a review", en *Biol Psychol,* 18, (pp. 165-184), 1984.

J. A. HORNE, *Why we sleep. The functions of sleep in humans and other mammals,* Oxford Univesity Press, New York, 1988.

S. INOUE, "Sleep and sleep substances", en *Brain Dev,* 8, (pp. 469-473), 1986.

K. ISHIMORI, *True cause of sleep: a hypnogenic substance as evidenced in the brain of sleep-deprived animals,* Igakkai Zasshi, 23, (pp. 429-457), 1990.

J. B. JENKINS y K. M. DALLENBACH, "Obliviscence during sleep and waking", en *Am J Psychol,* 35, (pp. 605-612), 1924.

A. JIMÉNEZ-ANGUIANO, A. BÁEZ-SALDANA y R. DRUCKER-COLIN, *Cerebrospinal fluid (CSF) extracted immediately after REM sleep deprivation prevents REM rebound and contains vasoactive intestinal peptide (VIP),* Brain Res, 631, (pp. 345-348), 1993.

L. JOHANNSEN et al., "Somnogenic activity of muramyl peptide-derived immune adjuvants", en *Immunopharmacol,* 16, (pp. 109-116), 1994.

B. E. JONES, "Basic mechanisms of sleep-wake states", en M. H. KRYGER, T. ROTH y W. C. DEMENT, *Principles and practice of sleep medicine,* Saunders, Philadelphia, 1994.

M. JOUVET et al., "Hypnogenic effects of some hypothalamo-pituitary peptides", en E. R. BUNNEY, E. COSTA y S. G. POTKIN, Eds. Clinical Neuropharmacology, vol 9, suppl 4, Raven Press, (pp. 65-467), New York, 1986.

R. JUNG y W. KUHLO, *Neurophysiological studies of abnormal night sleep and the pickwickian syndrome,* Prog Brain Res, 18, 140, 1965.

A. KARNI et al., *Dependence on REM sleep of overnight improvement of a perceptual skill,* Science, 265, (pp. 679-682), 1994.

M. KERKHOFS et al., "Sleep-promoting effects of growth hormone-releasing hormone in normal men, en *Am J Physiol,* 264, E594-E598, 1993.

W. P. KOELLA, *The organization and regulation of sleep. A review of the experimental evidence and a novel integrated model of the organizing and regulating apparatus,* Experientia, 40, (pp.309-338), 1984.

J. KRIEGER et al., "Propensity for sleep and diunal somnolence in the course of sleep apnea syndrome", en *Neurophysiol Clin,* 26, (pp. 131-137), 1996.

J. M. KRUEGER, *Somnogenic activity of immune response modifiers,* Trends Phrmacol Sci, 11, (pp. 122-126), 1990.

Y. Y. LAI y J. M. SIEGEL, *Corticotropin-releasing factor mediated muscle atonia in pons and medulla,* Brain Res, 575, pp. 63-68), 1992.

R. LYDIC, H. A. BAGHDOYAN y Z. ZORINC, "Microdyalisis of cat pons reveals enhanced acetylcholine release during state-dependent respiratory depression", en *Am J Physiol,* 261, R766-770, 1991.

G. A. MARKS et al., *A functional role for REM sleep in brain maturation,* Behav Brain Res, 69, (pp.1-11), 1995.

U. M. MACFAYDEN, I. OSWALD y S. A. LEWIS, "Starvation and human slow wave sleep", en *J Appl Physiol,* 35, (pp. 391-394), 1973.

R. W. MCCARLEY y S. G. MASSAQUOI, "A limit cycle mathematical model of the REM sleep oscillator system" en *Am J Physiol,* 251, R1011-R1029 1986.

D. J. MCGINTY y M. B. STERMAN, *Sleep suppresion after basal forebrain lesions in the cat,* Science, 160, 1.253, 1968.

W. B. MENDELSON, M CANIN y J. M. COOK, *A benzodiazepine receptor antagonisy decreases sleep and reverses the hipnotic actions of flurazepam,* Science, 219, (pp. 414-416), 1983.

E. MIGNOT, "Genetics of narcolepsy and other sleep disorders", en *Am J Hum Genet,* 60, (pp. 1.289-1.302), 1997.

S. NISHINO et al., "Neuropharmacology and neurochemistry of canine narcolepsy", en *Sleep,* 17, (Suppl. 8), S84-S92, 1994.

G. MORUZZI y H. W. MAGOUN, "Brain stem reticular formation and activation of the EEG", en *Eletroencephalogr Clin Neurophysiol,* 1, (pp. 455-459), 1949.

G. MORUZZI, *The sleep-waking cycle,* Ergeb Physiol, 64, (pp. 1-9), 1972.

M. OHAYON, "Epidemiological study on insomnia in the general population", en *Sleep,* 1996 19 (Suppl. 3), S7-S15, 1996.

S. T. O'KEEFFE, "Restless legs syndrome. A review", en *Arch Intern Med,* 156, (pp. 243-248), 1996.

A. OKSENBERG et al., *Rapid eye movement sleep deprivation in kittens amplifies LGN cell-size disparity induced by monocular deprivation,* Brain Res Dev Brain Res, 97, (pp. 51-61), 1996.

W. C. ORR, "Gastrointestinal disorders", en M. H. KRYGER, T. ROTH y W. C. DEMENT, *Principles and practice of sleep medicine,* Saunders, Philadelphia, 1994.

F. PETTY et al., "Serotonin dysfunction disorders: a behavioral neurochemistry perspective", en *Clin Psychiatry,* 57, (Suppl 8), (pp.11-16), 1996.

J. J. PILCHER y A. I. HUFFCUTT, "Effects of sleep deprivation on performance: a meta-analysis", *Sleep,* 19, (PP. 318-326), 1996.

C. H. SCHENCK y M. W. MAHOWALD, *REM sleep parasomnias,* Neurol Clin, 14, (pp. 697-720), 1996.

"D. SCHNEIDER-HELMERT, DSIP, "Clinical application of the progrmming effect", en S. INOUE y SCHNEIDER-HELMERT, Eds. Sleep Peptides, *Basic and Clinical Approaches,* Springer Verlag, Berlín, 1988.

M. N. SCHOEMAN et al., *Mechanisms of gastroesophageal reflux in ambulant healthy human subjects,* Gastroenterolgoy, 108, (pp. 83-91), 1995.

C. M. SHAPIRO et al., "Sleep patterns after graded exercise", en *J Appl Physiol,* 39, (pp. 187-190), 1975.

C. M. SHAPIRO et al., "Heat production during sleep", en *J Appl Physiol,* 56, (pp. 671-677). 1984.

J. M. SIEGEL y M. A. ROGAWSKI, *A function for REM sleep: regulation of noradrenergic receptor sensitivity,* Brain Res, 472, (pp. 213-233), 1988.

C. SMITH y L. LAPP, "Increases in number of REMs and REM density in humans following an intensive learning period", en *Sleep,* 14, (pp. 325-330), 1991.

C. SMITH y G. M. ROSE, *Evidence for a paradoxical sleep window for place learning in the Morris water maze,* Physiol Behav, 59, (pp. 93-97), 1995.

C. SMITH, "Sleep states, memory processes and synaptic plasticity2, Behav Brain Res, 78, (pp. 49-56), 1996.

P. J. STROLLO y R. M. ROGERS, *Obstructive sleep apnea,* N Engl J Med, 334, (pp. 99-104), 1996.

Y. TAKAHASHII, D. M. KIPNIS y W. H. DAUGHADAY, *Growth hormone secretion during sleep,* J Clin Invest, 47, (pp. 2.079-2.090), 1968.

J. S. TAKAHASHII y M. ZATZ, "Regulation of circadian rhythmicity", en *Science,* 2.178, (pp. 1.104-1.111), 1982.

C. TRENKWALDER, A. S. WALTERS y W. HENING, "Periodic limb movements and restless legs syndrome", en *Neurol Clin,* 14, (pp. 629-650), 1996.

A. L. VAN BEMMEL, "The link between sleep and depression: the effects of antidepressants on EEG sleep", en *J Psychosom Res,* 42, (pp. 555-564), 1997.

R. VELLUTI, *An electrochemical approach to sleep metabolism: a pO2 paradoxical sleep system,* Physiol Behav, 34, (pp. 355-358), 1985.

K. VONDRA et al., "Effects of sleep deprivation on the activity of selected metabolic enzymes in skeletal muscle", en *Eur J Appl Physiol,* 47, (pp. 41-46), 1981.

A. S. WALTERS, *Toward a better definition of the restless legs syndrome. The International Restless Legs Syndrome Study Group,* Mov Disord, 10, (pp. 634-642), 1995.

W. B. WEBB, "An objective behavioral model of sleep", en *Sleep,* 11, (pp. 488-496), 1988.

T. A. WEHR, "A brain-warming function for REM sleep", en *Neurosci Biobehav Rev,* 16, (pp. 379-397), 1992.

W. WESEMAN et al., *Circadian rhythm of serotonin binding in rat brain. II. Influence of sleep deprivation and imipramine,* Chronobiol Int, 3, (pp. 141-146), 1986.

M. WIEGAND et al., "The influence of daytime naps on the therapeutic effect of sleep deprivation", en *Biol Psychiatry,* 22, (pp. 389-392), 1987.

R. L. WILLIAMS, I. KARACAN y C. J. HURSCH, *EEG of human sleep: Clinical Applications,* John Wiley and Sons, New York, 1974.

T. YOUNG et al., *The occurrence of sleep-disordered breathing among middle-aged adults,* N Engl J Med, 328, (pp. 1.230-1.235), 1993.

H. ZEPPELIN, "Mammalian sleep", en M. H. KRYGER, T. ROTH y W. C. DEMENT, *Principles and practice of sleep medicine,* Saunders, Philadelphia, 1994.

"Desnudo bajando la escalera", ▶
por Marcel Duchamp
(Museo de Filadelfia)

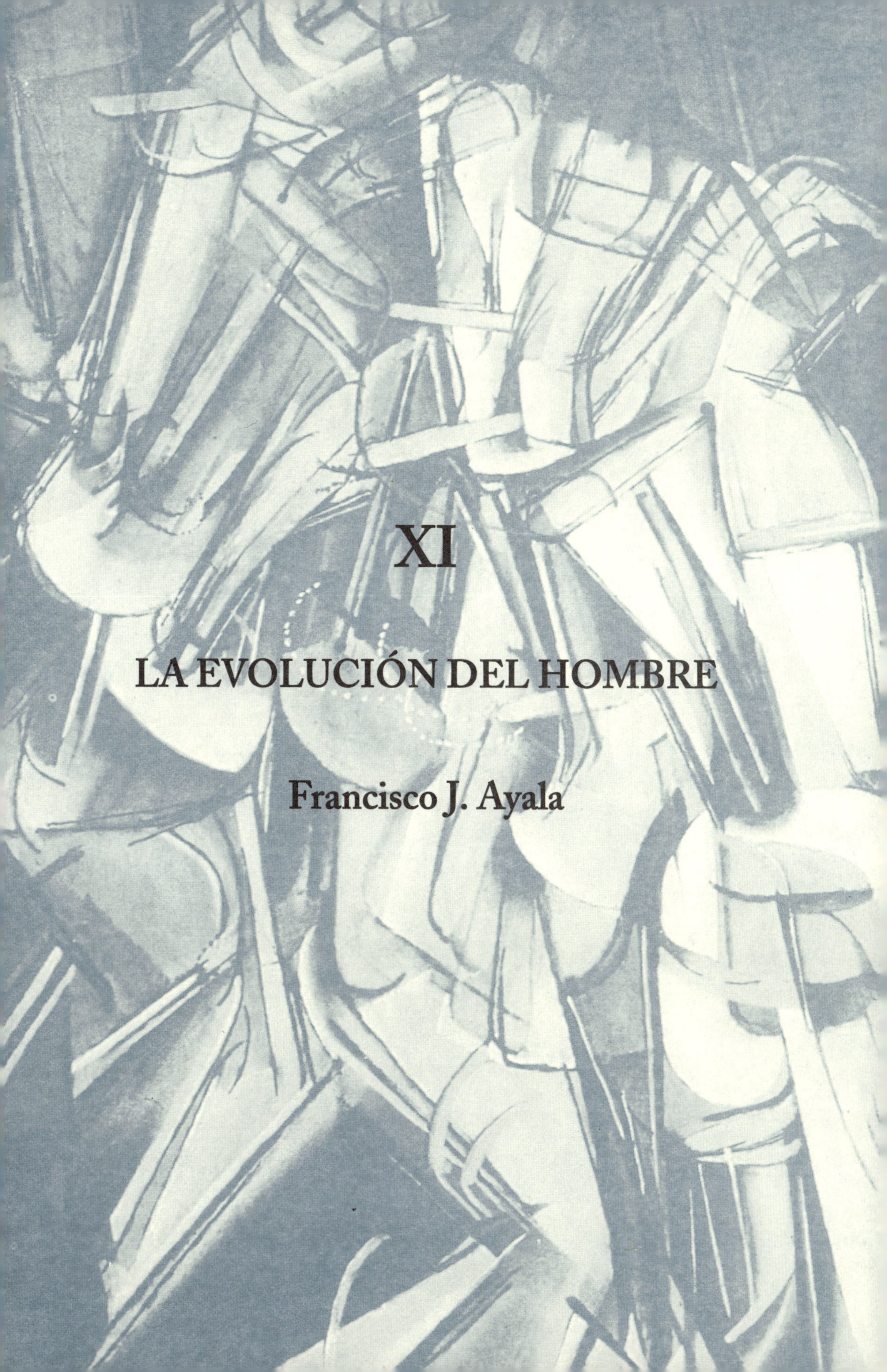

XI

LA EVOLUCIÓN DEL HOMBRE

Francisco J. Ayala

LA EVOLUCIÓN DEL HOMBRE

FRANCISCO J. AYALA
Departamento de Ecología y Evolución
Universidad de California, Irvine, California, EE UU

RESUMEN DEL ARGUMENTO

Comenzaré presentando los conocimientos más recientes sobre la evolución biológica de nuestra especie, *Homo sapiens*. Este linaje se separó del de sus parientes más cercanos, los chimpancés, hace unos cinco millones de años. Nuestros antepasados de hace cuatro millones y medio de años, los *Australopithecus afarensis*, eran ya bípedos, pero tenían un cerebro pequeño, como el de los chimpancés, de menos de medio kilo de peso. El tamaño del cerebro aumentó a continuación, llegando casi a un kilo y medio en la humanidad moderna. Otros cambios importantes que ocurren durante nuestra evolución incluyen la configuración de la mano y la ovulación críptica.

Con la evolución de la humanidad, surge una modalidad nueva, la evolución cultural, en la que se incluyen las instituciones sociales y políticas, el lenguaje, la tecnología, el arte y la literatura, la ética y la religión. La evolución cultural está basada en la herencia cultural, así como la evolución biológica está basada en la herencia biológica, mediatizada por el DNA. Pero la evolución cultural es un modo de adaptación al ambiente mucho más eficaz que la evolución biológica por ser más rápida y porque puede ser dirigida, en vez de depender de la ocurrencia aleatoria de mutaciones génicas. Durante los últimos milenios, la evolución de la humanidad ha sido predominantemente cultural; la humanidad ha adaptado los ambientes a sus genes mucho más frecuentemente que sus genes a los ambientes.

Los evolucionistas han tratado de explicar la moralidad —y otros valores culturales— como consecuencia de la evolución biológica. Estos esfuerzos son deficientes; primero, porque no distinguen entre dos cuestiones diferentes. La primera cuestión es si la capacidad de comportamiento ético de los humanos es una consecuencia necesaria de su evolución biológica. Mi respuesta es afirmativa. Juzgamos las acciones como buenas o reprobables debido a nuestra eminente inteligencia, que nos ha dotado de las tres condiciones necesarias para ello: anticipar las consecuencias, hacer juicios de valor y libre albedrío. La segunda cuestión es si la evolución biológica determina las normas de la moralidad, es decir, los códigos que especifican qué acciones son comendables y cuáles son reprobables. Mi respuesta es negativa. Las normas de moralidad no son productos de la evolución biológica, sino de la cultural; emergen como consecuencia de las tradiciones sociales y religiosas.

La postura bípeda fue el cambio clave que llevó al aumento del cerebro y de la inteligencia. Y fue también el cambio clave de donde se origina el sentido moral. Los humanos son definidos biológicamente por su inteligencia, *Homo sapiens*. Otro atributo que nos distingue de los demás animales es el sentido moral, *Homo moralis*. Sólo los humanos evaluamos las acciones como moralmente buenas o malas. ¿De dónde nos viene el sentido moral? Los sociobiólogos responden que el sentido moral, como otros atributos universales de la humanidad, es un producto de la evolución biológica. Estoy de acuerdo, pero no con la explicación que dan. Los sociobiólogos, tales como E. O. Wilson y Richard Dawkins, yerran al proponer que el comportamiento ético es simplemente una extensión de ciertos comportamientos animales, incluyendo el llamado altruismo biológico. Por el contrario, el altruismo propiamente dicho es radicalmente diferente en sus causas al altruismo biológico. La evolución biológica puede predisponernos a comportarnos de ciertas maneras, pero no nos obliga a seguir tales predisposiciones. Además, ciertas normas morales se oponen a las predisposiciones biológicas. El comportamiento moral, según los sociobiólogos, está regido por el mismo cálculo de beneficios y perjuicios biológicos que gobiernan la evolución de todos los seres vivos. Por ejemplo, ¿por qué se considera virtuoso honrar a los padres y proteger a los hijos? Porque ello, responden, contribuye a propagar los genes del individuo *virtuoso*. No es que seamos capaces de hacer juicios de valor y actuar con libre albedrío, sino que los genes hacen que lo creamos así para su beneficio. La sociobiología pretende explicar el sentido moral como producto de la evolución, pero lo que hace, al final, es negarlo.

Existe, sin embargo, un argumento válido que manifiesta que el *sentido* moral es producto de la evolución biológica. El sentido moral es, como la vista, el oído y otros sentidos, una capacidad, en este caso, la de juzgar las acciones como virtuosas o reprobables. La *capacidad* de hacer juicios morales es cosa muy diferente de los *códigos* morales, es decir, las normas con arreglo a las cuales decidimos que una acción es buena o mala, como *no robar* o *no fornicar*. Uno de los desatinos de los sociobiólogos es confundir el sentido moral con los códigos morales.

Como la capacidad de hablar, el sentido moral es un atributo universal de la naturaleza humana y producto de la evolución biológica. Por el contrario, los códigos morales, como las lenguas que se hablan, no son producto de la evolución biológica, sino de la evolución cultural, incluyendo las tradiciones sociales y religiosas. Pero el paralelo entre moralidad y lenguaje no debe llevarse hasta el final. El español, sánscrito y maya son lenguas radical e irreconociblemente diferentes. Los códigos morales varían de una cultura a otra, pero todos tienen mucho en común.

En conclusión, la Biología es necesaria para entender la naturaleza humana, pero es insuficiente para explicarla adecuadamente.

Origen de los humanos

Nuestra especie, *Homo sapiens*, ha evolucionado a partir de otras que no eran humanas. Nuestros parientes más cercanos son los chimpancés. El linaje homínido se hizo diferente del linaje de los chimpancés hace 6 Ma —millones de años—, y evolucionó exclusivamente en el continente africano hasta el surgimiento del *Homo erectus,* un poco antes de hace 1,7 Ma. El primer homínido conocido, *Ardipithecus ramidus*, vivió hace 4,4 Ma, pero no sabemos si caminaba erecto ni si pertenece a la línea de descendencia de los humanos modernos. El recientemente descrito *Australopithecus anamensis*, que vivió de hace 3,9 a hace 4,2 Ma, era bípedo y ha sido colocado en la línea de descendencia que va hacia *Australopithecus afarensis, Homo habilis, Homo erectus* y *Homo sapiens.*

Poco tiempo después de su aparición en África, el *Homo erectus* se dispersó a otros continentes. Se han encontrado restos fósiles de *Homo erectus* en África, Indonesia (Java), China, el Medio Oriente y Europa, incluyendo España, donde los fósiles de Atapuerca pertenecen a antepasados que vivieron hace unos 780.000 años —aunque estos fósiles son anatómicamente distintos y no está decidido si pertenecen al *Homo erectus* o a una especie distinta, tal vez intermedia entre *erectus* y *sapiens*—. Fósiles de *Homo erectus* de Java han sido ubicados entre hace 1,81 y 1,66 Ma, y fósiles de Georgia entre 1,6 y 1,8 Ma.

La transición de *Homo erectus* a *Homo sapiens* ocurrió en África hace unos 400.000 años, pero no hay seguridad sobre si ciertos fósiles son de *Homo erectus* o de formas arcaicas de *Homo sapiens.* Por otra parte, *Homo erectus* persistió por más tiempo en Asia, hasta hace 250.000 años en China y posiblemente hasta hace 100.000 años en Java. La subespecie de *Homo sapiens neardenthalensis* apareció en Europa hace unos 200.000 años y persistió hasta hace 30.000 años. Los neandertales han sido considerados en el pasado como ancestros de humanos anatómicamente modernos, pero ahora sabemos que los humanos modernos aparecieron hace al menos 100.000 años, mucho antes de la desaparición de los fósiles de neandertales. Es enigmático que en cuevas del Próximo Oriente hayan aparecido fósiles de humanos modernos que preceden a fósiles neandertales y otros más recientes que siguen a los neandertales. Fósiles de humanos modernos datan en esas cuevas entre hace 120.000 y 100.000 años, mientras que existen en estratos sobre ellos fósiles neandertales fechados hace 60.000 a 70.000 años, seguidos por humanos modernos datados hace 40.000 años. No sabemos si las dos formas se reemplazaron repetidamente una a la otra por migración de otras regiones, si coexistieron o si ocurrió hibridación —aunque resultados genéticos muy recientes sugieren que los neandertales y los humanos modernos nunca se entrecruzaron—.

Hay considerables controversias sobre el origen de los humanos modernos. Algunos antropólogos argumentan que la transición de *Homo erectus* al *Homo sapiens* arcaico, y después a los humanos anatómicamente modernos, ocurrió al mismo tiempo en varias partes del Viejo Mundo. Quienes proponen este origen *multirregional* enfatizan la continuidad regional en la transición del *Homo erectus* al *sapiens* arcaico y después al moderno. Proponen que además hubo intercambio genético entre las diferentes poblaciones, llevado a cabo de tiempo en tiempo, que fue suficiente para que la especie evolucionara como un acervo genético integrado, pero sin destruir la diferenciación geográfica, como ha ocurrido en otras especies animales que presentan este tipo de variación. Esta explicación depende de la postulación de migraciones persistentes y de entrecruzamientos entre las poblaciones de diferentes continentes, de lo cual no hay evidencia directa. Además es difícil reconciliar el modelo multirregional con la existencia de diversas especies o formas en diferentes regiones —como es el caso en la persistencia de *Homo erectus* hasta hace 100.000 años en Indonesia, cuando se sabe que los arcaicos *Homo sapiens* habían aparecido hace ya 400.000 años—.

Por el contrario, otros científicos argumentan que los primeros humanos modernos aparecieron en África o en el Oriente Próximo poco antes de hace 100.000 años y se dispersaron hacia el resto del mundo, reemplazando las poblaciones preexistentes de *Homo erectus* o del *Homo sapiens* arcaico. Algunos de los que proponen este modelo de reemplazamiento argumentan además que la transición del *Homo sapiens* arcaico al moderno estuvo asociada con un cuello de botella muy estrecho que consistiría en un número pequeño de individuos que son los ancestros de todos los humanos modernos. Esta hipótesis emana de una confusión y no es necesario entrar en ella. La dificultad más seria con el modelo de reemplazamiento es que no explica la evidente continuidad morfológica que se observa en algunas regiones, notablemente, en Australasia.

La reconstrucción del árbol genealógico humano basada en una molécula pequeña de DNA, conocida como el DNA mitocondrial (mtDNA), que sitúa sus raíces en África, es consistente con el origen africano favorecido por proponentes del modelo de reemplazamiento. Esta evidencia está, sin embargo, muy lejos de ser concluyente. Las raíces del mtDNA apuntan hacia el ancestro en la línea materna, pero la mayoría del DNA (el DNA nuclear) pudiera tener sus raíces en otras partes del mundo.

Existen, sin embargo, evidencias adicionales que favorecen la herencia africana. Se derivan del análisis de 30 polimorfismos de DNA provenientes de 14 poblaciones de diferentes partes del mundo. El árbol genealógico que resulta de las frecuencias genéticas promedio separa africanos ancestrales de todas las demás poblaciones, que aparecen en el árbol como derivadas de las africanas. La separación más profunda en la genealogía se ha ubicado hace 156.000 años, que indicaría la época en que los humanos modernos se dispersaron de África hacia el resto del mundo. Estos resultados son particularmente notables porque el análisis busca determinar la historia de las poblaciones humanas y no simplemente la herencia de genes individuales. Aun así, no parecen existir razones definitivas para excluir que diferentes genes tengan diferentes orígenes geográficos. Las distancias promedio podrían reflejar la contribución genética relativa de varias poblaciones ancestrales. Los resultados serían compatibles con un modelo en el que un reemplazamiento africano moderno sería concomitante con alguna continuidad regional.

En conclusión, el peso de la evidencia molecular favorece un origen africano reciente para los humanos modernos. La diferenciación étnica entre las poblaciones modernas sería evolutivamente reciente, un resultado de evolución divergente entre poblaciones separadas geográficamente durante los últimos 50.000 a 100.000 años. Sin embargo, el reemplazamiento del *Homo sapiens* arcaico por los humanos anatómicamente modernos puede no haberse completado en todas partes. Algún entrecruzamiento entre los humanos modernos colonizadores y las poblaciones locales explicaría la evidente continuidad morfológica en algunas regiones, en particular Australasia. Es indudable que la impresionante acumulación actual de investigaciones sobre la evolución molecular antropológica pronto proveerá respuestas más definitivas y precisas.

De la Biología a la cultura

Los rasgos anatómicos humanos más distintivos son postura erecta bípeda y cerebro grande. Somos el único animal vertebrado con postura erecta bípeda; las aves andan a dos patas, pero su columna vertebral yace horizontalmente en vez de ser vertical como en los humanos. El tamaño del cerebro es generalmente proporcional al del cuerpo; comparado al peso corporal, los humanos tenemos el cerebro más grande —y más complejo— de todos los seres vivos. El cerebro de un chimpancé pesa unos 400 gramos; el del gorila algo más. El cerebro de un hombre adulto pesa unos 1.400 gramos.

Los evolucionistas se planteaban hasta hace unos años la cuestión de qué característica evolucionó antes, la postura bípeda o el cerebro grande. La cuestión está bien resuelta hoy. Los *Australopithecus*, nuestros antepasados de hace unos cuatro millones de años, tenían ya postura bípeda, pero un cerebro de sólo unos 450 gramos. El tamaño del cerebro aumenta a partir de *Homo habilis*, hace unos dos y medio millones de años, cuyo cerebro pesaba unos 650 gramos y cuya actividad incluía la producción abundante de utensilios —de ahí el nombre de *habilis*—. Los *Homo erectus* adultos tenían cerebros de hasta 1.200 gramos de peso. Nuestra especie, *Homo sapiens*, tiene un cerebro de 1.300 a 1.400 gramos, tres veces mayor que el del *Australopithecus*. Pero además nuestro cerebro es mucho más complejo que el de los gorilas o chimpancés. La corteza cerebral, donde se procesan las funciones cognitivas superiores, es desproporcionadamente mayor, con respecto al tamaño total del cerebro, que la de nuestros parientes antropoides.

La postura bípeda y el cerebro grande no son los únicos rasgos anatómicos que nos diferencian de los antropoides, aun cuando sean los más obvios. Una lista parcial de los caracteres anatómicos distintivos de nuestra especie incluye los siguientes:

• Bipedalismo y postura erguida, que implican cambios en espina dorsal, cadera, forma del pie y otros.

• Pulgares opuestos y cambios en brazo y mano, que facilitan la construcción y uso de utensilios, manipulación precisa.

• Aumento del cerebro.

• Reducción de mandíbula y reconfiguración de la cara.

• Ovulación críptica y receptividad sexual continua.

• Cambios en la piel y sus glándulas.

• Disminución del vello corporal.

• Desarrollo lento.

• Modificación de la laringe y cuerdas vocales.

• Reorganización del cerebro.

Pero nuestras diferencias con los antropoides no se reducen a la anatomía, sino que incluyen de manera importante diferencias en el comportamiento, tanto individual como social. Los rasgos distintivos del comportamiento humano incluyen los siguientes:

• Inteligencia:

— abstracción

— categorización

— razonamiento

• Lenguaje simbólico.

• Autoconciencia.

• Utensilios; tecnología.

• Ética y religión.

• Arte, literatura y ciencia.

• Organización y cooperación social.

• Instituciones políticas y códigos de leyes.

• Expresión sutil de emociones.

Los humanos vivimos en grupos socialmente organizados, como también lo hacen los antropoides. Pero las sociedades de antropoides no se aproximan en su complejidad a las sociedades humanas. Un carácter distintivamente humano es la cultura, que en el contexto presente incluye el conjunto de todas las creaciones y actividades no estrictamente biológicas de los humanos. La cultura en este sentido incluye las instituciones sociales y políticas, las tradiciones morales y religiosas, el lenguaje, los conocimientos científicos o de experiencia común, el arte y la literatura, la tecnología y, en general, todos los productos de la mente humana. La aparición de la cultura en nuestros antepasados trajo consigo la evolución cultural, un modo superorgánico de evolución superimpuesto sobre el orgánico y que durante los últimos milenios se ha convertido en el modo preponderante de evolución humana. La evolución cultural ha surgido precisamente porque los humanos transmitimos una herencia cultural, además de la biológica; y se ha convertido en un método de adaptación al ambiente que es mucho más eficaz que la herencia biológica. Es más eficaz primero porque puede ser dirigido, puesto que las innovaciones culturales surgen de un propósito intencionado de mejorar nuestra posición en el ambiente, mientras que las innovaciones biológicas —es decir, las mutaciones genéticas— nacen de un proceso aleatorio independientemente de su utilidad. Además, la adaptación por medio de la cultura es más eficaz que la adaptación biológica porque es mucho más rápida. La transmisión de una mutación genética beneficiosa desde el individuo en que aparece al resto de la especie requiere un número enorme de generaciones. Pero las invenciones culturales —la radio, por ejemplo, o el teléfono— pueden extenderse a la humanidad entera, al menos en principio, en muy poco tiempo, ciertamente en menos de las tres décadas requeridas por cada generación humana.

En las páginas que siguen quiero explorar la cuestión de si la evolución de la cultura humana está determinada por su evolución biológica o si sigue reglas independientes. Voy a explorar el comportamiento moral como modelo, ya que se trata de un rasgo cultural humano universal y preponderante en la vida social y familiar humana. La cuestión que quiero plantear es si la evolución de la moralidad es o no una consecuencia de la evolución biológica. Como veremos en seguida, la cuestión es más compleja de lo que el planteamiento que acabo de hacer pudiera sugerir.

Juicios morales y normas morales

Las personas tienen valores morales, es decir, aceptan unas pautas en virtud de las cuales su conducta será calificada de conveniente o indebida, de buena o mala. Las normas particulares mediante las cuales se juzgan las acciones morales varían hasta cierto punto de un individuo a otro, de una cultura a otra —si bien algunas normas, como no matar, no robar y honrar a los padres, están muy difundidas y quizá sean universales—; pero en todas las culturas se efectúan juicios morales. Esta universalidad plantea la cuestión de si el sentido moral forma parte de la naturaleza humana —¿es una dimensión más de nuestro bagaje biológico?— y de si los valores éticos pueden ser el resultado de la evolución biológica en vez de serlo simplemente de las tradiciones religiosas y culturales.

La cuestión de si el sentido ético está biológicamente determinado puede desdoblarse en los dos problemas siguientes: (1) ¿está determinada por la naturaleza biológica del ser humano la capacidad para la ética?; y (2) ¿están determinados biológicamente los sistemas o códigos de normas éticas aceptadas por los seres humanos? El primer interrogante plantea si la naturaleza biológica del ser humano es tal que éste se ve inclinado de necesidad a hacer juicios morales y aceptar valores éticos para identificar ciertas acciones como buenas o malas. Cualquier respuesta afirmativa a esta primera pregunta no determina necesariamente cuál será la correspondiente a la segunda. Con independencia de que la persona humana sea o no ética de necesidad, queda por determinar si los preceptos morales particulares están en verdad reglados por la naturaleza biológica de nuestra especie o si son producto de la elección de la sociedad o del individuo. Aun cuando hubiéramos de concluir que las personas no pueden evitar tener pautas morales de conducta, cabría que la elección de las mismas fuera arbitraria. La necesidad de tener pautas morales nada nos dice acerca de cuáles serán dichas pautas, lo mismo que la capacidad para el lenguaje no determina qué idioma hablaremos.

La tesis que propondré es que la persona humana es un ser ético por su naturaleza biológica; que juzga su comportamiento bueno o malo, moral o inmoral, como consecuencia de su eminente capacidad intelectual, que incluye la conciencia de sí mismo y el pensamiento abstracto. Estas posibilidades intelectuales son resultados del proceso evolutivo, pero tienen un carácter específicamente humano.

La segunda tesis que presentaré es la de que las normas morales según las cuales calificamos determinadas acciones de moralmente buenas o malas —así como las razones que cabe aducir para justificar dichas normas— son producto de la evolución cultural, no de la biológica. A este respecto, las normas de moralidad pertenecen a la misma categoría de fenómenos que las instituciones políticas y religiosas, o las artes, la ciencias y la tecnología. Los códigos morales, como esos otros productos de la cultura humana, suelen ser coherentes con las predisposiciones biológicas de la especie humana y de otros animales. Pero tal coherencia entre las normas éticas y las tendencias biológicas no es ni necesaria ni universal: no tiene aplicación a todas las normas éticas de una sociedad dada, y mucho menos a la totalidad de las sociedades humanas.

Los códigos morales, como cualesquiera otros sistemas humanos, dependen de la naturaleza biológica humana, y han de ser coherentes con ella en el sentido de que no podrían contrarrestarla sin fomentar su propia desaparición. Es más, la aceptación y la persistencia de las normas morales es más fácil cuanto más coherentes son éstas con los comportamientos humanos biológicamente determinados. Pero las normas morales son independientes de estos comportamientos en tanto que algunas pueden no favorecer —y dificultar— la supervivencia y la reproducción del individuo y sus genes —supervivencia y reproducción que son los objetivos de la evolución biológica—. No obstante, las discrepancias entre las normas morales aceptadas y la supervivencia biológica deben tener, necesariamente, un alcance limitado, o de lo contrario conducirían a la extinción de los grupos que acepten esas reglas discrepantes.

La pregunta de si el comportamiento ético está determinado por nuestra naturaleza biológica ha de ser respondida afirmativamente. Por *comportamiento ético* entiendo no la buena conducta, sino el imperativo de juzgar las acciones humanas como buenas o malas. El ser humano denota comportamiento ético por naturaleza, porque su constitución biológica determina la presencia en él de tres condiciones necesarias, y en conjunto suficientes, para que se dé tal comportamiento. Estas condiciones son: (1) la capacidad de anticipar las consecuencias de las acciones propias; (2) la capacidad de hacer juicios de valor, y (3) la capacidad de escoger entre líneas de acción alternativas. Examinaré brevemente cada una de estas capacidades y demostraré que existen como consecuencia de la eminente capacidad intelectual del ser humano.

Condiciones para el comportamiento ético

La capacidad de anticipar las consecuencias de las acciones propias es la más fundamental de las tres condiciones que exige el comportamiento ético. Sólo si puedo prever que al apretar el gatillo saldrá la bala disparada, que a su vez herirá y matará a mi enemigo, podrá ser calificada de vil esta acción. Apretar el gatillo no es de por sí una acción moral; llega a serlo en virtud de sus importantes consecuencias. Mi acción tiene una dimensión ética sólo si preveo estas consecuencias.

La capacidad de anticipar las consecuencias de las acciones propias está estrechamente relacionada con la de establecer el vínculo entre los medios y los fines, es decir, de ver en un medio precisamente eso, un medio, algo que es útil a un determinado fin o propósito. Dicha capacidad de establecer el vínculo entre los medios y sus fines demanda la de prever el futuro y formar imágenes mentales de realidades no presentes o ni siquiera existentes.

La capacidad de establecer la relación entre los medios y los fines es la aptitud intelectual básica que ha permitido el desarrollo de la cultura y la tecnología humanas. Las raíces evolutivas de tal capacidad pueden hallarse en la evolución de la postura erguida, que transformó los miembros anteriores de nuestros antepasados de órganos de locomoción en órganos de manipulación. Las manos se convirtieron, gradualmente, en órganos aptos para la construcción y uso de objetos destinados a la caza y a otras actividades que incrementaban la supervivencia y la reproducción, es decir, que aumentaban la aptitud reproductora de sus poseedores. La elaboración de útiles no sólo depende de la destreza manual sino de que éstos sean entendidos precisamente como útiles, como medios al servicio de ciertos fines o propósitos: el cuchillo para cortar, la flecha para cazar, la piel de un animal para proteger el cuerpo del frío. La selección natural estimuló la capacidad intelectual de nuestros antepasados bípedos porque una mayor inteligencia facilitaba la percepción de los útiles como tales y, por tanto, su construcción y empleo, con la consiguiente mejora de la supervivencia y la reproducción biológicas.

El desarrollo de las aptitudes intelectuales de nuestros antepasados se produjo hace tres o más millones de años, multiplicando paulatinamente la capacidad de vincular los medios con sus fines y, por ende, la posibilidad de fabricar útiles cada vez más complejos, al servicio de propósitos remotos. Por consiguiente, la capacidad de prever el futuro, esencial para el comportamiento ético, está estrechamente asociada con el desarrollo de la capacidad para construir útiles —facultad que ha dado lugar a la avanzada tecnología de las sociedades modernas, y que, en buena medida, es responsable del éxito de la humanidad como especie biológica—. Desde sus oscuros orígenes en África, la humanidad se ha propagado por toda la tierra —con la excepción de los gélidos yermos de la Antártida— y se ha convertido en el mamífero más abundante. Quizá no sean todo ventajas en la abundancia, pero es una medida de nuestro éxito biológico.

La segunda condición para la existencia del comportamiento ético es la capacidad para hacer juicios de valor, es decir, de ver en ciertos objetos o actos algo más deseable que en otros. Sólo si puedo ver en la muerte de mi enemigo un hecho preferible a su supervivencia —o viceversa— podrá la acción que lleve a su destrucción ser calificada de moral. Si las posibles consecuencias de una acción son neutras en cuanto a su valor, dicha acción no podrá ser considerada ética. La posibilidad de hacer juicios de valor depende de la capacidad de abstracción, es decir, de la capacidad de percibir las acciones y los objetos como miembros de clases generales. Esto permite comparar objetos o acciones entre sí y ver en unos cualidades más deseables que en otros. La capacidad para la abstracción exige una inteligencia superior, como la que se da en el ser humano y sólo en él.

La tercera condición necesaria para el comportamiento ético es la capacidad para elegir entre modos de acción alternativos. Apretar el gatillo puede ser una acción moral sólo si tengo la opción de no apretarlo. Una acción obligada, que escapa a nuestro control, no es una acción moral: la circulación de la sangre o la digestión de los alimentos no son acciones morales. Si existe o no el libre albedrío es un problema sobre el que los filósofos han discutido largo y tendido, y no es éste el lugar adecuado para revisar los argumentos al respecto. Aquí sólo expondré dos considerandos de sentido común en pro de su existencia. Uno es nuestra experiencia personal, que indica que la posibilidad de escoger entre alternativas es real, no sólo aparente. El segundo es que cuando nos enfrentamos a una situación que exige una iniciativa por nuestra parte, podemos explorar mentalmente diversas líneas de acción, ampliando así el dominio en el cual podemos ejercer nuestro libre albedrío. Sea como fuere, si no existiera el libre albedrío no existiría el comportamiento ético; la moralidad no sería más que una ilusión. Sin embargo, lo que quiero dejar bien claro es que el libre albedrío depende de la existencia de una inteligencia bien desarrollada que permita explorar líneas de acción alternativas y escoger una u otra a la vista de las consecuencias previstas.

En resumen, el comportamiento ético es un atributo del bagaje biológico del ser humano, y, por consiguiente, un producto de la evolución. Pero no encuentro argumentos en favor de que el comportamiento ético se desarrollara por ser intrínsecamente adaptativo. Me resulta difícil imaginar cómo la valoración de ciertas acciones como buenas o malas —no la mera elección de unas y no otras, o la decisión respecto de sus consecuencias prácticas— incrementaría la eficacia reproductora del valorador. Ni se me ocurre cómo podría existir una forma de comportamiento ético *incipiente* que fuera luego fomentada por selección natural. Las tres condiciones necesarias para que exista el comportamiento ético son manifestación de unas aptitudes intelectuales avanzadas, y he propuesto que el objetivo de la selección natural fue el desarrollo de tales aptitudes. Éstas se vieron favorecidas por la selección natural porque la construcción y uso de útiles mejoraba la eficacia de nuestros antecesores bípedos. Una vez apareció el bipedalismo, y con ello la fabricación de útiles, los individuos más eficientes en estas tareas tenían una mayor probabilidad de éxito biológico. La ventaja biológica brindada por el diseño y el empleo de útiles persistió lo suficiente para que las aptitudes intelectuales continuaran en aumento, produciendo a la larga el extraordinario desarrollo de la inteligencia que caracteriza al *Homo sapiens.*

La ética de los animales

El desarrollo de las aptitudes intelectuales humanas puede ser considerado como la culminación de un proceso que es evolutivamente continuo y gradual. Una tendencia evolutiva particularmente manifiesta en los linajes animales es un incremento paulatino de la capacidad de obtener y procesar información sobre el medio ambiente externo. Esta capacidad es adaptativa, porque permite que el organismo reaccione de un modo flexible a las condiciones ambientales. En ciertos organismos unicelulares se puede identificar una capacidad muy rudimentaria para recoger y procesar información sobre el ambiente. El paramecio sigue una trayectoria sinuosa según nada, ingiriendo las bacterias que se cruzan en su camino; cuando se encuentra con condiciones desfavorables, como una acidez o una salinidad del agua inadecuadas, detiene su avance, gira y toma una nueva dirección. Esta reacción es puramente negativa: el paramecio no busca su alimento o un ambiente favorable, sino que se limita a evitar las condiciones inadecuadas. En el alga unicelular *Euglena* se da una mayor aptitud para procesar información sobre el medio ambiente. Dicha alga está provista de una mancha sensible mediante la cual puede orientarse hacia la luz. Los movimientos de *Euglena* son intencionales, no sólo evita los medios ambientales inadecuados, sino que busca activamente los apropiados. La ameba representa un paso más en esa dirección: reacciona ante la luz alejándose de ella y también persigue activamente las partículas de alimento.

La capacidad de obtener y procesar información sobre el ambiente no ha aumentado con el tiempo en todos los linajes evolutivos. Las bacterias actuales no han progresado más en este sentido que sus antecesores de hace mil millones de años. En muchos linajes evolutivos hubo cierto progreso limitado en las etapas iniciales, sin que haya habido nuevos avances durante el resto de su historia. En general, los animales han progresado más a este respecto que las plantas, los vertebrados más que los invertebrados y los mamíferos más que los reptiles, que a su vez han progresado más que los peces.

Los vertebrados pueden recoger y procesar señales mucho más complicadas y ofrecer una gama de respuestas mucho más amplia que los invertebrados —entre ellos, los insectos y demás artrópodos—. En los animales, por regla general, la capacidad de obtener y procesar información acerca del ambiente radica en el sistema nervioso y en el cerebro, que integra las señales sensoriales transmitidas por los nervios y coordina las respuestas oportunas. El cerebro de los vertebrados tiene un número enorme de neuronas asociativas con una disposición extraordinariamente compleja. Entre los vertebrados, el progreso en la capacidad de obtener y manipular información del ambiente está correlacionado con el incremento del tamaño de los hemisferios cerebrales y con la aparición y desarrollo del neopalio. El neopalio está relacionado con la asociación y coordinación de todo tipo de impulsos procedentes de los centros cerebrales y los receptores. Tal órgano aparece por vez primera en los reptiles, y en los mamíferos se ha acrecentado hasta convertirse en la corteza cerebral, que cubre la mayor parte de los hemisferios cerebrales. El mayor cerebro de los vertebrados, comparado con el de los invertebrados, les permite además emplear una gran cantidad de neuronas en la memoria o almacenamiento de información. El tamaño relativo y la complejidad absoluta del cerebro, y en particular de la corteza cerebral, alcanza un máximo en el ser humano, que tiene una capacidad muy superior a la de cualquier otro organismo, para percibir el medio exterior e integrar, coordinar y reaccionar flexiblemente ante lo percibido. El excepcional desarrollo del cerebro ha dotado al ser humano de los poderes intelectuales que hacen posible la abstracción y la conciencia de ser, es decir, la objetivación del sujeto pensante, la capacidad de un individuo para verse como objeto.

La cuestión que se plantea es si la capacidad para el comportamiento ético —que, como he argumentado, está asociada con un alto desarrollo de la inteligencia— podría hallarse también presente, al menos de una forma rudimentaria, en otros animales, en proporción al desarrollo de su inteligencia. Mi respuesta es negativa. Ciertos animales manifiestan comportamientos análogos a los que se desprenden de las acciones éticas del ser humano, como la lealtad de perro o la manifestación de arrepentimiento cuando se le castiga. Pero semejantes comportamientos están determinados genéticamente o por adiestramiento —*respuestas condicionadas*—. En el comportamiento *altruista* de algunos animales también hay de por medio determinación genética, no evaluación moral. En mi opinión, ninguna de las tres condiciones necesarias para el comportamiento ético se da en los animales.

La capacidad para la ética es producto de una evolución paulatina, pero es un atributo que sólo existe cuando los que subyacen a él —por ejemplo, las aptitudes intelectuales— alcanzan un grado de desarrollo elevado. Las condiciones necesarias para el comportamiento ético sólo aparecen una vez salvado un umbral evolutivo. La aproximación es gradual pero las condiciones se dan sólo cuando se alcanza un grado de inteligencia tal que la formación de conceptos abstractos y la anticipación del futuro son posibles. Otros procesos evolutivos presentan también umbrales —por ejemplo, los orígenes de la vida, la organización pluricelular y la reproducción sexual—, y tampoco faltan éstos en el mundo inorgánico —por ejemplo, el agua se calienta paulatinamente, pero a 100ºC comienza la ebullición y el tránsito de líquido a gas se pone en marcha de forma brusca—.

Teorías éticas

He propuesto que el comportamiento ético está arraigado en la naturaleza biológica del ser humano, y que dicho comportamiento no evolucionó porque fuera adaptativo de por sí, sino como resultado indirecto de la evolución de una eminente capacidad intelectual. Vayamos ahora a la segunda cuestión: ¿determina también nuestra naturaleza biológica qué normas morales o códigos éticos debe obedecer el ser humano? Mi respuesta es no; no necesariamente y no exclusivamente. Las normas morales según las cuales decidimos si una determinada acción es buena o mala no están especificadas por la evolución biológica, sino por la evolución cultural. Las premisas de nuestros juicios morales provienen de las tradiciones sociales, incluyendo las religiosas.

Presto añadiré, sin embargo, que los sistemas morales, como cualquier otra actividad cultural, no pueden sobrevivir mucho tiempo si discurren en franca contraposición con nuestra biología. Las normas de moralidad han de ser consistentes con nuestra naturaleza biológica, porque la ética sólo puede existir en individuos humanos y en sociedades humanas. Por tanto, cabría esperar también que las normas aceptadas de moralidad fomentaran a menudo los comportamientos que incrementan la adaptación biológica de quienes actúan de acuerdo con ellas. Pero esto no siempre es así, ni es necesario que lo sea.

Antes de proseguir, quizá merezca la pena considerar brevemente la hipótesis de que la justificación de los códigos morales la dan las convicciones religiosas y sólo ellas. No existe ningún vínculo necesario, o lógico, entre la fe religiosa y los principios de la moral, aunque generalmente existe un nexo de motivación, o psicológico. Lo que quiero dar a entender con esto es que las creencias religiosas explican por qué las personas aceptan unas normas éticas determinadas: son sus convicciones religiosas las que les mueven a hacerlo así; pero, al seguir los dictados morales de su religión, los individuos no justifican racionalmente las normas morales que están aceptando. Por supuesto, cabe desarrollar una justificación racional: por ejemplo, cuando un conjunto de creencias religiosas contiene propuestas sobre la naturaleza humana y el mundo, a partir de las cuales se pueden deducir de forma lógica las normas éticas. Pero, en este caso, dicha justificación lógica no proviene de la fe religiosa en cuanto tal, sino de una determinada concepción del mundo: es el resultado de un análisis filosófico fundamentado en ciertas premisas. Los teólogos en general, y en particular los teólogos cristianos, tratan a menudo de autorizar su ética sobre bases racionales relativas a la naturaleza humana. Un ejemplo notable es la teoría de la *ley natural* de santo Tomás de Aquino, durante mucho tiempo el más influyente de todos los teólogos cristianos. Añadiré que las motivaciones que vinculan las creencias religiosas y las normas éticas son lo más decisivo para el creyente religioso. Pero esto es cierto en general: la mayoría de las personas, religiosas o no, aceptan un determinado código moral por razones sociales, sin tratar de justificarlo racionalmente mediante una teoría de la que se puedan deducir, de manera lógica, las normas morales.

Existen muchas teorías sobre los fundamentos racionales de la moralidad, como las teorías deductivas que tratan de descubrir los axiomas o principios fundamentales que establecen lo que es moralmente correcto a partir de la intuición moral directa, o las teorías como el positivismo lógico o el existencialismo, que niegan el fundamento racional de la moralidad reduciendo los principios morales a decisiones emotivas u otras causas irracionales. A raíz de la publicación de la teoría darwiniana de la evolución por selección natural, filósofos y biólogos han intentado hallar en el proceso evolutivo la justificación de las normas morales. El fundamento común de todos estos intentos es que la evolución es un proceso natural que alcanza metas que son deseables y, por consiguiente, moralmente buenas; a decir verdad, ha producido el ser humano. Los partidarios de estas ideas consideran que sólo las metas evolutivas pueden prestar valor moral a la acción humana: que un acto humano sea moralmente bueno depende de si favorece, de forma directa o indirecta, el proceso evolutivo y sus objetivos naturales.

Herbert Spencer fue quizás el primer filósofo que trató de hallar los fundamentos de la moral en la evolución biológica. Entre los intentos más recientes figuran los de los conocidos evolucionistas J. S. Huxley y C. H. Waddington y el de Edward O. Wilson, fundador de la Sociobiología como una disciplina independiente ocupada en descubrir las bases biológicas de todo comportamiento social.

En su libro *The principles of ethics*, publicado en 1893, Spencer persigue sustituir la fe cristiana en cuanto justificación de los valores éticos tradicionales por un principio natural. Según él, la teoría de la evolución entraña que la conducta humana ha de ser evaluada como una actividad biológica más, según su conformidad con el proceso de la vida, por consiguiente, cualquier código moral aceptable ha de basarse en la selección natural, en la ley de la lucha por la existencia. Spencer propone como norma general del comportamiento humano que todo el mundo sea libre de hacer lo que quiera en tanto no interfiera la libertad a que los demás tienen derecho. La justificación de esta norma se basa en la evolución biológica: el éxito de un individuo, sea animal o planta, depende de su capacidad para obtener lo que necesita. Por consiguiente, Spencer reduce la función del Estado a proteger la libertad colectiva de los individuos para hacer lo que les plazca.

El darwinismo social, en versión *spenceriana* o en alguna otra variante, se puso de moda en los círculos europeos y norteamericanos de finales del siglo XIX y comienzos del XX, pero hoy día cuenta con pocos o ningún partidario intelectual de renombre. Entre los críticos de Spencer figuran los evolucionistas J. S. Huxley y C. H. Waddington, que, sin embargo, defienden que la evolución orgánica provee una justificación racional a los códigos éticos. Para Huxley, el patrón de moralidad es la contribución de las acciones al progreso evolutivo, que va de los organismos menos *avanzados* a los que lo están más. Para Waddington, la moralidad de las acciones ha de ser evaluada por su contribución a la evolución humana.

Los puntos de vista de Huxley y Waddington se basan en juicios de valor acerca de lo que es progreso en la evolución. En contra de la propuesta de Huxley, no existe nada objetivo en el propio proceso evolutivo que haga del éxito de las bacterias —que han persistido durante más de 3.000 millones de años, y en cantidades fabulosas— algo menos deseable que el de los vertebrados, por más que estos últimos sean más complejos. No son los insectos —de los que existen más de un millón de especies— menos deseables, ni están menos logrados desde una perspectiva puramente biológica, que el ser humano o cualquier otra especie animal. Waddington no consigue demostrar por qué el fomento de la evolución biológica humana habría de ser el patrón para medir lo que es moralmente bueno. Una objeción más fundamental contra las teorías de Spencer, Huxley y Waddington —y contra cualquier otro programa que busque la justificación de un código moral en la naturaleza biológica— es que estas teorías incurren en el típico *sofisma naturalista*, que consiste en identificar lo que *es* y lo que *debe ser*.

El sofisma naturalista se da siempre que se hacen deducciones que emplean los términos *debería* o *no debería*, a partir de premisas que no los incluyen sino que se formulan mejor con un *es* o *no es*. Un argumento sólo es válido desde el punto de vista lógico si las conclusiones contienen únicamente términos presentes también en las premisas. A fin de pasar de forma lógica de lo que *es* a lo que *debería ser*, es preciso incluir una premisa que justifique el paso de una expresión a otra. Del hecho de que algo es de un modo dado no se sigue que debería serlo en el sentido ético; es y deberá pertenecer a categorías lógicas dispares. Porque la evolución haya seguido un determinado camino, no se sigue que esa trayectoria sea moralmente buena o deseable. La justificación de las normas éticas a partir de la evolución biológica, o de cualquier otro proceso natural, sólo se puede conseguir mediante la introducción de juicios de valor, preferencias humanas por uno u otro objeto o proceso. La naturaleza biológica es, en sí misma, moralmente neutra.

La Sociobiología: eliminación de la ética

Conviene señalar, además, que el recurso a la selección natural o al curso de la evolución para establecer la moralidad de las acciones humanas puede llevar a paradojas. Los virus de la viruela y del SIDA son producto de la evolución, pero no sería razonable acusar de inmoralidad a la Organización Mundial de la Salud por su campaña para la erradicación total del virus de la viruela, o calificar de no éticos los esfuerzos para controlar la propagación galopante del virus del SIDA. Las enfermedades hereditarias humanas están determinadas por mutaciones que son sucesos naturales en el proceso evolutivo, pero no consideramos inmoral curar o mitigar el sufrimiento de las personas que padecen tales enfermedades. La selección natural es un proceso natural que incrementa la frecuencia de ciertos genes y elimina otros, con lo cual se producen unas clases de organismos y no otras; pero en sí mismo o en sus resultados no es un proceso moral o inmoral, como la gravedad no es una fuerza cargada de moralidad. A fin de calificar ciertos sucesos evolutivos de moralmente buenos o malos hemos de introducir los valores humanos; la evaluación moral no se desprende sólo de que ciertos sucesos se produzcan por procesos naturales.

Según Edward O. Wilson y otros sociobiólogos, la evolución nos predispone a aceptar las normas morales que son coherentes con los *objetivos* de la selección natural. Debido a esta predisposición, los códigos morales humanos sancionan pautas de comportamiento análogas a las que se dan en el comportamiento social de los animales. Los sociobiólogos sostienen que la concordancia entre los códigos morales y las metas de la selección natural en los grupos sociales fue descubierta cuando se formularon las teorías de la selección familiar y del altruismo recíproco. El mandamiento de *honrarás a tus padres*, el tabú del incesto, el mayor rechazo al adulterio de la esposa que al del esposo, la prohibición o limitación del divorcio, todos ellos figuran entre los numerosos preceptos éticos que justifican comportamientos asimismo justificados por la selección natural, como ha descubierto la Sociobiología. Según Wilson, "el comportamiento humano —lo mismo que las hondas capacidades de respuesta emocional que lo mueven y guían— es la técnica indirecta mediante la cual el material genético humano se ha conservado y se conservará intacto. *La moralidad* no tiene otra función última *demostrable*".

¿Cómo interpretar esta afirmación? Es posible que Wilson esté exponiendo simplemente la razón por la que, a pesar de todo, existe el comportamiento ético; su hipótesis sería que el ser humano se ve impulsado a enjuiciar moralmente sus acciones como un medio para preservar sus genes, su naturaleza biológica. Pero esta hipótesis es errónea. El ser humano es un ser ético por naturaleza, en el sentido que antes he expuesto: juzga moralmente sus acciones debido a su capacidad innata de prever las consecuencias de las mismas, de formular juicios de valor y de libre elección. El ser humano presenta un comportamiento ético por naturaleza y necesidad, no porque semejante proceder vaya a ayudarle a preservar sus genes o a servirle para cualquier otro fin.

La afirmación de Wilson se puede interpretar también como una justificación de los códigos morales humanos. Pero esto entrañaría caer en el sofisma naturalista y, aún peor, daría la impresión de justificar una moral que la mayoría de nosotros detestamos. Si la preservación de los genes humanos —sean los de un individuo, sean los de la especie— es el fin que persiguen las normas morales, el darwinismo social spenceriano sería correcto; cabría justificar el racismo o incluso el genocidio como moralmente razonable si se entendieran como un medio para preservar los genes tenidos por buenos o deseables y eliminar los calificados de malos o indeseables. No dudo lo más mínimo que Wilson no pretende justificar el racismo o el genocidio, pero ésta es una posible interpretación de sus palabras.

Permítaseme ahora explorar la hipótesis de los sociobiólogos de que la selección natural favorece comportamientos que son isomorfos con los ocasionados por los códigos morales aprobados por la mayoría de los seres humanos. Los evolucionistas han luchado durante años por dar con una explicación del comportamiento aparentemente altruista de los animales. Cuando un grupo de leones ataca una manada de cebras, éstas intentan proteger a los jóvenes de la manada, aunque no sean de su progenie, en vez de huir. Cuando un perrillo de las praderas avista un coyote, advierte a los restantes miembros de la colonia mediante la voz de alarma, aunque al hacerlo recaba al atención sobre sí e incrementa su propio riesgo. Se pueden multiplicar los ejemplos de comportamientos altruistas de este tipo.

El altruismo de los animales

El diccionario que tengo a mano define el altruismo como *respeto por los intereses ajenos y devoción por los mismos*. Hablar de altruismo animal no supone afirmar que en ellos se den sentimientos explícitos de devoción o respeto, sino más bien que los animales actúan por el bienestar de sus congéneres a riesgo de sí mismos, exactamente igual que como se espera que lo haga el ser humano cuando se comporta de manera altruista. El problema es, precisamente, cómo justificar estos comportamientos en función de la selección natural. A modo de ejemplo, supóngase que en cierta especie existen dos formas alternativas de un gen (*alelos*), de las cuales una fomenta el comportamiento altruista y la otra no. Los individuos que poseen el alelo altruista arriesgan la vida en beneficio de los otros, mientras que los que poseen el alelo no altruista se benefician del comportamiento altruista sin arriesgarse; así pues, es más probable que mueran los portadores del alelo altruista, y transcurridas algunas generaciones el alelo altruista acabará completamente sustituido por el que no lo es. Pero entonces, ¿cómo se explica que los comportamientos altruistas sean tan corrientes entre animales faltos de motivación ética?

Una importante contribución de la Sociobiología a la teoría evolutiva es el concepto de *eficacia global*. Para determinar las consecuencias de la selección natural sobre un gen es preciso tener en cuenta no sólo los efectos del mismo en cada individuo particular, sino en todos los individuos portadores de ese gen. Al considerar el comportamiento altruista, no sólo se han de tener en cuenta los riesgos para el individuo altruista, sino también los beneficios para los otros poseedores del mismo alelo. Las cebras viven en manadas en las que los individuos son parientes consanguíneos. Un alelo que impulse a los adultos a proteger a los jóvenes indefensos se verá favorecido por la selección natural si el beneficio en términos de portadores de ese gen salvador es mayor que el coste debido al riesgo acrecentado de los protectores. Un individuo que sea portador del alelo no altruista no arriesgará la vida, pero dicho alelo quedará parcialmente eliminado con la muerte de cada pariente indefenso. Se infiere de esta línea de razonamiento que cuanto mayor grado de parentesco tengan los miembros de una manada o grupo de animales, más patente será el comportamiento altruista. Tal parece ser generalmente la situación.

No hace falta que entremos aquí en los detalles de la teoría cuantitativa desarrollada por los sociobiólogos para apreciar la importancia de dos ejemplos. El más palmario es el del cuidado parental: los padres alimentan y protegen las crías porque cada hijo tiene la mitad de los genes procedentes de cada padre. Podríamos decir que los genes se protegen a sí mismos cuando impulsan a un padre a cuidar de sus crías. El segundo ejemplo es más sutil: se trata de la organización y el comportamiento social de ciertos animales, como las abejas de la miel. La obreras se afanan en construir el panal y alimentar y cuidar las larvas, si bien ellas mismas son estériles y sólo la reina produce descendencia. Supóngase que en alguna colmena ancestral surgiera un alelo que incitara a las obreras a comportarse como lo hacen hoy día. Se habría dicho que ese alelo no pasaría a la generación siguiente, porque esas obreras no se habrían reproducido; pero tal conclusión es errónea. Las abejas reinas producen dos clases de huevos: unos permanecen sin fertilizar (y por tanto son *haploides*, es decir, portan sólo una dotación de genes) y se convierten en machos; y otros están fertilizados (luego son *diploides*, portadores de dos dotaciones de genes) y se convierten en obreras y, accidentalmente, en una reina. W. D.

Hamilton demostró que con semejante sistema reproductor las reinas hijas y sus hermanas obreras comparten dos tercios de los genes, mientras que las reinas hijas y su madre comparten sólo la mitad de los genes. Por tanto, los genes de las obreras se propagan de manera más eficaz con obreras que cuiden de sus hermanas que si ellas mismas se reprodujeran y cuidaran de sus hijas. Así pues, la selección natural puede explicar la existencia en los insectos sociales de castas estériles que suponen una forma extrema de comportamiento ostensiblemente altruista al dedicar su vida a cuidar de la progenie de otro individuo (la reina).

Los sociobiólogos subrayan que muchas de las normas morales frecuentemente aceptadas en las sociedades humanas sancionan comportamientos favorecidos por la selección natural —favor que se hace patente sólo cuando se tiene en cuenta la eficacia global de los genes—. Ejemplos de esos comportamientos son el mandamiento de honrar a los padres, el tabú del incesto, la mayor culpabilidad atribuida al adulterio de la esposa que al del esposo, la prohibición o limitación del divorcio y otros muchos. El argumento de los sociobiólogos es que las normas éticas humanas son correlatos socioculturales de los comportamientos alentados por la evolución biológica. Las normas éticas protegen esos comportamientos evolutivamente determinados, al mismo tiempo que son especificadas por ellos.

La moral es humana

Creo, sin embargo, que ese argumento va equivocado y no escapa del sofisma naturalista. Considérese el altruismo como ejemplo. El altruismo en sentido biológico se define en función de las consecuencias genéticas de cierto comportamiento a escala de la población; y se explica por el hecho de que los genes que mueven a tal comportamiento están favorecidos, en realidad, por la selección natural —cuando se tiene en cuenta la eficacia global—, si bien la eficacia del individuo portador está menguada. Pero el altruismo en sentido moral se explica en función de las motivaciones: una persona decide arriesgar su vida —o incurre en algún género de *coste*— en beneficio de alguien. El isomorfismo entre el altruismo biológico y el moral es sólo aparente: las oportunidades de un individuo aumentan con el comportamiento de otro que asume un riesgo o un coste. Las causas subyacentes son totalmente dispares: la consecución de beneficios genéticos en el altruismo biológico y el respeto por otros en el altruismo moral.

La discrepancia entre los comportamientos biológicamente determinados y las normas morales, y por consiguiente la grieta radical en el argumento de los sociobiólogos en pro de un fundamento naturalista de la ética, queda subrayada por tres consideraciones adicionales que enunciaré brevemente.

La primera observación es que nuestra naturaleza biológica puede *predisponernos* a aceptar ciertos preceptos morales, pero no nos obliga a aceptarlos ni a que nos comportemos según ellos. Las mismas extraordinarias aptitudes intelectuales consideradas anteriormente, que hacen que el comportamiento ético —y en particular el libre albedrío— sea posible y necesario, nos brindan el poder aceptar unas normas morales y rechazar otras con independencia de cualquier inclinación natural. Cierta predisposición natural puede influir en nuestro comportamiento, pero influencia y predisposición no son lo mismo que obligación o determinación. Esta observación es digna de ser considerada con detenimiento, porque autores como Konrad Lorenz y Robert Ardrey han presentado la agresión y el imperativo territorial como tendencias naturales con las que sería fútil enfrentarse. Si la agresión y el imperativo territorial están arraigados o no en nuestros genes es un problema que no precisa ser tratado aquí. Sin embargo, lo que sí hay que decir es: (1) que la moralidad de los comportamientos en cuestión ha de ser valorada siempre mediante las normas de moral aceptadas, no mediante el recurso a la evidencia biológica, y (2) que, de existir esas tendencias o imperativos, las personas tendrían todavía la posibilidad y el deber de resistirse a ellas —aun a costa de una mengua de su eficacia biológica— cuando fueran inmorales.

Una segunda observación es que algunas normas morales son consistentes con los comportamientos estimulados por la selección natural pero otras no. El mandamiento de caridad *amarás el prójimo como a ti mismo* resulta a menudo contrario a la eficacia global de los genes, aunque fomenta la cooperación social y la paz interior. Si el criterio de moralidad fuera la multiplicación de los genes, el imperativo moral supremo sería engendrar el mayor número posible de niños y animar a nuestros parientes cercanos a hacer lo mismo. Pero dejar embarazadas a cuantas más mujeres mejor no es, en opinión de la mayoría de las personas, la máxima obligación moral de un varón.

La tercera consideración es que las normas morales difieren de una cultura a otra, e incluso *evolucionan* con el tiempo. Son muchas las personas que creen hoy día que el mandato bíblico de *creced y multiplicaos* ha sido sustituido por un imperativo moral para limitar el número de hijos. Ningún cambio genético en la población humana justifica tal inversión de este valor moral; es más, la eficacia global de un individuo sigue estando favorecida por el hecho de tener muchos hijos.

Las normas morales no están determinadas por los procesos biológicos, sino por los principios y tradiciones culturales que son producto de la historia humana. La evaluación de los códigos morales y de las acciones humanas ha de tener en cuenta el conocimiento biológico; mas para decidir qué códigos morales deberían ser aceptados, la Biología por sí sola es palmariamente insuficiente.

A modo de conclusión

Para que una acción sea moral, se requiere que el sujeto anticipe las consecuencias de tal acción. Sólo si puedo prever que al apretar el gatillo saldrá la bala que matará a mi enemigo, podrá ser calificada la acción de apretar el gatillo. Apretar el gatillo no es de por sí un acto moral, lo es por sus consecuencias.

La habilidad de anticipar las consecuencias de una acción es una propiedad estrechamente relacionada con la de reconocer el vínculo entre los medios y los fines. El medio es medio sólo por el fin al que sirve. Reconocer el medio requiere actualizar mentalmente realidades que no están presentes, los fines. El herrero diseña el cuchillo pensando en la carne que va a cortar.

Las raíces evolutivas de tal capacidad surgieron cuando nuestros antepasados emigraron de la selva a la estepa. La postura bípeda había dejado libres los miembros anteriores, que nuestros antepasados utilizaban para construir utensilios.

Pero la construcción de utensilios depende no sólo de la destreza manual, sino también de percibirlos como medios para alcanzar ciertos fines: el cuchillo para cortar, la flecha para cazar. Junto con la destreza manual, evolucionaron el tamaño del cerebro y la inteligencia, que permitían a nuestros antepasados diseñar utensilios eficaces para cazar animales más grandes y fuertes que ellos.

La secuencia de relaciones causales es clara. Primero evolucionó la postura bípeda; la cual hizo posible utilizar las manos para construir utensilios; esto llevó al desarrollo de la inteligencia, puesto que traía consigo la capacidad de diseñar utensilios cada vez más complejos para propósitos cada vez más remotos. La inteligencia nos da la capacidad de abstracción y, con ella, la de anticipar las consecuencias de nuestros actos.

La capacidad de prever el futuro, esencial para el comportamiento ético, está así causalmente ligada a aquel suceso aparentemente inconsecuente, la migración de nuestros antepasados de la selva a la estepa.

Los seres humanos somos seres éticos porque nuestra inteligencia eminente nos hace capaces de hacer juicios de valor, incluyendo juicios morales, en que los valores están definidos en términos de los beneficios que se siguen para otros y del bienestar social a que llevan. Las normas que rigen los juicios morales son, a su vez, definidas por la inteligencia humana, basadas en buena parte en las experiencias ganadas a través de los siglos, por su éxito en fomentar el bienestar individual y familiar.

"El jardín de las delicias", ▶
por El Bosco
(Museo del Prado, Madrid)

XII

SEXO Y CEREBRO

José María Segovia de Arana

SEXO Y CEREBRO

José María Segovia de Arana
Presidente del Consejo Asesor de Sanidad

Introducción

El sexo de un individuo es la expresión final de la acción de numerosos y diversos componentes que actúan en un proceso coordinado, admirablemente planificado en el tiempo. Normalmente, el sexo se diferencia según un género, casi siempre de acuerdo con el establecido en el momento de la fecundación, es decir, de acuerdo con el sexo cromosómico. Pero esto no ocurre siempre de esa manera, y la desviación de la línea normal de diferenciación puede producirse en cualquiera de las fases sucesivas de la misma.

Estas fases son las siguientes:

1. Genética o cromosómica.
2. Gonadal.
3. Genital, somática o fenotípica.
4. Civil o social. Psicosexual.

Dentro de la fase somática o genital se incluye la diferenciación sexual de los genitales internos y externos y del sistema nervioso central, lo que da lugar al sexo somático e hipotalámico del individuo.

El propósito de este artículo es examinar de forma breve los componentes de cada una de sus fases, señalando las novedades más destacadas que se han producido últimamente y hacer énfasis en la diferenciación sexual del cerebro, con referencia al sexo hipotalámico, acerca de lo cual se han hecho comunicaciones recientes, en ocasiones polémicas, que aún persisten.

Como en todo proceso biológico, la diferenciación y desarrollo sexual reviste una gran complejidad, en especial en el ser humano, en el que junto a los factores estrictamente biológicos hay que añadir los componentes psicológicos e incluso filosóficos que hacen considerar a muchos que el desarrollo sexual además de procurar la perpetuación de la especie humana constituye un factor primordial en el desarrollo de la civilización.

La determinación y diferenciación sexual normal se hace de forma secuencial durante el período de desarrollo embrionario y tiene las siguientes fases:

Diferenciación cromosómica o genética

Se produce en el momento de la fecundación y depende de la dotación cromosómica del gameto masculino. Si lleva un cromosoma X al unirse con el cromosoma X del gameto femenino, darán la fórmula XX, que origina una hembra. Si lleva Y será XY y dará lugar a un varón. Cuando existe un cromosoma Y con independencia del número de cromosomas X (XXY), se considera cromosómicamente del sexo masculino. La no presencia de cromosomas Y da lugar al sexo femenino. Hasta el primer mes —cuarta semana— del desarrollo embrionario, no aparece en el hombre el esbozo gonadal, que es un engrosamiento del epitelio germinal celómico que se acompaña de condensación de las células mesenquimales adyacentes en la parte media del mesonefros que dará origen al riñón.

Entre la cuarta y quinta semanas de la vida fetal, las células germinales primigenias, que son de origen ectodérmico y proceden del saco vitelino, emigran a la cresta gonadal, (Fig. 1) asociándose a elementos epiteliales que invaden el mesénquima para formar los cordones sexuales primitivos. Al final de la sexta semana, la gónada indiferenciada, bipotencial se ha formado. En este momento contiene los siguientes elementos:

a) Células germinales, que se transforman en espermatogonias en el hombre y en oogonias en la mujer.

b) Cordones sexuales, que dan lugar a los conductos seminíferos en el hombre y a los folículos ováricos primarios en la mujer.

c) Células intersticiales —mesenquimales—, de las que se originan las células de Leydig en el hombre y la teca y estroma en la mujer.

En la séptima semana comienza la diferenciación gonadal. En el varón se transforma la gónada primitiva en testículo, y para ello se requiere la presencia del cromosoma Y. Para que la gónada primitiva se transforme en ovario se requiere la ausencia de cromosoma Y y la presencia de al menos dos cromosomas X (XX).

Diferenciación gonadal masculina

La diferenciación comienza con la transformación de los cordones sexuales en los túbulos seminíferos, en los que aparecen las células de Sertoli, que se agregan y engloban a las células germinales, que ya dejan de proliferar. Hacia la octava semana —60 días de la gestación— aparecen las células de Leydig. En la novena semana se manifiestan los receptores para las gonadotrofinas (LHhCG), y comienza la síntesis de testosterona, que es máxima entre la decimocuarta y la decimoctava semana de la vida fetal y es comparable a la producción de testosterona por el testículo adulto.

El cromosoma Y es un cromosoma pequeño que en su brazo largo alberga los genes relacionados con la espermatogénesis y en el brazo corto contiene el gen responsable de la masculinización del embrión. Este gen ha sido difícil de identificar. A finales de los años setenta y comienzos de los ochenta se describió un gen activador de un antígeno menor de histocompatibilidad H-Y que se creyó era el gen buscado, lo que no se confirmó. Otros autores describieron la llamada ZFY —sustancia inductora de la aparición del testículo—, aunque también se describió un producto parecido en el cromosoma X (ZFX). En 1990 Sinclair[8] describe el SRY —*Sex determining region of Y*— (Fig. 2). Es

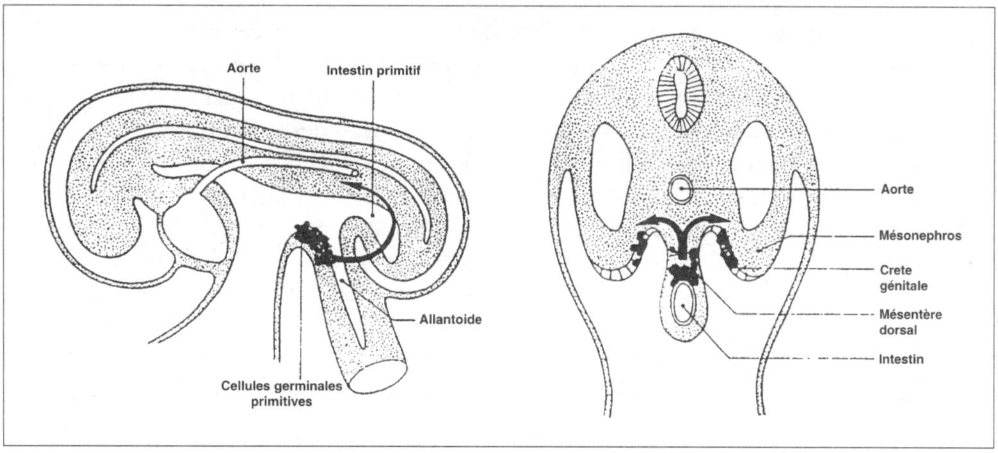

Figura 1: Emigración de las células germinales primitivas desde los anejos extraembrionarios hasta la cresta genital en el mesonefros (según esquema en 5).

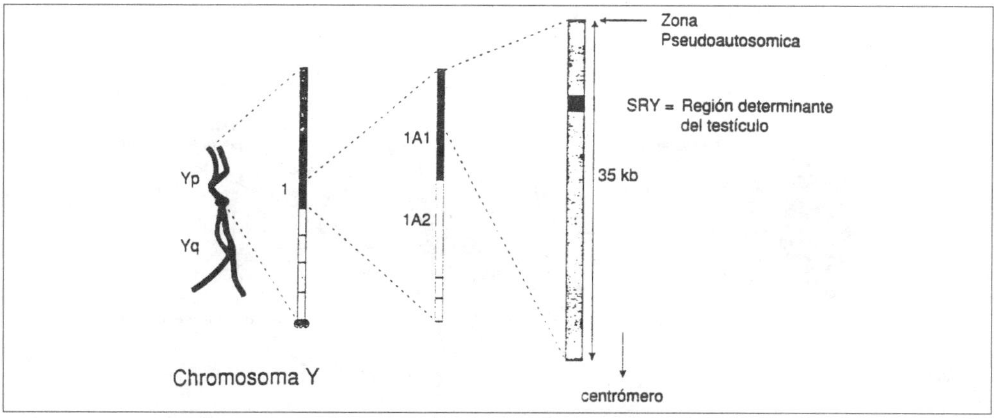

Figura 2: Región determinante del sexo (SRY) en el cromosoma Y (Sinclair en 8).

un gen que pone en marcha una cadena de genes que a través de los correspondientes enzimas van a inducir la transformación de la gónada primitiva en testículo. Se ha descrito que el SRY codifica una proteína con un HMG —*High mobility group*—, que es un dominio de 78 aminoácidos colocados en la parte central de la proteína que presenta otras posiciones adyacentes más variables (S. Whitfield)[9].

Hacia el tercer mes del desarrollo fetal —12-16 semanas— el testículo fetal es una glándula endocrina muy activa que, además de factores inductores e inhibidores de la meiosis de las células de Sertoli, produce dos hormonas muy importantes: la testosterona y la hormona antimülleriana.

La producción de estas hormonas empieza ya a partir de la octava semana o segundo mes del embarazo, y alcanza su máximo de actividad en el tercer mes.

La testosterona es un esteroide androgénico producido por las células de Leydig. Su mecanismo de acción es bien conocido. Penetra por difusión en las células y puede unirse a un receptor citosólico del citoplasma, directamente o después de ser metabolizada por una 5 alfa reductasa, en 5 alfa dihidrotestosterona (5 HDT). El complejo esteroide unido al receptor se traslada al núcleo y su interacción con el material genético desencadena un conjunto de procesos moleculares que son la base de su acción biológica (Fig. 3). En el cromosoma X de la pareja de cromosomas sexuales (XY) se localiza el gen que codifica el receptor citosólico para los andrógenos. Este gen (Tfm) cuando falta o está alterado da lugar al síndrome del testículo feminizante, en el que, a pesar de la presencia de testículos, la falta de receptores citosólicos para la testosterona impide que ésta haga su acción masculinizante y que el desarrollo (ver después) sea femenino. Por tanto, para la diferenciación masculina normal hace falta no sólo el cromosoma Y sino también el X.

Como se ha señalado, en la gónada primitiva que va a transformarse en testículo, a partir de la novena semana aparecen receptores para las gonadotrafinas LH y HCG que alcanzan su máxima efectividad a partir de la decimosexta semana.

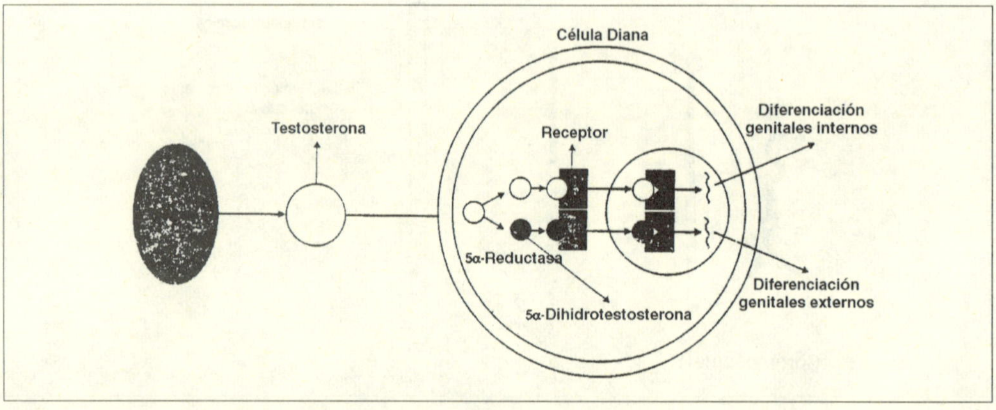

Figura 3: Mecanismo de acción de la testosterona (según esquema en 9).

Hormona antimüllerinana: es una glicoproteína producida por las células de Sertoli. El gen responsable de su síntesis se encuentra en la punta del brazo corto del cromosoma 19 y causa la regresión de los conductos de Müller produciendo la disolución de las membranas celulares basales y la condensación de las células mesenquimatosas. Actúa por difusión desde su lugar de origen. La acción de la hormona antimülleriana alcanza su máximo entre la decimonovena y la vigésima segunda semanas, y aunque después de ese tiempo se sigue produciendo en menor cantidad, ya no tiene acción.

Diferenciación gonadal femenina

En la gónada indiferenciada existe una tendencia natural al desarrollo ovárico. Si no hay cromosoma Y se desarrolla ovario. Recientemente se sabe que en los cromosomas XX existen represores del desarrollo testicular y lo que haría el cromosoma Y sería inhibir esos represores. La alternativa es que el cromosoma Y actúe directamente como activador.

Existen pruebas actuales que hablan en favor de que el desarrollo ovárico es activo y está mediado por genes que se encuentran en ambos brazos del cromosoma X que controlarían la diferenciación ovárica y la viabilidad de las células germinales.

Hacia las semanas 12 y 13 —más tarde, por tanto, que en el varón— los conductos sexuales primarios forman grupos de células denominados conductos medulares, los cuales contienen las células granulosas primitivas que engloban la oogonia primordial. A medida que la oogonia se diferencia, las células granulosas primitivas se organizan alrededor de ellas y forman una capa que constituye el folículo primitivo —folículos primordiales—. La capacidad de producción de estrógenos por el ovario se inicia entre la octava y la décima semana. Estos estrógenos son fundamentales en la diferenciación sexual del sistema nervioso central en sentido femenino.

La diferenciación somática o genital

Comprende la diferenciación sexual en sentido masculino o femenino de los genitales, tanto internos como externos —diferenciación fenotípica— y del sistema nervioso central —diferenciación hipotalámica—.

Diferenciación de genitales internos y externos en sentido femenino

Antes de la octava semana de la vida fetal, el tracto urogenital es igual en ambos sexos. En el embrión coexisten los conductos de Wolff y los de Müller, ya que la gónada primitiva, como se ha señalado anteriormente, es indiferenciada y bipotente. Durante el tercer mes de la vida fetal, los conductos se desarrollan en un sentido o en otro con la atrofia del contrario.

El tracto reproductivo femenino deriva de los conductos de Müller. De la porción inferior de estos conductos se originan las trompas de Falopio y la porción más baja se funde para formar el útero y el tercio superior de la vagina. Simultáneamente se produce involución de los conductos de Wolff. Esta diferenciación femenina ductal no requiere la presencia de inductores gonadales.

Antes de la octava semana, los genitales externos de ambos sexos son idénticos y bipotenciales en su capacidad de diferenciación.

Del seno urogenital se forma la uretra y los dos tercios inferiores de la vagina. De los pliegues uretrales se forman los labios menores, de las protuberancias genitales derivan los labios mayores y del tubérculo genital, el clítoris. Esta diferenciación sexual femenina de los genitales externos tampoco requiere la presencia de inductores gonadales. (Figs. 4 y 5).

Diferenciación de los genitales internos y externos en sentido masculino

Durante el tercer mes se producen los primeros cambios de esta diferenciación masculina, que incluye la degeneración de los conductos de Müller y la virilización de los conductos de Wolff por la acción de la testosterona. Esta hormona actúa localmente desde el testículo fetal. La parte superior de los conductos se enrolla para formar los epidídimos; las partes centrales, los conductos deferentes, y las porciones inferiores las vesículas seminales. Para que todos estos cambios se produzcan es necesaria la presencia de testosterona y de hormona antimülleriana. Si a la décima semana estas hormonas no están presentes, se produce la regeneración de los conductos de Müller, y aunque se diesen más tarde, ya no harían efecto, como ha podido comprobarse experimentalmente en animales.

Los genitales externos comienzan a desarrollarse en sentido masculino poco después de la virilización de los conductos de Wolff en el tercer mes del desarrollo fetal. Del seno urogenital derivan la próstata y la uretra prostática. Los pliegues uretrales se fusionan y elongan para formar la uretra peneana y el pene. Las protuberancias genitales se fusionan para formar el escroto, y el tubérculo genital forma el glande.

Para que la diferenciación de los genitales externos se produzca es necesaria la presencia de 5.Dihidrotestosterona (5-DHT), ya que si esta hormona falta, la diferenciación se hace en sentido femenino. La acción de la DHT tiene que producirse antes de la 10-11 semana, fecha en la que empieza a diferenciarse la vagina. (Fig. 6).

Completando la diferenciación sexual de los genitales externos masculinos, se produce la emigración del testículo desde su posición inicial intraabdominal a las bolsas

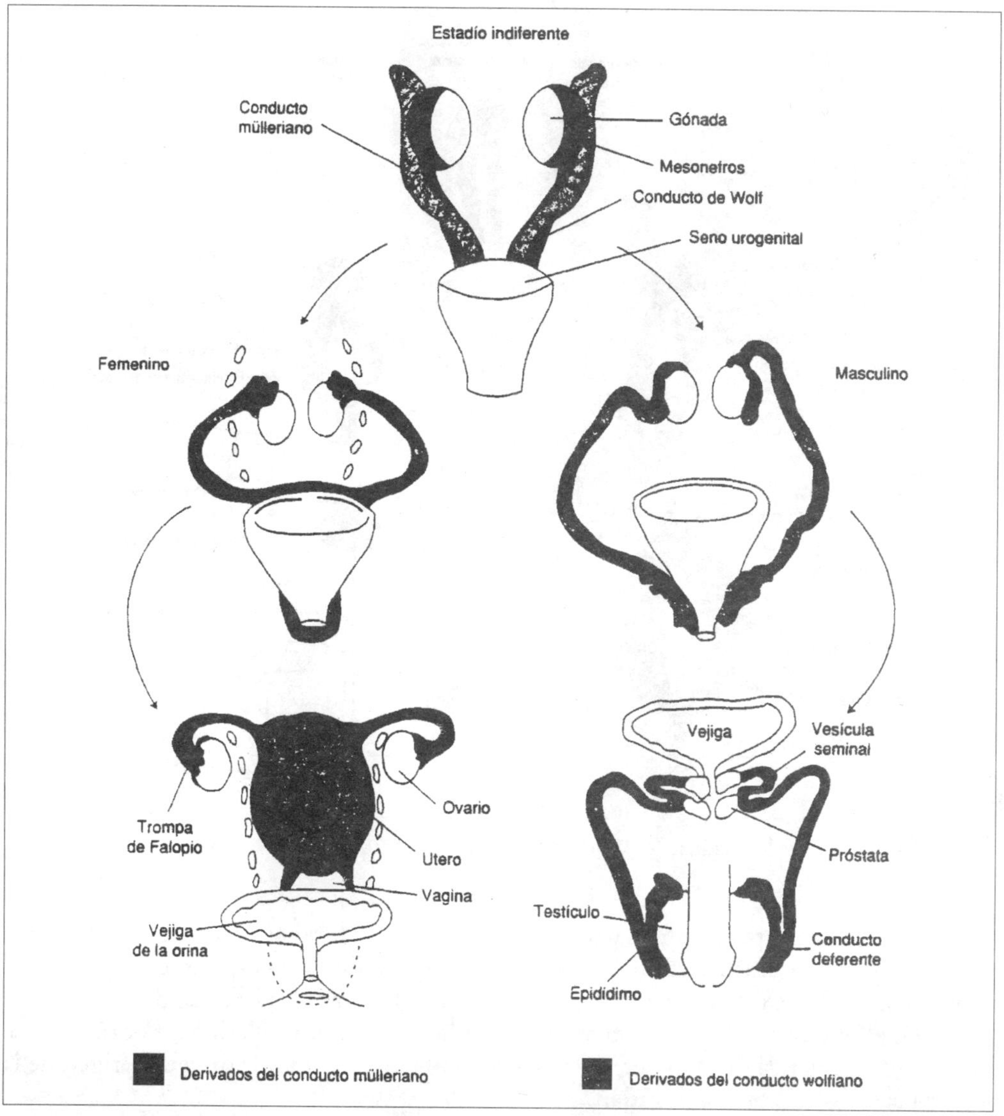

Figura 4: Desarrollo de los genitales internos (según esquema en 9).

escrotales. La espermatogénesis requiere temperaturas no superiores a 34 grados. Dado que en el interior del abdomen la temperatura es de 37 grados, los testículos han de desplazarse a las bolsas escrotales, que actúan en cierto modo como refrigeradores con objeto de que la espermatogénesis pueda tener lugar.

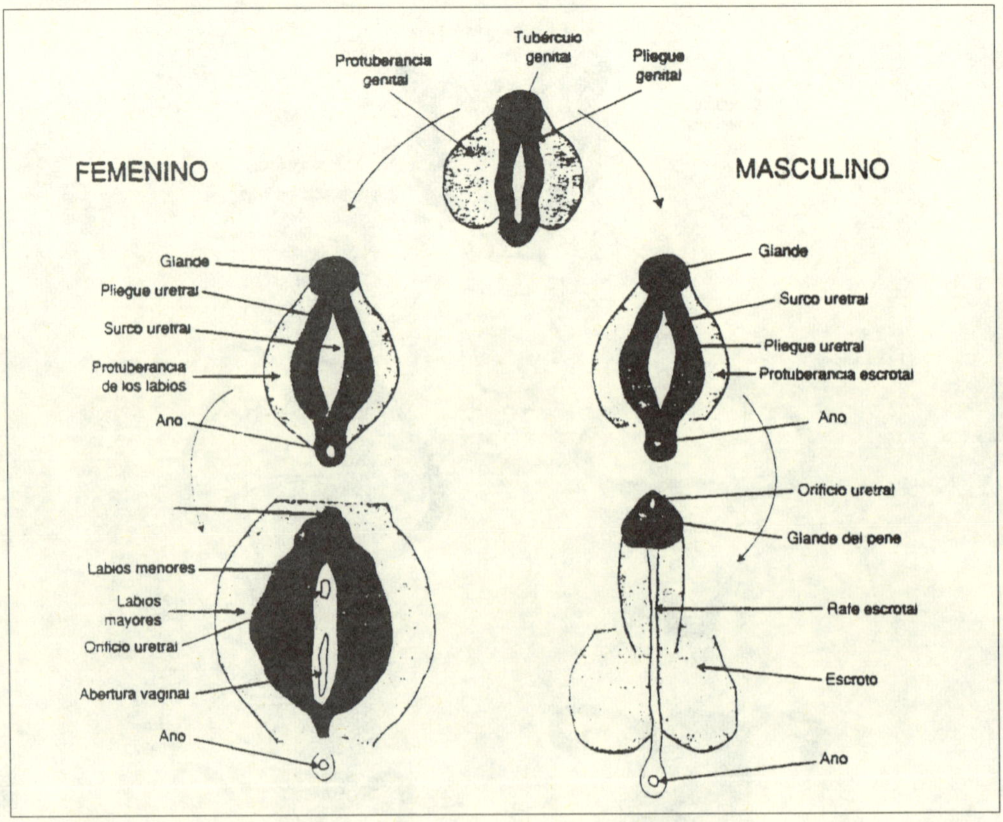

Figura 5: Desarrollo de los genitales externos (según esquema en 9).

Como resumen, puede afirmarse que la tendencia natural es el desarrollo sexual en sentido femenino. La masculinización es una imposición, una especie de violencia al proceso natural que está inducido por el gen SRY del cromosoma Y, que da lugar al testículo en el que se produce la testosterona y la hormona antimülleriana. Podría decirse que el hombre deriva de la mujer, lo cual representa una versión distinta del origen de la mujer nacida de la costilla de Adán.

La diferenciación sexual masculina está regulada por un control genético complejo. La diferenciación testicular requiere genes que normalmente se encuentran en el cromosoma Y. Las enzimas de la síntesis de testosterona, así como la de la 5 alfa reductasa que convierte la testosterona en 5-DHT, está regulada por genes localizados en autosomas. Un gen localizado en el cromosoma X codifica el receptor de testosterona en las áreas dependientes de la acción androgénica. Igualmente, la hormona antimülleriana está presidida por genes autosómicos y ligados al cromosoma X.

Diferenciación sexual del cerebro

Hasta el cuarto mes de la vida embrionaria el sistema nervioso central (S.N.C.) del feto permanece sexualmente indiferenciado. La exposición del cerebro fetal durante un período crítico, que abarca del cuarto al séptimo mes, a los esteroides gonadales produce la diferenciación de un amplio espectro de respuestas neuroendocrinas y de comportamiento que son coincidentes con el sexo cromosómico fenotípico.

Los parámetros de diferenciación sexual neural más estudiados son:

1. El patrón de secreción de gonadotrofinas en la edad adulta. Este patrón es tónico y cíclico en la hembra y sólo tónico en el macho.

2. El patrón del comportamiento sexual. Es un conjunto de reacciones motoras específicas que desarrollan el macho y la hembra de una misma especie puestos en contacto y tendentes a la unión de sus gametos.

En la rata hembra se produce lordosis cuando es montada por el macho. En el macho hay una serie de etapas de montaje de la hembra seguidas de penetración y eyaculación.

3. Patrón eléctrico neuronal.

4. Contenido en enzimas.

5. Diferenciación neural morfológica, diferenciación dimórfica.

La diferenciación del S.N.C. en sentido femenino requiere la presencia de ovarios. El desarrollo neuronal y la diferenciación estructural del S.N.C. exigen la presencia de ovarios, ya que no se producen con ausencia completa de estrógenos.

El mecanismo hormonal de impregnación del cerebro es el siguiente:

Los esteroides producidos por el ovario fetal pasan al plasma, donde se unen a una proteína plasmática denominada alfafetoproteína. El complejo estrógeno-alfafetoproteína llega al sistema nervioso central y se introduce por endocitosis en el interior de las neuronas. A continuación se disocia liberándose los estrógenos, que se unen a un receptor citosólico intraneuronal. La a-fetoproteína es muy importante regulando la cantidad de estrógenos que llegan a las neuronas. Si esta cantidad es baja, se produce la feminización del S.N.C; si es alta, se produce masculinización. Interviene también la testosterona, la cual se transforma en estradiol.

La diferenciación del sistema nervioso central en sentido masculino requiere la presencia de testículos y la capacidad de transformar la testosterona producida por los mismos en estrógenos mediante un proceso de aromatización. La acción de la testosterona masculinizando el S.N.C se realiza mediante su conversión en estrógenos debido a la acción de enzimas intracerebrales. Hay receptores de estrógenos en el cerebro. La 5-DHT, que no puede aromatizarse, no produce suficientes efectos masculinizantes en el cerebro.

En los animales, la diferenciación sexual del sistema nervioso central es relativamente fácil de estudiar tanto en sus aspectos morfológicos como funcionales. En el ser humano el proceso es mucho más complejo, ya que se añaden factores psicológicos, sociales, cultu-

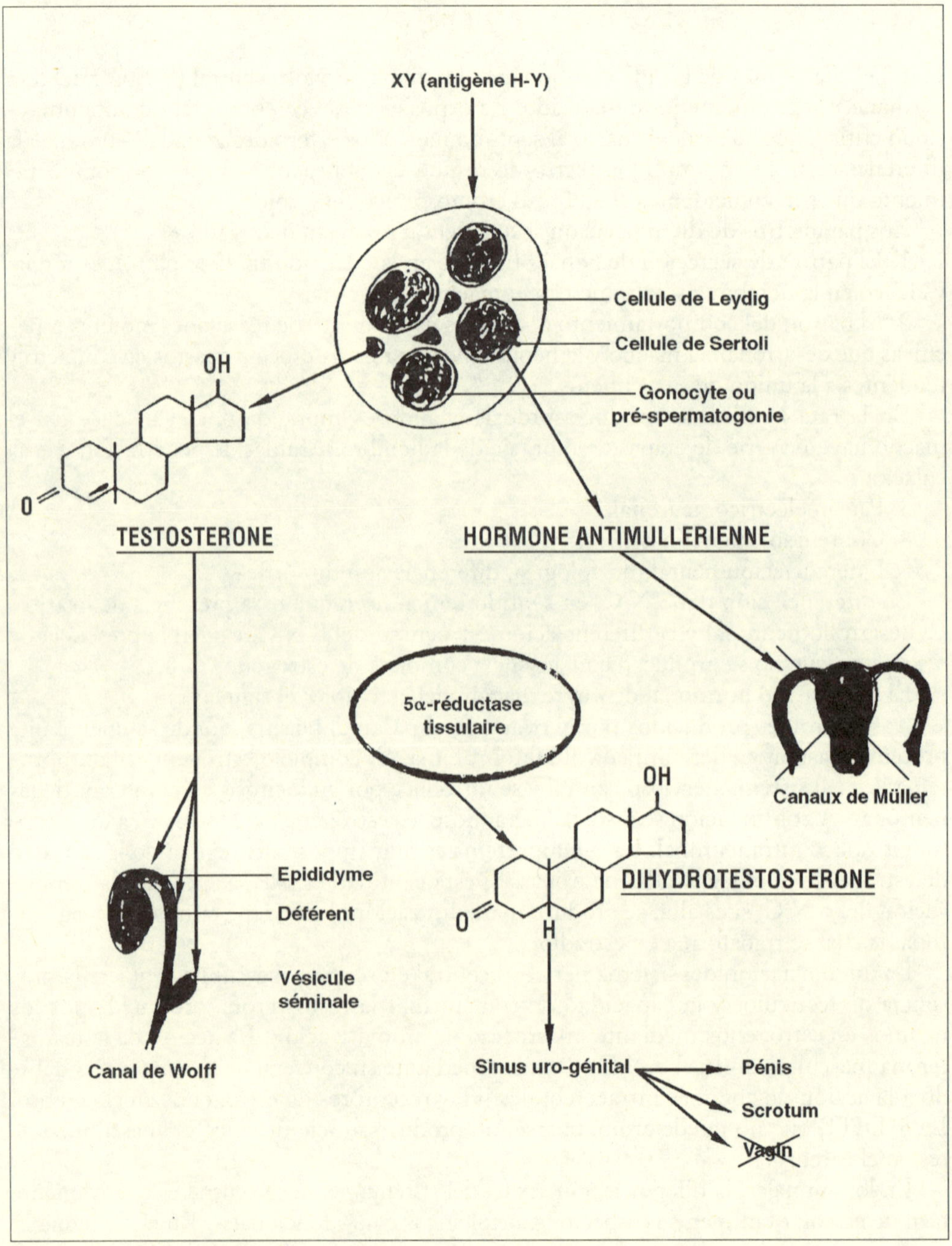

Figura 6: Factores hormonales de la diferenciación sexual masculina (según esquema en 5).

rales, morales, etcétera, que hacen más difícil conocer las influencias mutuas que los factores ambientales producen sobre los condicionamientos constitucionales y genéticos. Estos factores se están estudiando con gran intensidad y empiezan a conocerse nuevos hechos que ayudan a comprender la compleja estructura dimórfica sexual del cerebro humano.

Aspectos morfológicos y funcionales dimórficos. Diferenciación psicosexual

El dilema que se plantea en estos estudios consiste en saber hasta qué punto los mecanismos neurales —cerebrales— establecidos durante el desarrollo embrionario son fijos y condicionantes inflexibles de una conducta sexual o, por el contrario, son flexibles y abiertos a modificaciones en el curso de la vida de un individuo.

Para su estudio, la conducta dimórfica, es decir, la que aparece en seres de sexo diferente, se clasifica en los siguientes apartados:

a) Identidad de género.
b) Capacidades cognoscitivas.
c) Comportamiento de género. Orientación sexual.

a) Identidad de género

Es la identificación propia como hombre o mujer. Existe evidencia experimental de que esta identidad no está determinada por las hormonas gonadales, sino que es un proceso que se desarrolla durante los tres primeros años de la vida y es dependiente del aprendizaje, por lo que es denominado sexo de aprendizaje. Es de naturaleza indeleble. La identidad de género coincide generalmente con el sexo asignado. Los esteroides gonadales representan un papel importante en la pubertad reforzando la identidad sexual y los patrones de conducta asociados.

b) Capacidades cognoscitivas

Pueden objetivarse de diferentes maneras, pero experimentalmente se detecta en las habilidades de un sexo y otro en los tests de aprendizaje.

El cerebro del hombre y el de la mujer difieren en sus patrones de asimetría cognoscitiva. En el hombre habría más asimetría cerebral que en la mujer. Así, en el varón, las funciones verbales están más lateralizadas en el hemisferio izquierdo y las funciones no verbales se localizan preferentemente en el hemisferio derecho. Por el contrario, en las mujeres estas asociaciones son más débiles. El cerebro femenino funcionalmente es menos asimétrico que el del varón.

En los hombres hay más casos de zurdos que en las mujeres. Cuando éstas se virilizan, la frecuencia de zurdos es la misma que en el hombre.

Recientemente, las investigaciones de Doreen Kimura, profesora de Psicología de la Universidad de Ontario Occidental[6] han clarificado las diferencias sexuales dimórficas del cerebro del hombre y de la mujer en sus aspectos cognoscitivos. Señala que las hormonas sexuales condicionan la organización del cerebro en una etapa precoz de la vida, dando lugar a diferencias en la ordenación cerebral del niño y de la niña de tal forma que el ambiente actúa sobre ellos de forma diferente. Indica también que las diferencias están en los modelos de capacidad y no en el nivel global de inteligencia, es decir, en el cociente intelectual. Unos tienen capacidad, por ejemplo, para hablar bien, otros capacidad para habilidades manuales, etcétera, lo que no presupone niveles diferentes de inteligencia.

En general, los hombres realizan mejor que las mujeres determinadas tareas espaciales, por ejemplo, pruebas en las que hay que imaginar el giro o cualquier otra manipulación de un objeto. Los varones son mejores que las mujeres en las pruebas de razonamiento matemático y en el correcto recorrido de una ruta. Son también mejores en pruebas de habilidad motora dirigidas a un blanco determinado.

Las mujeres superan a los hombres en velocidad perceptiva cuando se trata de identificar rápidamente objetos emparejados. Tienen mayor fluidez verbal. Son mejores en cálculo aritmético y en recordar los detalles singulares de una ruta. Tienen más rapidez en ciertas tareas manuales de precisión como, por ejemplo, colocar clavijas en una tabla.

Los varones homosexuales realizan pruebas cognitivas parecidas a las femeninas y distintas de las de los varones heterosexuales. Hacen peor que los heterosexuales alguna tarea espacial. Tienen peor puntería que los heterosexuales y mayor fluidez ideativa, por ejemplo, enunciar cosas de un determinado color. Debido a que la asimetría cerebral es en general menor en las mujeres que en los hombres, se ha visto estadísticamente una incidencia de afasias y apraxias entre los dos sexos. Así, por ejemplo, las afasias ocurren más a menudo en las mujeres —65 por ciento, frente a un 29 por ciento en los hombres— cuando la lesión está en la parte frontal del cerebro, y con más frecuencia en los hombres cuando la lesión es posterior. La apraxia, que se manifiesta por dificultades en la selección de los movimientos de las manos, es más frecuente en las mujeres cuando la lesión se localiza en el lóbulo frontal del hemisferio izquierdo, y más en el hombre cuando la lesión es posterior en este mismo hemisferio.

c) Comportamiento de género. Orientación sexual

Este apartado comprende un amplio conjunto de actividades, actitudes y comportamientos tanto en relación con la identificación personal según hombre o mujer como en la orientación sexual del individuo.

Basándose en experimentos con animales, muchos autores señalan que este comportamiento depende de la exposición prenatal del S.N.C a las hormonas gonadales, llegándose a postular la existencia de centros nerviosos sensibles exclusivamente a los andrógenos que se encargarían de organizar esta conducta dimórfica sexual.

La orientación sexual es un proceso complejo en el que intervienen numerosos condicionantes. Recientemente se han empezado a describir estructuras anatómicas en el cerebro, fundamentalmente en el hipotálamo, que tendrían que ver con el tipo de orientación sexual, es decir, existiría una base genética que influiría sobre el desarrollo cerebral y su diferenciación dimórfica y modularía la interacción con el mundo exterior.

Anatómicamente el cerebro del hombre y el de la mujer son similares desde un punto de vista macroscópico, pero han empezado a señalarse pequeñas diferencias en algunos núcleos hipotalámicos y en ciertas estructuras cerebrales que parecen condicionar las diferencias funcionales. Estas observaciones han sido precedidas por las realizadas en ciertos animales. Así, por ejemplo, Gorski[4] de la Universidad de los Ángeles, describió en 1978 en el área preóptica medial de cierto tipo de ratas —gerbillos o ratas del desierto— un núcleo de un milímetro de diámetro en los machos que es mucho más pequeño en las hembras. Este núcleo se ha involucrado en el comportamiento sexual masculino.

Una alumna de Gorski, Laura S. Allen,[1] describió también estructuras dimórficas en el cerebro humano en el llamado NIHA3 —núcleo intersticial del hipotálamo anterior— de la región preóptica medial del hipotálamo. En los varones, el tamaño de este núcleo es tres veces superior al de las mujeres.

En 1990 Le Vay,[7] de la Universidad de la Jolla, hizo unos estudios neurohistológicos para ver si había diferencias según la inclinación sexual y con el sexo en las estructuras de ciertos núcleos hipotalámicos. Para ello estudió el cerebro de 41 personas de las cuales 19 eran varones homosexuales muertos de SIDA, 16 varones heterosexuales, de los que seis habían muerto de SIDA, y seis mujeres. Los resultados demostraron que en el varón el tamaño del núcleo NIHA3 duplicaba el tamaño del de la mujer. En el varón heterosexual era de dos a tres veces mayor que en el homosexual. Había, pues, un dimorfismo relacionado con la orientación sexual parecido al dimorfismo que existe entre varón y hembra.

Estos estudios, que han levantado una gran polémica tanto en ambientes científicos como sociales, se prestan a diferentes interpretaciones: una de ellas es que las diferencias están presentes desde el principio, quizás antes del nacimiento. Otros piensan que las diferencias se producirían en la madurez y son consecuencia de las inclinaciones sexuales del varón o de su comportamiento. Le Vay se inclina por la primera explicación, y sugiere la acción de andrógenos atípicos durante el desarrollo cerebral embrionario. En los varones homosexuales los niveles de andrógenos en sangre serían muy bajos y muy altos en las mujeres que se hacen lesbianas.

Rodes señala que el estrés de la madre durante los primeros meses del embarazo puede influir en la aparición de conductas homosexuales del individuo. En Berlín, durante la II Guerra Mundial, nacieron más sujetos que después se comportarían de forma homosexual que en épocas de paz. En una investigación estadística, Dorner encontró dos veces más situaciones de estrés durante el segundo trimestre del embarazo en las madres de homosexuales que en las mujeres cuyos hijos tenían un comportamiento heterosexual. El estrés materno actuando sobre el feto daría lugar a que en éste se produjera menor cantidad de andrógenos por el testículo fetal, lo que influiría sobre el cerebro disminuyendo el grado de masculinización del mismo.

Una interpretación distinta es la mantenida por W. Byne,[2] profesor de Psiquiatría de la Facultad de Medicina Albert Einstein de la Universidad de Nueva York, para el cual, la orientación sexual no es dimórfica sino polimórfica. Las motivaciones conscientes e inconscientes asociadas con la atracción sexual divergen incluso entre personas del mismo sexo e inclinación. Los factores biológicos no condicionarían la orientación del cerebro sino que se limitarían a predisponer hacia ciertos rasgos de la personalidad que influyen en las relaciones y experiencias, las que en último término conforman la sexualidad. Las respuestas más acuciantes a este debate no residen tanto en la biología del cerebro cuanto en las culturas que los cerebros han creado.

Existen también diferencias en otras estructuras cerebrales además de las señaladas en los núcleos hipotalámicos anteriores. Así, Allen y Gorski demostraron que la comisura anterior —fascículo de fibras que cruza la línea media del cerebro— es pequeña en los varones heterosexuales, grande en las mujeres y mayor aún en los varones homosexuales.

En el cuerpo calloso también se han descrito diferencias demostrándose que es mayor, más bulboso, en la mujer que en el hombre. Estas diferencias, que por algunos autores son discutidas, se deberían al mayor uso que las mujeres hacían de los dos hemisferios cerebrales, que se traduce en una menor lateralización cerebral, lo que influye en la fluidez del lenguaje.

La llamada masa intermedia del tálamo, que consiste en una banda de sustancia gris y fibras que conectan la mitad derecha con la izquierda del tálamo, Gorski y sus colaboradores creen que falta con más frecuencia en el hombre que en la mujer. Algunos han pretendido encontrar correlación entre su presencia y el coeficiente intelectual.

Otras estructuras cerebrales están siendo también estudiadas, como, por ejemplo, el hipocampo, una zona del lóbulo temporal que interviene en la memoria y en el proceso espacial. El hipocampo sería crítico en el procesamiento de la idea del espacio. Lucía Jacobs, de la Universidad de Utah, ha estudiado el comportamiento animal de tres especies de topos salvajes de las praderas, que son polígamos y en las que el macho tiene que atravesar grandes espacios para encontrar a las hembras, y topos del pino y de los prados, que son monógamos y viven permanentemente al lado de las hembras. Estudiando los cerebros de estos animales hallaron que el hipocampo de los topos polígamos era el 11 por ciento mayor que el de las hembras de la misma especie, en tanto que en las especies monógamas el hipocampo de los machos no era mayor que el de sus hembras.

Si los estudios en los topos pueden ser aplicados o no al hombre es una duda que surge en la mente de muchos investigadores, pero lo cierto es que hay diferencias dimórficas en el cerebro del hombre y de la mujer y que éstas son debidas a sólidas razones de la evolución biológica. En este sentido, algunos autores señalan que "si consideramos que la raza humana hoy día muestra estigmas de su pasado poligámico, como es en el hombre el mayor metabolismo basal, mayor peso corporal y mayor agresividad, entonces no es absurdo que busquemos más huellas de ello en el cerebro". Otra tarea consistirá en estudiar cómo se han ido haciendo esas diferencias.

Posiblemente las modernas técnicas de imagen permitan estudiar *in vivo* en el hombre estas estructuras cerebrales que se diferencian en el hombre y en la mujer y sacar las consecuencias oportunas.

---

[1] L. S. ALLEN, et al., "The sexually dimorphic cell groupe in the human brain", en *Journal of Neuroscience*, 9 (pp. 497-506), 1989.

[2] W. BYNE, B. PARSONS, "Human sexual orientation", en *Archives of general Psychiatry,* 50, (pp. 228-239), 1993.

[3] G. DORNER, "Bases neuro-endocrinas de la homosexualidad", en *Neuroendocrinología*, Martini, Salvat, Barcelona, 1985.

[4] R. A. GORSKI, et al., *Evidence for a morphological sex difference of the rat brain*, Brain Res, 143, (pp. 333-346), 1978.

[5] N. JOSSO, *The intersex child*, Ed. Karger, Bale, 1981.

[6] D. KIMURA, "Cerebro de varón y cerebro de mujer", en *Investigación y ciencia,* 194, (pp. 77-84), 1992.

[7] S. LA VAY y H. HAMER, "Bases biológicas de la homosexualidad masculina", en *Investigación y ciencia,* 214, (pp. 6-12), 1994.

[8] A. H. SINCLAIR, P. BESTA y M. PALMER, "A gene from the human sex determining region encodes a protein with homology to a conserved DNA-binding motiv", en *Nature*, 346, (pp. 240-244), 1990.

[9] J. A. F. TRESGUERRES, "Procesos de diferenciación sexual", en *Hormona, instintos y emociones*, Ed. Complutense, Madrid, 1996.

"La Bella Isolda", ▶
por W. Morris
(Tate Gallery, Londres)

XIII

EL UNIVERSO BIOLÓGICO DE LA MUJER

José Botella Llusiá

EL UNIVERSO BIOLÓGICO DE LA MUJER

JOSÉ BOTELLA LLUSIÁ
Presidente de Honor de la Real Academia Nacional de Medicina

I

El propósito de la presente charla es ambicioso. No sé si acertaré sin cansarles a expresar claramente mis ideas, en el supuesto de que éstas tengan algo de original y nuevo. La esencia femenina es un problema que ha existido siempre, desde la antigüedad más remota, pero parece que ahora los planteamientos de la nueva sociedad quieran poner en primer plano lo que la condición de ser mujer significa. El problema puede enfocarse desde muchos puntos de vista, empezando por el de los propios sujetos del mismo, es decir, las mujeres.

También han terciado en él filósofos, psicólogos, sociólogos y, por supuesto, políticos. Intentaré ahora yo, con la mucho más modesta condición de médico de mujeres, acercarme a este fascinante tema. Estamos tan acostumbrados a la idea de que el sexo se divide en dos mitades distintas, hombres y mujeres, que esta condición bisexual la ligamos a la esencia misma de la vida, olvidando que hay muchas especies de animales monosexuales y otras en las que los sexos son tres. La verdad es que el nacimiento de la vida se hizo de una forma asexuada.

Durante milenios, y todavía ocurre hoy en grandes extensiones del reino animal y vegetal, el sexo no ha sido necesario para el desenvolvimiento de la vida. Nace éste cuando dos individuos distintos deben reunirse para fertilizarse mutuamente. Y esta fertilización surge de la necesidad de combinar y mezclar su mensaje genético para evitar la clonización y, como consecuencia de ella, la degeneración de las especies. Así pues, dos seres diferentes, que pueden no distinguirse de manera morfológica o funcional entre sí, es decir, que pueden ser individuos *unisexo,* como se dice ahora, se reúnen en ocasiones para defenderse contra cambios adversos en el ambiente. Las bacterias, que no tienen sexo, se funden y verifican una conjugación celular para adquirir resistencia a los antibióticos. Multitud de seres unicelulares, protozoos y otros, se dividen asexualmente durante generaciones y generaciones hasta que se inicia la degeneración de la estirpe así obtenida. Entonces se reúnen dos células distintas, y prefigurando así de una manera muy simple lo que han de ser un hombre y una mujer, engendran una descendencia nueva.

Del mismo modo, en individuos compuestos por multitud de células, metazoarios, se diferencian de la inmensidad de elementos todos iguales algunos que tienen como fin la reproducción: los gametos. Éstos, destinados a unirse entre sí, al principio son iguales y constituyen una forma de reproducción llamada isogamética. Más tarde, las necesidades del ambiente los obligan a hacerse desiguales. Unos, grandes, poco movibles, cargados de materia nutritiva, serán una prefiguración del sexo femenino. Otros, pequeños, movibles, que van a buscar a aquéllos, sin materia nutritiva, pero con fuerte carga fecundante, son como un esquema primitivo de lo que ha de ser la masculinidad. Pero todavía en gran número de animales y en casi todas las plantas, ambos gametos, es decir, ambas células sexuales, aún diferentes entre sí, incluso siendo ya heterogaméticas, es decir, no unisexo sino bisexuadas, proceden de un mismo organismo, el cual es, por lo tanto, un organismo bisexuado, un ser hermafrodita. Sólo mucho más tarde, ya en los antrópodos y en muy pocos grupos de plantas, las dioicas, se individualizan los sujetos portadores de gametos femeninos y los de gametos masculinos, y de esta forma vemos aparecer en la naturaleza, millones y millones de años después de que la vida naciese en el seno de las aguas, los primeros individuos que se pueden llamar hombres y mujeres.

II

Si queremos ahora definir a la mujer, tendremos que hacerlo como el *elemento femenino de la especie humana*, definición pedestre por la cual me apresuro a disculparme. Sin embargo, esta simplicidad, a modo de dos coordenadas, elemento femenino y especie humana, nos es muy útil, porque nos permite centrar de forma cartesiana lo que la mujer es. Más arriba hemos dicho que la feminidad biológicamente proviene de la necesidad de perpetuar no la especie en sí, sino el fondo genético de esa especie, en condiciones de evolucionar y de adaptarse al medio. Es decir, la división de los sexos, y por ende el sexo femenino, obedece a un mecanismo primario de la naturaleza para sobrevivir. El que esta necesidad copulativa se haya convertido en la dualidad sexual de la mayoría de las especies no es otra cosa que una adaptación a la eficacia reproductora. Para que la hembra pueda nutrir al embrión, para que éste pueda desarrollarse protegido y aislado de las agresiones del mundo exterior, hace falta que el ser femenino desarrolle una serie de adaptaciones. Para fecundar a la mujer, el ser masculino necesita también diferenciarse de otro modo distinto. No sé si es por el azar y la necesidad, como ha dicho Monod, o si es por un plan creacional, como yo creo. Pero de una forma u otra, las cosas están hechas así para que haya machos y hembras, hombres y mujeres, y para que de esta forma las especies no se extingan.

III

Hasta aquí ha parecido muy fácil definir cuál es la esencia de la feminidad. Pero lo hemos hecho con un sentido zoológico, no humano. Cuando, de acuerdo con la segunda coordenada más arriba expresada, debemos referirnos ya al elemento no sólo femenino sino precisamente femenino *de la especie humana*, tenemos que pensar ahora que esta feminidad y esta sexualidad, al verse inmersas en un contexto cultural y antropológico, adquieren una significación enteramente nueva. En los animales muy sencillos el sexo no tiene más que una finalidad, la que hemos dicho antes; es decir, la procreación. En grupos zoológicos ya más diferenciados, en los cuales hay un rudimento de estructura social, de tribu o de grupo, el sexo adquiere ya otros significados: imposición de poder, protección de la descendencia, y lo que primitivamente no era más que un mecanismo biológico procreador se reviste ahora de un sentido social.

Este sentido social del sexo se ha desarrollado en la especie humana hasta sus límites máximos. Si quisiéramos analizar para qué sirve el sexo entre humanos, veríamos que durante milenios apenas si ha servido para otra cosa que para reproducirse. Pero es evidente que, ya desde las tribus primitivas, los antropólogos nos demuestran que hay un *rol sexual*, el cual mantiene unida a la pareja, y que se ayudan mutuamente para la defensa de la prole. Por lo tanto, el sexo ya no termina sólo en el acto fecundante. El significado de prevalencia social del macho dominante dentro de la tribu le añade una nueva dimensión, y la cultura humana lo ha adornado además de poesía, de fantasía y de ilusión. Al hablar del papel sexual humano, el olvidar a Romeo y Julieta parece realmente pecado mortal.

Pero en nuestras modernas sociedades de consumo, el sexo adquiere otros matices. Si bien la prostitución es tan antigua como la pornografía, la industria sexual y tantas otras cosas que vemos en las sociedades modernas nos hacen pensar que el sexo humano sirve al menos para seis cosas fundamentales: primera y principal, aunque parece habérsenos olvidado, es la reproducción, el mantenimiento de la pureza de la especie. Segunda, la creación de la pareja, el vínculo mogámico, la base de la familia. En tercer lugar, la creación de macho dominante, o de la hembra dominante en las sociedades matriarcales; es decir, el establecimiento de un poder social basado en el sexo. Cuarta, el comercio sexual, el injerto del sexo en la sociedad de consumo. Quinta, el sexo amor, el sexo ilusión, el sexo belleza, el sexo poesía. Y sexta, el sexo que podríamos llamar ocupacional, el sexo como entretenimiento, como forma de rellenar este tremendo vacío de la vida del hombre. En fin, el sexo que se practica simplemente para huir del aburrimiento inmenso de las sociedades modernas. Al decir que la mujer es el elemento femenino de la especie humana, en esta definición tan simple de la esencia de la mujer, vemos cómo se implican diversos factores, unos que han existido siempre, otros que se han ido adquiriendo en el desarrollo social siglo tras siglo, pero que configuran de una manera complicadísima el papel de la mujer aquí y ahora.

IV

Se habla ahora mucho de la liberación de la mujer. Se da por supuesto que ha estado sometida al hombre, que ha sufrido una postergación de milenios y que ahora reclama una igualdad de derechos. Sin embargo, si analizamos un poco lo que ha significado el papel de la mujer en el pasado, veremos que ha sido perfectamente congruente con el tipo de sociedad en que se desenvolvía. La mujer ha necesitado permanecer en la casa al cuidado de la prole, ya desde los tiempos en que Europa se deshelaba y los hombres tenían que alejarse de las cavernas para sus largas expediciones de caza. En el mundo prehistórico, en las primeras sociedades agrarias, en el trágico mundo de la esclavitud y en las sociedades guerreras, que han prevalecido en la historia desde la antigüedad hasta nuestros días, se nos hace muy difícil imaginar de qué forma hubiera podido liberarse la mujer. La liberación de la mujer se alcanza ahora porque en la sociedad posindustrial las condiciones sociales son aptas para esta liberación. Yo me atrevería a decir que no es que la mujer se libere, sino que las estructuras sociales van evolucionando de tal manera que van dando a la mujer un papel en la sociedad que cada vez se parece más al del hombre. Y si la mujer reclama derechos es porque tiene fuerza social para poderlos reclamar; y al mismo tiempo señala desigualdades que ya no se justifican en el mundo de hoy y que retrasan la evolución necesaria en las sociedades modernas y rompen la armonía que éstas deberían tener. Por lo tanto, la liberación de la mujer no es más que una manifestación más de la liberación del ser humano en las sociedades contemporáneas. La declaración de los derechos humanos tiene como corolario inmediato la declaración de los derechos de la mujer. La mujer no ha hecho un movimiento de liberación, sino que la sociedad la ha puesto en condiciones de poderlo realizar.

V

¿Y qué decir de la revolución sexual de la que tanto se habla en nuestros días? No hay revolución sexual alguna. Todas las variantes sobre el sexo, todas las actitudes frente a él, están ensayadas desde la más remota antigüedad. Lo que hoy llamamos revolución sexual es simplemente el fin de la discriminación de la mujer como consecuencia de esta liberación que la sociedad ha propiciado. No es que la mujer haya roto unas cadenas y que en virtud de esta fractura haya realizado una revolución. Es simplemente que la sociedad le va concediendo, no sin resistencia, no sin tacañería, unos derechos, y que el uso de estos derechos nos parece a nosotros que es revolucionario en el sentido sexual.

Me explicaré: en épocas pasadas, en nuestra España calderoniana o en la Inglaterra victoriana existía lo que los sociólogos ingleses han llamado la *regla del doble standard*. Se quiere expresar con esto el que durante siglos pareciera normal que el hombre tuviera aventuras extramatrimoniales, que pudiera tener hijos naturales reconocidos o no, que mantuviera a la mujer encerrada en su hogar y que ésta no aportara al matrimonio familiar más que su dote en caso de tenerla, el trabajo diario del cuidado de la prole y de la cocina. Al acceder la mujer a puestos de responsabilidad retribuidos y tener por lo tanto independencia económica, al adquirir derechos civiles análogos a los del hombre, es imprescindible que se pregunte si no puede ella hacer lo mismo que los varones han hecho durante tanto tiempo sin tener que dar cuentas a nadie. ¿Que la revolución sexual es escandalosa en ocasiones?, completamente de acuerdo. ¿Que se manifiesta con una serie de aspectos profundamente inmorales?, de acuerdo también. Pero, ¿es que no eran inmorales estas manifestaciones aceptadas como un hecho admitido por la sociedad tradicional en el hombre? Si los hombres queremos imponer una pureza a las mujeres, es imprescindible que comencemos por imponérnosla a nosotros mismos. En una palabra, que no hay revolución sexual, que lo único que hay es que la mujer quiere participar en todos los derechos y deberes del varón, para bien y para mal.

VI

Por desgracia, el hombre y la mujer no pueden ser iguales frente a sus derechos amorosos, porque la fisiología los hace distintos. El acto sexual, que comporta un esfuerzo mínimo y rápidamente olvidado en el varón, en la mujer puede tener la consecuencia de un embarazo que la marque para toda la vida. No es culpa del hombre ni de la mujer el que sea ella la que tenga que parir a los hijos. De ahí que se señale una notoria inferioridad fisiológica, contra la cual las mujeres están radical y profundamente irritadas. Pero que debemos comprender que es algo que está por encima de nuestra costumbres y de nuestras convenciones sociales, porque pertenece a la naturaleza misma. Por mucho que se quiera inventar el *niño de la probeta,* siempre necesitará del vientre de la madre para terminar de desarrollarse. Estamos muy lejos todavía de la utopía de Aldous Huxley, cuando suponía que se podían hacer seres artificiales. Desde el punto de vista biológico, esto no parece posible en un horizonte todavía muy lejano. La respuesta a esta desigualdad biológica es la reacción de la mujer y su actitud frente a los contraconceptivos y al aborto. La única forma que tiene la mujer de poder igualarse al hombre, de obtener la liberación completa, es manteniendo una idéntica conducta sexual, no tener que temer unas consecuencias de ella. Yo estoy hablando aquí ahora como biólogo, y no como moralista, y por lo tanto no estoy tratando de decir si esto es bueno o malo; pero nada debe extrañarnos el que las mujeres busquen de una u otra forma el evitar la concepción.

VII

La revolución de los contraceptivos data escasamente de los últimos 20 años. Todo lo intentado antes, con ser complicado y venir desde los tiempos del antiguo Egipto, no fue más que un débil balbuceo, por otra parte del todo minoritario. La gran revolución contraceptiva ha venido con la píldora, y ésta fue dada a conocer por primera vez en 1958. Si ha habido una liberación de la mujer, si ha habido por supresión de la ley del *doble standard* una revolución sexual, podemos marcar este año como fecha crucial, como el año del comienzo de este enorme cambio social de nuestros días.

VIII

Examinada la contracepción simplemente como un elemento liberador de la mujer, y éste es el caso concreto de las mujeres solteras, puede ser altamente contestada. Sin embargo, algunas consideraciones adicionales nos llevarían a reconocer que el control de la natalidad es un hecho necesario en nuestros tiempos. En primer lugar, la explosión demográfica. El mundo había tardado dos mil años en doblar su población, en los primeros años del siglo XIX. A partir de 1820, volvió a doblar el número en poco más de 80 años. En los primeros 50 años de nuestro siglo, había doblado otra vez; desde 1950 a 1975, de nuevo lo había hecho. El descubrimiento de las verdaderas estadísticas de natalidad en China y de algunos otros países del mundo en los últimos tres o cuatro años nos lleva a afirmar que desde 1975 al 2000 volverá a doblarse la cantidad de seres humanos. Si ahora estamos en seis mil millones, es muy probable que para el año 2010 seamos ocho mil millones los habitantes de la tierra. La crisis ya empieza a notarse, crisis de energía, de alimentación, de materias primas, de petróleo. Claro está que se puede argumentar que un mejor reparto de las riquezas, el establecimiento de un gobierno mundial o el renunciar a los programas de armamento podrían crear un bienestar suficiente en la humanidad como para que hubiese recursos para todos. Pero es que al mismo tiempo que se produce esta explosión demográfica está ocurriendo otro fenómeno paralelo, una *implosión* demográfica, que quiere decir que la población de los campos se ha concentrado en pequeñas áreas urbanas, en las cuales se ha alcanzado, por razones de la industrialización muy difíciles hoy día de suprimir, una densidad realmente abrumadora. En estas megalópolis modernas, donde el espacio está tan limitado y los desplazamientos son tan difíciles, la proliferación de la familia, el aumento de los hijos por encima de dos o tres por matrimonio, es prácticamente imposible. Al primer factor mundial se une este segundo factor socio-familiar para demostrarnos que es necesario regular la natalidad del mundo.

IX

Se confunden contracepción y aborto, cuando en realidad son dos cosas distintas, diríamos que contrapuestas. El aborto es la supresión de una vida, la contracepción es el evitar que esta vida llegue a formarse. Cuando afirmo el carácter homicida del aborto no lo hago basándome en argumentos morales o religiosos sino puramente biológicos. Se habla mucho de cuando un ser humano lo es con todos sus atributos. Se confunde esta idea con aquella otra que discute el momento en que el alma anida en el cuerpo. En realidad, yo no sé cuando el cuerpo de un embrioncito dentro del vientre de su madre empieza a tener un alma nueva. Eso que lo digan los teólogos. Yo, biólogo, aunque crea en ella, nunca he visto ningún alma. Pero lo que sí he podido observar en mi trabajo de cada día es que cuando el espermatozoide y el ovocito se unen, suman sus genes y establecen un programa que como el disco de un ordenador tiene ya registrado todo lo que ha de ser el futuro de aquel individuo. Las características básicas de la condición humana están impresas en ese mensaje de la herencia, que se forma con características propias e individuales para cada ser en el momento mismo de la conjugación de los gametos. Desde un punto de vista biológico, y nada más que biológico, la vida empieza en el momento mismo de la fecundación. El huevecillo recién formado es ya un ser humano, por mínimo y pequeño que parezca. Tiene todas sus potencias programadas y, por lo tanto, posee su devenir de hombre escrito ya en las espirales de los ácidos nucleicos. ¿Que es un ser que no sufre si le quitamos la vida? Es posible, pero tampoco sufren el enfermo descerebrado, el incurable y el anciano inconsciente, sin embargo, no practicamos la eutanasia en estas personas. Debemos meditar seriamente los hombres acerca de si tenemos derecho a quitarnos la vida y a quitársela a los demás.

X

Pensando, amigos míos, en el futuro de la mujer, tenemos que sentirnos perplejos. Han incidido sobre su biología, sobre su psicología y sobre sus condiciones sociales tantos factores nuevos, desarrollados en muy poco tiempo, que todavía somos incapaces de predecir qué impacto van a producir en el comportamiento de la mujer futura y qué respuesta sexual va a adoptar ésta en el porvenir; así como cuáles serán sus reacciones y sus sentimientos frente al varón.

Yo creo, sin embargo, que todo esto que nos asusta ahora tanto va a producir unos efectos muchos menores de lo que creemos. Movimientos feministas tan enérgicos como los de ahora se vieron ya en Inglaterra hace casi un siglo, en la época de las hermanas Pankhurst. Sin embargo, estas explosiones de indignación femenina, en muchos casos justificadas, terminan por concluirse, y al final, el equilibrio entre los dos sexos vuelve a restablecerse, probablemente habiendo conquistado paso a paso la mujer derechos justos y habiéndose hecho acreedora de una más alta consideración; habiendo conseguido, en fin, que el hombre la considere como su igual.

Pero, ¿la mujer es igual al hombre o es sólo su equivalente? El que tenga tanto valor y tanta dignidad como aquél no significa una igualdad ni biológica ni psicológica. Esto hemos de tenerlo muy presente. Y desearía que se siguiera teniendo en cuenta.

Numerosas investigaciones modernas, entre las que destacan las de la profesora Doreen Himura —una mujer—, señalan que los cerebros del hombre y de la mujer son diferentes, funcionan de un modo distinto y tienen diferentes aptitudes.

Habría en el futuro que tener estos hechos en cuenta para que el mundo venidero sea más agradable. La mujer ocupará puestos de más responsabilidad, conseguirá conquistar en la vida social áreas de poder y de decisión que hasta ahora no ha conseguido. Posiblemente también dentro de su casa, su dignidad y su autoridad, aunque yo no estoy muy seguro de que hayan estado en el pasado demasiado mermadas, volverán por lo menos a tener si no un reconocimiento *de facto,* que ya lo tenían, sí un reconocimiento *de jure.* Esto es importante, porque no basta con que las cosas se hagan, hace falta que se reconozca el porqué se realizan. Pero al final, la mujer seguirá siendo siempre la misma, como el hombre seguirá siendo siempre hombre; porque si ambos renuncian a esta dualidad sexual, que no han inventado ellos, sino que les ha sido impuesta por la naturaleza, al cabo de miles de años de ensayos, de tanteos y de perfeccionamiento, renuncian a algo que puede representar la desaparición del género humano. Recordemos que los grandes reptiles del secundario se extinguieron simplemente porque habían crecido demasiado y eran demasiado voluminosos para adaptarse a las condiciones de vida. Que no crezca ni en los hombres ni en las mujeres de hoy un sentido hipertrófico de la propia personalidad que haga inviable su convivencia en el seno de una sociedad justa y feliz.

"Muchacha leyendo", ►
por Jean Baptiste Camile Corot
(National Gallery of Art, Washington)

XIV

BIOLOGÍA DEL HABLA Y DEL LENGUAJE

Ángel Martín Municio

BIOLOGÍA DEL HABLA Y DEL LENGUAJE

ÁNGEL MARTÍN MUNICIO
Presidente de la Real Academia de Ciencias Exactas, Físicas y Naturales

Solamente el título del tema que vamos a tratar reconoce la existencia de dos conceptos diferentes, por muy interrelacionados que hayan nacido y se hayan desarrollado.

Cuando se hace referencia al *habla,* hay que tener presente no unos simples ruidos vocales producidos al azar sino *sonidos vocales* que cumplen una cierta función. Estos *ruidos vocales al azar* han tenido que ser la materia prima que habría de adquirir la función del *habla* a lo largo de un proceso evolutivo.

La *función del habla* implica un sistema de señales específico que utiliza un *canal acústico*, una *transmisión vocal-auditiva* y un *aparato receptor.* Desde el punto de vista de la teoría de la comunicación, el *habla* es un término colectivo de las señales vocales humanas utilizado para transmitir mensajes. Los mensajes son, por otro lado, el significado que va unido semánticamente a las señales. Y es al conjunto de *señales* y *significado* a lo que se reserva el término *lenguaje.*

Así pues, el *lenguaje* es un fenómeno ligado de manera inextricable al medio del *habla.* Casi todo el lenguaje es hablado, la mayoría de la ortografía deriva de la fonología e incluso las funciones lingüísticas del cerebro están íntimamente ligadas a las funciones del habla. Una de las múltiples definiciones del *lenguaje* se refiere a *un sistema de símbolos hablados o escritos convencionales por medio de los cuales los seres humanos se comunican como miembros de un grupo social y participan de su cultura.* El *lenguaje* como sistema de comunicación simbólica creó la mente humana, capaz de la reificación de los conceptos, de distinguir *nosotros* de *ellos*, de la elaboración de la idea de lo *sobrenatural* y de investigar nuestra *misma naturaleza* y nuestro *propio pasado.*

Ahora bien, si la *evolución del habla* exigió la presencia de organismos productores de sonidos, la *evolución del lenguaje* tuvo que significar la existencia de organismos con capacidad de procesamiento de la información y con algo que comunicar. De forma que *habla* y *lenguaje*, según el órgano implicado, habrán de referirse respectivamente a la *laringe* o al *cerebro*, tanto desde aspectos estructurales como funcionales; y, por lo que a sus orígenes se refiere, esta dualidad tendrá que centrarse en sus aspectos evolutivos. Sin olvidar que los tratamientos biológicos podrán, además, contribuir a la interpretación de las teorías lingüísticas.

Como consecuencia de esta evolución, el *lenguaje* constituye una de las esencias del hombre; es una forma de conducta exclusiva del ser humano y manifestación superior de racionalidad. No tiene nada de extraño, pues, que el estudio de la génesis del lenguaje se haya identificado con las interrogaciones mismas acerca de la naturaleza y del origen del hombre. Si el *habla* es una facultad condicionada por una aptitud física anatomofisiológica, el *lenguaje* es una manifestación de lo que el hombre piensa o siente y expresión de su capacidad de modulación del pensamiento. El *lenguaje* es producto inevitable de interacciones inteligentes. Y puesto que la posesión del habla y del lenguaje ha sido siempre considerada como la característica principal de la especie humana, el problema de su origen resulta fundamental en todo intento de comprender la naturaleza del hombre y su diferencia de otras especies. Al atribuir el *lenguaje* a la *especie humana,* habremos de ir pensando en cuándo el *lenguaje* fue consustancial a ésta; y para referirnos a este *cuándo* habremos de repasar sin más remedio la historia evolutiva del hombre.

Así, pues, el estudio biológico del *habla* y del *lenguaje* tiene que identificarse hoy con la contemplación de sus dos posiciones extremas: de un lado, lo que pueda averiguarse acerca de su origen, identificado a través de una serie de indicadores de la génesis de la mente y de su vinculación evolutiva al volumen e incluso la anatomía de los cráneos fosilizados, al cociente de encefalización —relación del tamaño del cerebro al peso del cuerpo—, a la posible asignación de áreas y singularidades del cerebro, a las conductas culturales y cognitivas de los grupos de individuos, a la manufactura de utensilios de piedra e incluso a las condiciones nutritivas y energéticas; de otro, los resultados de la aplicación de la tecnología moderna al estudio de la localización y la función de las pautas del lenguaje.

En cualquier caso, el estudio del origen del *habla* y del *lenguaje*, sobre todo del *lenguaje*, puede llevarse a cabo de acuerdo con las épocas o según la naturaleza de los temas objeto de estudio incluso solapando las épocas con los temas que en ellas sobresalieron.

En cuanto a las épocas, cabe señalar las disquisiciones filosóficas *antiguas y medievales*; el cambio de agujas que supuso el advenimiento de la ciencia moderna en el siglo XVII, libre de trabas filosófico-religiosas, con la consideración fundamental de la dualidad lenguaje-pensamiento; y, en los dos últimos siglos, la interpretación evolutiva y paleontológica del cerebro, que culmina con las actuales direcciones de la Neurobiología referidas a las técnicas de la imagen de la estructura y la función del cerebro y a la localización neuroanatómica de las funciones lingüísticas.

Es en la etapa actual en la que representa un papel importante la reconstrucción filogenética de las relaciones entre los más importantes grupos lingüísticos y las características biológicas de los hablantes, basadas en el análisis de los genes nucleares y mitocondriales; o lo que es igual, el estudio de la covariación de las distancias genéticas y lingüísticas.

En el estudio de la aparición y desarrollo del hombre sobre la Tierra desempeñan un papel fundamental las *expresiones culturales,* entendidas como adaptación al medio sin compromisos genéticos, con la presencia principal de manifestaciones creativas simbólicas, fruto de la mente, frente a la experiencia del mundo y a su relación con los demás individuos. Se ha dicho que *si el hombre hace la cultura, también la cultura hace al hombre.* Tanto es así que las expresiones culturales, fruto de las actividades creativas y simbólicas, diferentes de una época a otra y de un lugar a otro, referidas a la tecnología, al sentido religioso o a la organización social son distintas en el Paleolítico, el Neolítico o la Edad Moderna; de la misma forma que son distintas actualmente las culturas de los países industrializados y las de los pueblos que no practican sino economías de subsistencia. Ello significa que, en nuestro caso, la historia de la evolución, puede interpretarse bien por medio de los datos estructurales y funcionales biológicos bien a través de la cultura como adaptación al medio.

Las mitologías y religiones y la filosofía han sustentado ideas acerca del origen y de la naturaleza del lenguaje desde varios siglos antes de Cristo hasta entrado el siglo XVII. Desde uno de estos extremos, por tanto, desde las antigüedades más inalcanzables hasta hoy, el hombre busca el cómo y el cuándo se engendró el habla y el lenguaje, a la vez que, sin querer o queriéndolo, indaga sobre su propio ser. Y por ello se sugieren teorías tanto del origen divino del lenguaje como de su desarrollo evolutivo e incluso como fruto de invención humana; en cualquier caso, un lenguaje primitivo, una estructura simbólica primaria dependiente de las funciones cognoscitivas de analogía y oposición, habría de conducir a lo largo de miles o de millones de años al verdadero lenguaje inserto en una cultura sofisticada y compleja.

"Dios creó el mundo por una palabra, instantáneamente, sin trabajo y sin dolor", dice el *Talmud.*

"Dijo Dios", repite incesantemente el primer capítulo del *Génesis*; dijo Dios con su palabra interna, en su decisión, por su pensamiento.

Es bien conocido cómo el *Génesis* contiene dos relatos de profunda significación lingüística: "El nombre dado por Adán", en el capítulo segundo, y la "Confusión de Babilonia", en el capítulo undécimo. El *Génesis* relata la forma en que tras haber sido creadas todas las bestias de la Tierra las llevó a Adán: "Y Yavé Dios trajo ante el hombre todos cuantos animales del campo y cuantas aves del cielo formó de la tierra para que viese cómo los llamaría y fuese el nombre de todos los vivientes el que Él les diera. Y dio el hombre nombre a todos los ganados y a todas las aves del cielo y a todas las bestias del campo". Y San Juan comienza su Evangelio con el famoso prólogo: "Al principio era el Verbo, / y el Verbo estaba en Dios, / y el Verbo era Dios".

La interpretación dominante del acto de dar nombre se convirtió en una doctrina del origen del lenguaje. En su tratado *Sobre la doctrina cristiana*, San Agustín interpreta que los nombres dados por Adán constituyeron un lenguaje natural que fue el lenguaje común de la raza humana antes del diluvio y por algún tiempo después. Y ante la pregunta de si los nombres dados por Adán serían signos naturales en el sentido de representaciones verdaderas de la naturaleza de las cosas, Hobbes responde que "el primer autor del habla fue Dios mismo, quien instruyó a Adán sobre cómo nombrar a las criaturas".

La creencia en el origen divino del lenguaje ha sido algo extendida por todo el mundo y continuada durante muchos siglos. Para los egipcios, el creador del habla fue el dios Thoth, y para los babilonios lo fue Nabû. Según los hindúes, Saravasti, mujer de Brama, dio al hombre la capacidad para el lenguaje.

Para Platón, sin embargo, como lo refiere en el *Cratylus,* el lenguaje humano no fue un regalo de los dioses, pues si éstos hubieran enseñado al hombre cómo usar los nombres, los signos se hubieran adaptado de forma perfecta y consistente a las cosas significadas.

Y el *Génesis* continúa: "Era la Tierra toda de una sola lengua y de unas mismas palabras..." (11-1). Y un poco más adelante: "Por eso se llamó Babel, porque allí confundió Yavé la lengua de la Tierra toda, y de allí los dispersó por la haz de toda la Tierra" (11-9). La Biblia explica, pues, el origen del lenguaje como expresión del orden de Dios que en Babel creó de un lenguaje otros muchos que a su vez darían lugar a otras familias de lenguas. Hobbes piensa, sin embargo, que "el lenguaje obtenido e incrementado por Adán y su posteridad se perdió en Babel cuando Dios castigó la rebelión del hombre con el olvido de su primitivo lenguaje".

Ideas que desembocaron en la doctrina, muchos siglos en vigor, del origen común de todos los lenguajes de la humanidad, que habría de tener el gran valor de estimular los estudios lingüísticos comparados y la búsqueda de los universales lingüísticos. El interés del lenguaje bajo aspectos tanto *filosóficos* como *biológicos* es tan antiguo como el hombre mismo y su sociedad. Las reflexiones sobre el lenguaje han sido una materia permanente de los filósofos, que pudieron apreciar desde antiguo cómo el conocimiento de la naturaleza del lenguaje humano era argumento indispensable de la esencia del hombre.

Las *reflexiones biológicas,* sin embargo, como es bien fácil suponer, han ido adquiriendo durante las últimas décadas el rigor de la ciencia contemporánea, y con ello nuevos métodos y nuevas visiones acerca de la naturaleza y el hombre.

Los griegos, que especularon sobre todo aquello presente en el Universo, lo hicieron también sobre el lenguaje. Las primeras disquisiciones sobre el lenguaje aparecieron a finales del siglo VI a. C., y se plantearon por los filósofos presocráticos haciendo uso de la antítesis *nomos* y *physis*, cuyos significados evolucionaron en el pensamiento de Heráclito, Parménides, Píndaro, Herodoto, Demócrito y Epicuro. En las filosofías presocrática (600-400 a. C.) y clásica (400-300 a. C.), las discusiones sobre el lenguaje no se refieren a la naturaleza del hombre o del lenguaje y sus planteamientos sólo tienen implicaciones indirectas. En el diálogo *Cratylus*, Sócrates analiza las etimologías de los nombres de los héroes homéricos, los dioses griegos, las figuras mitológicas, los componentes del Universo y las cualidades abstractas. El punto central de estas discusiones fue la relación del nombre con su objeto, y Platón demuestra que el nombre no representa el objeto sino la idea que existe del objeto y que el nombre en sí mismo no manifiesta la verdad de la idea que representa. Platón sostenía que los nombres atribuidos a las cosas son puros productos de la convención o del azar más que fruto de una necesidad natural. Fue ésta una de las primeras manifestaciones del debate entre naturalistas y convencionalistas, que habría de resucitar múltiples veces entre los argumentos lingüísticos. Los naturalistas arguyen la existencia de una conexión natural entre las formas de lenguaje y la esencia de las cosas; de esta forma nacerían las palabras onomatopéyicas básicas del lenguaje, por imitación de los sonidos que representan. Lenguaje que surgiría, durante la evolución del hombre, de los sonidos de la naturaleza en las expresiones de miedo, placer, alegría, trabajo, ritmo, gesticulación pantomímica, movimiento, velocidad, etcétera. Así nació la teoría del *origen del lenguaje por gesticulación*, satirizada por Rabelais en *Pantagruel* (1567), analizada por Bacon en *The advancement of learning* (1605) y muy debatida a lo largo del siglo XVIII.

Una referencia precisa en el *Cratylus* al origen del lenguaje fue la afirmación de Sócrates de que el lenguaje se originó de la naturaleza de las cosas. Afirmación correcta aunque no con el sentido en que Sócrates y sus discípulos propusieron. En efecto, hoy puede afirmarse que el lenguaje está vinculado a la naturaleza biológica del ser humano, y en su seno se desarrolla incluso la capacidad para adoptar convenciones lingüísticas elaboradas. Platón y Aristóteles hacían preceder sus discursos del significado preciso de las palabras más relevantes para evitar la ambigüedad latente en el lenguaje y salvaguardar el discurso de las aberraciones e imperfecciones del lenguaje. Ambos aceptan que la misma palabra puede usarse con varios sentidos y distinguen entre los casos en que es conveniente la precisión en el significado de una palabra y aquellas otras ocasiones en que, al contrario, la ambigüedad puede ser más útil a la finalidad del discurso.

Parece que Aristóteles (384-322 a. C.) se refiere por primera vez al lenguaje en *De anima*, en la parte consagrada al conocimiento sensible, utilizando los conceptos físicos de la producción de sonido para distinguir entre sonido, voz y lenguaje. También precisa la significación de voz: "La voz es un sonido propio de los seres animados", afirma Aristóteles; para él, la voz se produce en la tráquea y el lenguaje es el resultado de la participación de la lengua y de los labios en la modulación de la voz. Para Aristóteles, un sonido se transforma en palabra cuando el hombre lo utiliza como signo. Concibe la voz como un objeto del oído; y en su descripción del alma y de sus sentidos distingue los sentidos por sus órganos y vincula al oído el estudio de la palabra: "La palabra no es más que una actividad ejercida por uno o varios órganos biológicamente adaptados a esta función". Para Aristóteles, la palabra humana es un hecho como los demás, no exige ni conlleva un tratamiento independiente; no distingue, en consecuencia, una ciencia lingüística ni una filosofía del lenguaje; trata el lenguaje cuando su presencia plantea un problema como, por ejemplo, en la lógica, en la filosofía política o en la ciencia del ser humano en cuanto que es necesario para la definición del objeto del conocimiento, la comunicación social o la esencia de la razón humana.

Aquellas preocupaciones griegas por la corrección del lenguaje frente a los equívocos de las palabras iban a continuarse sobre todo con San Agustín (354-430) y Tomás de Aquino (1225-1274) hasta llegar a los tiempos modernos, con Hobbes, Locke, Hume y Berkeley.

Pero, volviendo a nuestro tema central, cuestiones como ¿qué hace posible el lenguaje? o ¿cómo el hombre forma palabras de tal modo que se le comprende? no se plantearían en la filosofía griega hasta Epicuro (341-271 a. C.); para él, el lenguaje es una de las funciones biológicas, como la vista o el oído, cuyo origen es la misma naturaleza. Frente a Epicuro, Zenón (333-262 a. C.) mantiene que el lenguaje proviene de la razón humana y es una expresión de su espíritu. Siguiendo a Epicuro en su carta a Herodoto se distinguen tres etapas en el nacimiento y desarrollo del lenguaje; en la primera de ellas, el hombre emitió sólo sonidos formados según sus sentimientos y las impresiones de sus sentidos. En la segunda etapa entraría un elemento de convención; "de los gritos —dice Epicuro— nacería gradualmente un sistema convencional de sonidos referido a objetos". Este proceso de cambio conduciría a la tercera etapa, con la introducción en el vocabulario de conceptos abstractos, percibidos al principio tan sólo por algunos y luego explicados en términos de alguna interpretación prevaleciente.

San Agustín, en el siglo IV, propuso que la aparición del lenguaje en la infancia podría compararse al curso de la evolución del lenguaje; lo que se anticiparía bastantes siglos a la hipótesis de que el desarrollo cognitivo del hombre puede aplicarse al estudio de la filogénesis. En otra notable anticipación San Agustín señala que entre los hombres las palabras ocupan el lugar principal como "el medio de indicar los pensamientos de la mente". Es en esta misma línea en la que Tomás de Aquino (1225-1274) reflexiona sobre la palabra y su sentido. Decir cualquier cosa implica que la palabra expresada tenga un sentido y que éste sea concebido, pensado. Saber de qué se habla y saber en qué se piensa son una sola y misma cosa, aunque operativamente pensar y comunicar puedan ser diferentes. Ello equivale a la existencia de un pensamiento no hablado anterior en el tiempo y en la causalidad a la palabra, o, si se quiere, de la *palabra interior* de los estoicos, que con la colaboración de la voz se transforma en la *palabra proferida*, palabras pronunciadas constitutivas del lenguaje. ¿Qué cosa puede ser el pensamiento anterior al lenguaje? Todo lo que pueda ensayarse en pensar lo no hablado está condicionado por la imposibilidad de hacerlo sin recurrir al lenguaje. A Von Kleist se atribuyen las siguientes palabras: "La idea no preexiste al lenguaje sino que se forma en él y para él"; así pues, si el pensamiento no preexiste al lenguaje, la idea no puede preexistir al lenguaje sino que está en él.

Se reconocía, pues, ya durante todos estos siglos la relación del pensamiento y el lenguaje; que el pensamiento articulado en ideas es imposible sin lenguaje. De esta forma, el lenguaje habría de proceder de una cierta fragmentación del pensamiento; la palabra y el pensamiento tendrían que poseer características de divisibilidad; sin embargo, lo que bien pudiera hacerse con la palabra como realidad física, su sentido, el pensamiento que expresa, no se presta a divisiones semejantes.

El siglo XVII tuvo en John Locke (1632-1704) uno de los pensadores más dedicados al estudio del lenguaje. En la separación de la filosofía y la teología, Locke situó el estudio de la filosofía dentro de los límites de la experiencia del hombre. Sin embargo, sus opiniones son de múltiple naturaleza en cuanto a su posición interpretativa del origen del lenguaje, y así, se refiere en ocasiones al lenguaje como creación de Dios y en otras sustenta este origen como acto de libre invención o de descubrimiento por el hombre para beneficiarse de las ventajas de su naturaleza social. El hombre habría sido diseñado como criatura social y equipado con el lenguaje. El núcleo de la epistemología de Locke es la noción de que los objetos de la percepción no son las cosas sino las ideas, derivadas en parte de las cosas y dependientes, en cierta medida, de nuestras propias mentes para su existencia. Locke dedicó el tercer libro de su *Assay concerning human understanding*, al "Lenguage and words in general", con objeto de examinar las imperfecciones y el abuso de las palabras y los remedios convenientes. Era, sin duda alguna, la continuación de la inquietud aristotélica de los tiempos modernos, con particular atención a las palabras absurdas o sin sentido, los nombres de cosas sin existencia. Era también la reacción frente a las doctrinas lingüísticas místicas, al exhibir las relaciones recíprocas entre ideas y lenguaje. Conexión muy estrecha entre las ideas y las palabras, a la que se adhirió de manera decisiva el abad de Condillac (1715-1780) y fue sostenida por Buffon (1707-1778) en la misma época cuando afirma: "El hombre habla debido a que tiene razón". Para Buffon, los animales no poseen la capacidad de pensar, no pueden poner en relación los conceptos, y por ello no tienen lenguaje.

La idea fundamental de Condillac, seguidor de Locke, es la de que al lenguaje se llega a través del pensamiento; y añade, a la inversa, que el pensamiento se hace en el discurso hasta el punto de que las lenguas pueden considerarse métodos analíticos para analizar el pensamiento. De otra manera, Condillac introduce en su doctrina una especie de modulación mutua lenguaje-pensamiento; no se puede acceder al lenguaje sino por el pensamiento, ya que sin pensamiento el hombre no tendría nada que decir, pero tampoco se puede acceder a un pensamiento distinto sin el lenguaje, pues es éste el que pone en orden la mezcla de pensamientos simultáneos presentes en el espíritu. De esta forma, si no dispusiéramos de palabras seríamos incapaces de formar ideas complejas; "los signos y la reflexión —asegura Condillac— se ayudan mutuamente y concurren recíprocamente a su progreso". Y así, Condillac expone al comienzo de su gramática: "Yo considero la gramática como la primera parte del arte de pensar. Para descubrir los principios del lenguaje hay que observar cómo pensamos; hay que buscar estos principios en el análisis mismo del pensamiento. O también el análisis del pensamiento se hace totalmente en el discurso y lo es con mayor o menor precisión según que las lenguas sean más o menos perfectas y según que quien las hable lo haga de forma más o menos precisa".

Para Condillac, pues, la gramática es parte del arte, no de hablar sino de pensar —el primer objeto del lenguaje es analizar el pensamiento— y abunda: "No podemos nosotros mostrar a los demás las ideas que coexisten en nuestro espíritu en tanto que no sepamos mostrárnoslas ordenadamente a nosotros mismos; es decir, que no sabremos hablar a los demás en la medida en que no sepamos hacerlo a nosotros mismos".

Al lado de esta dualidad, continúa durante la época la interpretación filosófico-naturalista. El siglo XVII es testigo, sobre todo con Descartes (1596-1650), del comienzo de la separación de la filosofía y las ciencias de la naturaleza; separación que habría de ser muy fructífera en el desarrollo de la fisiología y de la biología del cuerpo humano, pero que no se tradujo en el provecho correspondiente para el lenguaje al caer éste por completo del lado del alma en la estricta división cartesiana del cuerpo humano. Y dentro de este desbridamiento de las ciencias de la naturaleza, Condillac, en su *Tratado de las sensaciones,* expone la idea de que el análisis del pensamiento, perseguido por el lenguaje, comienza a ponerse en práctica por la naturaleza. Así, el poder natural de descomponer pertenece a las sensaciones, pues la diversidad de impresiones de la vista, del oído, del tacto, etcétera, nos pone en presencia de informaciones distintas. Por el juego espontáneo de la naturaleza, los hombres analizan sin saberlo, por el solo hecho de sentir, y ya por la acción de hablar continúan analizando sabiéndolo.

Al identificar las operaciones del lenguaje como la causa de las funciones intelectuales, Condillac intentaba realizar un tipo de aseveración como la de Newton al identificar la gravedad como causa del movimiento planetario. En su *Tratado de sistemas*, Condillac expuso la concepción newtoniana de la metodología científica como alternativa de los sistemas metafísicos de Leibniz, Spinoza y otros; y combinó la sistematización de la metodología científica de Newton con su teoría del lenguaje y de la comunicación para hacer de la ciencia de la mente humana una ciencia experimental.

A través, sobre todo, de sus últimas obras, *La lógica* y *La lengua del cálculo*, Condillac y su filosofía ejercieron una gran influencia sobre los científicos de la época, en las ramas diversas de la química, la botánica, la zoología y, principalmente, las matemáticas. Él compartía con la tradición racionalista su sensibilidad hacia las matemáticas, con preferencia destacada hacia los modos analíticos del razonamiento; así, el álgebra fue ya para Condillac lenguaje y método de análisis y la manipulación de los convencionales términos algebraicos tenía lugar conforme a las combinaciones precisas de una sintaxis perfecta. Las palabras son a las ideas de todas las ciencias lo que las cifras a las ideas de la aritmética.

La influencia de Condillac fue manifiesta sobre la Enciclopedia francesa y sobre el pensamiento europeo en general en la última parte del siglo XVIII. Diderot, Rousseau y Turgot, entre otros, reconocieron este hecho; la Academia de Berlín concedió el premio Herder a su ensayo sobre el origen del lenguaje. Herder fue un brillante defensor de la teoría de un innato lenguaje, origen de las propiedades comunes universales de las lenguas, a la vez que aceptó la posición racionalista cartesiana de que entre los gritos animales y el lenguaje humano se da la misma diferencia que entre el instinto animal y el pensamiento del hombre. Idea que le llevó a afirmar: "No es la organización de la boca lo que crea el lenguaje, pues si un hombre fuera mudo toda su vida, si reflexiona, siempre estaría el lenguaje dentro de su alma". Herder sostuvo ya la existencia en el hombre de mecanismos neurológicos específicamente lingüísticos, genéticamente determinados; con él comienza a madurar la idea de la base biológica del lenguaje como caso particular de los fundamentos orgánicos de las funciones intelectuales. Y ya no sólo no se puede desvincular el lenguaje de la razón humana, sino que hay que considerar el lenguaje como ingrediente de la razón, y ambos, *razón* y *lenguaje*, objetos naturales del hombre. Y como tales objetos naturales, susceptibles de experimentación y medida.

De esta manera, la base biológica del lenguaje puede estudiarse y descubrirse sin necesidad de acudir a las especulaciones filosóficas.

Entrado el siglo XIX, la teoría del lenguaje, hasta ahora casi de forma exclusiva en manos de filósofos, comienza a tratarse por los investigadores del lenguaje, filólogos y biólogos de modo principal. Para los primeros, lógicamente, la base biológica del lenguaje no era un tema fundamental, aunque algunos llegaron a afirmar que el estudio del lenguaje "les recordaba la historia natural". Los biólogos, los médicos entre ellos, comenzaron a interesarse por la neuroanatomía y la neurofisiología; y la época tuvo sus mejores representantes en Franz Joseph Gall (1758-1828), Paul Broca (1824-1880) y Karl Wernicke (1848-1905).

En opinión de Von Humboldt (1767-1835), el fundamento biológico de la capacidad innata del hombre para el lenguaje se correspondería con otros diversos atributos biológicos en cuanto a que todos ellos se caracterizan por desarrollarse en dependencia del tiempo. Max Müller (1823-1900) consideró el lenguaje como inseparable del pensamiento y sostuvo la idea de la asignación de la lingüística como ciencia natural.

Darwin, en el *Origen de las especies* (1859), apenas si mencionó la posibilidad de la evolución biológica humana, y aún menor fue la aplicación al lenguaje del principio de la selección natural. Sin embargo, pronto comenzaron a preguntarse los filólogos si el lenguaje no podría ser campo para la especulación evolutiva. De todas formas, el siglo XIX vio con Darwin (1809-1882) el desarrollo de las ideas evolutivas y su lógica confrontación con los discutidos principios sobre el origen biológico del lenguaje. Y Darwin encontró patente la conexión entre cerebro y lenguaje, manifestada sobre todo en los casos de afectación del habla motivada por algún daño cerebral.

Tras de lo cual cobran más fuerza las cuestiones: ¿está el origen del lenguaje vinculado de alguna manera a la evolución humana?, ¿pueden los hallazgos antropológicos culturales relacionarse con el uso de sistemas de comunicación, el lenguaje incluido?

Desde sus primeros estudios, la evolución humana está siendo objeto de fuertes controversias. Parece incluso que el mismo Darwin lo presintiera; por ello, sobre este asunto, en el *Origen de las especies* restringió sus opiniones a la única sentencia: "Todo ello arrojará mucha luz sobre el origen y la historia del hombre".

No resulta una tarea fácil componer las piezas del rompecabezas de la evolución humana, y mucho menos delimitar las especies que la taxonomía reconoce en este proceso evolutivo —*Homo habilis, Homo erectus, Homo sapiens*— y que serán, en todo caso, cronoespecies (E. Mayr, *Animal species and evolution,* Harvard Univ. Press., 1963) elaboradas a lo largo de una misma línea, sin posibilidad de interfecundación o, menos aún, estados morfológicos diferentes (Y. Coppens, *Pre-ambules,* Jacob, París, 1988) que responden esencialmente a un proceso de cerebralización y a la modificación de ciertos caracteres craneofaciales en correlación con el clima y la alimentación. Aun teniendo en cuenta la difícil solución de muchos de estos problemas, se suele identificar una secuencia de cuatro etapas principales en la transición de los primeros homínidos a los humanos modernos.

En primer lugar, la aparición del bipedismo se ha supuesto que tuvo lugar en el período comprendido entre los 10 y los 4 millones de años de antigüedad. Una interpretación muy extendida relaciona la evolución humana con los cambios climáticos, inducidos por los movimientos del Valle de Rift, este africano, y la rarefacción de los bosques, que habría conducido a ciertas especies a adaptarse a la marcha bípeda sobre el terreno. En estas condiciones, la caja craneana bascula hacia atrás, lo que permite una extensión cerebral. De otra forma, el bipedismo y el aumento de la caja craneana aparecerían simultáneamente, de manera que hace unos 2.5 millones de años se datan ya capacidades craneales de cierta importancia. Capacidad que, asimismo, se ha relacionado con la aptitud para la creación y empleo de útiles, a cuyo propósito queda en cualquier caso por conocer la posible presencia de alguna componente neurofuncional del cerebro y su participación en el origen de la marcha bípeda; situación que, como en muchas otras circunstancias, se escapa del examen en las trazas fósiles. En la actualidad se investiga el comportamiento de los primates para concluir en qué medida el conocimiento y, por tanto, el empleo de los útiles está ligado a los comportamientos sociales.

A períodos algo más recientes que los correspondientes a este intervalo, entre los 3.75 y los 2.9 millones de años, se venía atribuyendo la presencia de las diversas especies de *Australopithecus.* Esta primitiva historia es, sin embargo, bastante confusa. Por lo pronto, los recientes descubrimientos fósiles en Kenya, atribuidos a nuevas especies de *Australopithecus anamensis,* han retrasado la datación de los primeros homínidos de marcha erguida al período comprendido entre los 4.2 y los 3.9 millones de años. El famoso esqueleto "Lucy", encontrado en la región etiópica de Hadar, representa la posterior y mucho mejor conocida especie de *Australopithecus afarensis,* con sus 3.18 millones de años. La estructura de la pelvis y las articulaciones de las rodillas atestiguan que "Lucy" disfrutaba de una marcha erecta; aunque otros rasgos, particularmente las proporciones de pies y manos, permiten adivinar sus aptitudes trepadoras; menos arborealistas que los monos, bípedos menos eficientes que los homínidos posteriores, con cerebros del tamaño de los de los monos, facciones salientes y con hábitats en los que la madera era aún el elemento predominante. Notablemente posteriores, los *Australopithecus africanus,* hacia los 2.5 millones de años, fueron los primeros que llevaron a cabo la manufactura y el empleo de útiles de piedra. Y aún más recientes, los *Australopithecus robustus* y *Australopithecus boisei* (conocidos como "hiperrobustus") entre los 1-2 millones de años. Época en la que se ha sugerido (D. Johanson y B. Edgar, *From Lucy to language*, Simon & Schuster, 1996) la coexistencia de, al menos, seis especies de homínidos, tres de las cuales pertenecerían a nuestro propio género *Homo*.

A continuación, en segundo lugar, la evolución del género *Homo*, con su gran cerebro y su capacidad para fabricar utensilios de piedra, cuyos primeros ejemplos datan de unos 2.5 millones de años y cuya etapa se extendió entre 2.3 y 1.6 millones de años; a ella corresponden los famosos fósiles de los yacimientos de Olduvai en Tanzania, Koobi Fora en Kenya y el valle de Omo, en Etiopía. Posiblemente, estas especies de *Homo habilis* son las primeras de nuestro propio género *Homo*; el único homínido que sobrevivió cuando, hace 1.3 millones de años, se deterioró el clima africano. Este gran incremento del tamaño absoluto y relativo del cerebro que ocurrió en el paso de los australopitecos al *Homo primitivo*, al lado del desarrollo de la tecnología de los utensilios de piedra y su consiguiente e indudable transmisión cultural, ha sugerido la posibilidad de que el lenguaje emergiera durante esta transición. Sin embargo, el *Homo* primitivo de Olduvai, según sus características dentales, era vegetariano; y parece difícil que bajo estas condiciones nutritivas tuviera lugar con cierta intensidad el proceso de encefalización. La carne, esencial en los requerimientos energéticos de la encefalización, no formó parte general de la dieta hasta la etapa siguiente de *Homo erectus*.

Después, en tercer lugar, la evolución del *Homo erectus*, aparecido hace unos 1.6 millones de años, con mayores aptitudes para elaborar utensilios y al que se atribuye su migración desde África a Europa y Asia. El mejor ejemplo de esta época, por la excelente conservación de su esqueleto, es el "muchacho de Turkana", descubierto en 1984 y datado de hace unos 1.6 millones de años; poseía ya este adolescente un auténtico porte moderno, con un cerebro aceptable —de tamaño doble del de los monos (400 ml)—, aunque aún la mitad del que posee el hombre actual (1.400 ml); su altura adulta habría alcanzado unos 170-180 cm, y con piernas largas y finas, al estilo de los actuales habitantes de las regiones áridas africanas. Aunque en un principio el "muchacho de Turkana" fue asignado a la especie de *Homo erectus*, la adscripción a la misma especie de los fósiles procedentes de etapas posteriores —correspondientes al Pleistoceno medio e inferior—, entre otros, el hombre de Java —un millón de años— conocido como *Pithecanthropus erectus*, el hombre de Lantien (China) —700.000 años—, el hombre de Peking —460.000 años—, todos ellos con cerebros de tamaño moderado (900-1.200 ml), dio lugar a que muchos investigadores situaran al "muchacho de Turkana" bajo una especie diferente, la conocida como *Homo ergaster*.

Dada la mayor antigüedad del *Homo ergaster*, cabe dejar, ahora, al menos, algunas interrogantes: ¿cuál sería su relación con el *Homo erectus*?, ¿podría existir una relación evolutiva *Homo ergaster* a *Homo erectus*? y ¿qué sucede acerca de la presencia de ambas especies en las poblaciones de *homínidos europeos*?

Finalmente, en cuarto lugar, la aparición del *hombre moderno*, inferior a unos 150.000 años, en cuya etapa hay que contar con la presencia de ambos, *Homo heidelbergensis* y *Homo neanderthalensis*, y de sus discutidas relaciones con el primitivo *Homo sapiens*.

En el seno de estas relaciones se admite, en general, que el *Homo neanderthalensis* existió desde hace unos 200.000 años, para desaparecer hace unos 30.000 años, y que habitó el valle del Neander, en Alemania, y otros lugares en el oeste de Europa. Ahora bien, ¿los neandertales y los humanos actuales resultaron de un primitivo grupo de *Homo sapiens*, de hace 300-400.000 años, o se originaron los neandertales separadamente de algún grupo de *presapiens* en el Pleistoceno?

La distribución cronológica de las especies anteriores correspondientes a los fósiles homínidos posee dos hechos singulares: de un lado, el solapamiento temporal de diversas especies, por ejemplo, la coincidencia de los australopitecos robustos, el *Homo* primitivo y el *Homo erectus* en el tiempo comprendido entre 1.8 y 1.5 millones de años; y, de otro, la desaparición de algunas especies sin participar en secuencias evolutivas, como el caso típico de los neandertales.

Ahora bien, esta supuesta ordenación de las etapas en el desarrollo evolutivo de nuestro género se ha basado en evidencias culturales y fósiles no ajenas, sin embargo, a discusiones y desacuerdos; y dentro de las fósiles, las relativas a la estatura del organismo, las dimensiones de los huesos de las extremidades, la forma y el tamaño de los dientes, el tamaño del cráneo y los detalles del paladar, el suelo de la nariz e incluso el hueso hioides, que, entre la mandíbula y la columna vertebral, constituye una importante referencia en la adquisición del lenguaje articulado en los homínidos. Restos fósiles humanos y de los depósitos de las industrias líticas, que no siempre han gozado de criterios compartidos acerca, sobre todo, de la antigüedad de los yacimientos y de las relaciones entre ellos. A los procedimientos paleoantropológicos hay que añadir los más recientes de la genética molecular, que investigan las secuencias del DNA, tanto de origen mitocondrial como nuclear, tras del establecimiento de las nuevas técnicas de amplificación de las cantidades mínimas disponibles del material.

Por lo que se refiere al lugar y al origen de los tipos humanos modernos, existen varias hipótesis. Uno de los esquemas interpretativos —la llamada *teoría de la sustitución*— los hace descender recientemente, hace 150.000 o 100.000 años, de una única estirpe africana de *Homo sapiens* moderno que reemplazaría a todas las poblaciones fósiles de *Homo erectus* y de *Homo sapiens* arcaicos, incluyendo a los neandertales, posiblemente sin ningún intercambio génico. Los estudios genéticos, utilizando tanto DNA mitocondrial como nuclear, remontan el origen del hombre moderno entre 290.000 y 140.000 años, que, aparecido en África, invadiría progresivamente el mundo antiguo reemplazando las poblaciones existentes sin ningún mestizaje. Se trataría, pues, de una sustitución pura y simple, con la desaparición de las poblaciones locales. Sin embargo, este tipo de desaparición tendría que haber ido acompañada de discontinuidades culturales con importantes aportaciones exteriores; lo que no parece haber ocurrido. A su lado, la llamada *hipótesis multirregional o del candelabro* establece que los diversos hombres modernos descenderían, más o menos de forma simultánea, de sus poblaciones arcaicas respectivas —todas procedentes de un tronco común de *Homo erectus*— y ocuparían diversas regiones del mundo antiguo: el África subsahariana, el

Oriente Próximo y Asia. No parece previsible, sin embargo, que una especie, por ejemplo, de *Homo erectus* diera origen directamente a subespecies de otra especie. A su favor, de otra parte, están los hallazgos fósiles múltiples en distintas partes de África, Asia continental e insular y Australia. Por el momento, no parece que pueda decidirse entre las dos hipótesis acerca de la aparición del hombre moderno hace unos 150.000 años: si el hombre moderno resulta de una sustitución de *Homo sapiens* arcaicos procedentes de África o si ha emergido de forma progresiva a partir de formas arcaicas de nuestra especie. Europa es, en cualquier caso, la única región del mundo a la que pudiera aplicarse la hipótesis de la sustitución. En cambio, en el conjunto de África y Asia vivirían en esta época poblaciones, fruto de una larga evolución, de una continuidad genética que las habría colocado a las puertas de la morfología moderna, sin que, por otro lado, quepa hacer una distinción neta entre hombre arcaico y moderno. Y como combinación de las dos hipótesis anteriores, la conocida como *hipótesis multirregional y reticulada* supone que sería hace 1-2 millones de años cuando el *Homo erectus* emigraría desde África hacia Europa, Asia y otras localizaciones de África, en las que se aposentaría y evolucionaría, a la vez e independientemente, por medio de continuidades regionales y de manera reticulada, es decir, a través de flujos génicos entre poblaciones que asegurarían los intercambios hacia la morfología moderna del *Homo sapiens sapiens.* Todas las poblaciones modernas procederían del *Homo erectus,* que podría incluir al *Homo ergaster*, pero cada población regional evolucionaría de acuerdo con sus líneas propias, intercambiando genes con sus vecinos e incorporándolos a su especie, para originar todas ellas el *Homo sapiens.*

La primera de estas tres teorías, la *teoría de la sustitución,* ofrece como variante sugestiva la del origen lineal común, que sostiene la existencia de una vinculación evolutiva directa entre las especies de *Homo ergaster*, *heidelbergensis* y *sapiens*; de tal forma que la especie *Homo erectus* se originaría a extinguir a partir de la primera, en tanto que el *Homo neanderthalensis* se originaría, también a extinguir, a partir de la segunda.

En cualquier caso, la forma moderna de los cráneos no ha quedado establecida en todos sus detalles en los fósiles de 100.000 años de antigüedad, que se van atenuando o modificando, aunque en lo esencial estuviera ya definido.

Dichos modelos ofrecen, pues, como alternativa característica el tiempo de la más antigua ocupación de Europa y la identidad de los primeros pobladores. En la primera versión, teoría de la sustitución, el *Homo sapiens sapiens* europeo se habría desgajado hace 150.000-100.000 años de su tronco africano y mantendría una independencia total del desarrollo neandertal; independencia que, dicho sea de paso, es compartida por todas las demás versiones. A favor de la teoría de la sustitución, y de una joven presencia del *Homo sapiens* europeo de origen africano, están los datos biológicos obtenidos de la estructura del DNA mitocondrial (S. Horai et al., *Proc. Natl. Acad. Sci. USA,* 92, 532-536, 1995), que, como es sabido, se hereda exclusivamente por vía materna y del polimorfismo del gen ZFY del cromosoma Y responsable de la maduración de los espermatozoides. Las evidencias recientes van, sin embargo, descubriendo conjuntos fósiles humanos europeos de mayor antigüedad, como los de Atapuerca, con unos 800.000 años, pertenecientes probablemente a una especie (*Homo antecessor*), precursora común de *Homo heidelbergensis* —de la que evolucionaría la rama neandertal a extinguir— y de la rama polimórfica del *Homo sapiens* (*Out of África Again... and Again*, I. Tattersall. Scientific American, 46-53, 1997).

A esta modelización de los esquemas evolutivos que hayan podido conducir al hombre moderno se ha llegado a través de: la puesta a punto de nuevos métodos de datación —termoluminiscencia, resonancia de espín electrónico y los clásicos de la estratigrafía y la paleontología—, que han modificado recientemente la cronología de los fósiles humanos; el descubrimiento de nuevos yacimientos fósiles, y los enormes progresos conceptuales y metodológicos de la genética. En cualquier caso, antropólogos y genetistas se dividen en dos escuelas, que defienden con frecuencia hipótesis radicalmente opuestas y en apariencia irreductibles.

Un meticuloso estudio (*Reconstructing recent human evolution*, C. B. Stringer, Phil. Trans. R. Soc., London, B, 337, 217-224, 1992) de los registros fósiles de numerosas poblaciones de Europa, África y Asia del Este y del Sudoeste ha comparado los modelos de *evolución multirregional* (continuidad regional) y de *origen africano reciente* (*Out of Africa*). De este estudio se concluye que si el *Homo sapiens* se originó en una única región, ésta fue África.

Y con estos esquemas evolutivos, y bajo estas incertidumbres, se elaboran hipótesis acerca del período y las circunstancias de la humanización y, en particular, sobre el origen del habla y del lenguaje y su conexión con los datos anatómicos y culturales.

Así, la famosa *australopiteca* "Lucy" (*Australopithecus afarensis*), de 3.1 millones de años, medía 106 o 107 cm.

La mayoría de los fósiles de *Homo habilis* se han datado entre 1.9 y 1.6 millones de años; y la altura era muy variable, entre 109 y 152 cm.

¿Cómo en tan sólo unos 200.000 años consigue la evolución unas especies del tamaño del *Homo erectus*?, con sus 170 cm.

El *hombre de Neandertal, Homo sapiens neanderthalensis,* se individualizó en Europa doscientos mil años antes de su extinción, hace 30-35.000 años, al final del Paleolítico medio. Presentes en el Oriente Medio y en el Oeste de Europa —valle del Neander (Alemania), Gibraltar, La Chapelle-aux-Saints (Francia)— continúan siendo un real enigma. Parece que manipularon los huesos para producir elementales instrumentos musicales; señal evidente de un cierto grado de cultura. Enterraron a los muertos, por lo que se han preservado esqueletos enteros, en los que incluso se han diagnosticado padecimientos, como la artritis, propios de las condiciones modernas de vida del hombre actual. Por otro lado, la morfología del hombre moderno, *Homo sapiens sapiens*, data al menos de unos 100.000 años, tanto en los fósiles procedentes del África subsahariana como en los del Próximo Oriente, y con una conexión entre sus rasgos morfológicos y las adquisiciones del Paleolítico superior, con la presencia de un evidente progreso tecnológico, la aparición de un arte y la estructuración de sus hábitats.

Durante mucho tiempo se pensó que como consecuencia de la evolución biológica el hombre de Neandertal habría sido el directo precursor del hombre moderno y el origen de la casi totalidad de la humanidad moderna. Sin embargo, los datos antropológicos recientes, merced sobre todo al empleo de los modernos métodos de datación, han atestiguado las diferencias entre los neandertales y los hombres modernos, a pesar de proceder del mismo tronco común *heidelbergensis*, de haber podido vivir en las mismas regiones y compartiendo las mismas expresiones culturales: las mismas industrias líticas, prácticas funerarias semejantes e idénticos hábitos de caza.

La adquisición y procesado del oxígeno y de sus subproductos es la misión primaria de los vertebrados respiratorios; de aquí que los aspectos evolutivos de este sistema deban tener presente sus hechos más destacados. En este sentido, los fósiles neandertales exhiben tres especializaciones del tracto respiratorio superior, consideradas como auténticos apomorfismos (J. H. Schwartz y Tattersall, *Proc. Natl. Acad. Sci.*, USA, 93, 10.852-10.854, 1996): 1) borde nasal interno; 2) falta de un techo osificado sobre la cavidad lacrimal; 3) agrandamiento pronunciado de la pared nasal lateral. Otros autores (J. T. Laitman et al., *Proc. Natl. Acad. Sci.*, USA, 93, 10.543-10.545, 1996) admiten estas mismas observaciones, como una especialización respiratoria de algunas localizaciones neandertales; pero señalan diferencias regionales, debidas posiblemente a variaciones climáticas y, sobre todo, a que son bastante diferentes al *Homo sapiens* viviente. Sin embargo, ¿cuál es el significado de estas características? Es evidente que la reconstrucción del sistema respiratorio superior posee un valor indudable en la determinación de la posición de estructuras tales como la laringe, la lengua y la faringe, y de aquí, y como subproducto de esta configuración anatómica, la posibilidad de emitir sonidos, iguales o no a los de la especie humana actual. Es importante destacar a este respecto —como más adelante insistiremos— que las características externas de la base del cráneo están íntimamente relacionadas con la disposición topográfica de las estructuras del tracto aerodigestivo y pueden servir de una guía valiosa para reconstruir la anatomía de la región en antecesores tan alejados como la de algunos australopitecos.

Al lado de todos estos antecedentes, podremos preguntarnos con un poco más de fundamento si hablaría o no el hombre de Neandertal, cuál de estas especies podría haber emitido sonidos, cuál habría sido ya capaz de articular sonidos bajo la forma de lenguaje, cuál sería poseída de una actitud de autoconsciencia y de psiquismo reflexivo esenciales a ciertas expresiones culturales, si podrá, finalmente, establecerse una correspondencia entre la edad evolutiva y las fases cognitivas y el desarrollo de la inteligencia y del lenguaje.

¿Qué ocurriría con los *australopitecos* o el *Homo habilis* o el *Homo erectus* o el *Homo sapiens neanderthaliensis* a pesar de su desaparición y su desvinculación evolutiva del hombre moderno, o los *Homo sapiens* arcaicos o modernos?

Seguramente, a este propósito será importante analizar tanto las manifestaciones culturales de los entornos respectivos como los hechos estructurales anatómicos de los que puedan inferirse respuestas a las anteriores cuestiones. Por lo que respecta a la cultura como actitud simbolizante permanente del hombre frente a la naturaleza y a sus semejantes, se ha dicho que su experiencia es exclusiva de la esencia del hombre; o, de otra manera, las expresiones culturales, sus continuidades y discontinuidades, desde las meramente tecnológicas a las de la comunicación social, podrán decirnos algo acerca del comienzo del hombre y de las etapas de su evolución. La cultura, lejos de una actitud facultativa, es una manifestación de las posibilidades de supervivencia frente al medio. Las expresiones culturales irán indudablemente variando con el tiempo en la misma medida que vaya cambiando la percepción que el hombre posea de la naturaleza que le rodea y de sí mismo, así como la forma de representación y de vinculación social. Y así, el *Homo habilis* de hace un par de millones de años fue capaz de tallar el sílex de forma no estereotipada y de organizar su territorio; capacidades que irían en aumento y que testifican las manifestaciones propias del *Homo erectus*, a partir de millón y medio de años, y luego del *Homo sapiens,* a partir de unos cien mil años. Habría de ser esta incipiente cultura lítica del *Homo habilis* la que le permitiría su triunfo sobre la sabana y las praderas del África oriental, y a fin de cuentas, su supervivencia en un medio difícil, el mismo en el que los australopitecos habrían tenido previamente que sucumbir.

En esta manufactura de objetos con múltiples finalidades puede reconocerse la existencia de un proyecto intelectual que sobrepasa la mera utilidad inmediata o, si se quiere, el efecto de un diálogo entre la mano y el cerebro, lo que justifica las hipótesis (*La main et l'hominisations*, Masson, París, 1991) acerca del papel de la mano en la génesis del pensamiento reflexivo. La capacidad de abstracción y el carácter simbólico de las manifestaciones culturales tienen formas singulares de expresión en los enterramientos, el tratamiento de los cráneos, el sentido estético de los motivos artísticos y el empleo de los colores —el ocre, particularmente—, la domesticación del fuego y, sobre todo, el lenguaje, como la más significativa y rica de las actividades simbólicas.

Sucede, sin embargo, que el lenguaje, aun a pesar de su especialísima significación, es algo o mucho más que un simple elemento cultural. El lenguaje articulado, como ya fue señalado, comporta una suprema capacidad tanto de abstracción como de manifestación de creatividad y de invención, fruto indudable de la regulación mutua pensamiento-lenguaje, expresión a fin de cuentas de una doble maduración evolutiva: la de la especialización del cerebro, que necesitó la adquisición de un tamaño y una complejidad adecuados y la del perfeccionamiento del aparato de fonación. El lenguaje no aparece confinado, pues, ni en el tracto vocal ni tampoco en el cerebro. Los símbolos tienen que transformarse en una colección de sonidos; traducción singular en cuya virtud se crea un conjunto de actividades de relación que se emiten y se reciben. De otra manera, y una vez más, el habla y el lenguaje contribuyen, junto con otras cualidades, a la esencia misma del hombre. Lo que ocurre es que la escritura, que pudiera considerarse como una especie de lenguaje fosilizado, es ¡prácticamente de ayer!, de hace tan sólo cinco mil años. Pero, ¿con qué elementos se cuenta en las investigaciones acerca del origen del lenguaje?; quizás, aparte de los estudios de las lenguas actuales, y como más importantes, tenemos la integración y comparación de los datos anatómicos, la evolución de la morfología del aparato vocal humano, la posibilidad de emergencia del lenguaje en el cuadro de la evolución y de su participación como ventaja evolutiva; la asociación entre el desarrollo cerebral, la tecnología lítica, la cultura de los alimentos y el lenguaje, fruto todo ello de la intervención de factores genéticos o ambientales. Ciertamente, el desarrollo de la vida social y la evolución cultural de las más antiguas fases de la humanidad tuvieron que descansar en la comunicación simbólica y en el lenguaje articulado. La importancia de los factores culturales en la evolución del hombre reside, por un lado, en su ayuda frente a los desafíos del ambiente y en beneficio del desarrollo del cerebro, y, por otro lado, en su actitud catalítica favorecedora de los individuos mutantes de aptitudes para la comunicación simbólica y la talla de utensilios (B. Blumberg, *Curr. Anthrop.*, 24, 589-623, 1983; P. V. Tobias, *Recent advances in the evolution of Primates,* Acad. Pont., 1983). Es decir, la cultura, tal y como contribuye a la evolución del hombre, responde a dos aspectos: *la cultura como adaptación al medio* y *la cultura como trascendencia evolutiva* (F. Fachini, *La Vie des Sciences,* 10, 51-66, 1993). Se admite generalmente que el medio representa el factor más importante de la presión selectiva ejercida en el mundo animal; lo que, siendo cierto para todos los seres vivos, es de singular importancia para el hombre por la *dimensión adaptativa* que la cultura representa. En efecto, las imposiciones de la cultura, en especial en los dominios de la tecnología, pueden ayudar al hombre a resistir las fuerzas de la selección natural tendentes a la especiación; proceso de especiación que si resulta favorecido esencialmente por el aislamiento génico, es a su vez contrarrestado por la movilidad de las poblaciones, el flujo génico, la extensión de la comunicación entre los diferentes grupos y la mejor adaptación a los diferentes medios.

Y por lo que se refiere a la *trascendencia evolutiva de la cultura*, hay que considerar, de un lado, tanto el lenguaje como la organización social, que sirven de principio a fenómenos fundamentales como la educación y la vida familiar y social; y, de otro, habrá que tener en cuenta la tecnología. Ésta, durante muchos cientos de miles de años, tuvo su máxima representación en la manufactura y el empleo de útiles de piedra, pero a pesar de su elementalidad conceptual ha sido considerada como elemento importante de desarrollo cultural y de interacción con ingredientes biológicos del tipo del desarrollo del cerebro. Tecnología que hoy ofrece posibilidades singulares de trascendencia evolutiva, no sólo al corregir el hombre las expresiones fenotípicas de toda una colección de alteraciones patológicas de su especie, sino al ser capaz de corregir las propias taras génicas al manipular la estructura misma de su genoma. Bajo esta idea conviene resaltar el significado de la tecnología como respuesta cultural a las necesidades de orden físico, la enfermedad hereditaria en este último caso; porque este significado sobrepasa con frecuencia las necesidades específicas inmediatas. Como ejemplo de este tipo de respuestas culturales (F. Fachini, *La Vie des Sciences*, 10, 51-66, 1993), se ha señalado de qué manera "la casa no es solamente un lugar de refugio, sino el símbolo de la cohesión de la familia; el vestido no responde solamente a las exigencias de la protección, sino también de la estética, del pudor o de la distinción social; la sexualidad se transforma en amor; el alimento servido en la mesa es, a la vez, nutrición y acto social.

A estas actividades se añaden otras expresiones de la cultura, que ponen más fuertemente de relieve una capacidad de trascendencia. El arte y el sentido ético y religioso revelan aptitudes que van más allá de las necesidades vitales del ser animal y sobrepasan la dimensión puramente biológica. Son la expresión de un mundo interior representado por medio de símbolos, y corresponden a intereses que no son de naturaleza biológica ni física".

Las lenguas habladas por el hombre moderno son unas cinco mil, las que, estudiadas y clasificadas por los lingüistas (M. Ruhlen, *L'Origin des langues*, Berlín, 1996), pudieran derivar de una lengua madre única, en coincidencia más o menos total con los datos genéticos y paleoantropológicos antes apuntados acerca del origen común de las poblaciones humanas. Pero, ¿existen datos estructurales a los que asignar la especificidad del lenguaje? En efecto, desde el aspecto lingüístico, Chomsky establece que el lenguaje viene determinado por un módulo especializado en el cerebro humano, responsable de la utilización de una gramática universal que permite generar un espectro ilimitado de expresiones significantes, de forma que, aun contando con la diferencia de los vocabularios, las estructuras gramaticales son extraordinariamente semejantes. Y ello supone que el hombre disponga de una facultad innata para el lenguaje ¡no para una lengua determinada, sino para aprender no importa que lengua! A conclusiones semejantes a las de Chomsky llega el lingüista Derek Bickerton estudiando los protolenguajes de grupos humanos aislados transformados en auténticas lenguas en el curso de una generación. En cualquier caso, Chomsky (*Language and problems of knowledge*, MIT Press, 1989) considera que "la teoría de la evolución [...] tiene poco que decir sobre cuestiones de esta naturaleza".

Y, continuamos, ¿cómo esta facultad para el lenguaje se ha podido iniciar y reelaborar a lo largo del tiempo?, ¿puede decir algo a este respecto la teoría de la evolución y, en particular, la teoría de la selección natural?

En el capítulo 14 de el *Origen de las especies*, Darwin predijo que si se lograra reconstruir el árbol de la evolución humana, se dispondría de la mejor clasificación de las lenguas humanas. Siglo y medio después de esta profecía, no se dispone aún del árbol evolutivo de las lenguas. Una de sus dificultades mayores resulta de la gran velocidad del cambio lingüístico al lado de los remotos orígenes del lenguaje, de forma que muy pocas coincidencias podrían compartirse por las lenguas que hace largo tiempo se separaran. Algunos lingüistas han encontrado recientemente motivos comunes entre muchas lenguas actuales, lo que sugiere la posibilidad de ataques al problema del origen común de las lenguas. Cavalli-Sforza (*Proc. Natl. Acad. Sci., USA*, 89, 5.620-5.624, 1992) ha encontrado una cierta correlación entre la evolución de los caracteres estrictamente genéticos y el sistema lingüístico cultural.

A este respecto, frente a la opinión de Chomsky, muy compartida por los lingüistas, de que *la teoría de la evolución tiene muy poco que decir sobre cuestiones de esta naturaleza*, otros sostienen (Steven Pinker y Paul Bloom, "Natural language and natural selection", *en Behavioral and Brain Sciences*, *13*, 707-784, 1996) la de que el lenguaje, como tal sistema complejo, tuvo que ser susceptible de estar sometido, al igual, por ejemplo, que la visión, a los mecanismos de la selección natural. Pinker y Bloom, aun sin proponer escenario particular alguno de la aparición del lenguaje, sugieren, además de la lógica integración de los datos anatómicos, la participación de ciertos símbolos culturales como exigencia de la emisión y recepción de sonidos. Otros, como Derek Bickerton (*Language and human behavior*, University of Washington Press, 1995) se inspiran en la reciente teoría de S. J. Gould de los equilibrios puntuados, atribuyendo a una catastrófica macromutación genética la adquisición del módulo cerebral del lenguaje en el hombre.

Tema éste sobre el que todo el mundo ha opinado; filósofos, teólogos, lingüistas, escritores, etcétera, han dado su punto de vista acerca del origen de la más humana de las cualidades humanas. Pero, ¿qué nos dicen las observaciones anatómicas sobre este asunto? Veamos en primer término lo que sucede con las vías respiratorias superiores de los mamíferos y de los recién nacidos humanos; vías respiratorias que participan en los procesos de respiración, deglución y emisión de sonidos y de cuya anatomía existen *dos modelos generales*, asociados a marcadas consecuencias funcionales. El primero, con algunas variantes desde los delfines a los grandes monos, corresponde a casi todos los mamíferos en todos los estados de su desarrollo; en este modelo, la laringe se encuentra en posición elevada, al lado de las tres primeras vértebras cervicales, de forma que ofrece una vía para el acceso directo del aire desde la nariz a los pulmones; y, en consecuencia, mientras que el animal respira, los líquidos o incluso los semisólidos pueden descender a ambos lados de la laringe a través de los llamados senos piriformes y continuar hacia el esófago y el estómago. Los dos recorridos no se cruzan, de manera que *el animal respira y traga simultáneamente.* Son, sin embargo, estas mismas cualidades las que limitan severamente la gama de sonidos que estas especies sean capaces de producir. Encima de la laringe se encuentra la faringe, una cavidad rodeada de músculos y membranas que cumple misiones tanto como participante de la vía digestiva como modulador de los sonidos. Y la situación se plantea en términos de ¿qué espacio deja la laringe para el desarrollo y el ejercicio funcional de la faringe? Si, como en estos casos comentados de la mayoría de los mamíferos, la laringe ocupa una posición elevada, el espacio que queda para la faringe no es sino una pequeña zona supralaríngea que actúa a guisa de faringe, con muy cortas posibilidades de funcionar como modificadora de los sonidos producidos por las cuerdas vocales de la laringe. En otras palabras, todos estos animales, *la mayor parte de los mamíferos, no reúnen las condiciones para el ejercicio de un lenguaje articulado.*

El segundo modelo anatómico corresponde al hombre actual, en el que la laringe se encuentra encajada en el cuello ocupando una posición más baja, con lo que las vías del aire y de los alimentos se entrecruzan; de ahí, el peligro de la penetración de los alimentos en la vía respiratoria, que puede bloquear el paso del aire y la asfixia consecuente. *El hombre adulto no puede, pues, respirar e ingerir simultáneamente.* La situación baja de la laringe logra una notable expansión de la faringe, lo que a su vez permite la plena emisión de los sonidos requeridos para la articulación del lenguaje. De esta manera se consigue modular las frecuencias a las que se emite la energía máxima desde el foco laríngeo; frecuencias que pueden alterarse como consecuencia de cambios en la forma y la longitud del tracto vocal supralaríngeo —lengua, labios, cavidad nasal, velo—. Y esta modulación del lenguaje humano, fruto de la especial anatomía de su tracto vocal supralaríngeo, se une al proceso de codificación-descodificación del habla de naturaleza cerebral, como ingredientes fundamentales de la riqueza sonora de la comunicación del hombre moderno.

Habida cuenta de la destrucción en los restos fósiles de todas las estructuras tisulares blandas como la laringe, una prueba del tracto respiratorio superior o, si queremos, del lenguaje articulado, puede se la base del cráneo a la que se insertan músculos y ligamentos que soportan la laringe, la faringe, el hueso hioides y otras estructuras, y que sirve a modo de techo de la región respiratoria. La línea de la base del cráneo ha sido examinada en toda una colección de mamíferos vivientes y su curvatura se ha ligado a la posición de la laringe, y, según algunos investigadores, ha servido para discutir el tipo de tracto respiratorio y la posibilidad de emitir sonidos por las correspondientes especies de los ancestros fósiles. Una base del cráneo plana, sin curvatura, la que poseen los monos y los grandes monos actuales, corresponde a una posición elevada de la laringe; de otro lado, la curvatura marcada de la línea de la base del cráneo, tal y como aparece en el hombre actual, pertenece a especies provistas de un tracto vocal productor de sonidos semejante al nuestro, de donde puede concluirse que la forma del cráneo de un individuo, de los cráneos fósiles también, puede constituir una prueba de la posición de la laringe y, por tanto, de las posibilidades de emitir o no sonidos. Permanece la duda, en cualquier caso, de la reconstrucción de las piezas fósiles, como veremos ocurre en los fósiles de neandertal, y para algunos autores también queda la duda de la asociación entre la morfología de la base del cráneo y las capacidades fonéticas.

Una curiosa y vulgar observación a este propósito es la de que los recién nacidos y los niños de corta edad respiran, ingieren y vocalizan de la misma forma que los monos; a lo que hay que añadir que estos niños poseen una anatomía funcional de su tracto respiratorio superior análoga a la de los monos. Circunstancia que ocurre en los niños hasta el año y medio o los 2 años, como en el resto de los mamíferos adultos, y a partir de esta edad, mediante causas muy ignoradas, la laringe comienza a descender en el cuello, la epiglotis se distancia del velo del paladar, con lo que no pueden seguir aisladas la respiración y la ingestión, y se modifica espectacularmente la manera en la que el niño respira y emite sonidos. Hasta los 2 años, el niño tiene una especie de *protolenguaje* —un corto conjunto de palabras aisladas— del tipo del del *Homo erectus*; la emergencia de la estructuración de las frases, fundamento de la comunicación humana actual, habría de exigir una transición de mayor entidad. No deja de ser curioso a este respecto que la gran ventaja que representa la adquisición de la articulación del lenguaje tanto en la filogenia evolutiva como en la ontogenia del hombre moderno lo es al más modesto precio de perder eficacia en cuanto a la respiración y digestión simultáneas (J. T. Laitman, "L'origin du language articulé", *en La Recherche*, *17*, 1.164-1.173, 1986).

Tras estas explicaciones, volvamos a la utilización de los cráneos fósiles en la investigación de las posibilidades de un lenguaje articulado y, por tanto, de su origen. El análisis de múltiples individuos de *australopitecos,* de África del Sur y del Este ha probado que la laringe de estos homínidos primitivos ocupaba una posición alta, que dejaba el paso del aire por una vía directa desde la cavidad nasal a los pulmones. Esta posición permitía a los *australopitecos* respirar y tomar líquidos simultáneamente; tracto respiratorio que comparten con los simios y los bebés humanos actuales. Estos homínidos primitivos podrían haber utilizado un sistema de comunicación posiblemente algo más avanzado que el de los gorilas y los chimpancés, pero nunca hablar en el sentido actual.

Si fue así que los *australopitecos* poseyeron un tracto vocal semejante al de los simios, ¿cuándo apareció el modelo humano?

Y si, como se admite, ha existido un paralelismo entre la evolución del cerebro, la del tracto vocal y la de la manufactura de los útiles de piedra, ¿cuándo surgieron los primeros artefactos líticos?, ¿cómo eran los utensilios de piedra en la aparición del *Homo*? Los primeros útiles de piedra se remontan por lo menos a los 2.6 millones de años —finales del Plioceno— (H. Roche y J. Tiercelin, *C. R. Acad. Sci.*, París, 1977), y a los 1.5 millones aparece la complicación técnica que suponen los útiles bifaciales, ¿quiénes fabricaron los primeros útiles de piedra? Todo parece indicar que la estructura de la mano de los *australopitecos* no les impediría fabricar y manipular los artefactos líticos, datados indudablemente antes de la aparición del *Homo* (S. Susman y S. S. McGraw, *La Recherche,* 568, 1995). Recientemente se ha descubierto en una misma localización de unos 2.3 millones de años una mandíbula del género *Homo* y una colección de piedras talladas (W. Kimbel y col., *J. human evol.*, 31, 549, 1996), lo que retrasa unos 400.000 años la presencia del género y facilita más la coincidencia con los materiales de piedra. De todas maneras, la mayoría de los investigadores piensa que los *australopitecos* pudieron compartir con el *Homo* la talla de la piedra.

Los restos fósiles de *Homo habilis* no han permitido la reconstrucción rigurosa de la base del cráneo con la que poder concluir acerca de la posición de su tracto vocal. Aunque, sin embargo, el carácter intencional de las actividades atribuidas al *Homo habilis* revela, en efecto, una cierta capacidad de representación, propia de la actividad simbólica. Las recientes observaciones anatómicas de Falk (*Science,* 222, 1.072-1.074, 1983) y Tobias (*J. human Evol.*, 16, 7-8, 741-761, 1987) llevadas a cabo en vaciados endocraneales de *Homo habilis* sugieren un cierto desarrollo de las áreas de Broca y de Wernicke, relativas al lenguaje articulado. El desarrollo del área de Wernicke, atribuida a la comprensión del lenguaje, es exclusiva de la forma humana, en tanto que el área de Broca, relacionada con los músculos motores, parece presentar ya un cierto desarrollo en el *A. africanus*.

El *Homo erectus* existió, como ya se ha repetido, durante el período aproximado de 1.6 millones a los 300 o 400.000 años, y mucho más disperso que los *australopitecos*, desde Kenya a Java y China. Fue el primer grupo de homínidos en los que se detectó el empleo del fuego como medio de defensa contra las fieras, en la protección del frío, para la preparación de alimentos y, además, como motivo de cohesión de los grupos humanos. Su cerebro era mucho más grande; con algunos rasgos anatómicos poscraneales semejantes a los del hombre moderno, entre otros, la presencia de una ligera flexión de la base del cráneo, lo que supone que había comenzado el descenso de la laringe. Descenso, recordemos, que supone el aumento de la zona faríngea disponible para modificar los sonidos emitidos por la laringe. Así pues, la transición del tracto vocal de los homínidos, esencial para la fonación, parece haber tenido lugar en las primeras formas de nuestro género, hace alrededor de millón y medio de años, aunque tampoco cabe suponer que poseyera la capacidad de hablar como nosotros.

¿Cuándo se habría adquirido la capacidad del habla semejante a la moderna? El examen del material fósil demuestra que los primeros ejemplos de la flexión total de la base del cráneo comparable a la actual no apareció hasta los primeros miembros de nuestra especie *Homo sapiens,* hace 300.000 o 400.000 años. Éste es el momento en que nuestros ancestros pudieron haber comenzado a hablar, poseedores de las bases anatómicas, condición necesaria para la articulación del lenguaje. Había nacido la posibilidad del lenguaje, la más humana de las cualidades humanas; lo que no quiere decir que estas cualidades anatómicas fueran condición suficiente para el empleo del lenguaje, precisamente porque esta capacidad exige el desarrollo simultáneo de las áreas asociativas de la corteza cerebral.

Habida cuenta de la ya mencionada especial posición del *hombre de Neandertal* y de la reciente reevaluación de este extinguido grupo humano y de su reparto geográfico y temporal, que tuvo lugar entre los 100.000 y los 30.000 años a través de Asia central y Europa, resulta de gran interés conocer qué situación ocuparon con relación al lenguaje. Dentro de estos planteamientos es imprescindible replantear el asunto de la posición del tracto vocal. Un punto de referencia muy interesante en cuanto a esta posición es la estructura anatómica comparada del hueso hioides, localizado en la laringe superior, entre la mandíbula y la columna vertebral, debajo del cual se sitúan siempre la epiglotis —el cartílago de más elevada posición en la laringe— y las cuerdas vocales. La posición del hioides con relación a la mandíbula, la base del cráneo y la columna vertebral es relativamente estable, puesto que depende a la vez de las inserciones musculares y los ligamentos que unen estas tres partes del cuerpo y de la curvatura de la columna vertebral, ligada a su vez al bipedismo. En el hombre adulto, en el que la curvatura cervical está bien desarrollada, el hioides se sitúa a la altura del mentón entre los ángulos de la mandíbula. En el recién nacido y en los monos, en los que la porción cervical de la columna vertebral es convexa hacia atrás, la posición del hioides es más elevada. Los infantes humanos adquieren la convexidad cervical hacia delante durante el primer año, con lo que el hueso hioides consigue su colocación definitiva a nivel de la cuarta vértebra cervical. La excelente conservación de los fósiles de Kebara, en Israel, ha permitido precisar su exacta posición y sus relaciones con la mandíbula, la base del cráneo y la columna vertebral. Efectivamente, el hioides de Kebara es muy cercano al del hombre actual en cuanto a su tamaño, forma y proporciones, y muy diferente del resto de los primates. En los neandertales, completamente bípedos, la convexidad cervical y, por tanto, la posición del hioides, son similares a las del hombre moderno. Sin embargo, algunos autores sugieren que, entre los mamíferos, el hueso hioides de cerdo presenta dimensiones más parecidas a las del hombre que las de los fósiles de Kebara, si bien no tienen en cuenta las inserciones y ligamentos antes mencionados, así como sus conexiones anatómicas con los demás elementos del espacio supralaríngeo.

En cuanto a la reconstrucción del aparato vocal, y por tanto de las capacidades fonéticas, en función de la morfología de la base del cráneo, aparte de las ya mencionadas reticencias científicas de esta asociación, la dificultad de reconstruir la base del cráneo en los fósiles neandertales y las incorrecciones experimentales obstaculizan la conclusión de resultados. Así, mientras algunos autores defienden que, según la flexión de la base del cráneo, los neandertales poseerían un avanzado lenguaje articulado, otros sostienen que su extinción tuvo que deberse a una ausencia de lenguaje articulado y a sus condiciones de inferioridad en la competencia con el hombre moderno. Aun admitiendo las disposiciones anatómicas imprescindibles para el habla y la instauración de un lenguaje articulado, estaría por demostrar el desarrollo de las áreas asociativas de la corteza cerebral. Los estudios de los vaciados de los cráneos neandertales muestran una cierta asimetría del cerebro, que cae dentro de los límites de las variaciones observadas en el cerebro del hombre moderno. Ninguno de los criterios anatómicos observados permite pensar que las áreas de Broca o de Wernicke estuvieran ausentes o fueran más primitivas que las del hombre actual. Sobre todo este conjunto de criterios no puede rechazarse que el hombre de Neanderthal no pudiera poseer un lenguaje articulado. Repetidas veces hemos insistido, de otro lado, en la asociación de la evolución del cerebro y el lenguaje con la organización social y la evolución cultural. Pues bien, todos los elementos culturales considerados como pruebas indirectas de la capacidad de los grupos humanos para comunicarse por medio del lenguaje, elección de hábitats, tradiciones funerarias, estrategias de caza, manufactura de útiles, etcétera, estuvieron presentes en aquellas poblaciones del Paleolítico medio.

Tradicionalmente, una de las áreas de estudio más destacadas acerca de los fundamentos biológicos del *lenguaje* es la investigación sobre la localización neuroanatómica de las funciones lingüísticas tomando como base la asociación de diferencias lingüísticas cualitativas con lesiones particulares del cerebro. En el siglo XIX, debido sobre todo a los estudios neurofisiológicos de Paul Broca (1824-1880) y Karl Wernicke (1848-1905), se identificaron unas incipientes localizaciones cerebrales del lenguaje, cuyas lesiones ocasionaban perturbaciones en la comprensión o la expresión de palabras aisladas, que fueron denominadas *afasias*, en 1864. Y Freud, en 1891, insistió en la importancia fundamental del cerebro en la función del lenguaje, cuya fisiología consistiría en la versión fisiológica de la psicología introspectiva.

Desde entonces, los estudios sobre la *variación anatómica del cerebro* se centraron en la topografía, peso y tamaño, en función de múltiples variables físicas y sociales. Y sus más importantes resultados hacen referencia a la *asimetría estructural y funcional de los hemisferios cerebrales*. Pues bien, estas características cerebrales del hombre moderno se han intentado examinar en los cráneos fósiles a lo largo del proceso evolutivo como una manifestación de la encefalización. La poca fiabilidad de los métodos morfométricos de investigación de la asimetría cerebral en fósiles ha conducido a profundas discrepancias en las conclusiones obtenidas. De todas formas, pudiera ocurrir que la lateralización no hubiera sido un hecho biológico vinculado a los orígenes del lenguaje, sino que, al contrario, pudiera en este origen existir un sistema indiferenciado o simétrico y que la asimetría surgiese en el transcurso de la especialización del lenguaje. Y a este respecto, la biología de la *especialización hemisférica* nos lleva irremisiblemente a los aspectos evolutivos del cerebro y sus funciones, para llegar a preguntarnos su porqué, su significación evolutiva, si utiliza tan sólo la mitad de su potencia mental y si puede el hombre modular las formas de su actitud intelectual.

En cualquier caso, la doble naturaleza, *innata* y *adquirida*, de la asimetría cerebral es consecuencia de la *plasticidad neuronal*, relacionada con el aprendizaje. *Plasticidad* anticipada por Ramón y Cajal en 1894, en la *Croonian Lecture* ante la Royal Society de Londres, al afirmar: "un impulso nervioso que pasa muy frecuentemente por un contacto entre neuronas puede ocasionar un incremento del flujo de sustancias nutritivas y dar lugar a su hipertrofia, tal como tiene lugar en el músculo en ejercicio. La hipertrofia del sistema nervioso se pondrá de manifiesto por un alargamiento de las ramificaciones celulares y una reducción de la distancia entre las sinapsis; con ello, la conductividad se incrementará, ya que la resistencia está relacionada directamente a la distancia entre las sinapsis. Por consiguiente, el ejercicio mental que reduce la separación de las uniones puede aumentar la efectividad de las neuronas".

Los rapidísimos avances de los procedimientos no invasivos para representar la arquitectura funcional de las estructuras cerebrales responsables de las operaciones cognitivas han revolucionado las neurociencias. El mapeo funcional del cerebro mide los esquemas de actividad neuronal asociados con las funciones sensoriales, motoras y cognitivas. Entre los nuevos métodos para mapear las funciones cognitivas del cerebro se encuentran:

- Imagen por resonancia magnética (MRI).
- La tomografía de emisión de positrones (PET).
- La electroencefalografía de alta resolución (EEG).
- La magnetoelectroencefalografía (MEG).

De otro lado, el cerebro humano está organizado en diferentes áreas especializadas, con relativa autonomía funcional y que realizan sus funciones mediante la activación combinada de diversas de sus estructuras componentes.

Uno de los principales objetivos de la obtención de imágenes funcionales es el de relacionar la anatomía cerebral con procesos mentales definidos con precisión, derivados de observaciones en individuos normales o de disociaciones de funciones en pacientes con lesiones cerebrales. O, si queremos, la de obtener imágenes en tiempo real del procesamiento de la información en el cerebro. A este respecto, se presume que un *proceso* es unitario y puede ser sustraído del experimento en su conjunto. Ésta es la base del método conocido como la *sustracción cognitiva*, utilizado en muchos estudios funcionales de la imagen cerebral. Las áreas cerebrales que son activadas de forma diferente en dos experimentos, de manera que difieren en un *proceso*, pueden considerarse constitutivas de la base anatómica del *proceso unitario.* Adicionalmente, las áreas cerebrales podrían activarse por procesos inconscientes automáticos, porque un estímulo particular origina un procesamiento no dirigido que ocurre en ausencia de instrucciones explícitas. Todo ello es muy relevante para los experimentos de producción de lenguaje en que, por ejemplo, las áreas asociadas con la producción de lenguaje pueden activarse mediante una preparación por el lenguaje articulado o en su ausencia.

La descripción de las áreas cerebrales funcionalmente asociadas al lenguaje, mediante la obtención de imágenes no invasivas en individuos normales, está, por primera vez, suministrando información que es independiente de las clásicas observaciones clínico-anatómicas y neuro-psicológicas en los pacientes afásicos. Los estudios iniciales se están basando en la localización de centros o módulos corticales responsables de funciones cognitivas específicas.

La *memoria* y el *lenguaje* han sido objeto de un gran número de estudios comparados durante los últimos años, con lo que el conocimiento de la organización funcional de estas facultades humanas está haciendo grandes progresos. Los principales motivos que afectan a la eficacia de dichas técnicas son la *resolución espacial*, la *resolución temporal* y la *sensibilidad.* Los métodos basados en la resonancia magnética y la emisión de positrones son muy limitados en cuanto a la resolución temporal. Los resultados iniciales sugieren que con PET pueden detectarse sucesos de dos segundos de duración y la limitación final pudiera ser el tiempo de respuesta vascular. La mayor cantidad de información ha sido obtenida por PET, aunque la resonancia magnética funcional (fMRI) está mostrando una creciente utilidad en la información acerca de las regiones corticales implicadas en la realización de un cometido o durante la recepción de estímulos sensoriales específicos. En la técnica PET se inyecta una sustancia marcadora radiactiva en el torrente circulatorio; y en la técnica de MRI, el individuo se expone a un elevado campo magnético estático y a un campo alterno de radiofrecuencias, para lo que no se han detectado especiales alteraciones de la salud. Los métodos basados en la resonancia magnética (MRI) y la tomografía de emisión de positrones (PET) pueden recoger con precisión milimétrica la activación de la corteza cerebral.

Alternativamente, EEG y MEG tienen buenas resoluciones temporales, pero son pobres en cuanto a la caracterización de las muestras, y con frecuencia es incierta la localización espacial. Las corrientes originadas en una red neural generan un débil campo magnético; cuando miles de estas neuronas actúan de forma sincrónica, el campo es lo suficientemente enérgico para ser medido en un magnetómetro. Los actuales magnetoencefalógrafos examinan las funciones corticales con una precisión espacial de 5 mm y temporal de 1 ms Mediante esta técnica se identifican en la actualidad los focos corticales epilépticos.

Todas estas técnicas están sometidas a un proceso rápido de perfeccionamiento por lo que se refiere a su empleo en el estudio de las funciones cognitivas. Una investigación preliminar con fMRI señala la activación frontal inferior en relación con la generación de palabras, así como una activación de las regiones temporales, media y posterior, en relación con el acceso a un lexicon. Las representaciones semánticas de los objetos tienen que ver con la activación de la corteza temporal inferior izquierda.

La repetición insistente de una palabra como control del estudio del procesamiento semántico supone que la repetición no activa automáticamente las áreas asociadas con el procesamiento semántico. Por otro lado, la actividad cerebral evocada por la generación de verbos falla al activar las regiones temporales del cerebro, asociadas a la comprensión de las palabras.

No deja de ser interesante a este respecto la diferente localización cerebral para la recuperación respectiva de nombres que denotan entidades concretas y de verbos que refieren acciones en el lóbulo temporal izquierdo medio y anterior, en el primer caso, y en la región frontal izquierda, en el segundo.

Es del todo seguro que durante los próximos años se irán acumulando datos acerca de la repercusión y las exigencias de la activación cerebral en la organización del lenguaje y la memoria verbal.

A nuestro objeto, esta necesaria abundancia de sistemas neurales para el ejercicio del lenguaje, articulado en la expresión y en el pensamiento, tuvo que exigir no sólo un tracto vocal, ciertamente imprescindible, sino una plasticidad cerebral, fruto de la experiencia, la memoria y toda la serie de acciones cognitivas, que irían evolucionándolo y perfeccionándolo a través de los miles de años hasta llegar a su reciente conformación, posiblemente de pocas docenas de miles de años.

"Port-en-Bassin", ▶
por George Seurat
(Museo del Jeu de Paume, París)

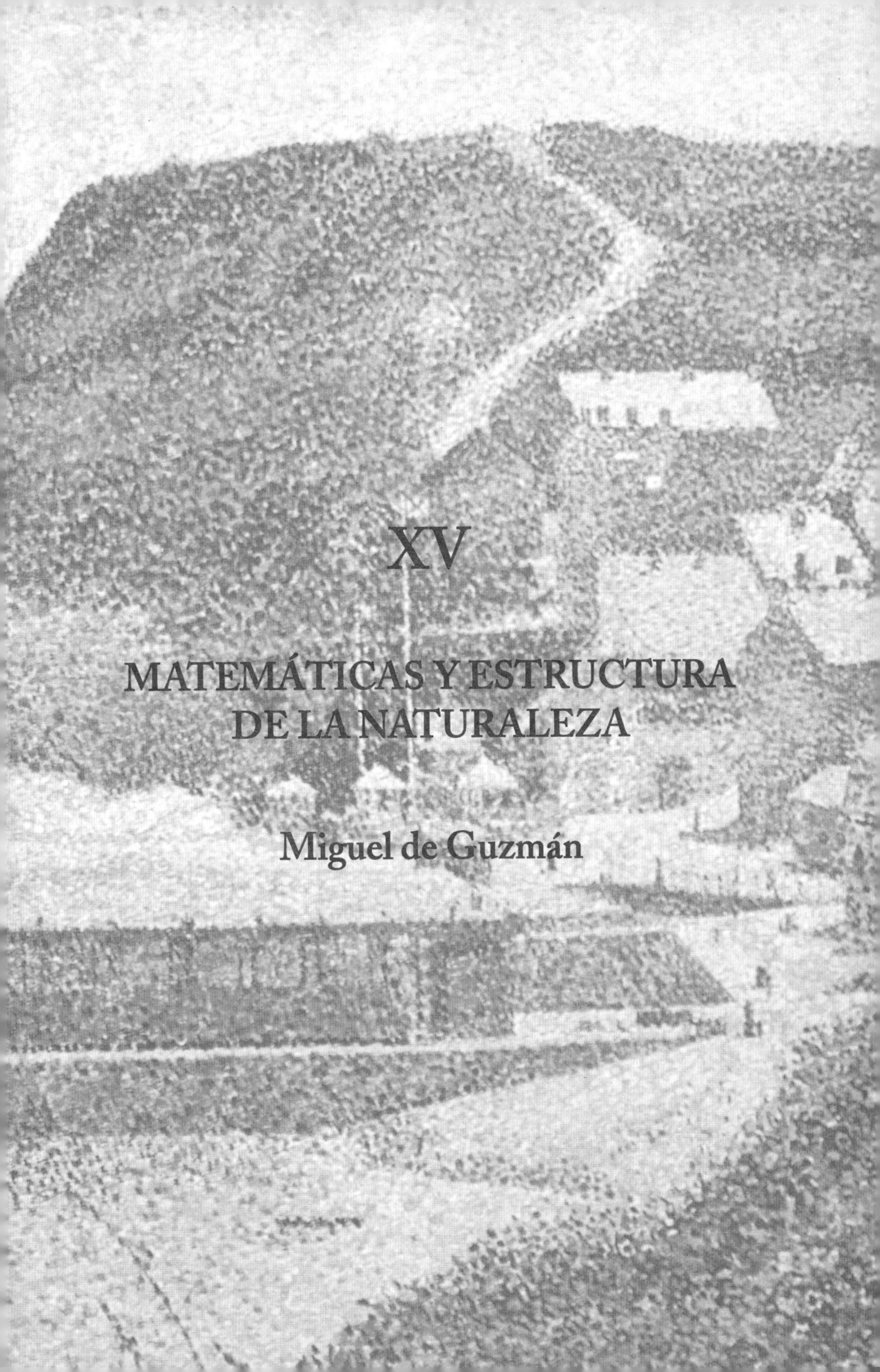

XV

MATEMÁTICAS Y ESTRUCTURA DE LA NATURALEZA

Miguel de Guzmán

MATEMÁTICAS Y ESTRUCTURA DE LA NATURALEZA

MIGUEL DE GUZMÁN
Facultad de Ciencias Matemáticas
Universidad Complutense de Madrid

¿MATEMÁTICAS Y... ESTRUCTURA DE LA NATURALEZA?

Matemáticas, todos lo sabemos, es 2+2=4, log 2=0'301030..., tgx=senx/cosx, pi=3'14... es la razón entre el perímetro y el diámetro de una circunferencia, dos triángulos son semejantes cuando... ¿qué pueden tener que ver tales cosas nada menos que con *la estructura de la naturaleza*? ¡Ni siquiera a los matemáticos normales les oímos nada sobre tal relación! Que tenga que ver con la tecnología, con los cálculos relacionados con la construcción de un satélite que ha de viajar al espacio, pase, pero con... *¡la estructura de la naturaleza!* ¿No estaremos delante de una exageración, una tremenda hipérbole, o tal vez ante una estrategia de propaganda en favor de algo tan abstruso como las matemáticas que necesita disfrazarse para encontrar cierto prestigio o al menos cierta comprensión en la gente crédula? ¿No serán quimeras de iluminado?

Mi intención, con las consideraciones que siguen, es tratar de ayudar a contemplar la matemática bajo la misma luz con la que durante muchos siglos muchas personas la han considerado. Es cierto que nosotros mismos, los profesionales de la matemática, una gran mayoría, nos hemos vuelto bastante prosaicos en nuestra propia concepción de lo que la matemática representa. Para una gran parte de nosotros la matemática es una especie de herramienta, más o menos complicada, pero muy potente para manejar bien ciertos problemas prácticos, o bien una serie de elucubraciones que la tradición nos ha entregado y que, no sabemos muy bien por qué razón, viene bien que transmitamos a los más jóvenes.

Pero hubo un tiempo, en el nacimiento mismo de la matemática tal como hoy la concebimos, hace más de 25 siglos, a finales del siglo 6 a. de C., en que todo esto fue muy diferente. Para la comunidad de los pitagóricos, en cuyo seno fue gestada la matemática al modo que hoy la cultivamos, el pensamiento matemático era la escala hacia la comprensión del Universo, hacia el conocimiento de *las raíces y fuentes de la naturaleza*, como se expresan frecuentemente los documentos del pitagorismo primitivo conservados, y ésta era su función más importante.

La estela del pitagorismo en la historia de la civilización humana es bien patente, especialmente en la del pensamiento occidental, con Platón actuando como influyente transmisor del pensamiento pitagórico. A lo largo de la historia, unas veces se manifiesta de forma bien explícita, como en el propio Platón, los neopitagóricos, los neoplatónicos, la Kabala, Galileo, Kepler... y otras más implícitamente, por ejemplo, en el mismo fundamento de nuestra actual concepción científica, a través del pensamiento básico de que el Universo en que vivimos es un cosmos ordenado, no un caos, es un mundo inteligible mediante la luz de la razón, y en muchos aspectos a través de la razón matematizante.

Los pitagóricos: de los números a la divinidad

El siguiente testimonio puede resultar, en una primera consideración, un tanto chocante para los que vivimos acostumbrados a la concepción prosaica de la matemática, que somos la mayor parte de nosotros. Proviene de un pitagórico del siglo 4 a. de C., Filolao, y constituye una especie de himno entusiasmado al número.

> Grande, todopoderosa, todoperfeccionadora y divina
> es la fuerza del número,
> comienzo y regidor de la vida divina y humana,
> participante de todo.
>
> Sin el número todo es confuso y oscuro.
> [...]
> Porque nada de las cosas nos sería claro
> ni en su mismo ser ni en sus relaciones mutuas
> si no existiera el número y su esencia.
>
> Él es quien armoniza en el alma
> las cosas con sus percepción
> haciéndolas cognoscibles y congruentes unas con otras
> según su naturaleza,
> proporcionándoles corporeidad.
>
> *(Filolao, Diels, B.11)*

La idea fundamental que aquí se expresa es la concepción presente en la base del pitagorismo de todos los tiempos. Para la comunidad pitagórica primitiva, ya desde los tiempos de Pitágoras mismo, cuya vida ocupa casi todo el siglo 6 a. de C., el orden y armonía del Universo, que son objetos de contemplación, y a la vez modelo y espejo de lo que debe ser el comportamiento humano, se hacen especialmente diáfanos a través del número y sus proporciones. En este sentido es, probablemente, como hay que entender la afirmación del mismo Aristóteles según la cual para los pitagóricos "el número era la esencia de las cosas".

¿Cómo llegó Pitágoras a esta percepción profunda que ha sido capaz de iluminar una buena parte de la vida intelectual de los 25 siglos que de él nos separan? ¿Cómo es posible que su idea haya calado tan profundamente en el pensamiento humano hasta convertirse en el centro de vida de todo un movimiento científico-filosófico-religioso que ha perdurado de forma organizada durante unos cuantos siglos y que hoy mismo ejerce una influencia y una fuerza de atracción tan poderosa como tendremos ocasión de ver?

La iluminación fundamental de Pitágoras está sostenida sobre tres constataciones que él tuvo ocasión de realizar, sobre todo a lo largo de sus viajes de estudio por los países de sabiduría milenaria de Mesopotamia y Egipto.

1) Del legado babilonio y egipcio Pitágoras había aprendido *que los movimientos de los astros están gobernados por leyes numéricas.*

2) Sobre todo a través de los desarrollos geométricos de los egipcios Pitágoras sabía que *las formas de las figuras geométricas se ajustan a los números y sus proporciones.*

3) Parece estar bastante bien documentado que Pitágoras tuvo ocasión de comprobar, a través de experimentos realizados por sí mismo, posiblemente a través del monocordio, un instrumento sonoro con una sola cuerda, que *la armonía de los sonidos está regida por los números.*

De estos tres hechos, con una audaz extrapolación propia del verdadero genio que era, Pitágoras dedujo que *todo el Universo está regido por el número, y mediante él llegamos a las raíces y fuentes de la naturaleza.*

Para Pitágoras la matemática (el número) se dirige en realidad a la exploración del Universo entero, en primer lugar hacia la estructura de lo cercano, de lo sensible, pero también hacia la estructura de la mente, incluso constituye un modo de acercamiento a la divinidad.

Esta sorprendente iluminación de Pitágoras es comentada como sigue por Alfred N. Whitehead, al final del primer capítulo de su obra *Science in the Modern World* (1925):

> "Verdaderamente Pitágoras, con su fundación de la filosofía y de la matemática europeas, las dotó con la más afortunada de las conjeturas.
> ¿O acaso fue un resplandor de genio divino que penetró hasta la naturaleza más íntima de las cosas?".

Tal fundación de la filosofía y de la matemática europea no tuvo lugar como un fenómeno singular e individual, sino a través de lo que ha sido sin duda uno de los movimientos intelectuales más influyentes y duraderos en la historia del pensamiento humano. La comunidad de índole filosófico-científico-religiosa que se creó alrededor de Pitágoras en la Magna Grecia —situada al sur de lo que ahora es la península italiana, y que comprendía ciudades libres tales como Crotona, Tarento...— alcanzó una fuerte identidad que la hizo perdurar por varios siglos alrededor de unas creencias que resume así Dicaiarcos, un discípulo de Aristóteles, en el siglo 4 a. de C. (lo narra Porfirio, neoplatónico del siglo 3 d. de C.):

"(1) Que el alma es inmortal.

(2) Que las almas cambian su lugar, pasando de una forma a otra (metempsicosis).

(3) Que todo lo que ha sucedido retorna en ciertos ciclos y que no sucede nada realmente nuevo (eterno retorno).

(4) Que hay que considerar todos los seres animados como emparentados entre sí".

Trataremos a continuación de examinar los aspectos que han perdurado a través del tiempo de la visión interesante y profunda de los pitagóricos.

¿Qué hay de válido en el fondo de la concepción de la matemática de los pitagóricos?

¿Qué se puede pensar sobre la iluminación pitagórica después de 25 siglos de evolución ascendente de la matemática? La descripción general del quehacer matemático que se expone a continuación podría ser compartida sin problemas, pienso yo, por la mayor parte de los matemáticos contemporáneos. Como veremos, incorpora algunos de los rasgos de la intención de los pitagóricos. Cuando más adelante descendamos a la interpretación, un poco más detallada, del significado de esta actividad, entonces es cuando deberemos hacer notar las divergencias existentes entre los mismos matemáticos de la actualidad.

La matemática es una exploración de ciertas estructuras complejas de la realidad que, mediante un proceso de simbolización adecuado de los objetos a los que se acerca, y mediante una manipulación racional rigurosa de ellos, se dirige hacia un dominio efectivo de dicha realidad.

Las estructuras complejas de la realidad que en un principio trató de explorar la actividad matemática fueron las relacionadas con la multiplicidad y con el espacio, las dos estructuras básicas con las que el hombre se enfrenta de una forma espontánea y apremiante. De la intención racional de conseguir el dominio de estas realidades surgieron la *aritmética y la geometría.* Ésta es la razón de que, en un principio, y por mucho tiempo, la matemática fuera definida como *la ciencia del número y de la extensión.*

Pero cuando las herramientas conceptuales de la matemática iniciales, número y geometría, fueron haciéndose más sofisticadas, cuando los instrumentos materiales de observación de otro tipo de estructuras de la realidad fueron perfeccionándose y cuando se despertó la motivación suficiente para tratar de dominar otras regiones de la realidad material o conceptual, la mente matematizante fue creando otros sistemas adecuados para lograr el señorío de tales estructuras. Así es como nacieron, por ejemplo, *el álgebra*, como símbolo del símbolo, es decir, como un intento simplificador, a través de la introducción de nuevos modos de simbolización, de las relaciones de la aritmética,

el análisis matemático, fruto en un principio de la exploración del cambio físico en el tiempo y del estudio cuantitativo de la relación causa-efecto cuando ésta es suficientemente simple de analizar,

la probabilidad y la estadística, que encuentran modos de manejar de forma cuantitativa el azar, es decir, aquellas situaciones en las que las causas que en ellas influyen son tantas y tan complejas que la mente matematizante ha de renunciar a examinar el influjo aislado de cada una para explorar de otro modo la influencia global de todas ellas,

la lógica matemática, que trata de explorar de modo riguroso las estructuras de funcionamiento deductivo de la misma mente cuando se ocupa de temas en los que tales estructuras son susceptibles del proceso de simbolización y manipulación rigurosa que llamamos matematización...

El avance de la matemática, como vemos, tiene lugar, en extensión, a medida que la mente humana se va encontrando capacitada y provista de las herramientas adecuadas, conceptuales y materiales, para explorar nuevos campos de la realidad, ya sea externa o interna, y este proceso parece que nunca llegará a su fin, dada la extrema complejidad del mundo real, que siempre va ofreciendo nuevos retos a la mente con intención matematizante.

En tiempos recientes, gracias a la disponibilidad de un gran cúmulo de herramientas conceptuales nuevas, en torno fundamentalmente al análisis matemático, y gracias también a la presencia de la revolucionaria herramienta que constituye el ordenador, ha surgido la posibilidad de iniciar, a través de la teoría de *los sistemas dinámicos*, la exploración de los fenómenos de la naturaleza que no son lineales —es decir, el efecto no es proporcional a la causa, sino, por ejemplo, al cuadrado de la causa—, y esto ha abierto una ventana para contemplar de cerca lo que se suele denominar *caos matemático*.

Un reto que se perfila para el futuro, en el que en nuestro tiempo han comenzado los primeros balbuceos, consiste en la exploración, mediante nuevas herramientas matemáticas, del funcionamiento global de la mente humana, del problema, por ejemplo, de encontrar explicaciones al fenómeno de la conciencia refleja, es decir, al modo en que la mente conoce que conoce.

EL PROCESO DE MATEMATIZACIÓN: UN CAMINO DE IDA Y VUELTA ENTRE LA REALIDAD Y LAS IDEAS

Hasta aquí hemos tenido ocasión de contemplar cuál es el sentido del quehacer matemático, es decir, qué es lo que con eso que hemos llamado matematización se pretende. Vamos ahora a examinar un poco más profundamente cómo tiene lugar tal proceso, cuáles y cómo son las fases a través de las que la mente procede a la matematización.

¿Cómo es propiamente el proceso de matematización? A grandes rasgos se pueden distinguir las siguientes etapas:

1) la mente se acerca a la realidad con intención matematizante

es decir, colocada ante una realidad tal vez muy compleja la mente se encuentra motivada y suficientemente provista de instrumentos adecuados para acercarse a ella y comenzar a analizarla, es decir, a descomponerla en sus elementos más simples, a prescindir de multitud de aspectos de esa realidad que son los causantes de su extraordinaria complejidad, a quedarse con unos cuantos que le parecen más propicios para empezar a practicar sobre ellos el ejercicio de simbolización e introducción en las redes y estructuras de sus conocimientos ya familiares a fin de aplicarles a ellos los útiles matemáticos que ya posee o de crear otros nuevos más idóneos para lo que le ha quedado de la realidad que se ha propuesto analizar. En otras palabras, abstrae, simplifica, modeliza, pero, también hay que decirlo, mutila la realidad para tratar de entenderla, al menos parcialmente.

2) el matemático desarrolla el propio modelo mental que ha creado

guiada la mente unas veces por el deseo de resolver los problemas prácticos que condujeron a la creación del modelo, otras veces motivada por un cierto placer estético de exploración de los problemas que el modelo mismo le propone de forma natural... la mente va desarrollando, en ocasiones incluso con una extensión y profundidad que pueden parecer poco razonables, un edificio conceptual que, según confía, puede ayudarle a entender mejor la realidad misma que inició su construcción.

3) la mente vuelve a la realidad de partida con los resultados que sus construcciones le ofrecen, a veces realizadas sin pretensión alguna de aplicación a la realidad, y... ¡observa con sorpresa su adecuación a ella, a veces perfecta!

tal ha sido la situación en muchos casos de la historia del desarrollo de la matemática, tanto en tiempos antiguos como recientes; un caso bien conocido y que no necesita mucho comentario es el profundo desarrollo de la teoría de las cónicas en la matemática griega clásica, que tiene su origen en la curiosidad geométrica por saber cómo son las posibles secciones de un cono y que, llevado adelante con un alarde extraordinario de técnica por Apolonio en el siglo 3 a. de C., en buena parte por puro placer estético, encontró en el siglo XVII, con Kepler y sus tres leyes sobre el movimiento de los planetas, una culminación digna de esta bella construcción teórica sobre las cónicas.

Este extraño camino, contacto inicial con una realidad, abstracción de unos cuantos aspectos de ella, construcción de todo un edificio mental por motivos que pueden ser tan variados y aterrizaje sobre la realidad inicial, que parece adaptarse a las construcciones realizadas, le deja a uno con una sensación semejante a la que cualquiera de nosotros experimentaría en la situación siguiente. Un buen día, basado en unos pocos detalles que conozco de la vida de una persona, me decido a escribir una novela sobre ella. Después de haberla escrito, con multitud de detalles, que yo considero ficticios, llego a conocer a tal persona... ¡y me entero de que mi descripción se ajusta, punto por punto, a la realidad! Por supuesto, mi asombro sería enorme.

No es de extrañar que este misterio de la adecuación de nuestra teoría a la realidad haya dejado perplejos a muchos de los científicos que han reflexionado sobre ella. He aquí tres testimonios llamativos. El primero pertenece a E. P. Wigner, gran físico que recibió el premio Nobel en 1963, en un famoso artículo que lleva el significativo título *La irrazonable efectividad de las matemáticas en las ciencias naturales:*

> "El milagro de la adecuación del lenguaje de las matemáticas para la formulación de las leyes físicas es un don maravilloso que ni entendemos ni merecemos. Deberíamos mostrarnos agradecidos por él y esperar que permanezca siendo válido en la investigación futura y que se extienda, para bien o para mal, para placer nuestro, aunque también tal vez para nuestra perplejidad, a ramas más amplias del saber".
>
> (E. P. Wigner, *The unreasonable efectiveness of mathematics in the natural sciences,* 1960)

El segundo testimonio pertenece a N. Bourbaki, seudónimo bajo el que un célebre colectivo matemático, con su obra *Élements de mathématique* a partir de los años cuarenta, alcanzó enorme influencia en el desarrollo de la matemática reciente:

> "Que existe una relación íntima entre los fenómenos experimentales y las estructuras matemáticas parece confirmarse plenamente de la forma más inesperada mediante los descubrimientos más recientes de la física contemporánea. Pero no sabemos absolutamente nada sobre los fundamentos de este hecho —suponiendo que se pudiera encontrar realmente significado a estas palabras—, y tal vez no lleguemos a saber nunca sobre ello".
>
> (N. Bourbaki, *L'Architecture des mathématiques,* 1948)

Bourbaki se refiere a los avances espectaculares de la física en torno a la relatividad, partículas elementales... Parecía en aquel tiempo como si los instrumentos matemáticos ya creados casaran perfectamente para explicar una realidad que no tenía nada que ver con la motivación y los orígenes de tales instrumentos.

El tercer testimonio interesante proviene del mismo A. Einstein, artífice en buena parte de los avances en física a los que a los que aludía Bourbaki anteriormente:

> "Aquí aparece un rompecabezas que ha perturbado a los científicos de todos los tiempos. ¿Cómo es posible que la matemática, un producto del pensamiento humano, que es independiente de la experiencia, se ajuste tan excelentemente a los objetos de la realidad física? ¿Puede la razón humana sin experiencia descubrir con su puro pensar propiedades de las cosas reales?".
>
> (A. Einstein, *Sidelights of relativity*)

El problema efectivamente asombra a cualquiera que a él se asome y, en el fondo, no es otro que el de la relación mente-mundo, sobre el que tanto han elucubrado filósofos y científicos de todos los siglos. ¿Cuál es la relación de nuestra mente con la realidad? ¿En qué consiste propiamente conocer?

Desde el campo de la filosofía se han dado muchas respuestas diferentes y aun diametralmente opuestas a este problema, lo cual no es muy sorprendente, dada la naturaleza tan compleja de la pregunta. Parecería que en la matemática, donde hemos construido un mundo que resulta más a medida de nuestra propia mente, la situación debería aparecer más clara. ¿Cuál es la relación matemática-realidad que hace posible esta situación misteriosa? Como veremos en seguida, tampoco los matemáticos que más han reflexionado sobre ello están de acuerdo.

Respuestas al enigma: ¿realismo y formalismo frente a frente?

Para obtener una primera visión de la confrontación de que hablamos se pueden considerar dos testimonios muy importantes y bien representativos de las dos concepciones enfrentadas.

La postura calificada como *formalista* —la *forma* de nuestras afirmaciones es lo determinante en matemáticas— se puede entender a través de las siguientes palabras de B. Russell, con las que él describe el quehacer matemático:

> "La Matemática Pura consiste enteramente en tales aseveraciones como la consistente en que, si esta y esta otra posiciones son verdaderas acerca de cualquier cosa, entonces estas y estas otras proposiciones sobre esa cosa son verdaderas. Es esencial no discutir si la primera proposición es realmente verdadera y no mencionar qué es esa cualquier cosa de la que se supone que es verdadera...
>
> ... Si nuestra hipótesis es acerca de cualquier cosa y no acerca de una o más cosas particulares, entonces nuestras deducciones resultan ser matemáticas. Por lo tanto, la matemática se puede definir como el campo en que nunca sabemos de qué estamos hablando ni si lo que decimos es verdadero".
>
> (Bertrand Russell, *Recent work on the principles of mathematics*, International Monthly 4, 1901).

Como se observa, según esta concepción, la matemática se asemeja mucho a un mero juego en el que se introducen unos cuantos objetos —no importa en absoluto lo que estos objetos puedan ser— que se manejan de acuerdo con ciertas reglas convenidas. Esos objetos son, en el caso de la matemática, esas *cosas cualesquiera* a las que Russell alude, de las que se pueden afirmar —se suponen verdaderas— tales y cuales proposiciones —aunque en realidad no es necesario ni nos debe importar que sean verdaderas o no—. Las reglas de combinación de esos objetos son en el caso de la matemática las reglas deductivas, es decir, las reglas por las cuales de unas cuantas afirmaciones se siguen lógicamente otras.

Es conveniente hacer notar que Russell se refiere aquí de forma explícita a lo que él llama *Matemática Pura*, un término del tiempo en las universidades británicas que no incluía los desarrollos matemáticos relativos a las aplicaciones. Y también viene bien recordar que él y A. N. Whitehead intentaron llevar a cabo con los *Principia Mathematica* (1910-1913) un proyecto titánico interesante con el que se pretendía derivar la matemática a partir de la lógica. La descripción de Russell bien puede corresponder a dicho intento, pero lo discutible, y por muchos rechazado, es que eso constituya el quehacer propio de la matemática. A mi parecer, se podría decir que la descripción de Russell se adapta de algún modo a lo que es el mero juego deductivo de la matemática o de cualquier otro sistema hipotético-deductivo, pero no a lo que ha constituido propiamente el quehacer matemático de todos los tiempos. Creo que serían pocos los matemáticos del pasado, e incluso del presente, que estarían seriamente de acuerdo con la afirmación de que su quehacer matemático es un mero juego deductivo cuya relación con la realidad es mejor dejar a un lado.

En los tiempos actuales, la concepción opuesta, que se denomina *realismo matemático*, se puede entender bien, en una primera aproximación, a través de las siguientes palabras de K. Gödel, autor de algunos de los trabajos más importantes en la matemática de todos los tiempos en relación con la comprensión de lo que la matemática significa desde el punto de vista filosófico. Al final de una importante conferencia, pronunciada por Gibbs, en 1951, *Some basic theorems on the foundations of mathematics and their philosophical implications*, proclamaba bien abiertamente su propia concepción de la matemática:

> "... la concepción platónica es la única sostenible. Con ello me refiero a la concepción de que la matemática describe una realidad no sensible, que existe independientemente tanto de los actos como de las disposiciones de la mente humana, y que sólo es percibida por ella, aunque probablemente de forma incompleta. Esta concepción es más bien impopular entre los matemáticos, aunque algunos de los grandes la han adoptado, por ejemplo Hermite, que escribió una vez lo siguiente:
>
> 'Existe, si no me equivoco, todo un mundo que es el conjunto de las verdades matemáticas, al que no tenemos acceso más que por la inteligencia, al igual que existe el mundo de las realidades físicas; ambos son independientes de nosotros y de creación divina".
>
> (K. Gödel, *Ensayos inéditos,* Edición a cargo de F. Rodríguez Consuegra, Mondadori, Madrid, 1994, p. 169)

Esta conferencia de Gödel, que ha permanecido inédita hasta hace tres años, como la mayor parte de sus escritos filosóficos, fruto del trabajo de más de 40 años de intensa dedicación a las implicaciones filosóficas de sus propios resultados matemáticos, destaca por su concepción pitagórico-platónica de la matemática, frente a las tendencias formalistas muy dominantes en la época en que fue pronunciada. La expresión de Gödel es bien explícita y, con toda probabilidad escogió con sumo cuidado todas y cada una de sus palabras, a juzgar por su forma de trabajar, en constante duda y replanteamiento de los pensamientos que iba elaborando, como queda bien patente en lo que va apareciendo publicado de todos los escritos muy elaborados que dejó inéditos.

Formalismo y realismo son dos concepciones muy distintas de lo que el quehacer matemático significa. Esto no quiere decir que tal escisión interna inquiete mucho a la comunidad matemática. La mayor parte de los matemáticos actuales considera que tienen ante sí una tarea suficientemente atrayente y complicada al tratar de resolver los problemas concretos que se van generando de forma natural con el desarrollo de su propio campo y dejan como responsabilidad de quienes se ocupan de explorar los fundamentos de la matemática los temas que no son de índole técnica, sino más bien de sabor filosófico. Piensan que en realidad tales problemas no afectan en absoluto la belleza ni la utilidad del juego que la comunidad matemática desde hace milenios viene practicando.

Pero parece una actitud más razonable tratar de interesarse por este tipo de problemas al menos hasta el punto de poder formarse una idea propia bien fundamentada sobre el sentido y el alcance de la actividad a la que cada uno de nosotros está dedicado. Esto es, por otra parte, bien útil a fin de no quedar atrapado por los muchos prejuicios alrededor de la ciencia, y en particular alrededor de la matemática misma, que nos pueden impedir contemplar con objetividad el lugar que nuestra actividad ocupa en el desarrollo de una cultura más plenamente humana. La matemática participa de muchos de los aspectos del juego, pero no es sólo un juego, sino también una ciencia, un arte intelectual creador de una belleza peculiar, uno de los ejes fundamentales de la cultura, con un lugar muy central en ella y una responsabilidad muy especial en su correcto desarrollo. Trataré a continuación de exponer de manera sucinta unas cuantas observaciones propias en torno al triángulo realidad-mente-matemática que tal vez puedan ayudar a otros a formarse su propia opinión sobre el problema.

Una explicación plausible: la aproximación permanente del quehacer matemático hacia la realidad

A mi parecer, se puede concebir el sentido del quehacer matemático como una aproximación hacia la realidad, aproximación cada vez más sutil mediante la construcción de esquemas mentales que tratan de explicar de modo más adecuado aspectos nuevos de la misma realidad o bien aspectos ya considerados por etapas anteriores que resultan ser problemáticos y aún inabarcados por nuestra comprensión. La matemática surge de la interacción continua de la mente con la realidad, del modo que señalaré en seguida.

En primer lugar quisiera dejar claro que por realidad no quiero significar solamente el mundo externo, el mundo perceptible por nuestros sentidos y cuantificable mediante nuestros instrumentos de medida, sino también el mundo mental, el Universo conceptual que el matemático va estructurando, ya que es claro que la matemática se va construyendo también tomando como objeto de su consideración el edificio mismo de los objetos que ya ha construido.

Pero sí que es cierto que las realidades iniciales de partida sobre las que la mente matemática inició su exploración fueron las realidades sensibles a su alrededor. Como he indicado antes, las estructuras de multiplicidad y las estructuras espaciales presentes para nosotros en nuestra primera percepción de ellas dieron lugar a las primeras formas de matematización, aritmética y geometría.

¿Cómo? Tal vez se puedan señalar en el proceso unas cuantas etapas. El hombre capta las realidades externas directamente mediante sus sentidos, pero en cierto modo el magma caótico que podrían resultar sus percepciones se le comienza a hacer transparente ya desde el principio para su mente gracias a que sobre ellas lanza sus redes y esquemas conceptuales. La percepción sensorial del hombre no es previa en el tiempo a la percepción intelectiva, sino coincidente con ella. Juntamente con su percepción sensorial el hombre percibe relaciones de similitud, diferencia, formas, situación... entre las cosas. Es capaz de iniciar un proceso de matematización sobre ciertas estructuras básicas de la realidad en el sentido indicado anteriormente —simbolización, manipulación racional...—. Sus trucos iniciales, que en un principio pudieron ser bien toscos, se convierten en esquemas más sofisticados que le proporcionan un cierto éxito.

Por ejemplo, el hombre afronta la multiplicidad, presente en las cosas, y también, de una manera más sutil, en la propia conciencia de respetabilidad de su yo mismo, es decir, de su misma unidad interna. Idea el número como instrumento adecuado para manejar esa multiplicidad de las cosas mediante unas cuantas hipótesis razonables. A través de esta estructura mental llega a dominar aspectos simples de la realidad subyacente.

Los éxitos conseguidos le hacen más audaz. Se atreve con aspectos más complicados y sofisticados de la realidad que observa y de las estructuras que se ha ido creando. Por ejemplo, en relación con el número, se forja conjeturas tal vez aventuradas, como la de los pitagóricos que ya hemos contemplado, según la cual *el Universo entero está regido por los números naturales (1, 2, 3, 4...) y por las proporciones entre ellos.*

Aparecen situaciones que resultan confusas y paradójicas. Con respecto a la concepción del número entre los pitagóricos, surgió la presencia del número irracional y el mundo se les vino abajo. Los esquemas iniciales que la mente matemática había esperado que pudieran explicar adecuadamente la realidad para la que se habían construido resultan ahora demasiado simples y estrechos para seguir explicando aspectos nuevos que han surgido, o bien insuficientes para poder dar cuenta, como se esperaba, de situaciones más abiertas. Es necesario revisar tales concepciones.

Esta revisión no se realiza inmediatamente, no se sabe bien cómo hacerla, y por ello no se percibe a veces, en el desarrollo de la matemática, como un avance, sino más bien como un fracaso, como una profunda crisis, como sucedió en el caso de la irrupción del número irracional entre los matemáticos pitagóricos. Sólo a posteriori podrá ser contemplada como una crisis de crecimiento, cuando, después de reparado el edificio y con una cierta visión panorámica, se deshaga la comunidad matemática de los prejuicios que la habían inducido a aceptar como buenas las ideas y expectativas que en realidad no tenían un fundamento adecuado. La realidad acaba por imponerse.

En esta interacción con la realidad, con la estructura de la naturaleza, la matemática va desarrollándose, profundizando y abarcando campos más amplios. Esta situación apunta, a mi parecer, a la existencia en la mente humana de una cierta plasticidad, también en este terreno aparentemente tan rígido del pensamiento matemático.

La mente se acerca a la realidad para matematizarla y se construye ciertos trucos mentales, incluso en ocasiones esquemas axiomáticos bien sofisticados que, ya que de momento le van bien, incluso a veces sorprendentemente bien, los da por adecuados y piensa que abarcan y se ajustan a la realidad entera, dominando todos los aspectos de ella a los que se dirigen. Piensa que esas configuraciones de su mente que con esfuerzo ha realizado se adaptan plenamente a la realidad, piensa que son las leyes a las que la misma realidad se ajusta. Pero tal vez no tiene en cuenta que sus esquemas fueron abstracción y mutilación de la realidad y que de ella pueden surgir, cuando trate de enfrentarse con nuevas preguntas y problemas, aspectos que ya no son dominados por tales esquemas.

Cuando estos aspectos surgen, en muchas ocasiones manifestados por la presencia de situaciones paradójicas, la mente se encuentra en un principio sacudida, las cosas no casan con sus expectativas, pero no tarda en encajar la convicción que se le impone de que las cosas no son como pensaba y que tiene que aceptar la realidad tal cual es. Vuelve a construirse nuevos esquemas, nuevos trucos, cambia de sus axiomas aquellos que piensa que le van a venir bien para que el nuevo sistema que construye se adapte a todas las situaciones que en ese terreno sabe ahora que se dan.

En mi opinión, la matemática surge de esta interacción continua ente la mente y la realidad. La realidad posee su estructura, por supuesto. La realidad es como una filigrana de estructura extraordinariamente fina que actúa como un estímulo necesario para que, en la interacción mente-realidad, surja el edificio conceptual de la matemática. La mente se acerca a ella y se adapta a esa realidad, en un intento que parece suficiente para los problemas simples con los que se ocupa al comienzo, mediante los esquemas que crea. Tales esquemas no tienen por qué coincidir enteramente con los de la realidad. Son aproximaciones a ella, pero nunca acabarán por abarcarla toda, como más adelante veremos.

Por supuesto que algunas de estas estructuras conceptuales fundamentales tendrán una solidez permanente, 2+2 siempre serán 4, pero puede haber finezas, explícitas o implícitas, en esa forma inicial de acercamiento a la realidad que no parecen importantes para los problemas más básicos, pero que afloran cuando las preguntas se hacen más sofisticadas.

La aritmética de los números naturales no parece presentar problemas de fondo hasta que la mente se encara con otras preguntas que nos colocan en una cierta encrucijada. Por ejemplo, si consideramos por un lado todos los números naturales (1, 2, 3, 4...) y por otro todos los números pares (2, 4, 6, 8...), nos podemos preguntar legítimamente: ¿dónde hay más, en el primer conjunto o en el segundo? Por una parte parece claro que, como todos los pares son naturales y el 3, por ejemplo, es natural y no par, uno debería responder que los naturales son más. Pero, por otra parte, es claro que cada número par, por ejemplo 28, se puede emparejar con su mitad —aquí, 14— y de esta manera los elementos de los dos conjuntos quedan emparejados uno a uno, sin que sobren números naturales ni números pares, cada oveja con su pareja. De modo que hay tantos pares como naturales. Esto es lo que constituye una de las paradojas importantes de los números naturales —paradoja de Galileo—, detrás de la cual está la antiquísima polémica sobre el infinito potencial y el infinito actual. El enfrentamiento matemático de forma sistemática con situaciones semejantes tuvo lugar a finales del siglo XIX con G. Cantor y originó una expansión considerable del ámbito de la matemática, con la creación de la teoría de conjuntos.

Con respecto a paradojas semejantes a la mencionada de Galileo y otras más profundas que aparecieron en la teoría de conjuntos y en los fundamentos básicos de la matemática, Gödel pensaba que lo que sucede es que la teoría de conjuntos es algo que tiene realidad propia, en ese mundo de las ideas del que en su conferencia anteriormente citada Gibbs se hacía eco, y que lo que sucede es que la mente humana no ha llegado a penetrar aún suficientemente en ella para ver claro y extraer con justeza cuáles son los axiomas por los que se rige, pero que con el tiempo la mente verá de forma más clara y entonces será capaz de discernir cuáles son los axiomas que es preciso adoptar, pues son los de la realidad. La teoría de conjuntos, por tanto, es algo que está ahí, independiente de la mente humana, y lo que hace la mente con ella no es más que observarla y darse cuenta de su forma, de manera semejante a la que un botánico va observando las diversas especies de plantas y las describe. Pero, si esto es así, ¿cómo explicar la posibilidad de establecer, por ejemplo, diversos sistemas axiomáticos en geometría y en teoría de conjuntos, igualmente legitimados desde el punto de vista del constructor lógico y tales que el sistema A resulta más adecuado que el B para manejar y explicar ciertas situaciones mientras que el B es más adecuado para explicar otros aspectos de la realidad? ¿Cómo se puede afirmar a la vista de este fenómeno que sólo uno de estos sistemas es el que posee la exclusiva de ser el auténtico esquema de la realidad?

Quizá se pudiera modular el pensamiento de Gödel de la siguiente forma. Se podría tal vez pensar que, como he afirmado antes, la realidad es la motivación para que nuestro mecanismo mental construya diversos modelos, esquemas mentales, que no son necesariamente impuestos por ella ni por la forma de ser de nuestra propia estructura mental. En realidad, ninguno de los esquemas que construyamos va a agotar sin residuos la realidad misma que pretende manipular y manejar. Por eso mismo la mente es, hasta cierto punto al menos, libre en su construcción. La realidad nos proporciona la ocasión. Nuestra mente la puede interpretar de diversas formas. Y cuando hablo de realidad, como dije antes, me refiero también a nuestra propia estructura mental, y muy principalmente a ella, ya que la matemática se fundamenta de forma tan determinante en esta estructura mental.

Por lo tanto, en este proceso de ajustamiento a la estructura fina de la realidad, la mente, que forma parte ella misma de tal realidad, va conformando estructuras propias que espera se adecuen cada vez mejor. La mente actúa en esta interacción con cierta plasticidad y libertad. Ante una misma etapa de la interacción mencionada, la mente puede optar por construir tal o cual sistema de axiomas —geometría euclídea o no-euclídea, teoría de conjuntos cantoriana o no-cantoriana— e incluso de desarrollarlos todos ellos independientemente por tenerlos en reserva, tal vez a la espera de su posible aplicación cuando surja una situación que convenga. Quizá se encuentre en el futuro en circunstancias en las que uno de los sistemas que ha creado pueda proporcionarle ventajas en su interpretación de algún aspecto de la realidad.

Esta visión de la matemática permanentemente en camino hacia una comprensión más cabal de diferentes aspectos de la realidad y construyéndose y perfeccionándose a sí misma en interacción profunda con los aspectos de la realidad misma a los que dirige su contemplación está plenamente en consonancia con las propias ideas de Gödel acerca del carácter inagotable del quehacer matemático, y con la apertura estructural del pensamiento de la matemática al misterio, como tendremos ocasión de ver en detalle más adelante, al tratar, al menos someramente, la significación del teorema de Gödel en la comprensión del significado de la actividad matemática. Pero antes quisiera centrar la atención sobre un punto interesante que de algún modo ya ha hecho su aparición en nuestra exploración del modo en que tiene lugar el desarrollo de la matemática. ¿Cuál ha sido la fuerza fundamental que ha empujado al matemático a modificar las concepciones, en muchos casos bien arraigadas y en apariencia con fundamentos bien seguros, en las que estaba asentado?

La paradoja como estímulo del progreso matemático

Una paradoja es una situación a la que llegamos cuando, pensando adecuadamente, a partir de ciertas premisas de las que nos parece no poder tener ningún motivo para dudar, llegamos a una afirmación que, por lo tanto, nos parece incontrovertible, y a continuación, pensando de otro modo también indubitable, llegamos a una conclusión que contradice la anterior. Una paradoja no es un sofisma. Un sofisma es un engaño más o menos sutil. Una paradoja es una oportunidad para profundizar en nuestras ideas y concepciones, ya que pone de manifiesto que hay algo en las premisas que damos por perfectamente buenas que no hemos llegado a entender de modo correcto. En cierta ocasión, trabajando con un grupo de colaboradores sobre un problema difícil se le oyó musitar a Niels Bohr, uno de los grandes científicos del siglo: "¡Magnífico! Hemos topado con una paradoja. Ahora sí que podemos tener esperanza de progresar".

La paradoja de Galileo que hemos considerado antes —*hay y no hay más naturales que números pares*— nos pone de manifiesto que el sentido de ese *hay más* es ambiguo cuando se trata de conjuntos infinitos y hace falta que nos pongamos de acuerdo sobre él antes de tratar de manejar un conjunto infinito con cierto rigor. G. Cantor, al hacerlo, consiguió abrir caminos hasta entonces insospechados para poder manejar de alguna forma el concepto de conjunto infinito *actual*, hasta entonces desterrado de la matemática. Solamente el infinito *potencial* era admisible, es decir, el conjunto de los números enteros no se podía tratar matemáticamente como algo completo, en su totalidad realizada, sino como algo que se hace.

En la historia de la matemática las paradojas importantes han representado un verdadero cambio de rumbo en su evolución, al poner de manifiesto que ciertas formas de pensamiento, hasta entonces por nadie discutidas, conducían a una situación de *es y no es* insostenible para la mente matemática. El que la proporción entre las medidas de la diagonal y el lado de un pentágono regular no fuera expresable mediante una proporción entre dos números naturales, es decir, la aparición del *inconmensurable, del número irracional*, dio al traste con la creencia fundamental de los pitagóricos de que los números naturales regían todo el Universo, pero fue la ocasión para que se enriqueciera la matemática con nuevos métodos para el tratamiento del número —métodos de exhausción de Eudoxo—. Las cuatro paradojas de Zenón —Aquiles y la tortuga, la dicotomía, la flecha, el estadio— acabaron con la creencia, también pitagórica, en la constitución atómica del espacio y dieron ocasión para pensar mucho en la naturaleza continua del espacio de la geometría.

En tiempos más recientes, hacia el comienzo del siglo XX, las paradojas en torno a la teoría de conjuntos, la paradoja de Cantor —sobre el conjunto de todos los conjuntos—, la de Russell —paradoja del barbero—, de Richard —sobre los adjetivos autopredicables y heteropredicables—, han dado lugar a toda la revolución en torno a los fundamentos de la matemática, que vino a tener una primera cima histórica con el teorema de incomplitud de Gödel en 1931, que en seguida examinaremos un poco más de cerca. Con esta revolución se puede decir que la matemática ha pasado a ser, en lugar de la disciplina un tanto cerrada en sí misma que el programa de Hilbert —con el que se pretendía demostrar que cualquier proposición legítima del sistema matemático es un teorema o un contrateorema— la hubiera convertido, una disciplina inagotable, abierta, en perpetua expansión, camino de una mejor adecuación a la realidad.

Un aspecto interesante de las paradojas que hemos mencionado es que en todas ellas está de alguna forma presente algún tipo de proceso que tiene que ver con el infinito matemático. No es casualidad, ya que, como tendremos ocasión de ver en seguida, el infinito matemático, presente en el pensamiento matemático desde sus mismos orígenes, es lo que le proporciona la profundidad que posee, aunque también constituye la raíz de los problemas más profundos en los que se embarca.

LAS PARADOJAS DE ZENÓN

Del primer enfrentamiento serio que conocemos del pensamiento humano con los procesos infinitos surgieron las paradojas de Zenón, "inmensamente profundas", como las calificó Bertrand Russell. La verdad es que no se sabe muy bien cuál fue la intención de Zenón al proponerlas y ni siquiera, en el caso de la del Estadio, se entiende muy bien la propuesta de Zenón. Las conocemos sobre todo a través de Aristóteles, quien las fulmina rápida y un tanto insatisfactoriamente.

Aquiles y la tortuga es la primera de las cuatro. Aquiles y la tortuga hacen una carrera. La velocidad de Aquiles es 10 veces superior a la de la tortuga. Él saldrá del punto 0 y la tortuga del punto 1 de la regla. Comienzan a moverse. Cuando Aquiles esté en el punto 1,1, la tortuga estará en el punto 1,1 + (0,1/10) = 1,11. Cuando Aquiles esté en el punto 1,11, entonces la tortuga estará en el punto 1,111. Así la tortuga siempre va por delante de Aquiles y nunca es alcanzada.

La tortuga y Aquiles.

La segunda paradoja se llama de *La dicotomía*, o división por dos. Va así: el movimiento no existe, porque para moverte una distancia de una unidad hace falta que recorras antes 1/2 y cuando lo has hecho te queda otro tanto por recorrer. Pero para recorrer 1/2 hace falta que recorras 1/4 y aún te queda otro tanto, etcétera. Como para recorrer cualquier distancia necesitas tiempo, resulta que tendrías que disponer de tiempo infinito para pasar de cualquier sitio a cualquier otro. Por tanto, el movimiento no existe.

La tercera es la de *La flecha*. La flecha que has lanzado no se mueve, aunque te parezca lo contrario, porque en cada instante que consideres la flecha está quieta en un lugar determinado, lo que equivale a que está en todo instante en reposo.

Estas tres primeras paradojas parecen estar directamente encaminadas a contradecir las ideas de los pitagóricos sobre la estructura del espacio y del tiempo físicos. Tal vez los pitagóricos contemporáneos de Zenón consideraban tanto el espacio como el tiempo construidos como un aglomerado de unidades indivisibles homogéneas de espacio y de tiempo, respectivamente. Para una concepción semejante, las paradojas constituyen una buena dificultad.

La cuarta paradoja, del *Estadio*, es más controvertida. Una de las posibles interpretaciones, y que viene también a atacar la concepción atomista del espacio y el tiempo, es la siguiente. Supongamos que, efectivamente, hay una unidad atómica de espacio y otra de tiempo. Imaginémonos tres filas de unas cuantas unidades de espacio ocupadas por objetos materiales como indica la figura.

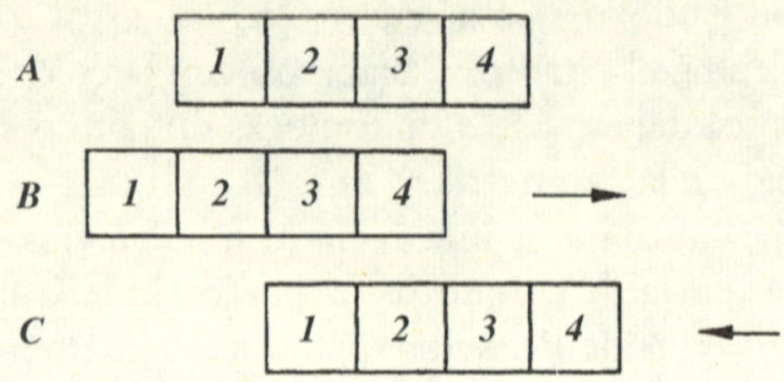

En una unidad de tiempo, A se va a quedar quieta, B se va a mover hacia la derecha una unidad de espacio y C se va a mover una unidad de espacio hacia la izquierda. Así pues, en la unidad de tiempo siguiente las cosas están como indica la figura siguiente.

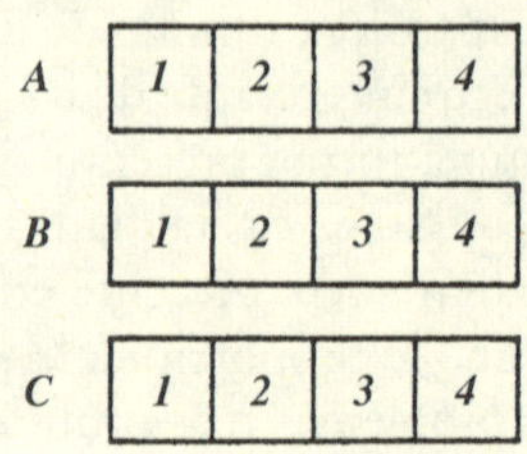

Olvidémonos ahora de *A*. Resulta entonces que, en una *unidad de tiempo*, *C* se ha movido hacia la izquierda de *B dos unidades de espacio*. Pero entonces se puede tomar una unidad de tiempo más pequeña, el tiempo que *C* tarda en moverse una unidad de espacio respecto de *B*. Por tanto, el tiempo no puede estar constituido por unidades atómicas.

Piensa, piensa, que todo esto tiene mucha más miga de lo que parece...

De la vida de Zenón de Elea apenas se sabe nada. Su actividad se sitúa hacia el año 450 a. de C. Fue miembro de la escuela de Parménides, en Elea, en el golfo de Tarento, y su método de pensamiento dialéctico parece anticipar el de Sócrates, aficionado también a colocar al interlocutor en situación de pensar y resolverse sus problemas más bien que darle soluciones hechas.

Hacia la matematización del infinito. Una barrera en el camino: el teorema de Gödel

La presencia del infinito en la matemática constituye un reto insoslayable. En la misma percepción originaria de la multiplicidad presente en las cosas, en ese caer en la cuenta de la finitud —no soy quien lo llena todo— y repetibilidad de la unidad presente en la propia conciencia del yo —hay otros como yo mismo—, en esos puntos suspensivos que colocamos cuando empezamos a contar y decimos 1, 2, 3... está ya presente de alguna manera la percepción de la presencia del infinito en nuestra mente.

Se trata de una presencia no temática, es decir, no se hace ella misma objeto al modo como se objetivan las cosas concretas del resto de nuestro conocimiento, pero en realidad es esta presencia la que está dando fundamento a nuestra posibilidad de conocimiento de lo que es finito. Lo finito se recorta en lo infinito como en un horizonte. El infinito está en nuestra mente a modo de un espacio en el que lo finito se destaca, precisamente delimitándose a través de su propia concreción, mostrando así que no lo es todo, que no lo llena todo. Y al mismo tiempo nuestro conocimiento de los objetos concretos, de cualquier conocimiento de lo finito, nos hace percibir la presencia de lo infinito de una forma que tal vez se entienda mejor con la siguiente comparación. En la total oscuridad de una habitación penetra por una rendija un rayo de luz que sale de la habitación por otra rendija opuesta. Entonces no vemos el rayo de luz, y no seremos capaces de percibir la presencia de ese rayo de luz a menos que un objeto, o bien las partículas de polvo del aire, sean iluminadas por ese rayo de luz. Al ver las partículas nos apercibimos de la presencia del rayo de luz. De manera parecida, el infinito de algún modo presente en nuestra mente posibilita y funda nuestro conocimiento de lo finito, y en el conocimiento de lo finito y concreto nos apercibimos de esa presencia del infinito.

El acercamiento con intención matematizante a esta estructura primordial de la realidad —la multiplicidad— es lo que da lugar, a mi parecer, al inicio de nuestras construcciones sobre el número. Y así se puede decir que el infinito matemático ya está presente en nuestro más primitivo contar 1, 2, 3... Con el tiempo, y tras la familiarización con el número, la mente comienza a hacerse preguntas sobre la naturaleza de esa realidad presente en ella misma —por ejemplo, ¿podemos considerar como un todo acabado esa multitud que empieza con 1, 2, 3... y que sabemos perfectamente cómo se va construyendo? ¿o bien no tiene sentido ninguno el hacerlo?—. Estas preguntas se hacen cada vez más sofisticadas. Como ciertas de ellas conducen a situaciones paradójicas y posiblemente confusas, tal como hemos visto antes, la mente se construye un esquema hipotético, cuando es preciso incluso un sistema axiomático formal, con el que aprende a tratar con más rigor la situación. Parece que todo funciona satisfactoriamente. La mente adquiere cada vez más destreza y se atreve a explorar más allá. Vuelven a aparecer otras situaciones paradójicas que le hacen comprender que sus esquemas anteriores no dominan totalmente la realidad para la que fueron construidos. Su visión actual de la situación le sugiere algunas modificaciones de sus construcciones con las que los nuevos problemas quedan solucionados...

A lo largo de la historia de la matemática, este tipo de proceso reaparece una y otra vez, motivando el progreso del pensamiento matemático. Los números irracionales aparecidos al margen de ciertas construcciones geométricas, las paradojas de Zenón en torno al movimiento y a la naturaleza continua del espacio, fueron motivaciones para construir una nueva forma de manejar matemáticamente esta forma de infinitud. Los desarrollos del cálculo infinitesimal, consolidados en un intenso trabajo de multitud de matemáticos entre el siglo XVII y finales el XIX, constituyen nuevas formas de manejo del infinito matemático. La teoría de conjuntos de Cantor, a fines del siglo XIX y principios del XX, constituyó el instrumento fundamental para tratar de dar rigor a estos nuevos esquemas de pensamiento.

A principios del siglo XX, la teoría de conjuntos creada por Cantor, sobre la que se intentaba fundamentar de forma rigurosa el edificio de la matemática, parecía haber alcanzado una cierta madurez para tratar de resolver una pregunta crucial, el problema de la decisión (*Entscheidungsproblem*). Así se expresaba en 1925 D. Hilbert en un artículo, precisamente titulado *Sobre el infinito:*

> "En cierto sentido, la matemática se ha convertido en una corte de arbitraje, un tribunal supremo para decidir cuestiones fundamentales sobre una base concreta en la que todos puedan concordar y donde cada afirmación sea controlable [...] Un ejemplo del tipo de cuestiones fundamentales que pueden ser tratadas de este modo es la tesis de que todo problema matemático es soluble. Todos nosotros estamos convencidos de que realmente es así. De hecho, uno de los principales atractivos para atacar un problema matemático es que siempre oímos esta voz dentro de nosotros: ahí está el problema, encuentra la contestación, siempre la puedes encontrar puramente pensando, pues en matemáticas no hay ningún *ignorabimus*".
>
> (D. Hilbert, *Über das Unendliche*,
> Mathematische Annalen, 95, pp.161-190, 1925).

Según el sentir de Hilbert, todos los matemáticos del tiempo estaban de acuerdo en que para cualquier proposición bien construida del sistema matemático tendría que existir o bien una demostración de ella o bien una demostración de su negación, porque en matemáticas no hay ningún *ignoraremos*, "kein 'ignorabimus' in der mathematik". La demostración rigurosa de este hecho, que parecía estar fuera de toda duda razonable, fue un objetivo principal del programa que Hilbert proponía. Con ello se llegaría a establecer claramente esa condición de árbitro supremo de la ciencia matemática.

No habían pasado 6 años cuando en 1931 K. Gödel daba al traste de forma definitiva con el programa de Hilbert. Pese a todas las expectativas de los matemáticos del tiempo, Gödel demostró que la situación real era precisamente la contraria:

"En cualquier sistema matemático suficientemente potente para que en él se pueda desarrollar la aritmética de los números naturales existen proposiciones P con perfecto sentido dentro del sistema que son indecidibles, es decir, P no se puede demostrar, pero tampoco no-P se puede demostrar".

Este es el contenido del primer teorema de Gödel (1931) sobre la incompletitud de la aritmética, que probablemente pasará a la historia como uno de los resultados más importantes de pensamiento matemático, en un artículo titulado *Über folmalunentscheidbare Sätze der Principia Mathematica und verwandter Systeme (Sobre proposiciones formalmente indecidibles de los Principia Mathematica y sistemas relacionados)*.

Poco después, Gödel demostraría además, como resultado complementario, algo que hacía apreciar aún mejor la profundidad de su anterior teorema:

"Una de tales proposiciones indecidibles es precisamente la que afirma que en el sistema en cuestión no existen contradicciones".

Es decir, construyamos el sistema matemático que construyamos, con tal de que tan sólo sea suficientemente potente para que en él se pueda desarrollar la aritmética ordinaria, no podemos demostrar dentro de él que nunca van a surgir proposiciones contradictorias, es decir, no podemos estar seguros de que en él no va a resultar que P es un teorema a la vez que también no-P es un teorema, lo cual naturalmente invalidaría del todo el sistema, ya que cualquier afirmación y su negación serían igualmente demostrables.

Examinaremos a continuación algunas de las consecuencias de este enfrentamiento con el infinito, que tiene una cima importante para nosotros en el teorema de Gödel, especialmente las que tienen relación con nuestra exploración sobre el triángulo mente-realidad-matemática. Trataremos de recapitular de forma breve lo que revela en relación con la concepción de la matemática como proceso de acercamiento a la realidad y señalando especialmente el carácter de la matemática como ciencia abierta que sugiere.

IDEA DEL PROCESO DE GÖDEL

El punto de partida de Gödel fue una de las paradojas clásicas. El corazón de muchas de las paradojas clásicas consiste en la mezcla de dos niveles distintos de lenguaje. Se mezcla el discurso sobre los objetos del sistema con elementos del discurso mismo sobre los objetos del sistema. La primera gran idea de Gödel consistió en convertir nociones tales como la de la demostrabilidad de una proposición, en principio pertenecientes al discurso sobre los elementos de un sistema, en proposiciones de la aritmética. Recordemos que el sistema formal que consideramos es suficientemente potente para contener en él la aritmética de los números naturales. Este proceso de aritmetización del discurso fue llevado a cabo mediante una transcripción inteligente, de forma unívoca, de una pequeña colección de símbolos convencionales en los que se pueden expresar las proposiciones del sistema.

Puesto que las posibles propiedades de los números naturales, tales como ser par, ser primo, ser múltiplo de 23 y otras mucho más complicadas, se pueden expresar mediante tales símbolos, una colección finita, a cada proposición del sistema se le puede asignar unívocamente un número natural.

Todas las proposiciones del sistema se pueden colocar en una sucesión que llamaremos W_1, W_2, W_3, ... W_n, ... Por ejemplo, la propiedad de ser par podría ser la propiedad W_{53}, la propiedad de ser múltiplo de 23 podría ser la propiedad W_{857}...

Convenimos en señalar por $W_p(n)$ la proposición del sistema "el número n tiene la propiedad W_p". Es claro que, si las propiedades anteriores tienen los números que les hemos adjudicado, $W_{53}(82)$ es un teorema el sistema, es decir, una proposición que surgirá como resultado de una cadena de manipulaciones con nuestros símbolos, puesto que 82 es par, y en cambio $W_{53}(83)$ es una proposición del sistema que no surgirá, es una proposición cuya negación sí que es un teorema, puesto que 83 no es par. Así $W_{53}(82)$ es una proposición demostrable y $W_{53}(83)$ es una proposición refutable.

Cada proposición posible sobre los números naturales $W_p(n)$ como hemos dicho se puede expresar mediante una colección finita de los símbolos de partida del sistema. Mediante la transcripción de Gödel, se puede asignar a cada propiedad posible de los números naturales un número. Éste se denomina *el número de Gödel de la proposición*. Así, la proposición $W_p(n)$, "n tiene la propiedad W_p", tiene el número de Gödel $\phi(n,p)$.

Llamemos T al conjunto de números de Gödel de las proposiciones demostrables del sistema. Así:

"$\phi(n, p) \in T$" equivale a "$W_p(n)$ es demostrable"
"$\phi(n, p) \notin T$" equivale a "$W_p(n)$ no es demostrable"

Consideramos ahora la posible propiedad de un número natural n siguiente:

$$\phi(n, n) \notin T$$

(esta proposición está diciendo "*$W_n(n)$ no es demostrable*", es decir, "no es demostrable que n tenga la propiedad W_n").

Es una propiedad posible de los números naturales y así tendrá su puesto en la sucesión W_1, W_2, W_3, ... de todas las propiedades. Supongamos que ocupa el lugar q^*. Este q^* podría ser el número 2873. Esa propiedad posible para un número natural es W_{q^*}, es decir, según nuestra notación, $W_{q^*}(58)$ significaría "el numero 58 no tiene la propiedad W_{58}" o lo que es lo mismo "no es demostrable que 58 tenga la propiedad W_{58}".

Escribamos ahora la proposición crucial para el teorema de Gödel que llamaremos proposición de Gödel:

$$\phi(q^*, q^*) \notin T$$

Naturalmente equivale a "$W_{q^*}(q^*)$ es indemostrable". Pero observa que, según nuestra definición del número de Gödel [$\phi(p,n)$ es el número de Gödel de $W_p(n)$], resulta claro que $\phi(q^*, q^*)$ es precisamente el número de Gödel de la proposición $W_{q^*}(q^*)$ y así la proposición de Gödel de arriba está afirmando "$W_{q^*}(q^*)$ es indemostrable". Es decir, está afirmando aquella situación que, como veremos en seguida, tiene lugar.

En efecto, nos preguntamos ahora:

¿Es $\phi(q^*, q^*) \notin T$ demostrable?

Si es demostrable, como su número de Gödel es precisamente $\phi(q^*, q^*)$ y T es el conjunto de números de Gödel de todas las proposiciones demostrables, entonces resultaría que $\phi(q^*, q^*) \in T$. Contradicción.

¿Será $\phi(q^*, q^*) \in T$ demostrable?

Si así fuera, entonces, según la definición de T [recuerda de nuevo: T es el conjunto de todos los números de Gödel de proposiciones demostrables], como $\phi(q^*, q^*)$ es precisamente el número de Gödel de la proposición de Gödel, $\phi(q^*, q^*) \notin T$, resulta que $\phi(q^*, q^*) \notin T$ es demostrable. Contradicción.

Así resulta que la proposición de Gödel no es ni demostrable ni tampoco es refutable, es decir, su negación tampoco es demostrable. Es una proposición *indecidible.*

El acercamiento de la mente a la realidad. ¿Una apertura de la matemática a la trascendencia?

Hemos visto cómo la mente, en el comienzo mismo de su matematizar, ya en el más primitivo contar, se hace cargo de la presencia, de un modo muy peculiar, en su misma estructura, del infinito. Esta presencia es precisamente la condición de posibilidad de nuestro conocimiento de lo finito, sin ser ella misma abordable de la misma forma que los demás objetos de nuestra mente. Se podría decir que es lo inabarcable, lo misterioso o, en palabras de L. Wittgenstein, *lo inexpresable.* Tal vez a esta situación aludía él mismo en una página de sus anotaciones:

> "Lo inexpresable —aquello que me parece misterioso y no puedo expresar— proporciona tal vez el fondo sobre el que alcanza sentido aquello que pude expresar".
>
> (L. Wittgenstein, *Vermischte Bemerkungen*, Werkausgabe Band 8, Suhrkamp Verlag, Frankfurt am Main, p. 472)
>
> "Das Unaussprechbare (das, was mir geheimnisvoll erscheint und ich nicht auszusprechen vermag) gibt vielleicht den Hintergrund, auf dem das, was ich aussprechen konnte, Bedeutung bekommt".

El intento de matematización de esta realidad ha conducido a la mente, tras el trabajo de muchos siglos, a través de numerosas crisis y profundizaciones sucesivas, al convencimiento de que el quehacer propio de la matemática es una actividad necesariamente abierta, *inagotable* escribe Gödel, en el sentido de que nunca puede darse por concluida. Esto, me parece, es bien congruente con la concepción de la matemática que antes he apuntado, como un proceso de permanente acercamiento a una realidad que siempre va a presentar nuevos parajes por explorar, acercamiento que se realiza gracias a la interacción constante con la realidad misma y a la inmensa flexibilidad de nuestra propia mente en este ejercicio de adaptación.

Parece, pues, que el pensamiento matemático comporta varios aspectos que lo hacen muy interesante desde el punto de vista de la relación del hombre con la realidad global del mundo y que son los que, a mi parecer, explican algunas posiciones intelectuales de muchos matemáticos que pueden resultar bien extrañas para quienes nunca han pensado en tales aspectos. De varias maneras, en efecto, tiene lugar en algunos de los matemáticos que más han reflexionado sobre el sentido profundo de su ciencia, una apertura hacia la trascendencia que no les parece en absoluto estar en contradicción con su quehacer matemático, sino incluso fundamentada en ella misma.

¿Cuál puede ser el sentido de esta apertura a la trascendencia? Será bueno, para comenzar, tratar de delimitar cuándo podemos responder afirmativamente sobre la existencia de una tal apertura a la trascendencia desde el mismo quehacer de la matemática. Tal vez, pienso yo, se puede hablar de tal apertura cuando al reflexionar sobre ese quehacer el hombre encuentra en él mismo indicios, pistas, que hacen pensar a quien matematiza que hay *algo o alguien* en el Universo *más allá* de él mismo, es decir, que es más, que sabe más, que puede más, que fundamenta de alguna manera lo que él encuentra, su misma actividad creativa, *por lo que o por quien*, según podemos *barruntar*, la naturaleza se sostiene de algún modo, que está realmente ahí, que es misterioso para nosotros y ante el cual, en principio, nuestro papel consiste en guardar un silencio respetuoso y expectante ante la posibilidad de que se comunique de alguna manera más cercana. ¿Se dan tales elementos en la actividad matemática?

Un poco más arriba hemos tenido la oportunidad de considerar las palabras de Charles Hermite, uno de los grandes matemáticos del siglo XIX, repetidas con solemne aprobación por Gödel, sobre el origen divino del mundo de las ideas matemáticas. En seguida tendremos ocasión de escuchar algunos testimonios semejantes. ¿Se puede dar alguna explicación plausible sobre el origen de tales afirmaciones rotundas?

Por una parte, en la mente matematizante se da un cierto grado de libertad. Lo que la mente observa de la realidad que pretende matematizar le guía en sus construcciones, pero no le compele de modo absoluto hasta el punto de privarle de toda autonomía. La realidad observada le permite, en muchas ocasiones, una variedad inmensa de elecciones. Esto indujo a Cantor a afirmar que "la esencia de la matemática radica en su libertad", y en ella defendía con insistencia algunas de las, en su tiempo, controvertidas construcciones de su teoría de conjuntos. Pero por otra parte, ante esa misma realidad el matemático tiene la sensación de encontrarse con que esa realidad tiene su estructura propia, su solidez peculiar, que se le impone en muchos aspectos, que es algo que está por encima de su propio arbitrio.

Esta situación explica, en primer lugar, la polémica permanente sobre si la matemática *se crea o se descubre*. En mi opinión, de acuerdo con la concepción ya considerada de la actividad matemática, el matemático atiende a la realidad y, con ella como referencia, construye los esquemas que, espera, se adaptan mejor a ella, y permanece abierto a la posibilidad de mejorar su forma de aproximación a esa misma realidad. La matemática, en algún sentido, por tanto, *se crea y se descubre*. Hay estructuras de la realidad que podemos dar por definitivamente establecidas, descubiertas, por ejemplo que 2+2=4, y otras que la mente ha establecido, creado, como acercamiento suficiente, al menos en un primer intento provisional, y que también tienen su valor, incluso en el caso de que se observe más adelante que otras diferentes pueden servir mejor para explicar la realidad.

Esa solidez y fortaleza de la realidad matemática, que se resiste de algún modo a posibles manipulaciones arbitrarias, y a los intentos de un falso encasillamiento, que la mente matemática colectiva y también el matemático individual en su propio trabajo experimentan tantas veces, son tal vez la raíz de las consideraciones en torno a la trascendencia que llevaron a los pitagóricos a considerar la matemática como escala hacia la divinidad. Al contemplar la fuerza independiente y autónoma de las relaciones que en la matemática se crean-descubren, el matemático puede quedar plenamente convencido de que está percibiendo la presencia de algo superior él, que le precede en inteligencia y cuyas huellas le parece estar siguiendo en todo su esforzado y laborioso trajín. Esto no ha sido tan sólo un convencimiento del pitagorismo primitivo.

A mi parecer, la afirmación de Hermite (y Gödel), sobre el *origen divino* del mundo de las ideas matemáticas, proviene de la percepción, tal vez sin explicitar ni fundamentar más pormenorizadamente, de esta solidez y rotundidad de los objetos que la mente humana encuentra en su tarea de matematización. Para Gödel, según cuenta Hao Wang, uno de los matemáticos que mejor lo han conocido, la tarea de construir una *religión racional*, basada en su pensamiento lógico-filosófico, constituyó uno de los núcleos importantes del trabajo filosófico de más de los últimos 30 años de su vida. Su teísmo no era como el de Einstein, quien creía *en el Dios de Spinoza*, no personal. Para Gödel, en palabras de Wang, Dios era *más que persona*, en consonancia tal vez con la teología negativa de muchos de los místicos de todas las tradiciones según la cual nuestras afirmaciones sobre Dios deben ir acompañadas de una confesión de nuestra ignorancia sobre Él.

Entre los personajes de la matemática del siglo XX en cuyos escritos científicos ha quedado plasmado explícitamente algún tipo de percepción de esta apertura a la trascendencia que venimos comentando se encuentra. L. Wittgenstein. En la segunda parte de su *Tractatus*, la parte que se denomina mística, se encuentra una buena porción de pensamientos con tal orientación, expresados, eso sí, en el estilo un tanto sibilino que caracteriza todo el *Tractatus*. Estos pensamientos ponen de relieve cómo la intención profunda de Wittgenstein en su obra era, como él mismo decía, ética. He aquí una muestra extraída de esta segunda parte:

"6.52. Percibimos que, incluso aunque todas las posibles preguntas científicas sean contestadas, los problemas referentes a nuestra vida no han sido tocados en absoluto. Es cierto que precisamente entonces no queda ninguna pregunta; y exactamente esto es la respuesta.

6.521. La solución del problema de la vida se caracteriza por la desaparición de este problema —¿no es éste el motivo por el que personas para quienes el sentido de la vida resultó claro tras largas dudas no pudieron decir en qué consistía este sentido?—.

6.522. Existe ciertamente lo inexpresable. Esto se muestra, es lo místico".

(Ludwig Wittgenstein, *Tractatus logico-philosophicus*, 1921)

Otra muestra interesante de esta apertura a la trascendencia, esta vez de un matemático contemporáneo, que enlaza muy explícitamente con el pitagorismo primitivo, son las siguientes palabras finales de una conferencia pronunciada hace unos pocos años por Shafarevich, un gran algebrista, con ocasión de la entrega de cierto importante premio internacional, y que fue publicada en un buen número de revistas matemáticas:

"La matemática como ciencia nació en el siglo VI a. de C. en la comunidad religiosa de los pitagóricos y fue parte de esta religión. Su propósito estaba bien claro. Revelando la armonía del Universo expresada en la armonía de los números proporcionaba un sendero hacia una unión con lo divino. Fue este objetivo elevado el que en aquel tiempo proporcionó las fuerzas necesarias para un logro científico del que en principio no puede darse parangón. Lo que estaba en juego no era el descubrimiento de un bello teorema ni la creación de una nueva rama de la matemática, sino la creación misma de las matemáticas.

Entonces, casi en el momento de su nacimiento, habían aparecido ya aquellas propiedades de la matemática gracias a las cuales las tendencias humanas generales se manifiestan más claramente que en ninguna otra parte. Ésta es precisamente la razón por la que en aquel tiempo las matemáticas sirvieron como modelo para el desarrollo de los principios fundamentales de la ciencia deductiva.

En conclusión, quiero expresar la esperanza de que por esta misma razón la matemática ahora pueda servir como modelo para la solución del problema fundamental de nuestro tiempo: revelar un supremo objetivo y propósito religioso para la actividad cultural humana".

(I. R. Shafarevich, *On certain Tendencies in the Development of Mathematics*)

La forma de percepción de la trascendencia por la mente humana a través de la robustez y solidez de los objetos mismos de la matemática, que la mente hubiera esperado ser más moldeables, no es en realidad muy distinta de la que pueda aparecer al contemplar la existencia de las cosas mismas, "al asombrarnos sobre la existencia del mundo", como afirma L. Wittgenstein en su *Conferencia sobre Ética*, al explicar las propias vivencias que constituían el fundamento de su sentido ético, o de la pregunta primigenia de Leibniz que sirve de arranque a toda la filosofía sobre "por qué existe algo más bien que nada".

Sin embargo, a mi parecer, en la estructura peculiar del pensamiento matemático tal como se nos revela en el itinerario que hemos recorrido, y más en concreto en la misma presencia del infinito en el origen de nuestra matematización, aparece una forma de apertura a la trascendencia que es diferente y que más bien presenta puntos de semejanza con la manera de proceder de algunos de los teólogos de nuestro tiempo como K. Rahner, en sus ideas sobre el acercamiento racional a Dios, (se puede consultar, por ejemplo, los Grados 1 y 2 de su *Curso fundamental sobre la fe,* Herder, Barcelona, *1989*). A los matemáticos que tienen interés por pensar sobre el significado profundo del infinito desde su misma perspectiva científica les vendría bien recordar las palabras del gran matemático Félix Klein, quien, en conexión con las exploraciones sobre fundamentos de la teoría de conjuntos hace notar cómo en muchos aspectos "las especulaciones de los escolásticos [...] han resultado ser los intentos más correctos de lo que hoy llamamos teoría de conjuntos", y señala cómo Cantor mismo, el creador de la teoría de conjuntos, recibió su estímulo principal para ello de tal fuente (F. Klein, *Vorlesungen über die Entwicklung der Mathematik im 19. Jahrhundert*, Teil I, p. 52, Chelsea, New York, 1967).

Como hemos visto anteriormente, en la apertura inicial de la mente al conocimiento intelectual, a cualquier conocimiento intelectual, está presente, como horizonte, como condición de posibilidad de cualquier conocimiento concreto, el ser en su infinitud. Nosotros percibimos esta infinitud no de modo temático, sino como el espacio en que nuestro conocimiento tiene lugar. Esta presencia no es sólo mera condición de posibilidad, como podría ser la mera ausencia de obstáculos, sino causa fundante de nuestro propio conocer, no una mera cuestión de estructura externa. Es algo constitutivo de nuestro conocer, aunque de una forma tan velada que no se explicita. Y tal vez no se puede explicitar. El ojo, al ver, no se puede ver a sí mismo, a no ser en la imagen de un espejo. Y en ello posiblemente radica el carácter peculiar de esta presencia, que es, por una parte, lo primario, lo siempre presente, lo más obvio de nuestro conocimiento, y, por otra, lo necesariamente oculto, escondido, misterioso. Si lo pudiéramos conocer como conocemos los objetos cotidianos, no sería lo que es.

En este horizonte infinito debe destacarse el ser finito, limitado, y este horizonte es el que proporciona la posibilidad de cualquier otro conocimiento. No nos lo planteamos como objeto. Es el horizonte, el trasfondo de nuestra visión cognoscitiva, en la que, de no estar ahí, no habría nada. La mente está por su propia naturaleza abierta a este horizonte y cualquiera de sus actividades lo pone de manifiesto. El ser finito, concreto, se destaca en ella precisamente de modo negativo, mostrando su limitación, su modo de ser particular que niega el modo de ser de otros muchos, afirmando así implícitamente que el ser importante es el que no tiene modo.

Un examen más cercano, que aquí no podemos hacer con más detalle, de la peculiar estructura de nuestra mente, con esta apertura inherente en ella, nos lleva en primer lugar a pensar que detrás de ese misterio, "lo inexpresable, lo que a mí me parece misterioso", en palabras de Wittgenstein, que funda nuestro conocimiento no puede estar la nada, pues la nada no da lugar a cosa alguna, sino que es algo que tiene que existir, si bien con una forma de existencia muy distinta de la que nosotros mismos experimentamos. Algunas de las implicaciones de esta experiencia trascendental pueden tal vez ser resumidas como sigue.

La percepción del horizonte, del infinito, del ser, dentro de nosotros nos estimula a buscar su fundamento. Y éste no se puede encontrar en la nada, pues la nada nada funda. Esto nos indica que ese fundamento es real, no es una construcción de nuestra mente, no es algo a lo que nosotros concedemos realidad, pues es previo de muchas maneras a nuestra propia realidad. Es ese fundamento real lo que está colocando las fronteras con lo limitado que nosotros percibimos de este modo peculiar desde el otro lago. Es ese fundamento real lo que propiamente posibilita nuestro mismo conocer y nuestro mismo ser. El misterio está ahí, más interior a nosotros que nosotros mismos, mucho más real que nosotros, fundando la realidad que somos nosotros. Es ese misterio el que posibilita nuestro conocer y nuestro ser y no al revés.

Escondido... sí y no. Está presente, puedo pensar, en la forma, tal vez la única, que mejor corresponde a su ser, que es una forma que a nosotros se nos aparece como una mezcla de presencia insoslayable y de ocultamiento silencioso... el misterio inexpresable. Los místicos de todas las tradiciones, esas personas, como dice Wittgenstein en el *Tractatus*, "para quienes el sentido de la vida resultó claro tras largas dudas y no pudieron decir en qué consistía", han evocado mejor que nadie esta situación. Así lo canta San Juan de la Cruz:

> "¡Qué bien sé yo la fonte que mana y corre,
> aunque es de noche!
> Aquella eterna fonte está escondida,
> ¡qué bien sé yo do tiene su manida,
> aunque es de noche!"
>
> *(De: Cantar de la alma que se huelga de conoscer a Dios por fe)*

De esta forma, parece, se pasa de lo que en principio podría uno señalar como mera apertura de la mente, en su pensar originario —y así en cualquier pensar concreto, matemática y otras ciencias, por ejemplo— a lo que es misterioso y trascendente, a un movimiento más activo de afirmación y de búsqueda más dinámica de lo que representa para la misma mente esto misterioso e inexpresable. La mente se apercibe de su propia situación de apertura a la trascendencia. Se pregunta por la razón de esta situación. La encuentra en un algo que tiene que fundarla aunque no sepa cómo debe concebirlo. Desea vehementemente saber y saborear más de ello.

> "¡Oh cristalina fuente,
> si en esos tus semblantes plateados
> formases de repente
> los ojos deseados que llevo en mis entrañas dibujados!"
>
> *(De: Canciones entre el alma y el esposo)*

Y tras esa búsqueda, se topa con la cercanía al misterio que parece que ya se le va a manifestar más plenamente.

> "¡Oh llama de amor viva,
> que tiernamente hieres
> de mi alma en el más profundo centro!;
> pues ya no eres esquiva, acaba ya, si quieres;
> rompe la tela de este dulce encuentro!"
>
> *(De: Canciones que el alma hace en la íntima unión en Dios su esposo amado)*

La apertura de nuestra mente no es solamente apertura y dinámica de la inteligencia. En ella va incluida la persona toda con su voluntad, capaz de deseo, de amor, de compenetración, a través de la cual desearía ver colmada toda su forma de ser. La estructura de sujeto y persona del hombre derivan de una forma natural de esta experiencia originaria de lo trascendente, constituyen el soporte propio que posibilita tal experiencia trascendental y de ella se sigue, al percibirse el hombre a sí mismo como teniendo a su cargo sus propias decisiones y al estar colocado en el tiempo, su propia estructura de libertad.

Pienso que es desde esta experiencia de lo trascendente desde donde uno puede entender mejor la relación íntima entre:

• sujeto —capacidad de hacerse cargo de sí mismo de modo muy especial—.

• persona —capacidad de abrirse a otros en virtud de una misma participación de esa experiencia de lo trascendente y de abrirse a lo que es misterioso, pero acerca de lo cual puede colegir, por el hecho de estar fundando tal capacidad suya, que es ello mismo capaz de alguna forma también misteriosa de acoger su propia apertura—.

• libertad —capacidad, fundada en su carácter de sujeto y persona colocada ante opciones, de elegir y actuar de modos diferentes—.

• historicidad —colocado en un instante determinado del tiempo con todo lo que esto significa, por ejemplo, su posibilidad de escrutar si en el pasado pudiera encontrar huellas de la manifestación del misterio—.

Es claro que no es éste el lugar adecuado para tratar de llevar adelante las muchas implicaciones a las que parecen conducir estas consideraciones, que enlazan, a mi parecer, de forma natural, con el resto de las consideraciones filosóficas de todos los tiempos.

Para terminar, quisiera recordar unas palabras de A. N. Whitehead que nos hacen volver a nuestro punto de partida y que vienen a subrayar la importancia del papel del modo de pensar matemático para una mejor comprensión de las estructuras de la realidad:

> "La noción de estructura es tan antigua como la civilización [...] la infusión de estructuras en el curso de la naturaleza y la estabilidad de tales estructuras así como la modificación de ellas son la condición necesaria para la realización del Bien.
>
> La matemática es la técnica más poderosa para la comprensión de la estructura y para el análisis de la relación entre estructuras... Considerando la inmensidad de su campo de acción, la matemática, incluso la matemática moderna, es una ciencia en su infancia.
>
> Si la civilización continúa avanzando, en los próximos 2.000 años la novedad predominante en el pensamiento humano será el señorío de la intelección matemática".
>
> (A. N. Whitehead, *Sobre el Bien*, 1923)

N. BOURBAKI, "L'Architecture des Mathematiques", en *Les grande courants de la pensée mathematique*, Le Lionnais, (Cahiers du Sud), (pp.35-47), 1948.

K. GÖDEL, *Über formalunentscheidbare Sätze der Principia Mathematica und verwandter Systeme, I, Monatshefte für Mathematik und Physik*, 38, (pp.173-198), 1931.

— *Ensayos inéditos*, Edición a cargo de Francisco Rodríguez Consuegra, Mondadori, 1994.

M. DE GUZMÁN, "Impactos de la Matemática sobre la cultura", en *La ciencia ante el siglo XXI*, Fundación Ramón Areces, Madrid, 1995.

D. HILBERT, *Über das Undendliche*, Mathematische Annalen, 95, (pp.161-190), 1925.

F. KLEIN, *Vorlesungen über die Entwicklung der Mathematik im 19. Jahrhundert*, Chelsea, New York, 1967.

K. RAHNER, *Curso fundamental sobre la fe*, Herder, Barcelona, 1989.

B. RUSSELL, *Recent work on the principles of mathematics*, International Monthly, 4, 1901.

I. SHAFAREVICH, "On certain tendencies in the development of mathematics", en *Mathematical Intelligencer*, 3, 1983.

H. WANG, *Reflexiones sobre Kurt Gödel,* Alianza, Madrid, 1987.
B. L. van der WERDEN, *Die Pythagoreer. Religiöse Bruderschaft und Schule der Wissenschaft,* Artemis, Zürich, 1979.
A. N. WHITEHEAD, *The interpretation of Science. Selected essays,* Bobbs-Merrill, Indianapolis, 1961.
— *Science in the modern world,* Free, Press, New York, 1967.
L. WITTGENSTEIN, *Tractatus logico-philosophicus,* Annalen der Naturphilosophie, Ostwald, 1921.
— *Werkausgabe Band 8,* Suhrkamp, Frankfurt am Main, 1984.

"Entierro de Oscar Panizza", ▶
por George Grosz
(Staatsgalerie, Stuttgart)

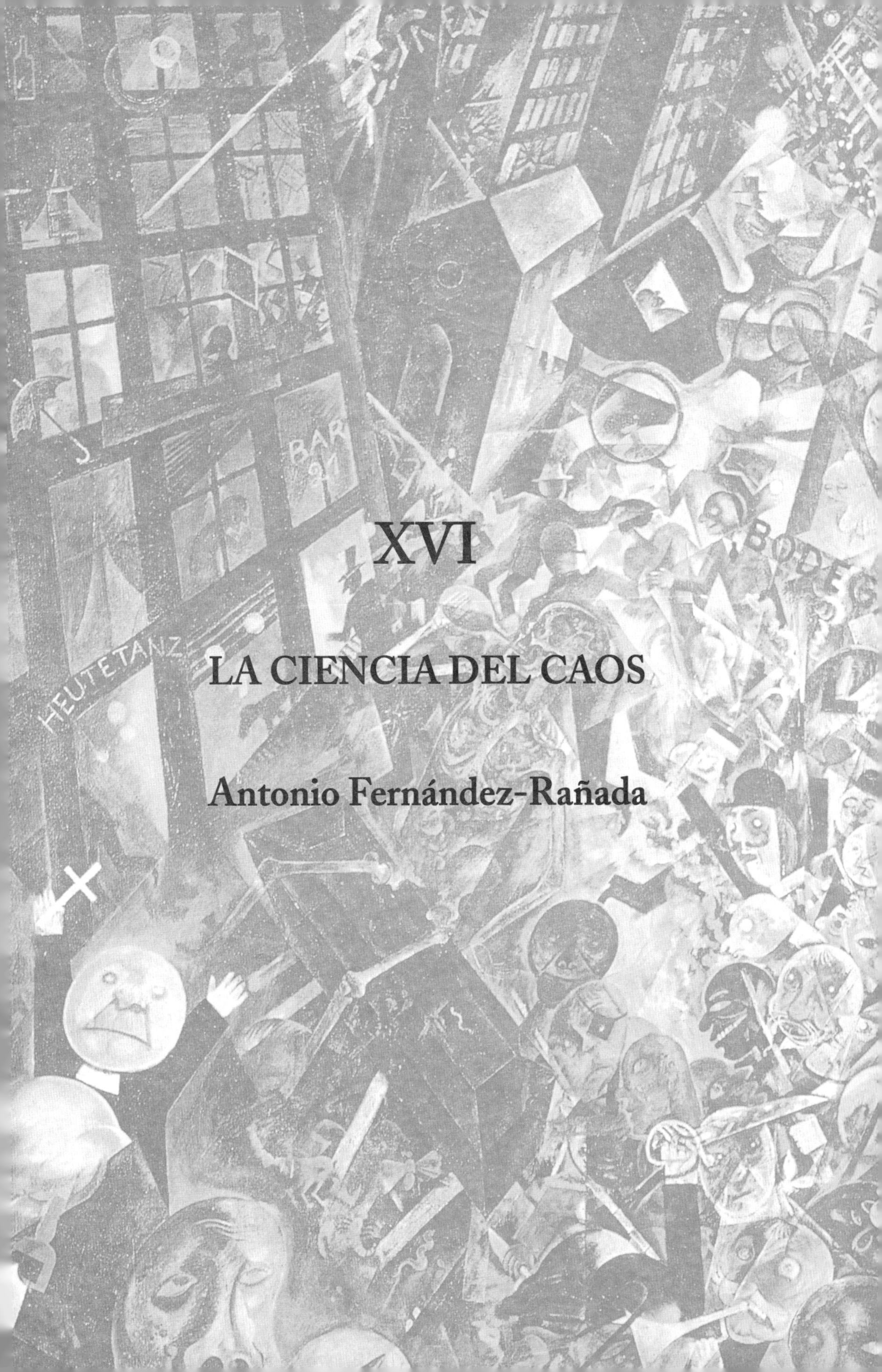

XVI

LA CIENCIA DEL CAOS

Antonio Fernández-Rañada

LA CIENCIA DEL CAOS

Antonio Fernández-Rañada
Departamento de Física Teórica
Universidad Complutense de Madrid

Se puede leer a menudo que el tránsito del siglo XIX al XX es como un viaje desde el orden al caos. Sin duda, la cultura y el pensamiento del XIX veían un mundo ordenado, previsible, regido por leyes simples que asignaban un lugar y un tiempo a cada cosa. Pero el nuevo siglo sacudió los cimientos de ese orden, desde su violento principio, marcado por la Revolución Rusa y la I Guerra Mundial, para continuar luego con la pérdida progresiva de las certezas y el convencimiento de que el devenir humano es mucho más complicado y azaroso de lo que se quería pensar. La II Guerra Mundial, con los horrores de Dresde, Hiroshima o Nagasaki, acentuó ese sentimiento, sustituyendo el optimismo y la fe en el progreso por un pesimismo escéptico que ve sobre todo un mundo distorsionado y fragmentario.

La historia y la conciencia que la humanidad tiene de sí misma están mucho más imbricadas con el pensamiento científico de lo que se supone. No es difícil, por ejemplo, encontrar semejanzas y paralelismos entre los movimientos artísticos y el surgir de ideas científicas nuevas. De modo muy especial ocurre con el tema de este artículo, que describe cómo pasó la ciencia de la visión fría de un Universo-reloj, regido por leyes férreamente deterministas, a uno mucho más complejo e imprevisible, inquietante sin duda pero capaz también de crear espacios que hagan posible, en palabras del científico ruso-belga Ilya Prigogine, una "nueva alianza" del hombre con la naturaleza, en los pliegues en que se entremezclan el orden y el caos, el ser y el devenir, donde el hombre no se sienta extraño en lo que nunca debe dejar de ser su morada.

1. El azar, la necesidad y los átomos

Al mirar el mundo vemos que en las cosas hay algo que permanece y algo que cambia, que son sólidas y también fugaces, previsibles e inesperadas, que la vida nace y muere, bajo la impasibilidad de los astros. O sea, que sentimos continuamente la inquietante dualidad del ser y el devenir.

Los griegos se sintieron fascinados por esa antonimia y le dieron forma filosófica mediante las doctrinas antagónicas de Parménides de Elea y Heráclito de Éfeso. El primero veía, ante todo, lo permanente y lo inmutable de las cosas, o sea, el ser. El segundo, lo cambiante y lo fugaz, es decir, el devenir. Esta oposición fue tan fecunda para la ciencia que la propia idea del átomo surgió de un intento de compromiso entre esos puntos de vista contrarios. Pues Leucipo y Demócrito pensaron que si las cosas están hechas de pequeños corpúsculos indivisibles, su inmutabilidad, debida a su extrema dureza, explicaría lo permanente, mientras que las colisiones entre ellas darían cuenta de la fugacidad, al introducir cambios en su disposición mutua, a la manera de una partida de billar con inumerables bolas.

Una frase redonda y elocuente de Demócrito lo resume: "Todo lo que ocurre en este mundo se debe al azar y la necesidad". En el polo de la necesidad todo está determinado a partir de leyes inexorables, de manera que no puede haber allí nada nuevo: todo lo que ocurre hoy estaba ya contenido en el estado que tenía ayer el mundo, es su consecuencia inevitable. Por el contrario, en el polo del azar reina lo impredecible, lo fortuito, la aparición de formas nuevas, que no estaban contenidas en las de ayer. Está claro que el mundo que vemos se mueve entre esos dos polos; saber cuánto hay en él de azar y cuánto de necesidad ha sido una de las preocupaciones más importantes de la ciencia en toda su historia.

Prescindiendo del pensamiento mágico, todas las concepciones del mundo se basan en combinaciones de tres elementos: azar, necesidad y acción divina. Como la ciencia no considera esta última, sus ideas sobre las leyes básicas de la naturaleza se construyen con diversas proporciones de las dos primeras.

2. La revolución científica, Newton y el determinismo

Una base muy importante de la revolución científica del siglo XVII fue la llamada filosofía mecánica, o sea, la creencia en que la naturaleza puede explicarse suponiendo que los cuerpos están formados por corpúsculos sometidos a fuerzas. La idea cristalizó en la ingente obra de Newton y en el llamado luego programa newtoniano.

La teoría de la Gravitación Universal sacudió profundamente las bases del pensamiento. Junto con su teoría del movimiento, logró un triunfo espectacular al deducirse de ellas las tres leyes de Kepler del movimiento planetario y porque aportaron una novedad radical e importante: son universales, es decir, se aplican en todo el Universo, tomando así su validez una importancia objetiva tremenda, pues indica que la capacidad humana de comprender el cosmos es mucho mayor de lo que se imaginaba. Cuando la teoría fue desarrollada matemáticamente en el siglo XVIII por L. Euler y J. L. Lagrange en el marco de las llamadas ecuaciones diferenciales, se comprende a fondo una propiedad muy importante del paradigma newtoniano: es determinista, lo que significa que las soluciones de la teoría, es decir, la expresión de los movimientos, quedan completamente determinadas para todo tiempo pasado y futuro, una vez conocidas las posiciones y velocidades actuales. La consecuencia es importante: conociendo el presente se puede predecir el futuro y retrodecir el pasado. Con ese determinismo, el polo necesidad triunfa completamente sobre el polo azar.

Este determinismo se manifiesta en muchos aspectos de la vida cotidiana. Por ejemplo, en el motor de un automóvil que funciona siempre según lo previsto por su fabricante, si éste es competente y no se presentan efectos externos no previstos, como un viento fuerte o un suelo helado. Un buen coche debe ser previsible. Que el acelerador acelere de la manera prevista y que el volante haga girar el coche según está diseñado, sin que pueda ir a la derecha cuando el conductor lo rota hacia la izquierda. Realizando ciertas operaciones, un buen piloto lleva siempre su avión al lugar de destino previsto; lo que hace es que en cada caso las condiciones iniciales de todos los dispositivos sean las adecuadas.

Pero nos interesa concentrarnos en el comportamiento de los objetos naturales. Un ejemplo expresivo de lo que en ellos significa el determinismo nos lo ofrece el llamado *eclipse de Herodoto*. Cuenta ese historiador que cuando los lidios y los medos se enfrentaban en una batalla, "el día se tornó súbitamente en noche", lo que asustó de tal modo a los contendientes que acordaron la paz de inmediato. Naturalmente se trataba de un eclipse de sol. Herodoto no da la fecha de la batalla, sí el lugar, y ningún otro historiador nos informa de ella. Sin embargo, sabemos hoy que la lucha tuvo lugar el día 28 de mayo del año 582 a. C. y además que fue por la tarde. Basta, para llegar a esta conclusión, con resolver las ecuaciones newtonianas del sistema Sol-Tierra-Luna, comprobando así que la Luna cortó la luz del Sol sobre la zona de la batalla precisamente en ese momento. O sea que toda la historia del Sistema Solar está contenida de alguna forma en su estado de hoy.

Pero el determinismo tiene limitaciones y fue el propio Newton quien lo comprendió. La fuerza más importante sobre cada planeta es la debida al Sol, y al despreciar las de los planetas entre sí, se concluye que cada uno se debe mover sobre una elipse, tal como había mostrado Kepler con sus famosas leyes del movimiento planetario. Pero las fuerzas entre los planetas, aunque débiles en comparación con la del Sol, no son del todo despreciables, por lo que deben incluirse en el análisis. Newton comprendió que ello podría cambiar mucho las cosas, sacando poco a poco a cada uno de su elipse, de manera que el movimiento global se haría extremadamente complejo, incluso imposible de determinar, sin poder excluirse la expulsión de un planeta fuera del sistema —así ha sucedido realmente con muchos asteroides—. Esto que preocupaba a Newton es lo que hoy se llama el problema de la estabilidad del Sistema Solar; está aún hoy sin resolver y es un campo de investigación activo. Él lo expresó diciendo que "calcular en detalle el movimiento futuro del Sol y los planetas excede, a menos que yo esté muy equivocado, a la capacidad de todo el intelecto humano". Con estas palabras el propio Newton estaba descubriendo el movimiento caótico. Pero que el Sistema Solar pudiera deshacerse le parecía una idea muy desagradable y contraria a la armonía que creía percibir en todo el Universo. Para evitarlo, supuso que Dios intervendría para restaurar el orden en caso de desajuste, colocando de nuevo cada planeta en su elipse kepleriana.

3. El demonio de Laplace y el mecanicismo

Dos tipos de reacciones hicieron que esta importante observación de Newton cayera en el olvido. Primero, Leibniz le acusó de tener una pobre idea de Dios, como si Éste fuese un operario torpe, fabricante de mecanismos que necesitan de constantes ajustes y arreglos. Segundo, Laplace creyó demostrar que el desajuste del Sistema Solar que Newton temía no se llegaría a producir, pues las propias fuerzas entre los planetas que lo podrían iniciar acabarían impidiéndolo después. O sea que a pesar de las fuerzas interplanetarias, el sistema es estable. Laplace acababa de construir una de las estructuras más impresionantes de la historia del pensamiento, su famoso sistema del mundo, transformando la astronomía en una mecánica celeste de enorme precisión. Cabía esperar que el efecto temido por Newton se manifestase primero en el movimiento de Júpiter y Saturno, los planetas más masivos y que, por ello, se afectan entre sí más que cualquier otro par; por eso Laplace dedicó un gran esfuerzo al estudio de la interacción de esos dos cuerpos con el Sol. Creyó probar que, si bien parecía en un principio que esos dos astros se separaban poco a poco de sus órbitas, sus mismas fuerzas mutuas las harían volver más tarde a ellas, restaurando así la estabilidad del Sistema Solar. Eso explica el sentido de una anécdota famosa: cuando Napoleón le preguntó por el lugar de Dios en su sistema del mundo, lo que quería saber es por qué los planetas se mantienen en sus órbitas. La contestación de Laplace, "Sire, no necesito esa hipótesis", se refiere a que, según sus cálculos, el sistema es estable por el mero efecto de las leyes de Newton. Sin embargo hoy sabemos que Laplace se había equivocado.

La obra de Laplace causó un enorme impacto, pues representaba una visión unificada y exactísima del mundo, basada sólo en cuatro leyes de Newton: las tres del movimiento y la de la gravedad. Su acuerdo con las observaciones era espectacular. Se impuso la metáfora del Universo-reloj, abriéndose paso luego la idea de que el relojero era innecesario: bastaba con las leyes naturales. Todos se olvidaron del temor de Newton y usaron otra frase suya para fundar sobre ella lo que se llamó el programa newtoniano, base científica del mecanicismo de XIX. Esa frase está en la 1ª edición de sus *Principia:* "Ojalá que fuera posible deducir todos los fenómenos naturales [...] a partir de principios mecánicos; porque muchas razones me inclinan a sospechar que todo depende de ciertas fuerzas que hacen que las partículas de los cuerpos [...] se empujen llegando a formar figuras o se repelan y se separen unas de otras." Nótese que Newton coincide así con Demócrito, aunque muestra mucha más cautela.

Estimulado por su éxito, Laplace extrapoló la mecánica de Newton fuera del ámbito para el que fue propuesto y probado, dando expresión radical al determinismo al declarar, en 1814 —paradójicamente en una obra titulada *Ensayo filosófico sobre las probabilidades*—:

"... hemos de considerar el estado actual del Universo como el efecto de su estado anterior y como causa del que ha de seguirle. Una inteligencia que en un momento determinado conociera todas las fuerzas que animan la naturaleza, así como la situación respectiva de los seres que la componen, si además fuera lo suficientemente vasta como para someter a análisis tales datos, podría abarcar en una sola fórmula los movimientos de los cuerpos más grandes del Universo y los del átomo más ligero; *nada le resultaría incierto, y tanto el futuro como el pasado estarían presentes ante sus ojos*" (La cursiva es mía).

Y así, a lo largo del siglo XIX se asiste a la apoteosis del determinismo, es decir, del polo necesidad de Demócrito. O, en otras palabras, al triunfo del ser sobre el devenir y a la victoria de Parménides. Las nuevas observaciones astronómicas parecían confirmarlo fuera de toda duda. Al descubrirse el asteroide Ceres, entre Marte y Júpiter, se comprueba que su órbita se acompasa fielmente a lo previsto por el determinismo newtoniano. En 1849, el francés Leverrier demuestra que Urano se desvía algo de lo previsto por la teoría. Es tal su confianza en la ley de la gravitación que postula que un planeta no detectado está tirando de él. Calcula la posición que debía tener, sin haberlo visto nunca, y pide a los astrónomos que miren allí. Pocos días más tarde, Neptuno es observado precisamente en ese sitio.

Se estableció así la idea de que el azar no existe, sólo es una apariencia. Sucede que cuando el número de variables de un sistema es demasiado grande, aunque siga siendo determinista, no es posible por razones prácticas calcular los detalles finos de su movimiento. Conviene recurrir entonces a hacer promedios, como cuando una encuesta nos informa sobre las opiniones de la gente. Si aparecen probabilidades, ello se debería sólo a razones prácticas, no de principio. Por eso, en el siglo XIX se llegó a concebir el azar como una ficción metodológica, encubridora de nuestra ignorancia de los detalles, pero ignorancia vencible, al menos como cuestión de principio.

Los éxitos de la astronomía impulsaron a muchos científicos a caer en la trampa de la extrapolación. Sobre ella se fundó el llamado mecanicismo, que fue considerado por muchos como base inevitable de cualquier concepción válida del mundo. A lo largo del siglo XIX se llegó a decir "ser libre es hacer mentir a las leyes de la física y la química", pues, se argumentaba, cuando una persona hace algo, sólo puede moverse en la forma determinada por el estado de sus átomos, que estaba ya prefijado en la nebulosa de la que se formó el Sistema Solar.

Es necesario recalcar que el mecanicismo no es una consecuencia lógica de las leyes de Newton, sino que implica un cambio cualitativo y una extrapolación no justificados por el conocimiento científico. Es, más bien, propio de una posición filosófica frente al mundo natural, caracterizada por una hipótesis implícita pero esencial: la gran diversidad de fenómenos naturales se puede reducir completamente al resultado de un conjunto pequeño de leyes cuantitativas simples que regulan la evolución de un número limitado de variables. Ese conjunto de leyes serían las de Newton y algunas más no muy distintas. Además, el mecanicismo, al menos en su forma radical, está en clara contradicción con el espíritu científico que siempre dice que cualquier ley es aplicable solamente dentro de ciertos límites y de ciertas aproximaciones. Hay que estar siempre preparado para que puedan aparecer nuevos elementos, variables, interacciones, propiedades emergentes y niveles de complejidad a los que se apliquen leyes distintas a las conocidas.

De modo sorprendente, el mecanicismo implica una refutación del tiempo. La intensa sensación que tenemos de su paso se debe a una sucesión no prefijada de estados mentales, pues se nos ocurren ideas o se nos presentan imágenes que no estaban antes en nuestra cabeza, creadas u originadas de algún modo no automático. Además el mundo se nos presenta no sólo como actualidad, sino como cambio, como devenir tanto como ser. Realmente el tiempo implica la novedad, y poca puede haber en el mundo si todo lo que sucede hoy estaba ya en su estado de ayer. Por eso, desde el punto de vista del determinismo radical, el tiempo es sólo apariencia. Einstein así lo expresó en una carta enviada a la esposa de Michele Besso, un amigo de su juventud, cuando éste murió, poco antes que él mismo: "Michele se me ha adelantado en dejar este extraño mundo. Poco importa. Para nosotros, físicos convencidos, el tiempo es tan sólo una ilusión, por persistente que parezca".

En honor de Laplace, se debe decir que fue más cauteloso que sus seguidores. En las líneas que siguen a la presentación de su demonio dice: "El espíritu humano ofrece, en la perfección que ha sabido dar a la astronomía, un débil esbozo de esa inteligencia (...), pero de la que siempre permanecerá infinitamente alejado". Pero suele ocurrir que los discípulos son más radicales que sus maestros, y así muchos científicos del XIX, y sobre todo muchos pensadores no científicos, sentían ya que el conocimiento total del mundo estaba al alcance de la mano.

4. El mecanicismo y la modernidad

Hoy sabemos que la visión del mundo que dominó la primera modernidad y que se gestó en la Ilustración es demasiado simple. Ante los enormes éxitos de la astronomía al predecir de manera asombrosamente precisa los movimientos de los planetas, se dio en pensar que éstos son el paradigma del comportamiento de todas las cosas, incluyendo los seres vivos y el orden social, y que todo se puede explicar de modo reduccionista, si llegamos a comprender las leyes simples y deterministas que siguen los corpúsculos constituyentes de las cosas: o sea, los átomos. De manera implícita se admitía que el número de esas leyes sería reducido: sólo habría unas pocas.

Esta idea produjo como un golpe de luz súbito y cegador. Parecía que la humanidad estaba ya cerca del conocimiento total y absoluto. Aunque hoy sabemos que no es así, es comprensible que se cayese en la tentación, porque el inmenso edificio conceptual de la ciencia, especialmente de la física, se basó siempre en examinar situaciones simples. Por ello, en su libro *El Universo abierto: un argumento en favor del indeterminismo*, afirma Karl Popper: "Se puede describir la ciencia como el arte de la supersimplificación sistemática, como el arte de discernir lo que se puede omitir con ventaja". Es así: la física siempre simplifica la realidad, supone que las cosas tienen formas simples, como esferas o cubos, o las reduce a puntos, prescinde de aspectos, aproxima valores. Los resultados así obtenidos constituyeron un enorme triunfo para el método que había propuesto Descartes.

Hoy sabemos que no se debe confundir un modelo matemático de la realidad con la realidad misma, y que ésta es mucho más compleja. Sin embargo, se cometió entonces el error de ignorarlo, al trasladar la simplicidad del modelo newtoniano desde una teoría de los objetos inertes al orden social, lo que explica una de las características más notables del pensamiento moderno: su visión unitaria y lineal de la historia. Pues el éxito de la ley de la Gravitación y de las otras de Newton llevó a pensar que las leyes humanas siguen leyes históricas igualmente deterministas. Así surgieron historicismos de varios tipos, cuyo denominador común es que el futuro de las sociedades humanas es previsible una vez conocidas esas leyes, de la misma manera que lo es el de los planetas.

Dos ejemplos muy expresivos de las consecuencias de esta tentación nos los ofrecen el positivismo de Auguste Comte y el marxismo. El primero tuvo tanto éxito por imponer al mundo una simplicidad que, si bien excesiva e injustificada, es fácil de entender. Su sistema supone que el conocimiento científico es omnicompetente y el único válido. Armado con esa confianza, Comte creyó descubrir una ley fundamental de la historia, que representaría en ella un papel análogo al de la Gravitación Universal en la física. Esta ley afirma que todas las sociedades pasan necesariamente por tres fases sucesivas: la primera es la de la religión; la segunda, la de la filosofía, y la tercera, a la que calificaba como fase positiva, la de la ciencia. La transposición desde el Sol y los planetas a la historia humana es evidente. Según el modelo de la nebulosa primitiva de Laplace, el Sistema Solar pasó por fases de agrupación y formación antes de llegar a la actual, que se suponía ya permanente por todo el futuro porque así lo imponen las leyes de Newton.

Algo muy parecido sucedió con el marxismo. A la confianza de Marx en la existencia de leyes históricas análogas a la de la Gravitación Universal se debe su firme creencia en la inevitabilidad de la revolución, si se dan las condiciones determinantes para ello. Aunque su idea social era opuesta a la de Comte, suponía como él que las sociedades humanas pasan inevitablemente por fases históricas. La última era para Marx la sociedad comunista. Es curioso que tanto la fase positiva de Comte como la comunista de Marx eran estados felices e inmóviles en los que las necesidades de los individuos estarían completamente resueltas por la sociedad gracias al triunfo de la ciencia.

Curiosamente, la tentación del historicismo parece ser muy fuerte. Así lo muestra la famosa tesis de Fukuyama conocida como *El fin de la historia*. Este teórico social norteamericano publicó en 1989 un artículo con ese título en el que defendía la idea de que el hundimiento de la Unión Soviética representa la destrucción del último obstáculo para el triunfo de la democracia liberal. Como consecuencia, la historia habría acabado, sin que pueda ocurrir otra cosa que el desarrollo monótono de la humanidad. Vemos aquí de nuevo la sombra del sistema solar perpetuo e inmutable, en un estado de equilibrio como los considerados por la termodinámica clásica. No es necesario recurrir a argumentos sociológicos para rechazar el anáisis de Fukuyama como propio de una concepción demasiado simple del devenir histórico.

Hay otros dos aspectos del pensamiento moderno en los que el reduccionismo mecanicista ha influido mucho. Se trata del modelo dominante de inteligencia y el individualismo propio de la cultura occidental.

La razón, es decir, la capacidad de elaborar cadenas de influencias lógicas, es uno de los elementos de la inteligencia. Es importante, pero hay otros más: el ingenio, la intuición, el sentido común, la percepción global, el sentido del humor, la capacidad de analogía... Sin embargo, en nuestra cultura se identificó inteligencia con razón con menoscabo de otras facultades.

Sin duda fueron los griegos quienes iniciaron esta identificación, al inventar la lógica y tomarla como verdadero y exclusivo modelo del pensamiento. Desde ese punto de vista, magnificado tras el triunfo del programa newtoniano y por el método de Descartes, las inferencias lógicas son algo así como los átomos del pensamiento y éste podría sintetizarse a partir de aquéllas, lo mismo que una pieza de metal a partir de sus átomos. Esta idea está en la base de la llamada hipótesis fuerte de la inteligencia artificial, que es la afirmación de que el cerebro sólo se distingue de un ordenador en el material de que está hecho. No es ésta una cuestión secundaria: el debate sobre la inteligencia artificial es uno de los más importantes de la historia de la ciencia.

Otra particularidad de nuestra cultura occidental es el individualismo, en el que creemos mucho más que en el mundo árabe o en el oriental, por ejemplo. No cabe duda de que ese individualismo se vio reforzado sobremanera por el reduccionismo mecanicista, según el cual todo podría explicarse en función de los corpúsculos constituyentes, que son lo verdaderamente importante. La analogía de un cuerpo hecho de átomos con una sociedad de individuos resulta evidente.

5. Las tres rupturas del mecanicismo y el redescubrimiento del azar

Pero todo el edificio conceptual del mecanicismo se basaba en olvidar un pequeño detalle que Laplace había pasado por alto. Se trataba de un término muy pequeño en sus ecuaciones del sistema de tres cuerpos formado por Saturno, Júpiter y el Sol. Era tan minúsculo que parecía completamente justificado prescindir de él. Sin embargo resultó que crecía con el tiempo, en contra de lo que él había supuesto. Así apareció el *efecto mariposa.*

Por una ironía de la historia, el origen de las ideas que probarían el error del demonio de Laplace estaba en el sistema de tres cuerpos, precisamente en el que había basado su extrapolación. Pero eso no fue todo.

Desde que él presentó su demonio, el papel de las probabilidades en la descripción del mundo material no ha cesado de aumentar. Tanto, que el mecanicismo se rompió por tres frentes sucesivos:

I. Hacia la mitad del siglo XIX, por el de los sistemas complejos con muchas variables, tantas que no es posible seguir la traza de cada una de ellas y hay que recurrir a las probabilidades y a los promedios.

II. En los años veinte de este siglo, por el de los sistemas cuánticos como átomos, moléculas, núcleos o partículas elementales, cuyas leyes son de naturaleza muy distinta a las de Newton.

III. En el último cuarto del siglo XX, por el de los sistemas caóticos, cuyo comportamiento es muy complejo, a pesar de que su aspecto puede ser muy simple y tener pocos grados de libertad. Resulta sorprendente que estos sistemas sean, a la vez, deterministas e impredecibles. Sólo se tomó conciencia general de esta ruptura recientemente, aunque su idea fundamental fue ya comprendida a finales del siglo XIX por el matemático francés Henri Poincaré en su famoso libro *Los métodos nuevos de la mecánica celeste.*

La necesidad de estudiar sistemas complejos propició el nacimiento de una tradición nueva basada en leyes probabilísticas. Consideremos la pregunta ¿cuál será el estado de un sistema al cabo de cierto tiempo? Una ley de tipo newtoniano da una respuesta clara y definida, asignando de modo preciso un único estado. La respuesta de una ley probabilística es mucho más débil, ya que considera una colección de estados posibles y simplemente asigna una probabilidad a cada uno.

Si el sistema consta de muchos elementos, es necesario por razones prácticas recurrir a las probabilidades, incluso admitiendo que la ley de la acción entre los constituyentes sea determinista, porque el número de datos a manejar es demasiado grande. Desde esta perspectiva, el azar implicado por una ley probabilística no es objetivo; se trata más bien de un truco epistemológico para poder decir algo sobre el comportamiento del sistema. Por eso la segunda ruptura, la de la teoría cuántica, es más radical, pues consagra el determinismo esencial e inexcusable de los constituyentes del mundo, o sea, las moléculas, los átomos, los núcleos o las partículas elementales. En ese ámbito se pueden predecir probabilidades, no certezas; las magnitudes físicas ni siquiera tienen valores bien determinados y las leyes asignan probabilidades a los resultados de las medidas. O sea que el azar es objetivo: no un truco epistemológico, sino la expresión de un derecho de la naturaleza.

Y así, tras el triunfo del polo necesidad con el mecanicismo, en la primera parte del siglo XIX, la ciencia empezó a redescubrir el azar, a Heráclito y, por lo tanto, el tiempo. La tercera ruptura hizo todavía más claro que eso era necesario.

6. El caos

Y así es como la mecánica estadística de los sistemas complejos y la teoría cuántica del mundo atómico y subatómico han ido desalojando al determinismo de su lugar de señor absoluto de la concepción física del mundo. Sin duda las probabilidades —o sea, el azar— resultan inevitables; pero aún quedaba mucho sitio para el determinismo. Primero, porque en la mayoría de los sistemas macroscópicos los efectos cuánticos se cancelan del todo, o bien son tan pequeños que se pueden despreciar. Por poner sólo dos ejemplos, no representan ningún papel en la dinámica de los planetas o en el diseño del motor de un automóvil. Además, a lo largo del siglo XX se empezó a aplicar el paradigma de las ecuaciones diferenciales a parcelas muy variadas de la experiencia, intentando entenderlas según el modelo de la mecánica newtoniana. Como en estos casos no cabe hablar de efectos de física cuántica, se abre la puerta de otros determinismos de tipo social, económico o psicológico.

Ello explica el impacto causado por el sorprendente descubrimiento de que el determinismo no conlleva la capacidad de predecir y que el análisis que se hacía en el siglo XIX es insuficiente, pues pasaba por alto uno de los aspectos más importantes del problema: el comportamiento de las inevitables imprecisiones —conocidas técnicamente como errores—. De manera breve y precisa: para poder realizar la predicción completa del futuro —o del pasado— de un sistema no basta con que su ecuación sea determinista, como las de la mecánica newtoniana; además, es necesario tener la capacidad de manejar cantidades infinitas de información, cosa imposible para seres finitos como los humanos.

Pues ocurre que la mayoría de los sistemas newtonianos deterministas tiene movimientos que hoy se llaman caóticos. Son aquellos tan complejos y cuyas trayectorias se entrecruzan de forma tan errática y turbulenta que resulta imposible la predicción detallada para tiempos grandes. Ello se debe a la extrema sensibilidad de los movimientos a pequeños cambios en los datos iniciales, propiedad conocida técnicamente como *sensibilidad fuerte a las condiciones iniciales* (SFCI). Nótese que todas las cantidades que definen las condiciones iniciales —longitudes, velocidades, ángulos— se conocen con un margen de error inevitable —por eso se escribe el valor de una variable como "*x* más menos d*x*"—, debido bien a las imprecisiones de las medidas bien a inexactitudes de los métodos de cálculo. Así, en el caso del lanzamiento de una nave espacial, se sabe que sale con velocidad comprendida entre dos cotas muy próximas "$v+dv$" y "$v-dv$". O quizá que la de un satélite es de 7.550 m/s (metros por segundo) con imprecisión 150 m/s, lo que significa que vale entre 7.400 m/s y 7.700 m/s. Pues bien, sucede que ese margen de imprecisión dv, aunque sea muy pequeño al principio, aumenta así, en muchos casos, cada vez de forma más violenta y errática. Y ocurre así para cualquier esquema matemático que se use al resolver el problema.

Para entender cómo perturbaciones muy pequeñas pueden cambiar radicalmente la evolución de un sistema, se suele evocar la historia del juicio de Jesús, preguntando:

"¿Qué habría ocurrido si Pilatos no se hubiera lavado las manos?" No cabe duda de que el curso de la humanidad hubiera sido distinto, pero es imposible saber cuál habría sido.

En 1967, el matemático norteamericano Edward Lorenz se encontró de repente con este problema. Al intentar comprender el movimiento de la atmósfera cuando el aire se calienta por debajo, llegó a tres ecuaciones de aspecto sencillo que regían la variación de la temperatura y la velocidad del aire. Al intentar resolverlas con un ordenador se encontró con un problema serio: cualquier pequeñísima variación en el dato inicial producía cambios enormes al cabo del tiempo. Como los datos meteorológicos se conocen con imprecisiones inevitables, pues no hay observatorios en todos los puntos del mapa, la consecuencia es clara: el tiempo es imprevisible. Ya lo sabíamos, pero se pensaba que ello era debido a la inexperiencia de los meteorólogos o al escaso desarrollo de su ciencia. No es así. El problema es que la atmósfera es un sistema caótico. Para explicar este hecho, Lorenz acuñó la expresión *efecto mariposa* en un congreso celebrado en Washington en 1972. Con ella alude a un meteorólogo que, tras hacer un cálculo cuidadoso y exacto de la evolución de la atmósfera, vería arruinados sus esfuerzos por no haber tenido en cuenta el inesperado batir de las alas de una mariposa, pues esta pequeña imprecisión podría aumentar luego de forma explosiva. La frase hizo fortuna y se usa hoy para designar al aumento incontrolado de los errores. El efecto mariposa es más fuerte unos días que otros y de ello depende la exactitud de la predicción.

Este aumento de los errores se caracteriza por el llamado *tiempo de Liapunov*, propio de cada sistema, que es el que tiene que transcurrir para que se dupliquen sus valores —en promedio—. Al cabo de dos tiempos de Liapunov, la imprecisión se multiplica por cuatro; al cabo de tres, por ocho; al cabo de *n*, por 2 elevado a *n*. O sea, que crece en progresión geométrica. Como consecuencia, en cada nivel de precisión hay un *tiempo de predicción fiable*, más allá del cual el error es superior al exigido. Es posible mejorar ese tiempo usando un esquema matemático más complejo, pero, y esto es importante, siempre crece más deprisa el esfuerzo matemático —medido por el número de operaciones elementales— que el tiempo de predicción fiable. Por eso resulta imposible la exigencia de mantener la precisión para todo tiempo, lo que llevó al físico ruso-belga Ilya Prigogine a decir: "Vemos el mundo a través de una ventana temporal" —entre el ahora y el tiempo de predicción fiable—.

El cambio de perspectiva es tal que el presidente de la Unión Internacional de Mecánica Pura y Aplicada, el británico James Lighthill, dijo en 1986, al inaugurar un congreso de su asociación: "Debemos hablar en nombre de la gran fraternidad de practicantes de la mecánica. Somos hoy muy conscientes de que el entusiasmo que animaba a nuestros predecesores les llevó a generalizaciones sobre la predecibilidad que sabemos hoy que son falsas. Debemos presentar excusas colectivamente por haber inducido a error, propagando respecto al determinismo ideas que, a partir de 1960, se han declarado incorrectas".

¿Cómo es posible que se hubiera pasado por alto y durante tanto tiempo esa propiedad tan importante de la dinámica clásica? Hay una razón: nuestra intuición del comportamiento del mundo físico estaba basada en el estudio del Sistema Solar, que es muy especial: su tiempo de Liapunov es muy grande, de decenas de millones de años, prácticamente infinito a la escala de nuestras vidas. Además, los sistemas cuya solución se puede expresar de forma simple —los primeros en ser estudiados— pertenecen a la clase excepcional de los llamados *integrables,* para los que la predicción es realmente posible, pero que nunca se dan exactamente en la naturaleza, son sólo idealizaciones. Los profesores hemos mantenido el equívoco, ante la necesidad de poner problemas fáciles a los estudiantes. Se llegó así a una situación aberrante: nuestras ideas básicas sobre la materia estaban basadas en el Sistema Solar, que es escasamente representativo de los demás.

Hay otra manera de caracterizar el caos, mediante la teoría de la información. El estado de un sistema se expresa mediante varios números cuyo conocimiento implica una cierta cantidad de información, es decir, un cierto número de bits. Pues bien, aumento de los errores significa pérdida de información. Como la cantidad de información inicial es finita, se acabará agotando del todo, momento en que no sabremos nada sobre lo que le ocurre al sistema. Volveremos sobre ello.

7. ¿Qué es regularidad?

Hemos hablado de movimiento regular como de aquel que puede predecirse. Las palabras *regular* y *regularidad* tienen una larga tradición científica. Se han usado a menudo en expresiones como *regularidad de la naturaleza*, considerándose que uno de los pasos más importantes del método científico consiste en detectar y observar regularidades, tratando luego de ordenarlas en una teoría.

En algunos casos es posible reconocer una recurrencia clara; así ocurre cuando el movimiento es periódico, como la sucesión del día y la noche o muchos movimientos astronómicos. Sin embargo, si no se observa tal regularidad, no se puede asegurar que tras esperar un tiempo mayor no aparezca alguna pauta que no era aún evidente.

Para aclarar esta cuestión, conviene considerar lo que se llama *evolución en grano grueso*. Para ello se divide el espacio que representa los estados posibles del sistema en un cierto número m de celdas y se realizan observaciones a intervalos regulares —cada segundo, cada día o cada año— anotando el número de la celda en que se encuentra el sistema. Se obtiene así una sucesión de números menores o iguales a m. De esta forma habremos construido algo parecido a una ruleta con m números. En algunos casos, esa sucesión mostrará una regularidad clara, de forma que tras observarla detenidamente durante un tiempo podremos predecir cuál será el número siguiente con toda precisión y seguridad. Así ocurre con los movimientos regulares. Pero hay otras ocasiones en que, por mucho que se observe la sucesión, es imposible predecir el número siguiente con seguridad: son las órbitas caóticas.

Por ejemplo, dividamos el cielo en 12 sectores iguales de 30 grados; cada uno coincidirá con uno de los signos del Zodiaco. Si anotamos la posición del Sol cada mes

—como se hace en astrología para realizar el horóscopo—, obtendremos una sucesión de números entre 1 y 12 de gran regularidad, un conjunto de 12 números que se repiten sucesivamente: o sea, un movimiento periódico. Se dice que hay una sola frecuencia, un ciclo por año en este caso. No cabe duda de que, conociendo la posición del Sol hasta el mes actual —o sea, la sucesión de números— podremos predecir con éxito cuál será la del próximo.

En ocasiones, la regularidad es algo más complicada, pero aún fácilmente reconocible. Así ocurre cuando coexisten varias frecuencias, pudiendo considerarse el movimiento como la superposición de varios movimientos periódicos. Si observamos un planeta desde la Tierra, nuestros datos reflejan mezcladas las dos frecuencias, las del planeta y de la Tierra alrededor del Sol. Esto causa el movimiento retrógrado que tienen a veces Marte y los otros planetas exteriores. Si estudiamos un satélite de Júpiter, habrá tres frecuencias: la del satélite alrededor de Júpiter y las de éste y la Tierra alrededor del Sol. Los movimientos con n frecuencias se llaman cuasiperiódicos; sus pautas de evolución son más complicadas que las de los periódicos, pero la diferencia no es muy importante, pues son también predecibles. Es cierto que si el número de frecuencias es alto puede haber dificultades de tipo práctico, pero la predicción es posible en principio. Esto significa que existe un algoritmo finito —o sea, un número finito de operaciones matemáticas elementales realizadas en un orden prefijado— que permite predecir el futuro dentro de cualquier margen dado de aproximación.

Pero hay sistemas cuyos movimientos tienen la peculiaridad de que, aunque es posible considerarlos como superposición de movimientos periódicos, es necesario usar un número infinito y continuo de frecuencias. En esos casos, por mucho que se estudie su comportamiento y por mucho tiempo que se espere, nunca podremos encontrar recurrencias adecuadas para la predicción, que resulta así imposible. Cuando eso ocurre, hay efecto mariposa, o sea, sensibilidad fuerte a las condiciones iniciales: son los movimientos caóticos. Tomemos algunos ejemplos.

8. Caos en el Sistema Solar

Como sospechaba Newton usando otro lenguaje, el problema de los n cuerpos —es decir, el movimiento de n astros que se atraen— es caótico desde $n = 3$. A lo largo del siglo XIX se sucedieron los esfuerzos de grandes matemáticos y astrónomos para encontrar una solución completa a su movimiento que incluyese todas las posibilidades para todo tiempo. Pero tal esperanza resultó vana. En la década de los noventa, Poincaré comprendió que esa solución era imposible; más aún, que esa imposibilidad se extiende a la mayoría de los problemas de la dinámica.

La configuración más simple del problema de los tres cuerpos, conocida como de Sitnikov, es la siguiente, indicada en la figura. Un planeta ligero P se mueve bajo la atracción gravitatoria de dos estrellas iguales A y B que giran una alrededor de la otra en un plano, describiendo dos elipses. *P* se mueve en la recta perpendicular al plano, cruzándolo sucesivamente de un lado al otro. Sean (t_1, t_2, ... t_k ...) los intervalos de tiempo entre cruces sucesivos del planeta; llamémosles los períodos.

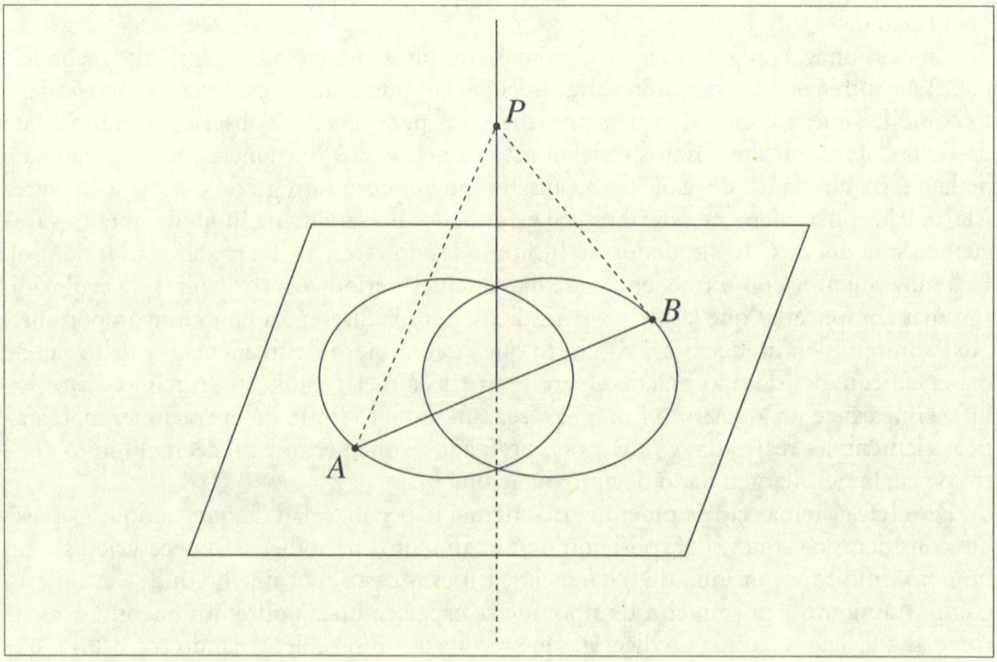

El caso de Sitnikov del problema de los tres cuerpos.

En el caso de un planeta como la Tierra, Marte o Júpiter, esos períodos son los tiempos que tarda cada uno en dar una vuelta alrededor del Sol. El Sistema Solar es tan predecible que cada planeta tarda siempre lo mismo; así, por ejemplo, el año de la Tierra dura siempre 365, y el de Marte, 687 días. Pero un planeta sometido a dos estrellas iguales que siguiera una órbita de Sitnikov, tendría períodos sucesivos distintos, de modo que la sucesión t_1, t_2, t_3,... no seguiría ninguna pauta regular. De hecho, sería caótica a pesar de seguir una ley determinista dada por las ecuaciones de Newton.

Este ejemplo nos muestra cómo el papel destacado de lo regular en la ciencia se debe en buena parte a que vivimos girando en torno a una estrella simple. ¡Un Kepler situado en un planeta como *P* se habría visto obligado a abandonar su búsqueda de leyes regulares para el movimiento de su sistema solar!

La estabilidad del Sistema Solar sigue siendo, como se dijo más arriba, un problema abierto. Tras hallarse en el siglo XVIII la solución del llamado problema de los dos cuerpos, es decir, del movimiento de dos astros que se atraen por su gravedad mutua, la solución del de tres se planteó como un reto que haría famoso al matemático que lo consiguiera, pues se abriría así el camino al conocimiento completo y exacto del movimiento del Sistema Solar. Parecía algo alcanzable que no podría tardar mucho y por eso se convocaban con cierta frecuencia concursos para que presentasen sus trabajos quienes creían tener una solución. Pero la cuestión resultaba ser más ardua de lo supuesto. El rey Oscar II de Suecia ofreció un premio al matemático que pudiera probar la estabilidad del sistema del Sol y los planetas. Se dio entonces una situación sorprendente que muestra cómo los descubrimientos científicos aparecen al final de caminos tortuosos, llenos de idas y venidas, de pasos adelante y atrás. El jurado del premio estaba compuesto por tres de los más grandes matemáticos del momento, Weierstrass, Kronecker y Mittag-Lefler, quienes declararon ganador al francés Poincaré, uno de los grandes matemáticos de la historia, por una compleja prueba de más de 200 páginas, a pesar de tener algunas dudas sobre su validez.

Pero alguien descubrió que Poincaré se había equivocado, provocando una situación embarazosa y la acusación de trato de favor. Toda la edición de un número de la revista *Acta mathematica,* que ya había impreso el trabajo, tuvo que ser destruida. El jurado dio un plazo a Poincaré para que revisase su texto. Al hacerlo, Poincaré comprendió, por fortuna, que debía cambiar su opinión: no se podía probar la estabilidad del Sistema Solar. La nueva versión de su trabajo resultó mucho más interesante, pues descubre algo de gran trascendencia: el determinismo no implica predecibilidad. En el lenguaje de hoy: el Sistema Solar es caótico.

Algunos datos lo muestran fuera de toda duda. Hiperión, un satélite de Saturno, va, literalmente, dando tumbos, debido a que su movimiento de rotación es caótico, pues su eje se mueve erráticamente, así como la velocidad de giro. También exhiben signos de caos la banda de los asteorides, los anillos de Júpiter o Plutón. En la actualidad se construyen ordenadores diseñados expresamente para estudiar este problema. Los que lo estudian se muestran de acuerdo en que el Sistema Solar es muy distinto de la imagen que tenían los astrónomos del XIX bajo el influjo de Laplace: es mucho más complicado. Hay acuerdo en que su tiempo de Liapunov es de entre tres y cinco millones de años. Para entender lo que esto significa, cabe decir que una imprecisión de 100 metros en la posición de la Tierra en el día de hoy hace que sea imposible saber dónde estará dentro de 100 años. Probablemente estará en la misma o en otra órbita, pero no se sabe muy bien qué significa probablemente. Hay incluso indicaciones de que el caos pueda ser compatible con la estabilidad del sistema en el sentido de que pueda mantener su forma o pasar a otra muy parecida a pesar de tener efecto mariposa.

Esta idea puede parecer sorprendente, incluso a personas con buena formación científica, pero lo más sorprendente hubiera sido lo contrario, pues, desde el trabajo de Poincaré presentado al premio del rey Oscar II, sabemos que el caos se parece mucho más a la norma que a la excepción, aunque pueda ser delicado definir estos conceptos de un modo matemáticamente riguroso.

9. Una lotería aleatoria y determinista

Veamos ahora un sistema dinámico de aspecto muy simple que equivale a una sucesión de juegos de lotería, o sea que es aleatorio, a pesar de ser al mismo tiempo determinista. Se trata de un sistema discreto, lo que significa que el tiempo toma sólo valores enteros (1, 2, 3 ..., *n*, ...) —ejemplos de sistemas discretos son la evolución de la economía por años o la de una población de microbios por días—.

Nuestro sistema es de la clase llamada de Bernouilli, en honor de este matemático y físico suizo. Los valores de su única variable x_0, x_1, x_2, ..., x_n, ... están todos comprendidos entre 0 y 1. Su ley de movimiento es la siguiente: para calcular el valor de x en el tiempo k+1, se toma su valor en el tiempo k, se multiplica por 10 y se le quita la parte entera —matemáticamente esto se escribe x_{k+1}= PD(10 x_k, donde PD significa parte decimal, ecuación del tipo conocido como de diferencias finitas—. Nótese que las operaciones necesarias son de una gran simplicidad; también que toda la sucesión x_k está completamente determinada por el dato inicial x_0, de manera similar a lo que ocurre en la dinámica newtoniana. Por ello llamaremos *trayectoria* a la sucesión x_k.

Tomemos como caso particular x_0 = 0,414214... la raíz de 2 menos 1. Es fácil ver que entonces x_1 = 0,14214..., x_2 = 0,4214... x_3 = 0,214... x_4 = 0,14... x_5 = 0,4... Para entender la dinámica del sistema, notemos que multiplicar por 10 equivale a correr la coma decimal un lugar a la derecha y tomar la parte decimal, a restar la parte entera, por lo que para pasar de un tiempo al siguiente hay que *borrar* el primer decimal: vemos que la evolución hace que se pierdan datos, es decir, que se *pierde información* sobre el estado del sistema.

Este sistema tiene varias propiedades interesantes:

1. Por muy próximos que estén dos datos iniciales, las trayectorias correspondientes no se parecen en nada al cabo de un tiempo suficiente. Si sus primeras *n* cifras son iguales, a partir del tiempo *n*+1 son totalmente distintas. O sea que *hay efecto mariposa*, porque las trayectorias se separan exponencialmente —cada unidad de tiempo, los errores se multiplican por 10—.

2. En cada paso temporal se pierde la información correspondiente al valor de una cifra (3,3 bits). Como sólo se puede conocer el dato inicial con una cantidad finita de información, ésta acaba por perderse completamente. O sea que el futuro del sistema es imposible conocerlo del todo al cabo de un cierto tiempo. Tenemos así un sistema que es a la vez determinista e impredecible.

3. La evolución en grano grueso puede estudiarse dividiendo el intervalo entre 0 y 1 en 10 subintervalos, numerados de 0 al 9, y asignando el número correspondiente a x_k. La sucesión correspondiente coincide con la de las cifras decimales de x_0 y es completamente aleatoria, en general. Un grupo de expertos en estadística no podría distinguirla de la sucesión de resultados de jugar sucesivamente una lotería con 10 números.

Por tanto, nuestro sistema es: a) determinista; b) caótico por tener efecto mariposa y no seguir sus movimientos ninguna pauta regular; d) impredecible al cabo del tiempo, y

e) equivalente al juego de lotería. Nótese que sería predecible si conociésemos el dato inicial con infinitas cifras decimales y pudiésemos manejar una cantidad infinita de información.

10. La atmósfera y la difícil predicción del tiempo

La atmósfera ofrece un ejemplo familiar y elocuente de sistema caótico. Hace tan sólo algunos años, los errores de los meteorólogos en la predicción del tiempo eran tan numerosos como sus aciertos. Ello producía multitud de bromas y constantes acusaciones de incompetencia, a pesar de tratarse de científicos que trabajaban en instituciones dotadas de abundantes medios de observación y de cálculo. Pero los hombres o las mujeres del tiempo no eran ni son incapaces, simplemente tienen un trabajo de enorme dificultad: se enfrentan a diario con el caos, unas veces suave y de consecuencias lentas, a más de una semana, y otras tan repentino y violento que produce cambios bruscos en menos de un día.

Los enormes avances en la potencia de los ordenadores y en las matemáticas del cálculo numérico hacen que hoy sean mucho más fiables las predicciones meteorológicas, pero siguen existiendo dos serios obstáculos: primero, es imposible, en general, hacer predicciones detalladas a más de cinco o a lo sumo seis días de plazo; segundo, se dan con demasiada frecuencia fenómenos violentos que no pueden predecirse. Estos últimos operan la mayoría de las veces en escalas pequeñas y consisten en cambios súbitos de temperatura, gotas frías, lluvias torrenciales o heladas violentas que producen catástrofes naturales, sorprendiendo completamente a todos con consecuencias a veces muy graves. Son dos consecuencias del comportamiento caótico de la atmósfera.

Como se explicó antes, la propia expresión *efecto mariposa* está tomada de la física atmosférica. Apareció por primera vez en una comunicación de Edward Lorenz en un congreso de Meteorología en 1972, cuyo título era *Predecibilidad. El aleteo de una mariposa en Brasil, ¿originó un tornado en Texas?* El propio Lorenz explicó más tarde que él solía usar una gaviota como metáfora del crecimiento de perturbaciones infinitesimales, pero el presidente de la sesión se confundió y cambió gaviota por mariposa. Fue un error afortunado, pues la mayor fragilidad del insecto hace aún más incitante la metáfora. Como posibles influencias, Lorenz habla de una novela que leyó en su juventud en la que un meteorólogo afirma que un estornudo en China podría provocar una nevada en Nueva York. De hecho, los meteorólogos hablaban de vez en cuando de cosas así, aunque sin llegar a tomarlas en serio. Mucha gente recordó, después del congreso de 1972, un cuento de Ray Bradbury en que la muerte de una mariposa prehistórica inicia una cadena de relaciones causales que cambia el resultado de una elección presidencial en EE UU, aunque parece que él no lo conocía.

En realidad la metáfora de la mariposa se planteó en su principio como una pregunta. No cabe duda de que la respuesta es hoy afirmativa. Para comprender algo más los problemas de la predicción, resumamos lo que hoy se sabe. Las incertidumbres pequeñas en los datos sobre el estado de la atmósfera, a escala grande —digamos, de una región española o más— se duplican generalmente al cabo de entre tres y cinco días. Más deprisa crece nuestro desconocimiento de las perturbaciones a escala fina, por ejemplo, de una tormenta, que se llegan a duplicar en cuestión de horas. Esto puede parecer poco grave, pues las predicciones no entran en tanto detalle, pero ocurre que esos errores, cuando crecen lo suficiente, se acoplan con la estructura a una escala mayor, fenómeno, por cierto, característico de la turbulencia. Esto significa que una tormenta generada rápidamente a partir de un núcleo pequeño e imprevisto puede acabar cambiando el tiempo en un área mucho más amplia. Por desgracia tener en cuenta el estado de la atmósfera con el suficiente detalle como para prever cosas así representa un esfuerzo de observación y de cálculo que impide efectivamente predecir con garantía a 10 o 15 días de plazo.

Nos encontramos así con algo que se mencionó más arriba. El esfuerzo matemático para entender el tiempo de predicción fiable crece mucho más deprisa, por lo que siempre acaba ganando el efecto mariposa.

Para conseguir una predicción lo más efectiva posible se recurre a realizar no un cálculo sino varios, partiendo de los datos iniciales de la atmósfera ligeramente cambiados. Las diferencias aumentan en el tiempo, con lo que al cabo de 10 o 15 días darán predicciones distintas, en general. Si las predicciones son próximas, se consideran como buenas, con alto grado de fiabilidad. Si no lo son, la confianza será menor. Todo esto se hace con ordenadores y métodos de cálculo cada vez mejores.

Para hacernos una idea del esfuerzo de cálculo a que hoy se llega conviene dar algunos datos. Tomemos el modelo numérico que usa el Centro Europeo para la Predicción Meteorológica a Medio Plazo, basado en Reading, Inglaterra. Debe advertirse que no es sólo un centro que ofrece un servicio necesario, sino una institución de investigación concentrada en predicciones a 10 días, mediante un modelo que abarca a toda la Tierra.

Hasta 1991, el modelo tomaba en consideración 11.000 puntos sobre la superficie de la tierra, en cada uno de ellos datos sobre la velocidad del viento, la temperatura, la presión y la humedad hasta en 19 altitudes distintas, lo que hace que se manejasen unas 800.000 variables. En 1991 se perfeccionó el modelo, incluyendo datos de 45.000 puntos a 31 niveles de altura, llegando a ¡cinco millones de variables! En promedio, hay un punto de la retícula por cada extensión como la provincia de Madrid aproximadamente. Conviene advertir que hay algunas variables que mantienen su estabilidad y pueden predecirse a plazo más largo. Por ejemplo, las temperaturas medias semanales o los vientos a gran altura en las regiones ecuatoriales.

En la actualidad se trabaja para mejorar las predicciones, pero las mejoras sucesivas representan esfuerzos matemáticos que crecerán de forma geométrica para conseguir que el tiempo de predicción fiable crezca aritméticamente.

11. El número π y la biblioteca de Babel de Borges

Una de las propiedades más sorprendentes de la articulación del azar y el determinismo es que la emergencia del orden —es decir, de estructuras organizadas, características del mundo evolutivo— se realiza siempre en las zonas de contacto entre el caos y el comportamiento regular. Ocurre que, por ser el caos determinista y azaroso, sirve de vínculo entre los dos términos de la antinomia de Demócrito. Para entender cómo el orden se instala en los repliegues de lo aleatorio, recordemos uno de los cuentos fantásticos de Borges, *La biblioteca de Babel.* En él se describe, como metáfora del mundo, una ingente biblioteca que contiene una infinidad de libros cuyos textos han sido escritos completamente al azar. Todos tienen 410 páginas de 40 renglones de 80 letras cada una, y usan 25 signos ortográficos distribuidos al azar —por ejemplo, uno contiene la repetición constante de las tres letras *MCV*—. La mayoría carece de sentido, pero entre ellos están necesariamente todas las obras escritas por la humanidad, traducidas a un mismo alfabeto; tenemos, pues, orden escondido entre el azar.

Volvamos ahora al sistema de Bernouilli y tomemos como semilla el famoso número π= 3,141591... (o su parte decimal π- 3). Como ocurre con casi todos los números reales, las cifras decimales de π están distribuidas de manera por completo aleatoria, sin seguir ninguna pauta regular. Las diez cifras aparecen con la misma frecuencia, ocurriendo lo mismo con todos los pares de cifras consecutivas y con todas las cadenas de *k* de ellas —así, 493 aparece con la misma frecuencia que 205, una vez por cada 1.000 triplos, en promedio—. Ello implica que cualquier cadena, por larga que sea, debe aparecer infinitas veces en la sucesión de cifras decimales de π.

Sin embargo, esa sucesión aleatoria se puede obtener mediante un esquema determinista, basado en la serie

$\pi = 4 (1 - 1/3 + 1/5 - 1/7 + ...)$

—este procedimiento es muy simple y da el resultado correcto; es poco conveniente desde el punto de vista práctico por su lentitud: hay esquemas más eficaces, pero eso no afecta a este argumento. Se obtiene así la sucesión alternada 4; 2,66; 3,466; tomando 10 sumandos, 3,04; con 11, 3,23—. O sea que la sucesión de cifras significativas de π es determinista y aleatoria a la vez. Supongamos que usamos un alfabeto numérico; por ejemplo, escribiendo π en base 2, como una cadena de ceros y unos, o en base 60, de modo que cada cifra represente una letra o un símbolo ortográfico. El número π sería entonces un texto aleatorio incomprensible, en el que de vez en cuando se podría leer algo con sentido; por ejemplo, *luz* o *sol*, más espaciadamente *luna*, más aún *montaña*; esperando lo suficiente, podremos leer el *Quijote* o el premio Planeta del año 2000, aún no escrito. De hecho, en esa sucesión están incluidos todos los textos de la humanidad, toda su sabiduría, todos los tratados de ciencia o de historia, todas las obras de literatura escritas o por escribir y todos los periódicos del mundo. Podemos, pues, decir que el número π —o cualquier número normal— es un Aleph, ese oscuro agujero en una pared de otro cuento de Borges, por el que se podía ver todo lo ocurrido en cualquier tiempo y en cualquier lugar.

Quizás este ejemplo parezca demasiado matemático y poco intuitivo. Pongamos otro más realista basado en el sistema solar —recordemos que su tiempo de Liapunov es de decenas de millones de años—. Vamos a inscribir una frase en sus datos iniciales. Sea por ejemplo el verso *La memoria es fuerza oscura para que el alma se enamore de lo que perdura*. Escribámoslo al modo de un ordenador, como una sucesión de ceros y unos; después tomemos el estado actual del sistema —sus posiciones y velocidades—, también expresable como otra sucesión de ceros y unos y pongamos nuestro verso en la cola —o sea, como las últimas cifras decimales de su estado—. Esto significa que el sol y los planetas lo están recitando.

Si hacemos un cálculo del futuro del sistema, la imprecisión aumenta sin cesar, por lo que las cifras que expresan el poema se irán perdiendo necesariamente; al cabo de los años, sólo quedará *La memoria es fuerza oscura*, sin saber para qué, y, más tarde, *La memoria es,* y luego, nada: se habrá perdido todo el mensaje.

12. Conclusión

Las leyes naturales hoy aceptadas combinan en varios grados el azar y la necesidad, las probabilidades y el determinismo. En especial, los llamados movimientos caóticos son impredecibles, a pesar de que siguen una ley formalmente determinista. La explicación de esta aparente contradicción es que no existe para ellos ningún procedimiento matemático finito —es decir, realizable con un conjunto finito de operaciones matemáticas elementales— que permita resolver las ecuaciones del movimiento para todo el tiempo futuro. Ni podría haberlo, pues sería necesario poder manejar cantidades infinitas de informacion —las infinitas cifras decimales de los datos iniciales, cosa imposible para seres finitos—.

El signo del caos es el efecto mariposa, es decir, el crecimiento inevitable, violento y errático de las imprecisiones —técnicamente, de los errores— del conocimiento que se tiene de un sistema, lo que hace que cualquier proceso matemático va perdiendo precisión hasta resultar inválido.

El ritmo a que esto ocurre viene medido por un tiempo característico llamado de Liapunov, que depende de cada caso; puede ser de centésimas de segundo o de millones de años. Los sistemas caóticos son impredecibles para tiempos mayores que su tiempo de Liapunov, pero no para tiempos menores, dependiendo de la precisión exigida. Por eso, cualquier predicción de un sistema caótico se refiere a un intervalo temporal.

El mecanicismo decimonónico, que creía poder predecir hasta los detalles finos de todo, se ha hundido completamente. Pero conviene advertir que, impulsado desde la biología, ha surgido en los últimos años un nuevo determinismo, menos radical, que combina el determinismo con las probabilidades. Aparece a menudo con una fuerte carga ideológica, lo mismo que su antecesor del XIX, que provenía sobre todo de la física

J. GLEICK, *Caos. La creación de una ciencia*, Seix Barral, Barcelona, 1988.

E. N. LORENZ, *La esencia del caos*, Debate, Madrid, 1995.

I. PETERSON, *El reloj de Newton. Caos en el Sistema Solar*, Alianza, Madrid, 1995.

VV. AA., *Orden y caos*, editado por A. Fernández-Rañada, Libros de Investigación y Ciencia, Prensa Científica, Barcelona, 1990.